Décio Krause

Introdução à Filosofia e à Lógica da Física Quântica

Com Ênfase nas Questões da Identidade e Individualidade das Entidades Quânticas

EDITORA CIÊNCIA MODERNA

Introdução à Filosofia e à Lógica da Física Quântica (Com ênfase nas questões da identidade e individualidade das entidades quânticas)

Editor: Paulo André P. Marques
Produção Editorial: Dilene Sandes Pessanha
Capa: Daniel Jara
Copidesque: Equipe Ciência Moderna

FICHA CATALOGRAFICA

KRAUSE, Décio.

Introdução à Filosofia e à Lógica da Física Quântica (Com ênfase nas questões da identidade e individualidade das entidades quânticas)

Rio de Janeiro: Editora Ciência Moderna Ltda., 2024.

1. Mecânica Quântica
I — Título

ISBN: 978-65-5842-329-4
CDD 530.12

Editora Ciência Moderna Ltda.
R. Alice Figueiredo, 46 – Riachuelo
Rio de Janeiro, RJ – Brasil CEP: 20.950-150
Tel: (21) 2201-6662/ Fax: (21) 2201-6896
E-MAIL: LCM@LCM.COM.BR
WWW.LCM.COM.BR

01/24

Prefácio

> "Se a mecânica quântica não o chocou profundamente, é porque você ainda não a entendeu."
>
> Niels Bohr

No final do século XIX, físicos notáveis como Lord Kelvin (William Thomson, 1824-1907) achavam que nada mais havia a ser feito em Física depois dos desenvolvimentos advindos da física newtoniana e da teoria do eletromagnetismo de Maxwell. Tanto isso é assim que Lord Kelvin, em um endereçamento feito à Associação Britânica para o Avanço da Ciência, apontou para o fato de que (para ele)

> "Não há nada novo para ser descoberto em física. Tudo o que permanece são mais e mais precisões nas mensurações."[1]

Chega a ser impressionante como um grande físico como ele tenha feito tão segura afirmação futurista, quando os físicos em geral tendem a ser mais cautelosos quanto a previsões sobre os rumos de sua disciplina. Ele também se referiu a que, não obstante o céu da física ser (para ele) um céu de brigadeiro, ainda restavam "algumas nuvens no horizonte";[2] o fato é que duas dessas pequenas nuvens cresceram e se tornaram tempestades enormes, a física quântica e as duas teorias da relatividade.[3]

A física quântica surgiu como uma resposta a várias questões que a física clássica não conseguia responder. A introdução do **quantum de ação** por Max Planck em 1900 é considerada como dando início a essa área da física. Alguns anos depois, Albert Einstein e Niels Bohr fizeram uso desse dispositivo para alcançar outros resultados fundamentais: não havia mais retorno, uma nova área da física havia nascido. No entanto, foi somente na década de 1920 que surgiu uma *teoria quântica* com Werner Heisenberg, Pascual Jordan, Max Born, Erwin Schrödinger, Paul Dirac e posteriormente vários outros. Teremos a chance de ver um pouco de tudo isso no capítulo III.

Este texto é um livro introdutório à filosofia da física quântica destinado principalmente a estudantes de filosofia, porém podendo ser útil a estudantes de matemática e de física. Aquilo que denominamos de 'física quântica', congrega tanto a mecânica quântica (MQ), aquela parte das teorias quânticas que não considera

[1] Extraído do site Science-Physics da OpenMind BBVA.

[2] Em português, o leitor pode ler [51].

[3] Lord Kelvin, apesar de ter sido um grande físico, fez outros cálculos errados, como o seu cálculo da idade da Terra. A *escala Kelvin* de temperatura tem seu nome associada a ele.

questões relativistas (também dita 'mecânica quântica *ortodoxa*') como também as 'teorias quânticas de campos', que são o caminho para a mecânica quântica relativista.

Essa teoria (ou 'essas teorias') é extraordinariamente interessante e filosoficamente motivadora. Dezenas de livros são publicados anualmente tratando somente de questões filosóficas a seu respeito e a lista de 'filósofos da física' congrega quase que praticamente só filósofos quânticos.[4] Por isso, teremos que fazer algumas escolhas. Para evitar a cada vez termos que qualificar de que parte da física quântica estamos falando, usaremos a denominação *física quântica* para designar tanto a MQ quanto as teorias quânticas de campos, e caso seja necessário especificar, faremos isso explicitamente.

As nossas discussões recairão em assuntos com os quais vimos trabalhando ao longo de vários anos e que se centram principalmente na tentativa de qualificar de um ponto de vista metafísico uma visão das *entidades quânticas*, tomadas como sendo aquelas coisas que alicerçam tudo o que há. Claro que sabemos e aceitamos que há diferentes modos de conceitualizar essas entidades, e falaremos disso oportunamente, mas a nossa defesa é a de tratá-los como **não-indivíduos**, devidamente qualificados como entidades que não obedecem à teoria usual da identidade da lógica tradicional; veremos as razões disso e apresentaremos uma matemática correspondente, nela construindo uma versão da teoria quântica. Em linhas gerais, seguimos duas linhas básicas; a primeira vem de Erwin Schrödinger um dos criadores da teoria quântica, em que a noção de *identidade* não se aplica às entidades quânticas (na época, no início dos anos 1950, ele falava de 'partículas'). Schrödinger não foi claro quanto ao que entendia por 'identidade', tomando esse conceito no sentido intuitivo. No nosso caso, adotamos a teoria da identidade da lógica e da matemática clássicas, que veremos com detalhes, podendo assim ser mais precisos quanto a esse conceito. Desse modo, chamaremos de *não-indivíduos* aquelas entidades que *não* obedecem a essa teoria, e acreditamos que essa é a melhor maneira de se entender essas 'coisas quânticas'. O segundo ponto advém do filósofo da física Heinz Post, para quem a *não individualidade* das entidades quânticas, que resulta da falha em obedecerem à teoria da identidade mencionada, deve ser considerada 'desde o princípio', e não feita *a posteriori* como se costuma fazer. Oportunamente, explicaremos o que tudo isso significa, mas adiantamos as linhas gerais. Usando a linguagem matemática coloquial, na qual formulamos a nossa teoria, quando temos uma coleção de entidades quânticas, mesmo que sejam *completamente indiscerníveis*, não podendo ser diferenciadas de modo algum, para delas falar atribuímos rótulos a essas entidades como 'x_1', 'x_2', etc. Mas isso as identifica e as distingue. Então, para preservar a sua indiscernibilidade,[5] introduzimos os chamados *Postulados de Simetria*, que grosso modo asseveram que qualquer permutação desses rótulos, que corresponderia a uma permutação entre as partículas, não altera os resultados de medida, de modo que podemos falar em *invariância por permutações*. No nosso ponto de vista, isso é um truque útil, mas que para questões de fundamentos filosóficos e lógicos, deveria ser evitado. É basicamente por isso que desenvolvemos uma teoria matemática, a *teoria de quase-conjuntos*, que permite que falemos dessas entidades sem a necessidade de postulados artificiais como esses.

O livro é organizado como segue. O primeiro capítulo trata da nossa ideia básica de um modo bem geral, apenas para dar ao leitor uma ideia de por onde pretendemos caminhar. O segundo capítulo fala do surgimento da física quântica; sendo impossível traçar um apanhado razoável dessa história em um texto que visa também outras coisas, fomos obrigados a comprimir o assunto, porém indicando referências nas quais

[4]O curioso pode olhar a lista de Philosophers of Physics em https://takingupspacetime.wordpress.com/philosophers-of-physics-the-websites/

[5]Usamos as palavras 'indiscerníveis' e 'indistinguíveis' como sinônimas.

o leitor pode encontrar mais detalhes. Aliás, esse será sempre o tom deste livro, qual seja, o de proporcionar assuntos e referências para estudos posteriores.

A física quântica, como estabelecida e como vista presentemente, é uma teoria matemática. Há diversos modos de abordá-la, assim que tivemos que fazer uma escolha. Como o texto é dedicado principalmente a filósofos, optamos pela abordagem que é a mais difundida entre tais pessoas, aquela que faz uso dos *espaços de Hilbert*, proposta por von Neumann. Como um texto inicial, não pressupomos que o leitor saiba do que se trata, por isso o capítulo IV introduz todos os conceitos relevantes desde o princípio, ou seja, trazendo inclusive noções que não são encontradas nos livros usuais sobre o tema, como o que são leis de composição além das definições das principais estruturas matemáticas, como grupos e corpos.

No entanto, toda essa matemática é 'clássica', incorporando a teoria da identidade que queremos questionar. Logo, é necessário conhecer do que se trata, e por isso o capítulo V mostra os fundamentos dessa 'matemática clássica', enfatizando a teoria da identidade; espera-se que o leitor vá paulatinamente entendendo as razões de questionarmos essa teoria no tocante aos objetos quânticos.

Se queremos tratar das 'entidades quânticas', ou 'objetos quânticos', temos que falar algo de ontologia e metafísica. Esse é o objetivo do capítulo VII. Ainda que usualmente se diga que a física quântica, lidando com os aspectos mais básicos da matéria e da energia, nos fornece unicamente probabilidades, ao nosso ver há *algo por trás* de tudo isso, justamente aquilo que forma todas as coisas, as entidades quânticas. É com elas que estaremos ocupados, e isso é detalhado no referido capítulo.

No capítulo VIII, vamos aos detalhes de nossa posição em defesa dos *não-indivíduos*. Acreditamos que essa é a forma mais justa de entendê-los e as razões são apresentadas. Outras possibilidades são tratadas justamente como 'outras possibilidades'. Como então lidar com coisas que não obedecem a teoria usual da identidade, das quais (em determinadas situações) não se pode dizer que são iguais ou diferentes? Precisamos de uma matemática para isso, e o capítulo IX a apresenta; trata-se da *teoria de quase-conjuntos*. Fazendo uso dessa teoria, mostramos as linhas gerais de uma formulação da teoria quântica (via espaços de Fock) que prescinde de rótulos para as entidades quânticas, legitimando a posição de que eles não devem ser identificados individualmente.

Essa versão da teoria quântica é sem dúvida original. Antes, já havia sido aventado que o uso de rótulos identificadores, como coordenadas, deveriam ser evitadas [188, 187, 219]. Mas esses autores, ainda que também façam uso dos espaços de Fock (uma espécie de espaço vetorial, como veremos), ainda estão presos à matemática clássica (teoria 'usual' de conjuntos) e, portanto, a sua abordagem não pode ser vista como apresentando coisas que *realmente* sejam destituídas de individualidade. Essa é a questão: se permanecermos confinados à matemática padrão, não há como fugir do fato de que as entidades tratadas sejam vistas como indivíduos. Temos aqui o 'motto' deste livro.

O capítulo XI trata de um modo não muito detalhado da questão da *verdade* nas teorias físicas. O que se destaca é a importância desse conceito e da pouca atenção que é dado a ele nessas disciplinas. Para enfatizar, uma revisão da abordagem tarskiana (de Alfred Tarski) à verdade em lógica é apresentada. O capítulo XII é uma introdução à lógica quântica nos moldes usuais, ou seja, um estudo algébrico de certas estruturas matemáticas (reticulados) que visam captar aspectos da teoria quântica. Acreditamos que este é um dos poucos textos em português que trata do assunto. Finalmente, o capítulo XIII traz uma discussão filosoficamente importante relacionada ao chamado Princípio da Complementaridade que é por nós tratado por meio de uma *lógica paraconsistente*.

Esperamos que o leitor de nossa língua se beneficie deste livro e que ele seja útil. Desejo agradecer a todas as pessoas que têm me ajudado a pensar nesses assuntos, muitas delas não concordando comigo, mas incentivando que eu prossiga nessa perseguição. Lembro aqui Steven French, Jonas Arenhart, Newton da Costa, Otávio Bueno, Christian de Ronde, José Acacio de Barros, Adonai Sant'Anna, Federico Holik, Graciela Domenech, Olimpia Lombardi, Eliza Wajch e várias outras pessoas que lamento não mencionar.

Rio de Janeiro
Novembro de 2023
DK

Sumário

Capítulo I

Visão Geral

> "No mundo microscópico, necessitamos de uniformidade de um tipo forte: completa indistinguibilidade."
>
> Frank Wilczek (Prêmio Nobel de Física de 2004) e Besty Devine [232, p.135]

Neste capítulo inicial, daremos uma visão geral do problema a ser atacado neste livro. Sua leitura pode ser postergada, se o leitor assim preferir, para ser lida após o contato com o restante do texto. Porém, para quem deseja saber o que pretendemos, a apresentação é, acreditamos, adequada.

Primeiramente, um esclarecimento. Chamaremos de *física quântica* (ou de *teoria quântica*) tanto da mecânica quântica não relativista (MQ) quanto qualquer versão elaborada como uma teoria quântica de campos (QFT, para a sigla em inglês que também é usada na nossa língua: '*quantum field theories*'). Os chamados *objetos quânticos*, como elétrons, prótons, fótons, átomos e mesmo moléculas, bem como coleções dessas entidades, são concebidos de diferentes modos, dependendo da teoria quântica particular que se adote. Para a versão não relativista, há 'partículas' e há 'campos', enquanto que para as teorias quânticas de campos, as entidades ontológicas fundamentais são os campos quânticos, e as partículas surgem desses campos na forma de 'excitações'. As partículas são, nessa abordagem, coisas secundárias.

Os objetos quânticos podem ser concebidos diferentemente: para algumas pessoas[192], a física quântica trata de 'intensidades' e de 'poderes', enquanto que para outras [139] eles são vistos como conjuntos ('bundles') de propriedades. Isso não importa aqui; indiferentemente do modo pelo qual são conceituados, são 'coisas' (*things*), e achamos, como faz Sunny Auyang, que "as teorias físicas são sobre coisas" [6, p.152], obviamente, 'coisas físicas'.

Assim, se lidamos (nas teorias quânticas) com intensidades e poderes, ou com 'bundles' de propriedades, há que se admitir que *algo* detém esses poderes e tem essas propriedades e é dessas coisas que estaremos tratando e é dessas coisas que a física quântica se ocupa, ainda que se possa dizer, por exemplo, que a física quântica nos apresenta unicamente probabilidades, obviamente omitindo as 'coisas físicas' às quais essas probabilidades no fundo dizem respeito. Em particular, essa seria uma abordagem que centra sua atenção (no caso) nas probabilidades, assim como outras podem centrar sua atenção nas intensidades ou nas propriedades. No nosso caso, queremos focar nas entidades físicas, que vemos alijadas dos 'formalismos' usuais, sendo referidas apenas indiretamente como enfatizaremos mais tarde.

A opinião defendida aqui é a de que os resultados da física quântica são predições probabilísticas, escondendo uma ontologia de entidades quânticas que estão por trás dos processos e sobre as quais essas predições dizem respeito. A maioria dos textos mencionam os *sistemas físicos* somente para dizer que (na formulação que se tornou padrão) a cada um deles associa-se um espaço de Hilbert, como veremos no capítulo sobre o formalismo da mecânica quântica (veja o Postulado 1 na página 104), e depois mais nada é dito sobre eles a não ser quando da interpretação dos resultados. Ou seja, a teoria não assume que as entidades são de algum tipo, deixando-nos livres para interpretar ou sugerir o que seriam essas entidades. Por outro lado, na mecânica de partículas (na formulação de McKinsey, Sugar e Suppes), da qual falaremos na página 11, fala-se explicitamente de um conjunto P de partículas, os objetos dos quais se está tratando. O mesmo deveria acontecer com a física quântica.

É fato geralmente aceito que a física quântica traz incongruências para com a visão 'clássica' e intuitiva da realidade, apresentando situações em que algo parece estar *e* não estar em um determinado lugar, ou seja, estar em dois locais simultaneamente ou então que um gato (no famoso experimento de pensamento de Schrödinger), estaria vivo e morto ao mesmo tempo. Todas essas suposições são equivocadas, como teremos oportunidade de ver, mas o fato é que a física quântica parece contestar até mesmo a lógica clássica, posto que os conectivos lógicos como 'ou', 'e', a negação, a identidade e a individualidade das entidades quânticas, a noção de conjunto, o modo de se interpretar os quantificadores e vários dentre os 'princípios clássicos' (como o célebre Princípio da Identidade dos Indiscerníveis), etc. não se portariam como esperado. Isso será discutido à frente.

Sendo assim, será que a física quântica demanda uma lógica diferente da clássica? Para podermos responder a isso, necessitamos saber em que consiste aquilo que denominamos de 'lógica clássica', e isso é por si só é algo vago. Veremos alguns detalhes dessa questão na seção II.2. Com efeito, há vários sistemas, ou lógicas, que podem ser ditas serem 'clássicas', como o cálculo proposicional clássico, o cálculo clássico de predicados de primeira ordem com ou sem a igualdade, as teorias de tipos usuais ('clássicas', em distinção por exemplo das teorias *intuicionistas* de tipos), vários sistemas de teorias de conjuntos e mesmo a teoria usual de categorias. Todos são 'clássicos' uma vez que respeitam princípios comuns, alguns dos quais são vistos no capítulo V. Claramente, se algum sistema lógico destoa de qualquer desses princípios, será um sistema 'não clássico'.[1]

Com relação às teorias quânticas, a pergunta feita acima pode parecer indevida. Com efeito, se o leitor se der ao trabalho de abrir um livro qualquer de física quântica e puder observar a 'lógica' que está sendo usada, constatará que se trata de algum sistema 'clássico'. Os físicos usualmente não fogem daquilo que aprenderam e dominam, geralmente evitando o uso de 'coisas estranhas' a eles, como lógicas não clássicas, algo que não faz parte do seu campo de conhecimento; seu objetivo, sendo o de 'fazer física', deixa a lógica e os fundamentos da matemática para os matemáticos e filósofos. Assim, se o que é usado é a lógica clássica,

[1]As lógicas que derrogam um ou mais princípios da lógica clássica são denominadas de *lógicas heterodoxas* [35], ou *desviantes* [111]. Há lógicas que também são consideradas não clássicas não porque derrogam algum princípio clássico, mas porque ampliam a capacidade expressiva dos sistemas clássicos, como as lógicas *modais, temporais* ou *deônticas*, para falarmos apenas de algumas (ver [35]).

e se a física quântica se porta muito bem com ela, por que alguém haveria de sugerir uma lógica distinta da clássica nesse domínio?

Nossa resposta tem a ver não com as explicações dos resultados 'físicos' que a teoria permite obter, pois isso se consegue com a matemática padrão, mas com a metafísica.Dentro dos objetivos deste livro, a importância de se considerar que as entidades quânticas como fótons podem ser *absolutamente* indiscerníveis para muitas das aplicações tecnológicas,[2] fica a pergunta: se a indistinguibilidade é assim tão essencial, não deveríamos buscar uma matemática compatível com essa ideia? É preciso reconhecer, e tentaremos argumentar nesse sentido, que os sistemas quânticos têm comportamentos divergentes daqueles objetos que são tratados pela física e pela lógica clássicas; como comenta o físico Anthony Zee, "o mundo quântico é chocantemente diferente do nosso familiar mundo clássico." [235, p.309]. Os 'objetos clássicos' são *indivíduos* em uma acepção a ser precisada no decorrer deste livro, enquanto que os 'objetos quânticos' são melhor vistos como *não-indivíduos*. Assim, se adotarmos uma metafísica cuja ontologia associada seja uma ontologia de não-indivíduos, teremos fortes razões para sugerir que um tipo de lógica não clássica seja usada em seus fundamentos, as chamadas *lógicas não reflexivas*.[3]

Dentre as várias possibilidades de discutir o surgimento de sistemas lógicos não clássicos motivados pela física quântica (ver por exemplo [47]), neste livro ficaremos restritos às lógicas não reflexivas, que são lógicas que divergem da lógica clássica relativamente à *teoria da identidade*, que chamaremos de 'teoria *standard* da identidade', TSI, em particular derrogando o assim chamado Princípio da Identidade em alguma de suas formulações, mas apresentaremos ao final uma lógica paraconsistente para tratar do conceito de complementaridade.

Como o Princípio da Identidade pode ser formulado de diferentes modos, há diferentes lógicas não reflexivas. Por exemplo, na forma proposicional o referido princípio é geralmente escrito '$p \longrightarrow p$' ou então como '$p \leftrightarrow p$', sendo p uma variável proposicional. Na linguagem da lógica de predicados de primeira ordem com igualdade, escreve-se '$\forall x(x = x)$', sendo x uma variável individual.[4] Há formulações nas linguagens de ordem superior e nas teorias de conjuntos. Aqui, estaremos interessados na forma do princípio como escrita na linguagem do cálculo de predicados de primeira ordem com igualdade, uma vez que será exatamente a noção de igualdade (ou de identidade) da lógica clássica que questionaremos.

Em especial, salientaremos que qualquer teoria que tenha a lógica clássica como lógica subjacente é uma teoria em que todos os objetos nela descritos obedecem à TSI, sendo aquilo que denominaremos de *indivíduos*, e aceita-se a visão metafísica de que nunca dois indivíduos podem partilhar de todos os seus atributos, ou propriedades.[5] Essa tese, que remonta aos estóicos (c. 300 a.C.), sedimentou-se na filosofia de G. W. Leibniz (1646-1716). Em outras palavras, na lógica clássica vale alguma forma do Princípio da Identidade

---

[2]O leitor pode ver a revista *Scilight* V.2022 (14) de 8 de Abril de 2022, o artigo intitulado 'Indistinguishable photons play a crucial role in quantum technologies'; agradeço a F. Holik pela indicação. Esse mesmo ponto é realçado em [10] com vários outros exemplos.

[3]Há no entanto vários outros argumentos sugerindo que conceitos da lógica clássica não vigoram no domínio quântico; ver [125] e o capítulo XII.

[4]À frente, veremos as razões para questionarmos $\forall x(x = x)$, mas o leitor pode estar curioso em saber como se pode questionar a forma proposicional do princípio. Um exemplo é dado pela *lógica da implicação causal* de Sylvan e da Costa, na qual um condicional da forma $\alpha \longrightarrow \beta$ é lido 'α *causa* β', e assume-se como um postulado que nada pode causar a si próprio [217].

[5]Uma definição precisa de 'indivíduo' será dada no capítulo VIII e um argumento que mostra que a lógica clássica e a matemática padrão, digamos aquela que é assentada na teoria de conjuntos ZFC (Zermelo-Fraenkel com o Axioma da Escolha) aparece no capítulo V.

dos Indiscerníveis (PII), que diz não ser possível haver dois ou mais objetos partilhando todas as suas propriedades; se são dois (ou mais), há alguma diferença entre eles que pode ser expressa por uma propriedade, ou seja, não há entidades *absolutamente indiscerníveis*, mas apenas coisas *relativamente indiscerníveis*, que partilham algumas (mas não todas) das suas propriedades. Este assunto será retomado no contexto da física quântica, pois esse domínio parece ser aquele no qual coisas (sistemas quânticos) podem ser 'absolutamente' indiscerníveis. Mencionando mais uma vez Anthony Zee, devemos notar como ele que "elétrons são absolutamente idênticos" [235, p.325], observando-se que, para os físicos, 'idênticos' não significa 'o mesmo', mas *indistinguíveis*. O mesmo se aplica a todos os demais objetos quânticos de um mesmo tipo, como todos os fótons ou todos os átomos de hidrogênio.[6] De novo, salientamos que do ponto de vista das QFTs, o mesmo se dá com as demais entidades quânticas e seus devidos campos quânticos.

Em 1936, uma resposta à questão de se a física quântica demanda uma lógica distinta da clássica foi defendida positivamente por Garrett Birkhoff (1911-1996), notável algebrista, e John von Neumann (1903-1957), considerado um dos maiores matemáticos que jamais existiram. Eles publicaram um artigo com o título sugestivo 'The Logic of Quantum Mechanics' [14] (ver [105, cap.8]). A ideia desse artigo veio na esteira do livro de von Neumann de 1932, *Mathematical Foundations of Quantum Mechanics* [165], no qual ele apresenta uma fundamentação para a mecânica quântica por meio dos chamados (foi ele quem criou o conceito, baseado em assuntos que eram lidados por David Hilbert) *espaços de Hilbert*, que veremos no capítulo V.

Uma explicação superficial para a ideia básica é a que segue. Sabemos que a lógica proposicional clássica tem uma contraparte algébrica que é uma Álgebra de Boole.[7] Nessa álgebra, sendo '$\sqcap$' e '$\sqcup$' respectivamente a conjunção e a disjunção, valem as *leis distributivas*

$$a \sqcap (b \sqcup c) = (a \sqcap b) \sqcup (a \sqcap c) \tag{I.1}$$

$$a \sqcup (b \sqcap c) = (a \sqcup b) \sqcap (a \sqcup c) \tag{I.2}$$

Por exemplo, tomemos o conjunto de todos os subconjuntos de um conjunto X com as operações '$\cap$'e '$\cup$', ou então o cálculo proposicional clássico com '$\wedge$' e '$\vee$'. É simples verificar que essas leis vigoram nesses contextos.

Na física quântica, no entanto, a primeira lei não vale e isso se deve a fatos como o que segue. Nessa teoria, existem 'observáveis' (propriedades físicas que podem ser mensuradas) que *não comutam*, o que no linguajar dos físicos significa que não podem ser medidas simultaneamente.[8] Um típico exemplo é o da propriedade denominada de *spin* (o momento angular de partículas quânticas). A teoria diz que podemos medir o spin de um sistema em uma direção dada, digamos z, e que ele terá apenas um dentre dois valores possíveis (o spin é 'quantizado'), que usualmente se denominam de 'UP' e 'DOWN'. Os observáveis 'spin na direção z'

[6] Zee enfatiza que a explicação da razão de todos os elétrons serem 'idênticos', ou seja, que não há qualquer diferença entre eles, só pode ser explicada recorrendo-se às teorias quânticas de campos, onde se percebe que todos os elétrons são excitações de um único campo quântico.

[7] A definição do que seja uma Álgebra de Boole é posta na página 214; se necessário, o leitor pode dar um pulo até lá para depois retornar.

[8] Na verdade, isso pode ser feito em alguns casos desde que seja respeitado o 'limite de Heisenberg', estabelecido pelo seu célebre Princípio de Indeterminação (ou de 'Incerteza').

e 'spin na direção x', sendo x distinto de z, não comutam, ou seja, não podemos, a um só tempo, conhecer o spin de um sistema em duas direções distintas.[9]

Suponha agora que medimos o spin de um sistema na direção z e encontramos 'UP'. Então, o spin na direção x, que não foi medido, será (nessa direção) 'UP' ou 'DOWN' e, portanto, podemos conceber como lícito que vale o seguinte:

$$(s_z = u) \sqcap \big((s_x = u) \sqcup (s_x = d)\big) \tag{I.3}$$

onde u e d denotam 'UP' e 'DOWN' respectivamente. Aplicando a primeira lei acima, teríamos que isso equivale a

$$\big((s_z = u) \sqcap (s_x = u)\big) \sqcap \big((s_z = u) \sqcap (s_x = d)\big), \tag{I.4}$$

o que não pode acontecer por causa da não comutatividade dos observáveis.

Consequentemente, concluíram Birkhoff e von Neumann, o *algebrismo quântico*, seja ele qual for, não pode ser uma Álgebra de Boole e então a lógica correspondente não pode ser a clássica. Mais tarde, no contexto das chamadas *lógicas quânticas* [47, 184, 216, 169, 191], ficou estabelecido que a estrutura algébrica da mecânica quântica é descrita por um *reticulado ortomodular*, e não uma Álgebra de Boole; veremos isso no capítulo XII. Birkoff e von Neumann, bem como a maioria dos 'lógicos quânticos', se restringiram ao nível proposicional. Mas podemos ir além, atingindo o nível quantificacional. Isso se torna relevante se aceitarmos a tese de Erwin Schrödinger de que a noção de identidade não se aplica às entidades quânticas (à época, ele falava de 'partículas', mas claramente isso se estende aos campos e suas 'excitações'). Nesse caso, expressões como '$x = y$' ou $x \neq y$', para x e y designando entidades quânticas, não teriam qualquer sentido físico e, portanto, não haveria sentido em requerer que $\forall x(x = x)$ para essas entidades. Encontrar uma lógica na qual essa restrição seja mantida é um desafio, e a resposta está em algumas lógicas não reflexivas, como teremos oportunidade de verificar.

Porém, saliente-se que uma coisa é adentrar àquilo que se costumou denominar de *lógicas quânticas*, que em grande parte se trata de um ramo da Álgebra, ainda que sejam álgebras motivadas pelas teorias quânticas. Uma outra coisa é procurar algum sistema lógico (e matemático) que possa *fundamentar* essa disciplina no sentido de que a teoria usual de conjuntos (que assume a lógica clássica) fundamenta a física clássica. Uma tal fundamentação deverá ser condizente com os pressupostos ontológicos e metafísicos que se assuma. Uma questão associada relevante é que há uma sub-determinação metafísica (e ontológica) relacionada às teorias científicas usuais, ou seja, a uma mesma teoria podemos, pelo menos em princípio, associar mais de uma metafísica (ou ontologia), e (também em princípio) não há como preferir uma a outra a não ser por critérios puramente pragmáticos; se quiser, você pode pensar em termos de *modelos*, concluindo que uma teoria em geral tem uma infinidade de modelos.[10] No entanto, ainda que uma teoria possa ser aplicada a diversas situações (ou ter vários modelos), ela é geralmente iniciada a partir de alguma pressuposição fundamental, por exemplo a de que as entidades básicas são não-indivíduos. Porém, obviamente não se deseja afastar as demais possibilidades, o que dificulta em muito a construção da teoria. No caso explorado neste livro, a ontologia escolhida é justamente uma *ontologia de não-indivíduos* e isso é feito porque acreditamos ser a

[9]Os observáveis mais famosos que não comutam são a posição e momento; quando mais preciso sabemos do valor de um deles, menos preciso podemos saber o do outro.

[10]Mesmo que a teoria seja *categórica*, ou seja, todos os seus modelos sejam isomorfos, eles são modelos *distintos*; veja o capítulo seguinte.

mais fiel ao que se percebe serem as entidades quânticas. Com efeito, se um sistema quântico, como uma partícula elementar, não pode ser reidentificada ou se a permutação de duas delas não afeta os resultados de medida, como aceitar que essas coisas possam ser consideradas indivíduos obedecendo a TSI?[11]

A nossa resposta a essa questão está neste livro, que o leitor pode encontrar a partir do próximo capítulo.

[11]Essa teoria (TSI) implica que a substituição de um indivíduo por outro em geral altera o resultado de algo que se esteja considerando.

Capítulo II

Teorias Científicas

A física quântica, e as teorias físicas em geral, falam de alguma coisa? Bem, supostamente sim, elas falam 'do mundo'. Pelo menos essa é a visão ingênua da pessoa comum que já ouviu falar em Física. Mas o tema é delicado, e objetivamos fazer algumas observações sobre o assunto, colocando posições pessoais a respeito. Para tanto, é melhor falar algo das teorias científicas primeiro.

Nossa tese principal é que nem as teorias físicas, nem a lógica e nem qualquer construção que façamos, falam diretamente do mundo, ou das coisas que nos cercam, que vamos chamar, sem muito critério, de *realidade*, ainda que possam ser *motivadas* por essa realidade. Isso se justifica por um raciocínio como o seguinte. Suponha que meu amigo deseje contar alguns flamingos em uma lagoa. Ele olha para eles e os numera: 1,2,3,...,n. Diz então que há n flamingos na lagoa. Mas há alguns grupos separados uns dos outros; suponha que no primeiro grupo haja 5 flamingos e que em algum outro haja 4 flamingos. Meu amigo quer dizer que nos dois grupos há 9 flamingos. Para ele, o que ele supõe estar fazendo é uma *soma de flamingos*, uma aplicação direta do teorema aritmético $5 + 4 = 9$. Isso parece bastante razoável, mas devemos objetar.

Com efeito, suponha que meu amigo viaje para Miami e que deseje contar a alguma pessoa o que fez quando estava na lagoa. A pessoa certamente vai aceitar, pois acredita no meu amigo, que haviam n flamingos na lagoa e que a soma das quantidades de flamingos dos dois grupos destacados era 9. Mas veja que, para argumentar com a pessoa em questão, o meu amigo teve que fazer uma idealização, já que certamente não transportou os flamingos para Miami e arranjou-os em algum local para que o seu amigo pudesse se certificar de que havia de fato n flamingos na lagoa e que a soma dos dois grupos era 9. Não, certamente não é assim que acontece. Para relatar a sua história, o meu amigo teve que criar uma *narrativa*, que podemos aproximar falando em uma *teoria*. Mais precisamente, ele considerou um *conjunto* F com cardinal n e cujos elementos representam os flamingos e, mesmo que mentalmente, construiu uma função bijetiva entre esse conjunto e um *segmento* do conjunto dos números naturais; se aceitarmos que esse conjunto inicia com o número zero, como é comum, então meu amigo estabeleceu uma bijeção entre A e o cardinal $n = \{0, 1, 2, \ldots, n-1\}$. Além disso, ele 'separou' dois subconjuntos B e C, um com 5 elementos e o outro com 4, *reconhecendo* (note que isso tem que ser assumido) que esses conjuntos não tinham elementos em comum, e uniu-os, obtendo um novo conjunto com cardinal 9, que ele reconhece pela bijeção que há entre esse conjunto união e o cardinal $9 = \{0, 1, 2, \ldots, 8\}$. Finalmente, devemos notar que a 'soma de flamingos' é somente uma expressão sem qualquer significado preciso, posto que não existe uma *adição de flamingos*, mas de entidades matemáticas, como números. Dizer que somamos flamingos é apenas um *modo de dizer*. Assim, a soma 5 + 4 é uma soma de números, e não de flamingos.

O meu amigo modelou aquela parte da realidade por meio de conjuntos e aplicou algumas regras matemáticas a esse modelo. É isso o que fazemos em geral. A lógica (qualquer que seja ela), bem como a matemática e as teorias físicas, falam da realidade apenas indiretamente, fazendo referência às nossas *representações*,[1] ou seja, à coisas que estão nos constructos teóricos, ou *modelos*, geralmente informais, que elaboramos para dar conta de alguma parcela da realidade que nos interessa. Mas elas (uma lógica, uma teoria) não se referem, pelo menos não *diretamente*, à realidade. Como diz a filósofa inglesa Nancy Cartwright, em um livro chamado de 'Como as Leis da Física Mentem', "[a] lição para a verdade das leis fundamentais é clara: as leis fundamentais não governam objetos na realidade; elas governam somente objetos em modelos" [29, p.13].

Antes de entrar nessas questões de ontologia e metafísica, que serão objeto do capítulo VII, vamos falar um pouco das teorias científicas e do modo como pelo menos algumas delas podem ser 'arquitetadas', sempre levando em conta que elas são idealizações.

Vamos usar um outro exemplo para insistir em que para aplicar a lógica, a matemática ou alguma teoria física a qualquer porção da realidade, necessitamos adicionar suposições de natureza metafísica, como a de que as coisas a serem contadas devem ser discerníveis, algo de relevância quando queremos 'contar' entidades quânticas. Assim, para um outro exemplo, suponha que você argumente que se olho para a minha caneta e se olho para o meu lápis, consigo discerni-los, falar que 'tenho uma caneta *e* um lápis', ou que se escrevo com um deles, então 'escrevo com minha caneta *ou* com meu lápis', e se tenho dois lápis e depois ganho mais dois, ficarei com quatro lápis, sendo isso uma aplicação 'direta' da lei aritmética '2 + 2 = 4' [34, p.214], como a adição 5 + 4 do exemplo anterior. Aparentemente, estamos aplicando a lógica (clássica) ou a matemática, à 'realidade', à minha caneta e aos meus lápis. Mas devemos evitar essa conclusão precipitada. Para que eu diga que escrevo com *minha* caneta, e não com a sua, que poderia ser semelhante, eu tenho que discernir a minha caneta de qualquer outra; ela tem que ser um *indivíduo*, deve ter identidade. Como saber se 'esta' caneta é de fato minha e não uma parecida que foi por alguém substituída enquanto eu estava fora de cena? Você pode dizer que isso não importa, que o que interessa é que eu escreva com *alguma* caneta. Filosoficamente a questão é relevante. Se escrevo com *qualquer* caneta, por que haveria uma a que chamaria de *minha*? Se junto os meus lápis, estaria eu 'somando-os'? Isso deveria ser qualificado, porque não existe uma operação de 'adição de lápis'; em geral, somamos *números*. Teoricamente, para fazer com que a operação de adição possa ser aplicada aos meus lápis, preciso supor que eles são distintos uns dos outros, senão eu não teria vários lápis, mas apenas um.[2] Como se vê, há muita coisa sendo pressuposta na reflexão teórica sobre essa simples 'adição de lápis'.

Situações mais complexas podem ser facilmente trazidas à discussão. Ademais, para usar o exemplo de Heinz Post, que falava de seu guarda-chuva e não de canetas ou de lápis, se perco o meu guarda-chuva e vou resgatá-lo em um local de achados e perdidos, eu gostaria de resgatar *o meu* guarda-chuva, e não um parecido, que poderia pertencer a outra pessoa. Podemos de fato falar que *o meu* guarda-chuva é discernível de qualquer outro e que eu consigo distingui-lo dos demais de algum jeito (por alguma marca que fiz e que, em princípio, o identificaria). Mas não posso *provar* que não existe outro similar, inclusive com uma

---

[1]A palavra 'representação', por enquanto, é aqui usada também sem muito critério, mas adiantamos que nos conformamos basicamente com o uso que dela faz Patrick Suppes; ele diz que "uma *representação* de algo é uma imagem, um modelo, ou reprodução desse algo." [213, p.51]

[2]Com efeito, supondo que nunca dois lápis sejam perfeitamente similares, o que é uma suposição metafísica. Veja a seguir.

marca exatamente similar à que fiz. Eu tenho que assumir isso como um postulado, que meu guarda-chuva é o único objeto com *aquela* marca ou com *algo* que o distinga de todos os outros. Foi o que Leibniz fez quando introduziu o seu PII. Veja você, caro leitor, quanta metafísica, quanta suposição sobre a estrutura da realidade estamos impondo para supor que podemos falar de minha caneta ou do meu guarda-chuva. A aplicação de uma lógica ou de uma teoria vai depender de muitas suposições como essas.

No capítulo V, falaremos sobre como procedemos matematicamente para contar os dedos de uma de nossas mãos: *representamos* os dedos como elementos de um conjunto $D = \{a, b, c, d, e\}$ e mostramos que existe uma bijeção entre esse conjunto e algum cardinal, no caso, o cardinal $5 = \{0, 1, 2, 3, 4\}$. Não contamos os dedos diretamente, a não ser em nossa intuição; a matemática não se aplica a dedos, mas a coisas 'matemáticas', em geral conjuntos. Os meus dedos não formam um conjunto, pois supostamente eles estão na 'realidade', enquanto que os conjuntos são entidades abstratas que, se você for um matemático de tendências platonistas, como a maioria dos matemáticos é, aceitará que essas entidades 'vivem' em algum universo abstrato, tendo somente *representações* aproximadas aqui no nosso mundo. Mas essa é outra concepção metafísica; como você deve estar percebendo, estamos *impregnados* de metafísica.

De maneira geral, podemos dizer que a partir de uma análise de alguma porção da realidade que nos interessa, elaboramos *estruturas conceituais* para dar conta dela, ou de parte dela, a qual congrega conceitos que são regidos por postulados que, julgamos, os articulam. Isso parece aceitável. No entanto, ainda que essas observações pareçam simples, encerram dificuldades; como assegurar que a nossa representação é fiel àquilo que queremos representar? Depois, talvez na etapa mais difícil, como 'fazer a volta', partindo de algo que obtivemos com a nossa matemática representativa (em nosso 'modelo') e relacionar essas coisas de novo como dizendo respeito aos nossos dedos, ou à realidade? Isso se complica sobremaneira em situações mais complexas, ainda que a ideia permaneça a mesma: representar, trabalhar nas representações e depois 'voltar' para re-interpretar na nossa 'realidade' aquilo que obtivemos. Essa 'volta' é um dos grandes mistérios filosóficos associados à ciência, que em geral é aceito sem discussão: parece evidente que se tratamos de pessoas e de gatos na nossa teoria, o que obtivermos vai dizer respeito direto a pessoas e gatos, pois possivelmente *nem tudo* o que obtivermos na teoria dirá respeito a pessoas e gatos, por exemplo, que quaisquer duas pessoas são sempre discerníveis, o que exige uma pressuposição metafísica.[3] Com efeito, essa conclusão resulta de havermos usado (eventualmente) a lógica clássica na formulação de nossa teoria, mas é uma hipótese adicional que *colocamos* no contexto das pessoas; se houver pessoas indiscerníveis (até hoje não achamos, mas isso não prova logicamente que elas não existam), nossa teoria calcada na lógica clássica, como um todo, a rigor não se aplicaria.

Cremos que é interessante a distinção que usualmente se faz entre ciências (ou disciplinas) empíricas e ciências (ou disciplinas) formais. Essas são basicamente a lógica e a matemática (puras). Em princípio, elas não se aplicam a nada 'real'; na matemática usual, não há tempo: $2 + 2 = 4$ não é 'verdadeiro' hoje e 'falso' amanhã. Um teorema é um teorema, e se você quiser contestá-lo, terá que contestar a teoria no qual ele é obtido. A literatura filosófica chama de *tese de Duhem-Quine* a ideia de que não se testa uma teoria ou alguma sentença isolada, pois tudo depende de um contexto. Mas essa é outra discussão.

[3]Evidentemente isso se dá relativamente a duas pessoas que encontremos pois, em geral, muito facilmente acharemos diferenças entre elas. O assunto diz respeito à discussão geral, que via de regra assume que *quaisquer* duas pessoas apresentam diferenças. Pedimos ao leitor que considere isso com cautela; apesar de parecer simples, trata-se de uma questão filosófica delicada.

II.1 Etapas na formação de teorias

Vamos apresentar nosso modo de entender esse processo todo da seguinte maneira. Inicialmente, podemos adotar uma *hipótese realista* de que existe algum domínio a investigar, que vamos chamar de 'Δ'. Temos intuições sobre esse domínio e suas entidades, formamos conceitos sobre os elementos desse domínio, de suas relações e suas propriedades; podemos dizer que elaboramos uma *fenomenologia* sobre ele, que congrega as nossas impressões e idealizações acerca de Δ. Se não desejamos adotar uma tal visão realista, podemos nos concentrar nessa parte fenomenológica e iniciar a partir daí, acreditando, ou postulando, que o que existe são essas nossas impressões, e que *isso* é a realidade. Nossa posição independe de ambas as hipóteses; o que interessa é que temos algo a investigar (algo 'real' ou puramente fenomenológico) e que formamos conceitos sobre isso. Suspendemos o juízo, pelo menos inicialmente, sobre se esse *algo* está fora de nós, é independente de nós (hipótese realista) ou se seria algo que de certo modo nos é *interno* (posição idealista).

II.1.1 A hipótese do mundo real

Schrödinger tem uma posição muito interessante sobre isso, que ele chama de *hipótese do mundo real* [206, 202]; ver [147].[4]

Façamos um resumo da posição de Schrödinger seguindo Malin e o próprio Schrödinger. O que Schrödinger chama de **hipótese do mundo real**, ou **princípio de objetivação** é um pressuposto metafísico que fazemos inconscientemente e que faz com que elaboremos uma noção da realidade à nossa volta. Diz ele (também citado por Malin) que "afastamos o sujeito do conhecimento" da cena e fazemos com que ele pareça um observador externo, não inserido no contexto da realidade imediata:

> "Sem estar ciente dele [do observador] e sem ser rigorosamente sistemático acerca dele, excluímos o Sujeito que Conhece do domínio da Natureza que nos esforçamos por compreender. Damos um passo para trás no papel de um espectador que não pertence ao mundo o qual, exatamente por esse procedimento, se tornará um mundo objetivo." [146, p.102], [206, p.118]

Malin dá um exemplo excelente disso. Suponha que tenhamos um copo com água e uma colher. Inserimos a colher no copo. O que vemos? Obviamente, uma 'colher quebrada'. É o que constatamos e a física explica isso facilmente mostrando que os raios de luz que emanam da colher e atingem os nossos olhos partem tanto da parte da colher que está no ar quanto da parte que está submersa, mudando de direção e nos dando a impressão de que a colher está quebrada. Ou seja, *não vemos a colher*, mas uma reconstrução dela feita pela nossa mente. Se víssemos a colher, não a veríamos quebrada pois ela não está quebrada, bastando que a retiremos do copo para constatar isso.

Isso se dá com todo o restante, ou seja, a 'realidade' é uma construção nossa, mas (e aqui sou eu falando) ela não está em nossa mente, como um idealista como Berkeley poderia afirmar, mas existe de modo independente (posição realista), só que o que ela se parece para nós é o que elaboramos mentalmente, e isso vai depender de várias coisas: de nosso estado de saúde mental e muitas vezes até mesmo de aspectos culturais e ideológicos, como veremos na seção seguinte.

---

[4] Os livros de Shimon Malin e de Schrödinger têm tradução para o português com o nome 'A Natureza Ama Esconder-se' [146] e 'O Que é Vida?' [206] respectivamente.

Nossas construções mentais se dão, no caso da física ao menos, por meio da elaboração de determinadas estruturas matemáticas. Vejamos algo sobre isso.

II.1.2 Atividade conceitual 'estruturada'

A atividade em ciência (vista de modo amplo) é uma atividade conceitual. O biólogo, quando estuda peixes, forma conceitos, como espécie, nicho, descendência, etc.; o físico cria conceitos como massa, velocidade, dentre outros. Mas conceitos somente não fazem nada; é preciso *articulá-los* de alguma forma, e isso se faz pela elaboração de certas *estruturas conceituais* [128]. O importante é notar que *somos nós* que elaboramos os conceitos, e *somos nós* que criamos esses arcabouços conceituais que os articulam, que congregamos em nossas teorias. Fazemos isso em função de muita coisa, como nossa cultura, conhecimento, habilidades e muito mais coisas. A ciência da época de Aristóteles diferia em muito daquela de Galileo, que por sua vez diferia da do século XIX e muito mais daquela desenvolvida nos séculos XX e XXI. O cientista, o matemático, o lógico, é um *criador* e não um descobridor.[5] A questão, ou uma delas, é que em princípio podemos criar o que quisermos, mas nem tudo o que criamos vai servir para alguma coisa ou ser aceita por nossos pares; a questão 'sociológica' na ciência tem o seu lugar, algumas vezes de forma desconcertante.[6] Há mais liberdade nesse sentido nas ciências formais; aliás, Cantor dizia que a essência da matemática reside na sua total e completa liberdade. Mas nas ciências empíricas isso não é exatamente assim. Ainda que tenhamos liberdade criativa, essas disciplinas exigem o confronto com a experiência, tanto é assim que não se dá o Prêmio Nobel para alguma teoria ou concepção que não tenha sido *verificada*, motivo pelo qual até hoje nenhum físico que se dedica à Teoria das Cordas ganhou esse prêmio.

Temos então dois estágios por enquanto; o da 'realidade' Δ e o dos 'fenômenos', que vamos designar por Φ. Veja quanta particularização; somos nós que interagimos com Δ e somos nós que elaboramos Φ. Diferentes cientistas podem ter experiências e intuições diversas e elaborar algo diferente a partir do mesmo Δ, digamos $\Phi', \Phi'', \ldots$. Vamos dar um exemplo com a mecânica clássica de partículas. McKinsey, Sugar e Suppes, em 1953, analisando a física advinda da mecânica newtoniana, elaboraram um *modelo* (essa palavra vai ser importante a partir daqui) congregando os conceitos de 'partícula', 'massa', 'posição' (de uma partícula em um instante de tempo), 'intervalo de tempo', 'forças internas' e 'forças externas' [211, 213]. Podemos olhar isso do ponto de vista da seguinte estrutura

$$\mathcal{M} = \langle P, T, \vec{s}, m, \vec{f}, \vec{g} \rangle, \tag{II.1}$$

onde P é o conjunto de partículas, T um intervalo de instantes de tempo, $\vec{s}$ uma função das coordenadas tridimensionais de uma partícula e de uma variável temporal, m é uma função que a cada partícula associa um número real não negativo que representa a massa da partícula, enquanto que $\vec{f}$ e $\vec{g}$ indicam a somatória das forças internas que agem sobre as partículas e a somatória das forças externas a elas, respectivamente. Todos esses conceitos são relacionados por meio de postulados adequados. A abordagem desses autores não passou isenta de críticas, principalmente por não abordar a física de colisões e deformações, a chamada *mecânica do contínuo*, mas eles rebateram dizendo que não pretendiam tratar disso; como se vê, a teoria é *nossa*, e se ela serve ou não é outro problema.[7]

---

[5] Um bom artigo sobre a Física de Aristóteles é [237].

[6] Por exemplo, Philipp Lenard (1862-1947), grande físico alemão, Prêmio Nobel em 1905, mas simpático ao nazismo, fazia panfletagem contra as aulas de Einstein, cujo conteúdo chamava de 'física judia'.

[7] Sobre esse caso particular, ver [120].

A palavra 'modelo' usada acima necessita qualificação, uma vez que ela aparece em vários sentidos. A usada acima é aquela que o matemático aplicado, o físico ou o engenheiro fazem uso: uma *matematização* de uma parcela da realidade, um *mapa* do território que está sendo explorado e, como todo mapa, é apenas parcial, enfatizando aquilo que o cientista vê como mais relevante para o que deseja. O outro sentido é o que vamos chamar de *modelo lógico*, uma estrutura matemática que *satisfaz* os axiomas de alguma teoria posta axiomaticamente. Como veremos na sequência, vamos reservar a palavra 'teoria' para essa formulação axiomática/formal e chamar de *proto-teoria* ou de *teoria informal* a primeira, não axiomática.

Além dessa distinção, fará importância, daqui a pouco, a consideração de *onde* (em que matemática) elaboramos uma estrutura como a acima. Um biólogo pode fazer algo semelhante. Por exemplo, analisando o que se denomina *teoria sintética da seleção natural*, que congrega a teoria da seleção natural de Darwin com a genética mendeliana, pode chegar a uma estrutura como a seguinte:

$$\mathcal{E} = \langle B, G, \equiv, =_L, \nearrow^m, E, \phi \rangle, \tag{II.2}$$

onde B é um conjunto finito cujos elementos são chamados de *entidades biológicas*, G é um subconjunto não vazio de B, cujos elementos são chamados de *genes*, $\equiv$ é uma relação de equivalência sobre G, denominada de *indistinguibilidade genética*, $=_L$ (identidade de *loci*) é igualmente uma relação de equivalência sobre G, $\nearrow^m$ denota, para cada número natural m não nulo, uma relação binária sobre B, E é um conjunto não vazio cujos elementos são chamados *fatores ambientais* e ϕ é uma função de B no conjunto dos reais positivos. Para cada $x \in B$, $\phi(x)$ indica a *aptidão* de x; para mais detalhes, ver [142, 143, 120].

Na matemática procede-se de igual modo; o conceito de um espaço de Hilbert complexo pode ser sistematizado por uma estrutura da forma

$$\mathcal{H} = \langle V, C, +, \cdot, \langle \cdot | \cdot \rangle \rangle, \tag{II.3}$$

onde V é o conjunto de vetores, C é o corpo dos números complexos, $+$ e $\cdot$ são a adição de vetores e a multiplicação de vetor por escalar respectivamente, e $\langle \cdot | \cdot \rangle$ é o produto interno. Axiomas adequados balizam essas noções.

E depois? Sendo cientistas, tentamos articular nossos conceitos assim agrupados por meio de alguma *teoria*, via de regra um conjunto de postulados que articulam esses conceitos, relacionando-os uns com os outros. Já falaremos nisso. Por enquanto, cabe observar que em geral o cientista não trabalha assim, tão organizadamente. Ele assume os conceitos de forma mais intuitiva, e também os articula informalmente e não por meio de postulados. Tomemos o caso da teoria da queda dos corpos, elaborada por Galileo. Em seu célebre livro *Diálogo Sobre Duas Novas Ciências* [83], de 1634, Galileo, que é considerado o primeiro cientista a aplicar a matemática a problemas físicos, realizando vários experimentos sobre corpos caindo de uma certa distância d do solo (ou de qualquer outra superfície), chegou a determinar o que hoje denominamos de *lei da queda dos corpos*; chamando de g a aceleração da gravidade e de t o tempo decorrido, em linguagem atual temos

$$d = \frac{1}{2} g t^2. \tag{II.4}$$

Essa 'lei', obtida por ele mediante inúmeros experimentos com planos inclinados, pode mais tarde ser obtida como um resultado (um teorema) da mecânica de Newton.

Veja que Galileo *articulou* os conceitos envolvidos em sua lei, colocando-os em ação, por assim dizer. A grande maioria dos cientistas procede de forma semelhante, usando a sua intuição e experiência a partir de dados observados e de conceitos em geral matemáticos. O caso de Planck é emblemático: ele simplesmente *adivinhou* a célebre equação que expressa a lei da radiação. Vários outros exemplos aparecem na história da ciência.

O resultado dessas incursões pode ser denominado de *teoria informal*, uma vez que cria um padrão explicativo, mas é ainda informal, não axiomatizado e não formalizado.[8] Essa etapa via de regra serve aos propósitos do cientista. Em geral, ele não precisa de mais do que essa teoria informal para extrair as explicações de que necessita para sua análise do domínio no qual está interessado.

Mas não é só isso. O filósofo, principalmente o filósofo ou o cientista ocupado com os fundamentos da sua disciplina, quer mais. Ele quer *estudar as teorias*, em um estudo que podemos chamar de *meta-teórico*, partindo para uma etapa posterior, que é a da axiomatização ou formalização (dependendo dos seus objetivos) da teoria informal que analisa. Bem, não é somente o filósofo que faz isso; muitos matemáticos ou mesmo físicos (talvez se possa dizer que dificilmente um biólogo procederia desse modo) podem ser levados a axiomatizar alguma teoria, ou mesmo criar uma teoria axiomática a partir de sua fenomenologia. Foi o que fez Newton quando mostrou de que forma podemos descrever um movimento contínuo por meio do seu Cálculo; e isso é comum em matemática, ou seja, nada impede que se inicie com sistemas axiomáticos ou formais. Tudo depende da área a ser investigada e dos interesses e capacidades do cientista.

Mas há algumas observações pertinentes que devem ser colocadas antes de prosseguirmos para o que virá a partir das teorias axiomáticas ou formais. Quando estava desenvolvendo a primeira versão da mecânica quântica, Heisenberg queria ser cauteloso, evitando demasiadas especulações, assim que pretendeu 'colocar na teoria' somente aquilo que podia ser observado, no que foi retocado por Einstein, que apregoou que "é a teoria que diz o que pode ser observado" [95, p.29]. Ou seja, não existe 'observação' sem que haja um contexto teórico que a interprete, mesmo que sejam as nossas intuições e experiências. Em outros termos, a mente humana não se coaduna àquilo que Locke sugeria, uma folha em branco sem quaisquer ideias, e na qual a experiência vai escrevendo seus caracteres [138, cap.24]; aprendemos com a experiência, por certo, mas dependemos também de outros fatores, como os biológicos (somos diferentes dos demais animais) e culturais.

As teorias científicas refletem tudo isso. Porém há algo essencial, o compartilhamento de ideias. De nada adianta você inventar uma teoria genial sobre alguma coisa se ela não for vista e analisada por seus *pares* (pessoas que possam fazer isso). Mesmo assim, muitas vezes esses 'pares' estão entulhados de crenças prévias e não cedem a elas, podendo causar um grande atrapalho a ideias novas. Foi o que aconteceu, por exemplo, com a teoria de conjuntos de Cantor, que recebeu pesadas críticas, assim como a teoria heliocêntrica de Copérnico, que sofreu com os dogmas da Igreja. Mas hoje, via de regra, isso não é mais assim; por mais que ainda permaneçam resquícios dessa herança, como a aceitação de artigos por algumas revistas em virtude de saírem do *mainstream*, a comunidade científica é ávida por novos resultados e ideias. Basta que sejam bem fundamentadas e bem apresentadas.

Mas prossigamos com a nossa análise para finalmente podermos falar mais de ontologia e de metafísica. Estamos na etapa em que há uma *teoria* pelo menos axiomatizada, e vamos reservar a palavra 'teoria', sem qualificação, para essa etapa. Claro que, dada uma teoria informal, há (em princípio) vários modos de axiomatizá-la ou de formalizá-la. Tudo depende do desejo e finalidades do cientista. Mas aqui aparece

[8] Distinguimos entre 'axiomatização', que concerne à explicitação dos postulados específicos de uma teoria, como os postulados de espaço vetorial, e 'formalização', quando mencionam-se também os postulados da lógica subjacente, como fizemos (pelo menos sugestivamente) com ZFA. Vaja o Adendo ao final deste capítulo.

algo inusitado; quando se cria uma *teoria* nesse sentido, ela se desprende de sua motivação inicial, de sua *interpretação intencional* ou *interpretação pretendida*, tornando-se algo abstrato que, em princípio, não diz respeito a nada específico, podendo admitir uma enormidade (na verdade, uma infinidade) de outros *modelos*. Karl Popper falava que as teorias e as hipóteses científicas são objetos de um 'mundo 3', sendo 'autônomas' ou independentes do cientista que as elabora, distinguindo entre esse mundo e os mundos 1, o das coisas materiais, e o mundo 2, que congrega o produto das nossas atividades mentais [178]. Tendo se tornado autônomas, as teorias podem ser acessadas por outras pessoas.

Um *modelo*, nesse contexto 'lógico', é agora alguma *interpretação* que faz com que os postulados da teoria façam sentido ou, como se diz, que *satisfaçam* os postulados. Em uma série de trabalhos e artigos, Roman Frigg chamou de *modelos representacionais* aquilo que denominamos de teorias informais e de *modelos lógicos* o que acima chamamos de 'modelos' no sentido de interpretações que satisfazem os postulados [82, 81]. Essa distinção segue, como ele mesmo diz, os ditames da lógica e da abordagem de Suppes, da qual falaremos brevemente a seguir. Mas que fique claro por enquanto; uma *teoria* pode (e tem) uma infinidade de modelos abstratos, ou seja, de estruturas matemáticas nas quais os seus postulados são *verdadeiros* no sentido de Tarski (ver o capítulo XI). Há, no entanto, teorias cujos modelos são todos *isomorfos*, como todos os espaços vetoriais de uma mesma dimensão sobre um mesmo corpo ou todos os corpos ordenados completos. Nesses casos, os matemáticos costumam dizer que 'há um só modelo, *a menos de um isomorfismo*'. Um isomorfismo é uma função bijetiva que 'preserva' as relações, operações e elementos distinguidos dos modelos. Mas esses modelos isomorfos diferem quanto à natureza de seus elementos; são distintos, portanto.

II.2 Formalização e Axiomatização

Partamos agora para uma explicação, ainda que sucinta, do 'processo' de axiomatização de uma teoria. Há basicamente dois procedimentos a serem seguidos, o que é reforçado no Adendo ao final deste capítulo. O primeiro consiste em se *formalizar* uma teoria a partir 'do nada', exceto de alguma intuição prévia. Por exemplo, vamos tomar a aritmética comum, que usamos na escola e em nossa vida diária. 'Sabemos' o que são números, como dois ou sete, e 'sabemos' como operar com eles, por exemplo, dois mais sete dá nove. Temos, portanto, uma boa noção daquilo que chamaremos de *aritmética intuitiva*.

Vamos agora criar uma teoria que, pelo menos pensamos em princípio, capte essa aritmética. Temos um 'modelo intencional' em vista, o que congrega os números naturais e suas operações. Para muitos, os números naturais iniciam com o 1, mas modernamente assume-se que eles iniciam com o 0. Na verdade, tanto faz, pois os modelos que obtemos são isomorfos. Escolhemos iniciar com o 0. Para elaborar um sistema formal iniciamos com uma *linguagem*, que denominaremos de L_{AP1}, para a *Aritmética Elementar de Peano*, ou *aritmética de primeira ordem*. Logo você saberá a razão dessa restrição.

Começamos com a linguagem L_{AP1}. Ela congrega uma lista básica de símbolos, que constitui o seu **alfabeto**. Escolhemos os seguintes:

1. Uma coleção enumerável de *variáveis individuais*: '$x_1, x_2, x_3, \ldots$'. Na metamatemática, usaremos $x, y, z, \ldots$ para nos referir a elas.

2. Os *conectivos lógicos*: um conjunto *completo* de conectivos, e escolhemos '$\neg$' e '$\rightarrow$'.

3. Os *quantificadores*: escolhemos o quantificador universal '$\forall$' como primitivo.

4. Símbolos auxiliares como parênteses serão utilizados para evitar ambiguidade na leitura.

5. O símbolo de *igualdade*, '='.

6. Os *símbolos específicos* são os seguintes:

   (a) Uma constante individual '**0**'.

   (b) Um símbolo funcional unário 's'.

   (c) Dois símbolos funcionais binários, '+' e '·'.

Os **termos** da linguagem são expressões (sequências finitas de símbolos) que denotam, ou se referem, a indivíduos do domínio a que estivermos aplicando a linguagem. Nesse caso, como dito, o **domínio pretendido** é o conjunto $\omega = \{0, 1, 2, 3, \ldots\}$ dos números naturais. Assim, os termos de L_{AP1} são as variáveis individuais, que se referem a esses números, a constante individual **0** que supomos se refere ao número zero, e as expressões da forma '$s(u)$', '$+(u, v)$' e '$\cdot(u, v)$', de acordo com a notação usual, sendo u e v termos. Abreviaremos isso escrevendo 'su', '$u + c$' e 'uv' simplesmente.

As **fórmulas** são divididas entre as **atômicas** e as **moleculares**. As primeiras são as expressões da forma '$u = v$', para u e v termos quaisquer. As moleculares são obtidas recursivamente como segue: se α e β são fórmulas,[9] então também são fórmulas (moleculares) as expressões da forma '$\neg\alpha$', '$\alpha \rightarrow \beta$', '$\forall x\alpha$'.

Os **postulados** de AP1 (a nossa 'aritmética elementar') são também divididos em dois grupos, os **postulados lógicos** e os **postulados específicos**. Os primeiros são os da lógica elementar clássica, e são os seguintes, para α, β e γ fórmulas:

1. $\alpha \rightarrow (\beta \rightarrow \alpha)$

2. $\alpha \rightarrow (\beta \rightarrow \gamma) \rightarrow ((\alpha \rightarrow \beta) \rightarrow (\alpha \rightarrow \gamma))$

3. $(\neg\alpha \rightarrow \neg\beta) \rightarrow ((\neg\alpha \rightarrow \beta) \rightarrow \alpha)$

4. $\forall x\alpha(x) \rightarrow \alpha(u)$, onde '$\alpha(x)$' indica uma fórmula na qual x figura livre.[10]

5. $\forall x(\alpha \rightarrow \beta(x)) \rightarrow (\alpha \rightarrow \forall x\beta(x))$, sendo que x não pode aparecer livre em α.

6. $\forall x(x = x)$

7. $\forall x\forall y \rightarrow (\alpha(x) \rightarrow \alpha(y))$, sendo $\alpha(x)$ uma fórmula e $\alpha(y)$ surge da substituição, na primeira, de y em algumas ocorrências livres de x, observando que y deve ser livre para x em $\alpha(x)$.[11]

Há duas **regras de inferência**, a saber

1. $\alpha, \alpha \rightarrow \beta \vdash \beta$, onde '$\vdash$' indica a dedução.

2. $\alpha \vdash \forall x\alpha$.

[9] Repare que $\alpha, \beta, \ldots$ *também* não fazem parte do alfabeto básico, assim como u, v, etc. Tudo isso está na metalinguagem.

[10] Uma ocorrência (um 'aparecimento') de uma variável em uma fórmula é **livre** se ela não aparece em seguida de um quantificador ou no alcance (escopo) de um quantificador desse tipo.

[11] Os detalhes sobre essas restrições podem ser buscados em [153] ou em outro livro de lógica.

Essas regras são respectivamente denominadas de **Modus Ponens** e **Generalização**.

Outros conectivos e o quantificador existencial são introduzidos na metalinguagem como abreviações. Deixaremos como um exercício a busca por definições adequadas, simplesmente assumindo que podemos usar '$\wedge$', '$\vee$', '$\leftrightarrow$' e '$\exists$'. Abreviamos $\neg(u = v)$ por $u \neq v$.

Os postulados específicos de AP1 vêm agora; são eles:

1. $\forall x(\mathbf{0} \neq sx)$
2. $\forall x \forall y(sx = sy \rightarrow x = y)$
3. $\forall x(x + \mathbf{0} = x)$
4. $\forall x \forall y(x + sy = s(x + y))$
5. $\forall x(x\mathbf{0} = \mathbf{0})$
6. (AP1-6) $\forall x \forall y(xsy = xy + x)$
7. Trata-se de um esquema de axiomas. Sendo $\alpha(x)$ uma fórmula na qual x figura livre, cada uma das *instâncias* do esquema a seguir é um **postulado de indução**:

$$\alpha(\mathbf{0}) \wedge \forall x(\alpha(x) \rightarrow \alpha(sx)) \rightarrow \forall x \alpha(x). \qquad \text{(II.5)}$$

A interpretação pretendida, ou *modelo intencional* dessa axiomática é formada pelo conjunto dos números naturais e suas operações, sendo ''$\mathbf{0}$ associado ao natural zero. Vamos denominar esse modelo de **modelo standard da aritmética**.

Notadamente para o estudante de filosofia, é conveniente observar que, apesar do nome, o princípio acima (indução) não tem nada a ver com 'indução' no sentido do que em filosofia se denomina de Princípio da Indução, ou seja, aquilo que normalmente é identificado como *indução por simples enumeração*, que foi discutido por David Hume em seu *Treatise* [103]. Aqui, é uma regra que permite que coisas sejam *deduzidas*; se alguma propriedade que se aplica a números naturais vale para zero e, valendo para algum n vale para o seu sucessor sn, então ela vale para todos os números naturais.

Acontece que essa axiomática tem outros modelos. Tome por exemplo o conjunto $D = \{100, 120, 140, 160, \ldots\}$, que inicia com 100 e vai adicionando 20 a cada elemento. Se dissermos que $\mathbf{0}$ é interpretado como '120', e que para cada n o seu 'sucessor' sn é $n + 20$, obtemos um outro modelo dos axiomas acima no qual o 'zero' agora é 120. Esse modelo é isomorfo ao modelo standard. Outro modelo ainda isomorfo a esses dois toma $\mathbf{0}$ como sendo 1 e o domínio é $\{1, 2, 3, \ldots\}$.

Mas AP1 tem modelos que não são isomorfos a esses acima. São os **modelos não-standard** da aritmética elementar. A existência de tais modelos se deve ao fato da lógica subjacente ser a lógica *elementar* (de primeira ordem), que é sujeita ao **Teorema da Compacidade**. Esse teorema diz que dado um conjunto qualquer de sentenças, se todo subconjunto finito tiver modelo, então o conjunto todo tem modelo.

II.2.1 Um modelo não-standard para a arimética elementar

É simples mostrar como um modelo não-standard de AP1 pode ser obtido. Consideremos a linguagem de AP1 e a ela acrescentemos uma nova constante individual 'c', adicionando aos axiomas de AP1 os seguintes novos axiomas:

(c) $N(c)$

(c_0) $c > 0$

(c_1) $c > 1$

(c_2) $c > 2$

etc.

Ou seja, c é um número natural (indicado pelo fato de que temos $N(c)$) e é maior do que todos os números naturais 'standard'. Se houver alguma inconsistência com a nova constante, ela aparecerá como consequência dos axiomas recém-introduzidos, já que os demais postulados, que são os acima, têm modelo (vimos alguns deles). Mas observe-se que *qualquer* subconjunto finito desses novos postulados tem modelo; por exemplo, tomemos os axiomas (c) - (c_{123}). Basta fazer $c = 124$ (ou qualquer outro maior do que 123 que teremos um modelo). Ora, o Teorema da Compacidade, vai dizer que o conjunto todo dos axiomas recém introduzidos tem modelo, e portanto chegamos a um 'número natural' (pois c satisfaz o predicado N) que não é nenhum dos naturais 'standard'.[12] Temos um *modelo não-standard* para AP1. Mais detalhes em [74, 120].

Obviamente, não necessitamos parar por aí. Podemos adicionar uma outra constante b com novos axiomas como os anteriores e mais um axioma que diz que $b \neq c$, obtendo um novo natural não-standard. Isso pode prosseguir ao infinito.

Na subseção seguinte, comentaremos também sobre AP2, a aritmética de segunda ordem.

II.2.2 Predicados Conjuntistas

Descrever uma teoria como fizemos com AP1 é bastante tedioso. Precisamos enunciar a sua linguagem, as definições sintáticas, como a de 'fórmula' e se a teoria envolver, por exemplo, os números reais (como as teorias físicas) esses terão que ser também enunciados, bem como tudo o que a teoria utilize (espaços vetoriais, etc.). Imagine quanta coisa teria que ser apresentada até que se chegue à parte específica da teoria, que é o que realmente interessa ao cientista.

Se aceitarmos que o que interessa em uma teoria científica, pelo menos para as suas aplicações, são os seus modelos, então podemos nos ocupar deles unicamente e procurar um modo de descrevê-los. Foi o que propôs Patrick Suppes com a proposta de *assumir* que toda a parafernália lógica pode ser obtida em uma teoria de conjuntos adequada (como ZFA ou ZFC) e assim pode-se simplesmente ir 'direto' à parte específica, aos modelos. É o que fazemos usualmente quando, para dizer o que é um espaço vetorial complexo, *assumimos* a possibilidade de haver uma estrutura como a nossa já conhecida $\mathcal{E} = \langle V, C, +, \cdot \rangle$, onde '$C$' é o corpo dos números complexos, $C = \langle \mathbb{C}, +, \cdot \rangle$, sendo $\mathbb{C}$ o *conjunto* dos números complexos. Tudo isso (vetores, os números complexos, as operações,...) *está dado de antemão* na teoria de conjuntos. A questão é encontrar uma teoria de conjuntos *adequada*, na qual todos os conceitos exigidos pela teoria 'existam', mas esse é outro problema. Para a maioria das teorias da física ou da matemática, ZFC ou ZFA bastam. Porém,

[12] Em poucas palavras, o Teorema da Compacidade afirma que se um conjunto de fórmulas de uma linguagem elementar é tal que todo subconjunto de fórmulas tem modelo, então o conjunto todo tem modelo.

se quisermos expressar os conceitos, digamos, da *teoria de categorias*, devemos buscar algo mais forte, como a teoria ARC de Ackermann-Muller [160] (veja [120]).

É fato que podemos escrever os axiomas específicos da teoria como sentenças da linguagem da teoria de conjuntos. Por exemplo, o axioma que diz existir um 'vetor nulo' pode ser assim: $\exists x(x \in V \land \forall y(y \in V \to x + y = y + x = y))$, em palavras, existe um vetor (elemento de V) tal que, para qualquer vetor, a sua soma com esse vetor postulado dá como resultado o vetor suposto. Supondo que todos os postulados da teoria estejam escritos dessa forma, podemos fazer a sua *conjunção* $P1 \land P1 \land \ldots$ e definir um **predicado conjuntista**, uma fórmula da linguagem da teoria de conjuntos, que é satisfeita por aquelas estruturas (conjuntos) que obedecem os postulados escolhidos. Por exemplo, para espaços vetoriais, o predicado seria enorme, mas facilmente descrito, algo assim: $\mathscr{P}(X)$, ou seja, um conjunto X satisfaz o predicado $\mathscr{P}$ se, e somente se, X for uma estrutura do tipo acima (de espaços vetoriais) e os axiomas correspondentes forem satisfeitos.

É claro que isso é simplesmente uma forma de reescrever o que se faz usualmente, mas enfatiza o papel da teoria de conjuntos, onde está tudo sendo feito. Entendendo-se isso, fica claro o que Suppes quis dizer quando estabeleceu que *"axiomatizar uma teoria é definir um predicado conjuntista"* [213, p.32].[13]

Podemos então supor que mesmo para as teorias da física e de outras disciplinas as teorias podem ser axiomatizadas desse modo, desde que a teoria de conjuntos comporte aquilo que se necessita. É o que acontece com os exemplos que já demos da mecânica clássica de partículas, da teoria sintética da evolução e outras. No entanto, levando em conta questões de fundamentos, cabe observar que, nesse esquema, 'tudo' se reduz a conjuntos (no caso de ZFC) ou a conjuntos e átomos (no caso de ZFA) e, como sabemos, conjuntos são coleções de objetos *distintos* uns dos outros. Saliente-se que isso é algo que está sendo posto intuitivamente, mas a teoria de conjuntos deixa isso claro, como já vimos: todos os objetos nela representados são indivíduos.

A importância de chamar a atenção para isso vem da física quântica; se assumimos que há entidades *absolutamente* indiscerníveis, que não apresentam propriedades distintivas e que, portanto, não são 'indivíduos' na acepção vista, como usar uma teoria de conjuntos dessas para fundamentar essa disciplina? Essa é uma questão pertinente e importante, e será respondida no restante deste livro.

II.2.3 AP2, a Aritmética de Segunda Ordem

Vamos fazer um comentário sobre AP2, a **aritmética de segunda ordem**, que é axiomatizada em uma linguagem de segunda ordem. Semanticamente, uma linguagem de primeira ou de segunda ordem (vamos ignorar as de ordens mais altas) visa 'falar' dos objetos de um domínio D (via de regra não vazio), de suas propriedades, relações, conjuntos e funções que podem ser nele definidas. Em uma **linguagem elementar**, ou de **primeira ordem**, temos só um tipo de variáveis que podem ser colocadas nos quantificadores de modo a formar as expressões bem formadas da linguagem (as *fórmulas*); são as *variáveis individuais*. Assim, só são fórmulas as expressões do tipo $\exists x\alpha$ e $\forall x\alpha$ se x for uma variável individual. Não se pode quantificar sobre propriedades, relações, funções ou conjuntos de objetos do domínio; isso é feito em uma **linguagem de segunda ordem**, na qual há variáveis para essas coisas, digamos $X, Y, \ldots$ e então podemos aceitar como fórmulas também expressões da forma $\exists X\alpha$ e $\forall X\alpha$ se X for agora uma variável de segunda ordem. Isso é equivalente a axiomatizarmos a teoria na linguagem da teoria de conjuntos; apesar de usarmos somente variáveis individuais, para 'conjuntos', quando escrevemos $\forall x\exists y(x \in y)$, a variável y está como que repre-

[13] Um excelente artigo de divulgação do próprio Suppes é [212]. O leitor pode ver também [211, cap.12], [128], [120].

sentando um conjunto dos objetos 'x'; seria como se escrevêssemos em uma linguagem de segunda ordem algo como $\forall x \exists Y(Y(x))$, ou seja, x tem a 'propriedade' Y, o que corresponde a pertencer a um conjunto (o conjunto de todos os objetos que têm a tal propriedade). Esse é o motivo pelo qual Quine dizia que as lógicas de ordem superior (segunda ordem ou acima) são "teorias de conjuntos disfarçadas" (veja [92]).

Podemos então achar um predicado conjuntista que axiomatize a aritmética, mas agora, devido à força da teoria de conjuntos, não precisamos requerer a existência das operações de adição e de multiplicação, porque podemos, por meio do chamado Teorema da Recursão, provar que existem funções que cumprem esse papel [120, p.182]. Os conceitos específicos, portanto, ficam sendo somente **0** e o símbolo funcional unário 's'. Os postulados específicos são (AP1-1), (AP1-2) e uma nova versão do Princípio de Indução, que agora, podendo quantificar sobre propriedades, não precisa ser um esquema, mas um *axioma* propriamente dito; sendo P uma variável que percorre as propriedade que se aplicam a números naturais (os objetos 'intencionais' da teoria), então o axioma diz o seguinte:

$$\forall P\Big(P(\mathbf{0}) \wedge \forall x(P(x) \to P(sx)) \to \forall x P(x)\Big). \tag{II.6}$$

A estrutura cujo domínio é o conjunto dos números naturais, **0** é interpretado no zero e o sucessor de um número natural é ele somado a uma unidade, continua sendo o **modelo standard** da aritmética de segunda ordem, mas agora *não há modelos não-standard*: todos os modelos de AP2 são isomorfos. Isso se deve ao fato de que o Teorema da Compacidade não se aplica para a lógica de segunda ordem ou uma teoria de conjuntos: a aritmética de segunda ordem é categórica.[14]

II.3 Conclusão

Encerramos este capítulo observando que, para a maioria das teorias com as quais trabalhamos, podemos encontrar um modo de axiomatizá-las *dentro* de uma teoria de conjuntos, e que teorias como ZFC ou ZFA são suficientes. Se houver necessidade, podemos recorrer a teorias 'mais fortes', como o sistema KM (Kelley-Morse; veja [120]) ou a uma outra teoria, como ARC. No entanto, nossa *Prima Donna* é a física quântica e, como veremos no capítulo seguinte, se adotarmos uma metafísica compatível com a existência de não-indivíduos, e veremos fortes razões para isso, estaremos em dificuldades se quisermos adotar uma dessas teorias de conjuntos. O motivo é que todas elas incorporam a teoria usual da identidade, e é precisamente isso que a metafísica de não-indivíduos vai questionar.

No entanto, é conveniente que vejamos a origem de tudo isso.

II.4 Adendo: ainda sobre as teorias

Em função do que foi dito acima, acreditamos ser conveniente insistir e deixar clara a nossa posição a respeito dos diversos modos de se caracterizar uma teoria axiomática; deixamos a teoria informal para o que já foi dito acima. Lembramos que Hilbert distinguia entre axiomáticas *formais* e axiomáticas *concretas*, estas sendo realizadas quando se pretende axiomatizar algum domínio da realidade ou alguma teoria informal em vista, enquanto que aquelas seriam abstratas, independentes de qualquer motivação a priori, como uma nova

[14]Uma demonstração de que dois modelos quaisquer dessa aritmética são isomorfos pode ser vista em [64].

lógica, ainda que possam ter sido originadas a partir de algum domínio prévio; mais sobre isso em [120, 128]. Aqui falaremos algo distinto.

A primeira maneira de se formular uma teoria é através de um *sistema formal*. Por exemplo, suponha que queremos formalizar a teoria de grupos, ou a aritmética elementar como fizemos acima. No caso dos grupos, para dar mais um exemplo, podemos fazer isso assumindo a linguagem da lógica elementar clássica, à qual adicionamos os símbolos não lógicos seguintes: uma constante individual e e um símbolo funcional binário $*$. Descrevemos o que entendemos por *termos* e *fórmulas* e apresentamos os axiomas adequados aos conceitos que assumimos, incluindo aqueles da lógica elementar.

Uma outra coisa é descrever os *modelos* dessa axiomática, ou seja, os grupos propriamente ditos. Essas coisas em geral 'vivem' em uma teoria de conjuntos, sendo estruturas (logo, conjuntos) da forma $\mathcal{G} = \langle G, e, * \rangle$, para G um conjunto não vazio e de forma que os axiomas da teoria sejam 'verdadeiros' nessa estrutura.[15]

No entanto, suponha que a nossa concepção de teoria cientifica se coadune com a chamada *abordagem semântica* às teorias. Nessa abordagem, identificamos uma teoria com a classe de seus modelos ou, como diz van Fraassen, "apresentar uma teoria é especificar uma família de estruturas, os seus *modelos*" [71, p.64]. Nesse caso, a apresentação da teoria como um sistema formal é dispensável, uma vez que, como fazem os autores que defendem essa abordagem (Suppes, van Fraassen e vários outros), fica tudo subsumido na teoria de conjuntos.

Em outras palavras, distinguimos entre uma teoria como algo formal e uma teoria como uma classe de estruturas,[16] mas (sempre um 'mas'!) há coisas a considerar.

Suponha que estamos apresentando a teoria de grupos como um sistema formal. Usamos símbolos como '$\wedge$', '$\neg$' e '$\forall$', além de símbolos que representam os demais elementos (variáveis individuais, parênteses, etc.). O que são essas coisas? Ora, dirá você: são símbolos de uma linguagem, e estará certo. Mas, o que é uma linguagem? A resposta é redundante: é uma coleção de símbolos admitindo regras que permitam que sejam reunidos de modo a dar algum sentido às junções, ou seja, às 'palavras' e 'sentenças'.

Um modo mais preciso de dizer o que é uma linguagem é afirmar que se trata de um tipo de *álgebra* [128]. Essa consideração, típica do que se denomina de Álgebra Universal, torna as linguagens *conjuntos*, e desse modo os símbolos destacados acima (como os símbolos lógicos) nada mais são do que nomes de conjuntos. Ou seja, mesmo na utilização de sistemas formais, de certa forma estamos comprometidos com a ideia de conjunto.

[15] Mesmo a abordagem categorial (via Teoria de Categorias) não deixa de se referir a conjuntos de certa forma; uma categoria, essencialmente, é formada por um *conjunto* de entidades chamadas de 'objetos' e por um *conjunto* de entidades chamadas de 'morfismos', tudo isso obedecendo axiomas específicos. Ver [120].

[16] Falamos em 'classe' de estruturas porque a coleção de todos os modelos de uma teoria via de regra não é um *conjunto* de uma teoria como ZF, mas uma *classe própria*; ver [120].

Capítulo III

O surgimento da física quântica

"O procedimento todo foi um ato de desespero..."

Max Planck

A data oficial do 'nascimento' da física quântica é 14 de Dezembro de 1900, quando Max Planck (1859-1947), Nobel em 1918, apresentou à Sociedade Germânica de Física seu estudo sobre a *radiação do corpo negro*, indicando o que ficou conhecido como o *Postulado de Planck*, a saber, que a energia eletromagnética pode ser emitida unicamente de modo quantizado, ou seja, a energia poderia ser somente algum múltiplo de uma unidade elementar, $E = h\nu$, sendo ν a frequência da radiação e h a constante de proporcionalidade, chamada de *constante de Planck*, ou *quantum de ação*.

O próprio Planck disse que fez essa suposição "em um ato de desespero", uma vez que uma interpretação da radiação do corpo negro que fosse compatível com os experimentos, "tinha que ser encontrada a qualquer preço", mesmo que isso chocasse com as suas próprias convicções acerca da Física (de natureza mais ortodoxa).[1]

Os *quanta*[2] de luz, de energia $h\nu$, foram mais tarde chamados de fótons. A energia total de um agrupamento de fótons é $h\nu$ multiplicada pelo número de fótons. Isso significa que a energia não pode ser *qualquer*, mas somente um múltiplo de uma unidade fundamental; foi a partir daí que tornou-se hábito falar em *discretização* nas teorias quânticas: grosso modo, as quantidades não são *contínuas*, mas *discretas*.

A suposição dessa 'quantização' foi usada por Albert Einstein em 1905 quando de seu estudo sobre o *efeito fotoelétrico*, trabalho que lhe deu o Prêmio Nobel em 1921. Um pouco mais tarde, Niels Bohr usou a mesma ideia na sua descrição do átomo de hidrogênio (1913).

Uma citação [200, p.79] ajuda a entender esse (e outros) ponto:

---

[1]Há excelentes textos sobre a história da física quântica. Alguns são os seguintes: o clássico livro de Max Jammer [105] e os mais atuais [131, 146, 8]. Em nossa língua, há dois livros de Osvaldo Pessoa Jr, escritos para os físicos, mas de grande proveito para o filósofo [172, 173].

[2]Plural de 'quantum'; usualmente não escreveremos em itálicos. Tem-se que o termo 'quantum' foi introduzido por Galileo para destoar do grego 'átomo' [200].

> "O quantum de ação determina todos os tamanhos na natureza. Em particular, determina todos os *formatos*. (...) Experimentos mostram que todos os quantons *compostos*,[3] tais como átomos ou moléculas, têm estruturas de tamanho finito e frequentemente com forma complexa. O tamanho e a forma de qualquer desses sistemas é devido ao movimento de seus constituintes [que por sua vez] é devido ao quantum de ação. Mas, como eles se movem?
>
> Em 1901, Jean Perrin e, independentemente, em 1904, Nagaoka Hantaro propuseram que os átomos eram pequenos 'sistemas solares'. Em 1913, Niels Bohr usou essa ideia, combinando-a com o quantum de ação, e achou que poderia prever o tamanho e a cor [qualidade da radiação emitida] dos átomos de hidrogênio, duas propriedades que até então não haviam sido entendidas. (...) Bohr sabia que os cálculos [que eram feitos] não eram bem entendidos porque pareciam assumir que os átomos de hidrogênio eram planos (*flat*), assim como o sistema solar. Mas, antes de tudo, observa-se que os átomos são esféricos. Segundo, uma forma plana seria contraditória ao quantum de ação. Com efeito, o quantum de ação implica que o movimento dos constituintes é nebuloso (*fuzzy*). Portanto, todos os quantons compostos, tais como átomos ou moléculas, devem ser feitos de *nuvens* de constituintes."

Essa imagem de 'nuvens' é o que temos hoje, e não mais de elétrons como pequenas bolinhas orbitando um núcleo. Nos textos explicativos, diz-se que essas nuvens são *nuvens de probabilidades*, locais 'onde é mais provável encontrarmos os elétrons'. Isso deve ser visto com alguma cautela; ainda que talvez não haja outro modo de nos referirmos a essa imagem, exceto talvez dizendo-se que os elétrons *são essas nuvens*, esse modo de dizer passa a ideia de que os elétrons são 'coisinhas' escondidas nessas nuvens, permitindo-nos voltar à ideia de pequenas bolinhas. Não, certamente não é isso. Na verdade, não sabemos *o que é* um elétron (ou qualquer outro sistema quântico) exceto pela sua descrição *nomológica*, ou seja, dadas pelas leis físicas que descrevem essas entidades. Por exemplo, um elétron é algo que tem massa $m = 9,1 \times 10^{-28}$ gramas, carga elétrica $e = 4,8 \times 10^{-10}$ unidades eletrostáticas (e.s.u.) e spin $\hbar/2$. Como dizem Dalla Chiara e Toraldo di Francia, "o bem conhecido caso de um tigre com três pernas não pode ser encontrado nesse domínio, uma vez que todas essas propriedades são *essenciais*." [49].[4]

O uso do quantum de ação marca o início da física quântica. No entanto, logo se percebeu que era preciso mais, uma *teoria*, que viria aparecer, como dito, somente anos mais tarde, na década de 1920, inicialmente com Werner Heisenberg e depois com ele, Max Born e Pascual Jordan, que a aperfeiçoaram. No ano seguinte, Erwin Schrödinger apresentou uma formulação alternativa, que ele mostrou ser equivalente à de Heisenberg et al. Logo na sequência, Paul A. M. Dirac considerou questões relativísticas, dando origem ao que hoje se denominam de *teorias quânticas de campos* (uma exposição introdutória excelente dessas teorias está em [235]). Em 1932, John von Neumann deu um tratamento matemático a tudo isso por meio do conceito de espaços de Hilbert, que desde então tornou-se o procedimento padrão de apresentar a teoria. A versão de Schrödinger ganhou predominância pela sua maior simplicidade, mas a versão de Heisenberg é a mais utilizada quando se pretende alcançar versões relativísticas da teoria.

---

[3] [O autor denomina de 'quantons' todos os sistemas quânticos.]

[4] Obviamente eles se referem a uma situação em que um tigre, tendo perdido uma de suas pernas, continua sendo um tigre. Na física quântica, se algo não tem uma dessas características nomológicas (dadas por leis), deixa de ser um elétron. Por exemplo, ainda dado pelos autores mencionados, se encontramos um objeto quântico com as mesmas propriedades de um elétron, porém tendo massa igual a $1,9 \times 10^{-25}$ gramas, não o chamaremos de um elétron peculiar (um tigre de três pernas), mas devemos reconhecer que se trata de uma outra partícula, no caso, um *muon*.

A visão de Heisenberg e colegas, mas principalmente a de Niels Bohr, ainda que haja diferenças, ficou conhecida como *interpretação de Copenhague*, tendo em vista ser essa a cidade em que Bohr vivia e trabalhava, congregando vários visitantes ilustres. Uma *interpretação* da teoria quântica é uma tentativa de apresentar um modo de relacionar a teoria com o que se experimenta na realidade. Como veremos abaixo, ainda que a teoria possa ser uma só (há no entanto dúvidas quanto a se as diversas formulações são formulações da mesma teoria), há divergências sobre *o que ela significa* ou o que ela descreve.

A 'interpretação' de Copenhague é a mais usada ainda hoje. Uma pesquisa feita há algum tempo com os físicos presentes a um evento, constatou que grande parte deles segue Copenhague.[5] Algumas características desse modo de ver a teoria (hoje denominada de *interpretação ortodoxa*) são os seguintes, colocadas em termos atuais:

1. O estado de um sistema quântico é descrito por uma função denominada de *função de onda*, ou *vetor de estado*, usualmente representada pela letra 'ψ', ou por '$|\psi\rangle$' na notação de Dirac (veja a seção IV.8). Essa função (ou vetor) congrega 'tudo' o que pode ser conhecido sobre o sistema em uma determinada situação. Esses estados são denominados de *puros* para distingui-los das *misturas* (de estados puros), quando não há informação 'completa' sobre o sistema [152, pp.204-5].[6]

2. Os observáveis físicos são descritos por meio de *operadores autoadjuntos* e os possíveis valores de suas medições estão entre os autovalores desses operadores. Todos esses conceitos serão apresentados no capítulo V.

3. Não podemos determinar a priori qual será o valor alcançado na medição de um observável: tudo o que temos são probabilidades de se obter um ou outro valor. Essas probabilidades são obtidas pela *Regra de Born*, outro conceito quântico essencial.

4. A teoria admite a existência de *operadores que não comutam*, que informalmente representam observáveis que não podem ser medidos simultaneamente com precisão absoluta, como a posição e o momento de uma partícula. Isso destoa completamente do que acontece na física clássica, na qual todos os observáveis possíveis (posição, momento, massa, etc.) têm valores bem determinados que coexistem, bastando que os encontremos. Na física quântica isso é diferente: somente observáveis delimitados por um certo *contexto* podem ser valores simultâneos, mas não em geral. Além do mais, os valores de medida desses observáveis não existem a priori, como na física clássica onde, por exemplo, a posição de uma partícula é algo bem determinado, ainda que possa ser por nós desconhecida. Na física quântica, esses valores 'aparecem' unicamente *depois* que as medições são realizadas. Vem daí a analogia de que essa interpretação sustenta que as características quânticas são 'criadas' pelas medições, tanto que no folclore da física, conta-se que Einstein (que repudiava essa ideia) perguntou a Abraham Pais, com quem conversava, se este acreditava que a lua não estaria lá se não a estivéssemos observando, ou seja, que seria o 'ato de medição' (observar a lua) que 'criaria' os valores dos observáveis (e, exagerando um pouco, as próprias coisas).

5. Um dos postulados mais polêmicos dessa interpretação, introduzido por von Neumann, é o do *colapso da função de onda*. Em poucas palavras, *antes* da medição de um observável para um dado

[5]Veja o verbete 'Interpretations of Quantum Mechanics' da Wikipedia.

[6]A palavra 'completa' tem um significado específico de um sistema de observáveis que fornecem uma descrição exata do estado do sistema.

sistema em um certo estado, a descrição do estado (a função de onda) é uma superposição de todos os estados possíveis; se uma partícula tem a possibilidade de bater em um anteparo nesta ou naquela posição, o seu estado é descrito por uma superposição de estados que representam cada uma das situações possíveis. Ou seja, antes de medirmos a posição da partícula, podemos dizer (pela fraqueza de nossa linguagem) que a partícula *não tem posição*.[7] Quando da medição do observável, a função imediatamente *colapsa*, ou se *reduz* em (a) um dos estados componentes e tudo o que temos (ou seja, tudo o que a teoria fornece) são as probabilidades de acontecer uma ou outra situação. Na física quântica, a ideia de *probabilidades* entra de modo essencial, e não como medida de nossa ignorância, como na física clássica.[8]

6. A ideia de que há o colapso implica uma rejeição ao *determinismo*. Por 'determinismo', entende-se a posição filosófica que diz que os acontecimentos (ou 'eventos') são determinados por causas preexistentes. A física clássica é determinista: dadas as equações do movimento e a situação de um corpo em um instante de tempo t, podemos determinar a sua situação em qualquer estado de tempo $t' \neq t$. Na física quântica, o estado de um sistema evolui deterministicamente somente enquanto não está sendo medido, e a *equação de Schrödinger* descreve essa evolução (na versão de Heisenberg a evolução é descrita diferentemente). Porém, quando há a medição, esse estado colapsa não deterministicamente, ou seja, evolui sem que saibamos ao certo para onde ele vai, dispondo unicamente das probabilidades. Os físicos falam de dois tipos de 'evoluções', a evolução *unitária*, quando ainda obedece a equação de Schrödinger e é determinista, e a evolução que ocorre pelo colapso. O nome 'unitária' vem do fato que a descrição matemática desse fenômeno é feita por meio de um *operador unitário*, conforme teremos oportunidade de ver à frente.

7. Para Copenhague, é essencial a noção de *complementaridade*, da qual falaremos, que intuitivamente assevera que há situações em que um fenômeno, para ser melhor entendido, necessita ser descrito por proposições 'complementares', que são ambas necessárias, mas que não podem ser consideradas em conjunto sob o risco de levarem a uma contradição. Isso traz uma consequência interessante para a Lógica, e falaremos disso à frente.

O leitor pode encontrar mais detalhes sobre a 'interpretação de Copenhague' em [100]. Saliente-se que o conceito-chave dessa formulação é a salientada noção de *superposição*, quando vários 'estados' (ou vetores de estado) são apresentados como 'possibilidades' de virem a ser realizados (a serem os estados do sistema depois que uma medição é realizada). Um caso particular de superposição é o *emaranhamento*, que Schrödinger considerou como sendo *a principal característica* da mecânica quântica (veja a página 125). Em um estado emaranhado, não se pode discernir individualmente as propriedades dos componentes do sistema; diz-se que o estado emaranhado não é *separável* em estados componentes. Veremos isso com mais detalhes depois.

[7] Isso não quer dizer, como usualmente se diz, que a partícula esteja em mais de uma posição ao mesmo tempo. O estado *antes* da medição é uma superposição, não sendo nem um e nem o outro dos componentes (sejam eles quantos forem). Essa hipótese foi depois ridicularizada por Schrödinger com o seu célebre experimento do gato, o famoso *gato de Schrödinger*, que aparecerá à frente.

[8] Na física clássica, as probabilidades aparecem porque não somos como o *demônio de Laplace*, que conhece o valor de todas as variáveis que interferem no estado de um dado sistema. Desse modo, a partir do estado do sistema em um certo instante, ele seria capaz de determinar o seu estado em qualquer outro instante de tempo. Na teoria quântica, isso não é possível: tudo o que o demônio teria seriam as probabilidades dos estados a serem alcançados, certamente algo frustrante para ele.

Mais tarde, houve outras abordagens, sendo a de David Bohm (1917-1992) talvez a mais conhecida e (hoje em dia) bastante influente, elaborada em 1952 com ideias (independentes) semelhantes às apresentadas por Louis de Broglie (1892-1987) em 1924. Pelo que se diz, a *mecânica bohmiana* (MB, também dita mecânica de 'de Broglie-Bohm') fornece os mesmos resultados que a versão ortodoxa, e tem como algumas de suas principais características os fatos seguintes:

1. Há *partículas* e há *ondas*. As partículas são *guiadas* por *ondas-piloto*, como se fossem surfistas em uma onda.

2. No experimento das duas fendas, que veremos abaixo, a partícula passa por uma das fendas, mas a onda piloto passa pelas duas, sendo ela a responsável pelo *padrão de interferência* (ver abaixo o experimento das duas fendas).

3. As partículas estão sujeitas a um *potencial quântico*, que é um termo na equação de Schrödinger modificada, que a MB formula.

4. A teoria é *determinista*, ainda que haja quem discorde [135].

5. As partículas têm individualidade e identidade, havendo trajetórias que não se interceptam.

6. As posições das partículas não podem ser conhecidas, sendo dadas por *variáveis ocultas*. A teoria é uma teoria de variáveis ocultas. Variáveis ocultas são entidades hipotéticas que, se introduzidas na física quântica, possibilitariam evitar o indeterminismo quântico. As posições das partículas em MB existem, mas não podem ser conhecidas.

7. A teoria é *não local*, havendo o que Einstein denominava de "ação fantasmagórica à distância". Isso será explicado mais à frente, sendo de fundamental importância para um melhor entendimento da física quântica. Como um aperitivo, lembramos a frase do grande físico Nicolas Gisin: "todos os experimentos de hoje evidenciam que a natureza é não local." [87][9]

8. Não há o colapso da função de onda, já que a teoria é determinista.

Uma terceira interpretação relevante é a dos *muitos mundos*, preconizada por Hugh Everett III (1930-1982) em 1957. A ideia básica de Everett era a de que se o universo é todo formado de entidades quânticas, haveria uma imensa função de onda descrevendo tudo isso, a *função de onda do universo*, que seria uma superposição de todas as possibilidades, que existiriam simultaneamente ainda que não as percebêssemos. Quando uma medição ocorre, por assim dizer entramos na realidade correspondente ao que se obtém como resultado da medida, mas as outras possibilidades não deixam de existir, estando sendo realizadas em mundos paralelos, que porém nos são inacessíveis. Ou seja, se você é assaltado agora, há um mundo em que você existe e no qual você não foi assaltado. Obviamente, aqui também não há o colapso da função de onda. Um fato interessante sobre essa estranha hipótese é a tese da *imortalidade quântica*: como em cada medição aparecem os mundos correspondentes a todas as possibilidades (geralmente se diz que o mundo se divide), sempre haverá um mundo no qual você existe e está vivo, sendo, portanto, imortal. A física quântica é um campo por excelência para o *charlatanismo quântico*.

[9]O termo 'não local' é preferível nesse contexto à afirmativa de que a natureza 'não seria local', uma vez que traz a analogia com a noção de nãolocalidade (*nonlocality*) de modo específico.

A interpretação de Everett tem muitos adeptos, sendo David Wallace, da Universidade de Pittsburgh, um dos seus mais importantes defensores; veja-se o seu livro 'The Emergent Multiverse: Quantum Theory According to the Everett Interpretation'. Na nossa opinião, essa interpretação é muito mais estranha e improvável do que aceitar que as entidades quânticas são não-indivíduos. Com efeito, a nào-individualidade pode ser atestada de vários modos, como a existência das 'estatísticas quânticas' (ver abaixo) e de outros resultados, enquanto que a teoria dos muitos mundos é apenas especulativa.

Na verdade, há muitas outras 'interpretações' da teoria quântica e encontra-se facilmente na web uma lista de todas elas. Algumas das principais são as seguintes, cada uma delas admitindo variações:[10]

1. Interpretação de Copenhague (Bohr, Heisenberg, Pauli).
2. Interpretação dos Muitos Mundos (Everett).
3. Interpretação Relacional (Carlo Rovelli).
4. QBism, ou Quantum Bayesianismo (Caves, Mermin e vários outros).
5. Interpretação de de Broglie-Bohm.
6. GRW (Ghirardi, Rimini e Weber).
7. Interpretações Modais (van Fraassen e vários outros depois dele).
8. Interpretação das Histórias Consistentes (Griffiths, Omnès).
9. Darwinismo Quântico (Zurek).
10. Interpretação Não Reflexiva. Esta é nossa.

Não há limite para o surgimento de interpretações. O físico David Mermin disse que "novas interpretações aparecem a cada ano, e nenhuma vai desaparecer."[11]

III.1 As 'estatísticas'

Há vários modos de se apresentar ao leitor as discrepâncias entre o que assume a física clássica e o que assume a física quântica, o experimento das duas fendas sendo talvez o mais famoso, aquele que, no dizer de Richard Feynman, "contém todo o mistério".[12] Mas podemos também olhar para as 'estatísticas', que é o que faremos, deixando o experimento das duas fendas para depois.

Na física clássica, entidades como partículas (elétrons, prótons, etc.) podem ser indiscerníveis relativamente às suas propriedades fundamentais (ditas *intrínsecas*), como massa e carga elétrica.[13] Porém sempre se tem que duas delas são *distintas*. Como a teoria não aponta para o que seria essa distinção, o filósofo da física

[10] Descrições mais detalhadas podem ser vistas na Stanford Encyclopedia of Philosophy, na Wikipedia e na Introdução de [76].

[11] Mencionado na Wikipedia.

[12] É importante que o estudioso leia o primeiro capítulo do Vol.III das *The Feynman Lectures on Physics*.

[13] Mais rigorosamente, propriedades intrínsecas são aquelas que independem do *estado* em que está a partícula. A massa, por exemplo (massa 'de repouso') não se altera de estado para estado. As que não são intrínsecas são *extrínsecas*, a mais típica delas sendo a localização espaço-temporal.

Heinz Post sugeriu que elas apresentariam uma *individualidade transcendental*, que estaria 'para além' (ou 'transcendendo') as suas propriedades. Isso é refletido na chamada estatística de Maxwell-Boltzmann (MB) que é exemplificada na figura III.1.[14] Note que há quatro situações possíveis para dispormos duas partículas, nomeadas '*a*' e '*b*' em duas caixas indicadas por '*A*' e '*B*': ambas em *A*, ambas em *B*, uma delas em *A* e a outra em *B* e o contrário, a que estava em *A* agora está em *B* e vice-versa. O fato de que essas duas últimas (a terceira e da quarta) possibilidades serem consideradas situações físicas distintas, uma vez que cada uma das quatro possibilidades é dita ter probabilidade 1/4 de ocorrer, faz com que apesar de indiscerníveis elas 'têm alguma diferença', que estaria justamente 'transcendendo' as suas propriedades e fazendo com que a sua permutação forneça um estado diferente.

Em outras palavras, as 'partículas clássicas' são *indivíduos*, podendo ser sempre discernidas umas das outras e mais: podem ser reidentificadas como tais em diferentes contextos, uma vez que têm trajetórias bem definidas e nunca podem se superpor (Princípio da Impenetrabilidade).[15]

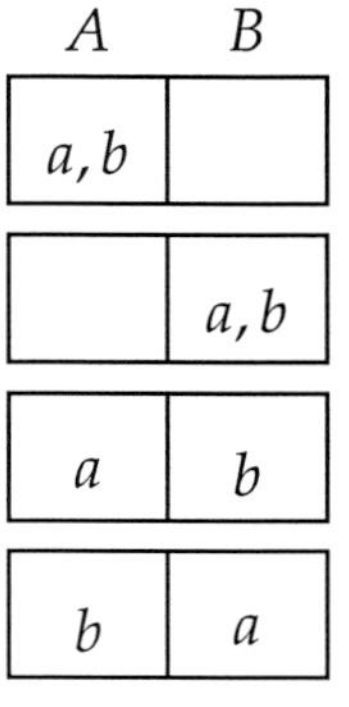

Figura III.1: A estatística M-B. Aqui, os elementos são discerníveis e podem ser nomeados '*a*' e '*b*'. As duas últimas situações são consideradas distintas, o que induz a ideia de que *a* e *b* possuem 'alguma coisa' para além de suas propriedades que faria com que as duas últimas situações difiram.

Com relação às 'partículas quânticas', a situação é bem diferente. Primeiramente, elas pertencem a um entre dois grupos: ou são *bósons* e obedecem a estatística Bose-Einstein (BE), ou são *férmions* e obedecem a estatística Fermi-Dirac (FD), exemplificas nas figuras seguintes. Nesse caso, admite-se que essas entidades são destituídas de identidade (em um sentido a ser tornado preciso mais tarde), não tendo individualidade. Por isso, não há sentido em nomeá-las como '*a*' ou '*b*' pois esses rótulos, em princípio, as distinguiriam. Seria melhor, nos exemplos, usar algo que não indique diferenças, como bolinhas do tipo '•'; assim duas delas seriam '• •' e assim por diante. No entanto, o uso dessas bolinhas nas figuras poderia passar a impressão de que os sistemas quânticos são coisas desse tipo, pequenas bolinhas. O que temos deles são somente os seus *tipos* (ou 'espécies'), dadas pelas leis físicas a que obedecem, e as quantidades consideradas. Assim, nas figuras, colocamos unicamente números indicando *quantos* há em cada situação, deixando os seus tipos implícitos.

Na estatística BE, podemos ter duas partículas em *A* e nenhuma em *B* ou o oposto: duas em *B* e nenhuma em *A*, ou então termos uma em cada caixa (estado). Postula-se que se trocarmos as partículas de caixa, *nada muda*, ou seja, qualquer coisa que meçamos sobre os sistemas antes ou depois da permutação conduz a

[14]Usa-se a palavra 'estatística' aqui para fazer referência ao número de possibilidades de distribuição de uma quantidade de entidades em certos estados. Como veremos, essa contagem depende da natureza dessas entidades.

[15]Esse princípio diz que partículas são 'impenetráveis', não podendo ocupar a mesma posição espacial a um só tempo.

exatamente os mesmos resultados. Esse fato é denominado Postulado da Indistinguibilidade [188, 79]. Cada uma das três situações possíveis ocorre com a mesma probabilidade, 1/3.

A	B
2	0
0	2
1	1

Figura III.2: A estatística BE. Não há sentido atribuir rótulos para as entidades; importam suas quantidades. Na primeira linha, indica-se que há duas partículas em A e nenhuma em B, e assim por diante.

A situação muda no caso de férmions. Devido ao Princípio de Exclusão, dois férmions não podem partilhar os mesmos números quânticos, o que indica que eles não podem estar mais de um em um mesmo estado. Por isso, há unicamente uma possibilidade, dada pela figura III.3.

1	1

Figura III.3: A estatística F-D. Vale o Princípio de Exclusão: dois *férmions* não podem ocupar o mesmo estado quântico.

Para explicar a intuição dessas estatísticas, Schrödinger deu alguns exemplos que vale repetir aqui. Em seu célebre artigo 'O que é uma partícula elementar?' [204, 205], Schrödinger considera três estudantes, a quem chama de 'Tom', 'Dick' e 'Harry', e diz que eles merecem um prêmio, mas só há dois prêmios para serem distribuídos. O professor, antes de lhes dar os prêmios, deseja saber de quantas formas a distribuição pode ser feita. Sua conclusão é a de que isso vai depender da natureza dos prêmios. No nosso caso, 'Tom' (T), 'Dick' (D) e 'Harry' (H) designam os estados possíveis, e os prêmios indicam as partículas. A pergunta então é: de quantas formas podemos dispor duas partículas em três estados possíveis?

Schrödinger aponta então para três situações distintas. Na primeira, que vai refletir a estatística M-B, os prêmios são discerníveis, que ele sugere serem moedas históricas com os retratos de Newton (N) e de Shakespeare (S). Há aqui um paralelo intencional para com as partículas descritas pela física clássica, que sempre são *distintas* umas das outras. Há então, diz ele, 9 distribuições possíveis: dar as duas para cada um deles, ou uma para cada um, mas como as moedas são diferentes, haverá diferença na contagem das distribuições se dermos S a T e N a D ou se dermos N a T e S a D (neste caso, Harry fica sem prêmio). A tabela III.4 ilustra a situação.

A segunda situação reflete a estatística BE, que reflete o caso de *bósons*, entidades que podem se agregar em um mesmo estado quântico, partilhando todas as suas características e sendo absolutamente indiscerníveis. As 'partículas' podem, portanto, estar em um mesmo estado, mas são indiscerníveis. Schrödinger fala de duas quantidades em dinheiro, digamos duas notas de R$ 100,00, mas tais que não se possa decompô-las em, digamos 5 notas de R$ 20,00 cada uma. As possibilidades, ou distribuições possíveis, nesse caso, são 6:

n	T	D	H
1	N S		
2		N S	
3			N S
4	N	S	
5	N		S
6	S	N	
7		N	S
8		S	N
9	S		N

Figura III.4: A estatística M-B. As 'partículas' (os prêmios sendo moedas distintas) são distinguíveis. Na figura, 'N' designa 'Newton' e 'S' designa 'Shakespeare'.

n	T	D	H
1	200		
2		200	
3			200
4	100	100	
5	100		100
6	100	100	

Figura III.5: A estatística BE. As 'partículas' (os prêmios de R$ 100,00 cada) são indistinguíveis.

Finalmente, a terceira situação, que é a de duas vagas no time de futebol da escola. É certo que um dos estudantes ficará de fora, pois (como os férmions), não podemos ter dois jogadores em uma mesma posição. Temos então 3 possíveis distribuições, a saber:

Quando virmos o formalismo da teoria, poderemos verificar como isso é tratado matematicamente.

III.2 As duas fendas

A teoria quântica é formulada para explicar uma série de fenômenos que não têm contraparte 'clássica', ou seja, que não podem ser explicados com os recursos da física clássica.[16]

O experimento das duas fendas é considerado por Richard Feynman (1918-1988, Nobel em 1965) como o experimento que "concentra todo [ou *o único*] o mistério" ("it contains the *only* mystery") [68, Seção 1.1]. Trata-se de fato de algo notável que merece ser recuperado pelo menos em parte.[17]

[16]Já que não dissemos antes, aqui vai. Por 'física clássica' entende-se usualmente tudo o que 'não for quântico', assim, a mecânica clássica em qualquer de suas formulações (Newton, Hamilton, Lagrange, Hamilton-Jacobi), a termodinâmica, a óptica, a teoria eletromagnética (Maxwell) e mesmo as duas teorias da relatividade de Einstein, são consideradas 'clássicas'.

[17]Recomendamos, no entanto, a leitura do texto do próprio Feynman, que retrata todos os detalhes com reconhecida maestria.

n	T	D	H
1	vaga	vaga	
2		vaga	vaga
3	vaga		vaga

Figura III.6: A estatística F-D. As 'partículas' (as vagas no time) não podem aparecer mais de uma em cada estado (um jogador não pode preencher mais de uma vaga no time).

A discussão sobre a natureza da luz vem desde a antiguidade. Vários pensadores contribuíram para opiniões distintas, notadamente alguns defendendo uma natureza 'corpuscular' enquanto que outros defendiam uma natureza 'ondulatória'. Nomes proeminentes são os de Isaac Newton (1642-1727) e de Christiaan Huygens (1629-1695). O primeiro defendia a visão corpuscular, e o segundo a visão ondulatória. O ponto de vista de Newton prevaleceu, possivelmente devido à sua importância como cientista maior até que no início dos anos 1800 Thomas Young (1773-1829) mostrou o caráter ondulatório da luz.

Em 1905, Albert Einstein (1879-1955) voltou a falar em termos de unidades corpusculares, denominadas de *fótons*, de certo modo retornando a Newton, mas na década de 1920, os físicos se convenceram que mesmo a matéria (elétrons e outras entidades quânticas) apresentam um comportamento compatível com a visão ondulatória. A história disso é muito interessante e ilustrativa; o verbete 'Light' da Wikipedia está bem completo.

No experimento das duas fendas, há uma fonte que emite partículas e um anteparo que recebe as partículas emitidas. No meio, há um outro anteparo com fendas *A* e *B*. Na primeira situação (figura III.7), apenas a fenda *A* está aberta. O anteparo registra as partículas na direção 'fonte-*A*', indicadas em cor na figura. Na segunda situação, apenas a fenda *B* está aberta, e algo similar ocorre (figura III.8). Importante noticiar que a teoria não fornece nenhuma indicação do que está acontecendo entre a fonte e o anteparo; não há 'trajetórias' (exceto na mecânica bohmiana). O desenho é feito levando-se em conta uma possível interpretação. O que se vê no anteparo dá a ideia de que as partículas se comportam como *partículas*, como se fossem balas de um revolver que estaria na fonte atirando na direção do anteparo intermediário. Se a fenda *A* estiver aberta, as balas que passam por ela são acolhidas no anteparo na região escura. O mesmo se dá se somente a fenda *B* estiver aberta.

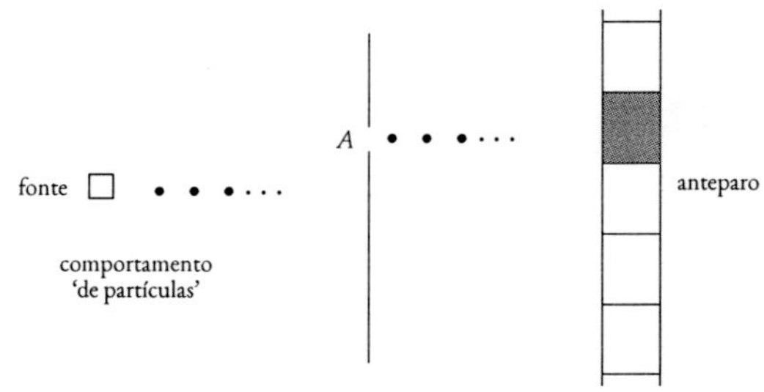

Figura III.7: O que é verificado quando somente a fenda *A* está aberta. As 'partículas' passam por *A* e marcam o anteparo em uma região próxima à fenda.

O que acontece quando as duas fendas estão abertas? A primeira impressão é a de que se obtém o que aparece na figura III.9, sendo que as 'balas' passem por uma ou por outra fenda. Mas não é o que acontece.

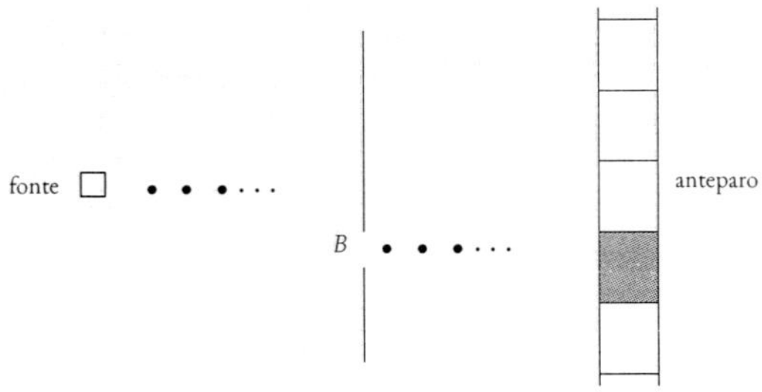

Figura III.8: O que é verificado quando somente a fenda *B* está aberta. Agora as 'partículas' passam por *B* e marcam o anteparo em uma região próxima a essa fenda.

O que se verifica é o que aparece na figura III.10, indicando um *padrão de interferências*, indicando que as partículas se comportariam como ondas, havendo no anteparo regiões que recebem mais partículas e outras que recebem menos.

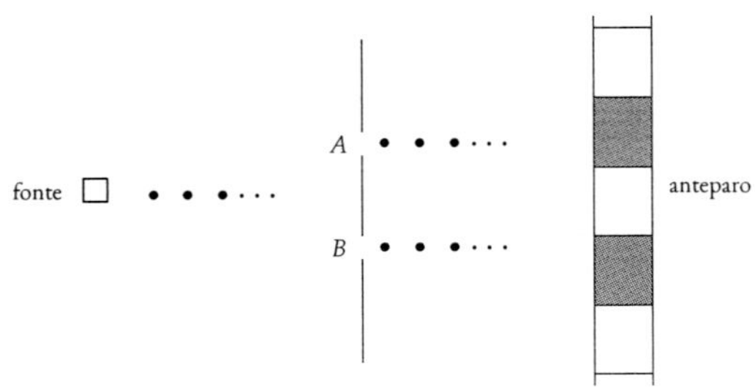

Figura III.9: O que seria de se esperar quando ambas as fendas *A* e *B* estão abertas. As 'partículas' passariam por *A* e por *B* e marcariam o anteparo em regiões próximas às fendas.

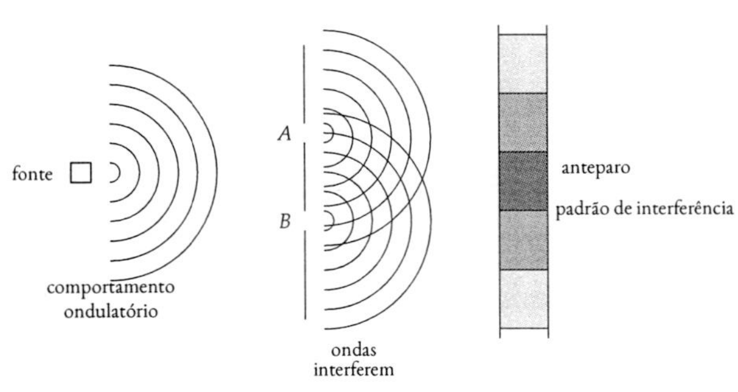

Figura III.10: Um padrão de ondas. Com as duas fendas abertas, o comportamento das entidades quânticas é similar ao de uma onda. As ondas não são vistas; é apenas o padrão de interferência no aparato que sugere esse comportamento.

O interessante com esse tipo de experimento é que os mesmos padrões se verificam se as partículas forem emitidas *uma a uma*, desde que não haja nenhum 'observador' que possa constatar por qual das fendas a partícula passa. Ou seja, 'não podemos olhar'; se fizermos isso, volta o comportamento de partículas. O padrão de interferência acontece somente quando as fendas estão ambas abertas e *não* estão sendo observadas. Em outros termos, alguém poderia pensar que, enviando um feixe de partículas, algumas delas passam por *A*, outras por *B*, elas 'interferem' de algum modo depois das fendas e o padrão de interferência acontece. Mas isso é refutado com o experimento de enviar as partículas uma de cada vez e esperar que cheguem ao anteparo para enviar outra. Se as duas fendas estiverem abertas (e sem qualquer 'observador'), o padrão de interferência é verificado, como se elas tivessem passado pelas duas fendas e 'interferido consigo mesmas'.

Verifica-se aqui algo extremamente contraintuitivo. Primeiro, devemos concordar que não há *meia partícula*. Um elétron, um fóton, o que quer que seja emitido, não se divide para que uma parte passe por uma fenda e a outra parte passe pela outra. É a própria teoria quântica que diz isso. Assim, a partícula passa por uma *ou* por outra das fendas. Mas, se 'soubermos' por qual ela passa, caso em que haveria um 'observador' adequado, não haverá padrão de interferência. Assim, ficamos diante de uma situação aparentemente paradoxal, descrita do seguinte modo:

1. Verificou-se um padrão de interferência (por hipótese).
2. As partículas passaram para o anteparo; ou seja, *passaram*.
3. Não podemos dizer que tenham passado pela fenda A, senão o padrão de interferência não poderia ter sido observado.
4. Similarmente, não podemos dizer que passaram pela fenda B.
5. Uma mesma partícula não passa pelas duas fendas ao mesmo tempo.

Como explicar isso? O fato é que *não há explicação* dentro da interpretação usual da mecânica quântica. Se 'A' designa 'passou pela fenda A' e 'B' indica que 'passou pela fenda B', temos '$A \vee B$', uma vez que verificou-se no anteparo que um padrão de interferências ocorreu e a única possibilidade de acesso ao anteparo é por meio das fendas. No entanto, não podemos afirmar que A é o caso e nem que B é o caso, e também não podemos dizer que $A \wedge B$ é o caso. Isso parece desafiar a lógica clássica, pois nessa lógica, se uma disjunção é verdadeira, pelo menos uma das proposições componentes deve ser verdadeira.[18]

Essa característica das entidades quânticas de terem um comportamento que depende do que *tencionemos* fazer com elas é realmente o grande mistério, como disse Feynman. Não há qualquer analogia que se possa fazer com as entidades descritas pela física clássica. Estamos em um mundo completamente diferente que requer novas ideias e abordagens. Essa é a física quântica. Com efeito, não há, como dito, qualquer possibilidade de entender o que se passa fazendo-se analogias com o caso 'clássico'. Não obstante o comportamento das entidades quânticas se *assemelhar* ao que poderíamos denominar de 'partícula' ou de 'onda', elas não são nem uma coisa nem outra, e muito menos *não são ambas*. As propriedades dessas entidades são descritas por operadores (ou matrizes) que são entidades matemáticas abstratas, sem analogias com as coisas 'clássicas'. De fato, uma das grandes fontes de problemas parece ser a de tentarmos *entender* coisas novas, como os fenômenos quânticos, por meio de analogias e conceitos que não mais se aplicam.

Outros experimentos que apontam para fenômenos 'tipicamente quânticos' são igualmente relevantes para que o leitor se acerque do que está acontecendo nesse domínio, são os experimentos Stern-Gerlach e Mach-Zehnder. Sobre o primeiro, recomendamos o capítulo 1 do livro de David Albert [3] e, para o segundo, [172, cap.II] (o leitor pode também consultar [127, cap.6]). O fato é que é praticamente impossível, senão impossível, entender como tudo isso pode ser acomodado em uma teoria física sem que se faça uso de alguma matemática. Em virtude disso, o próximo capítulo descreverá um mínimo de matemática necessário para que possamos adentrar às teorias quânticas em uma de suas formulações mais utilizadas pelo menos nas

[18] Para uma discussão de por que a disjunção da lógica quântica não ser a disjunção clássica, ver [2, 125].

discussões filosóficas, aquela que faz uso dos espaços de Hilbert. Mais à frente, quando falarmos das lógicas quânticas, outros conceitos matemáticos como os de reticulados e álgebras de Boole serão apresentados.

Vários outros experimentos mostrando a natureza tipicamente quântica dos objetos fundamentais da matéria podem ser citados, como Stern-Gerlach, o Interferômetro Mach-Zenhder e o Efeito Túnel, o Efeito Hong-Ou-Mandel (HOM), dentre outros [10]. Falaremos aqui dos três primeiros, que podem ser explicados sem muitos detalhes físicos. Como curiosidade, o leitor ganhará muito assistindo no YouTube o vídeo do Dr Quantum ('Física Quântica (Dr. Quantum) Fenda Dupla') explicando o fenômeno das duas fendas.

III.3 Stern-Gerlach

Concebido por Otto Stern (1888-1969) e Walther Gerlach (1889-1979) em 1922, o experimento mostra que o spin de um sistema quântico é quantizado. O aparato é composto por um campo magnético; o feixe se divide em dois ao passar pelo magneto, enquanto que a previsão da física clássica seria a de um traçado contínuo entre essas duas extremidades.

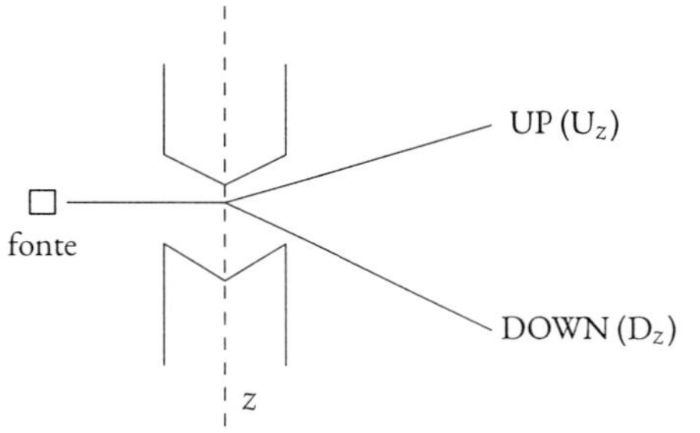

Figura III.11: Uma fonte '□' emite elétrons ou outro tipo de quanta, o emitido em uma certa direção z, passa pelo magneto e se divide em dois. Parte das partículas apresentarão spin 'UP' e parte apresentarão 'DOWN'. Dependendo de como tudo é preparado, essas proporções ficam em 50% - 50%.

Se pegarmos um dos feixes e o fizermos passar por um outro magneto que tenha a mesma direção z, o feixe 'UP' continuará mostrando um 'UP' e o feixe 'DOWN' mostrará um 'DOWN' para cada elemento do feixe. Porém, e aqui vem o fato interessante, se após a passagem pelo magneto de direção z mudarmos a direção do segundo magneto para x, ambos os feixes se dividem apresentando 'UP' e 'DOWN' agora na direção x. Ora, se colocarmos após esse segundo magneto um terceiro de novo na direção z, o que acontece? É de se esperar que aqueles quanta que vieram da direção 'UP' quando passaram pelo primeiro magneto voltem a apresentar 'UP', e que os que vieram do feixe 'DOWN' voltem a apresentar um 'DOWN', *mas não é isso o que acontece.*

Os experimentos mostram que ao passarem pelo segundo magneto de direção x (que escrevemos 'M_2x'), os quanta 'esquecem' a direção de spin que mostraram quando do primeiro magneto, e ambos os feixes se dividem novamente em 'UP' e 'DOWN' na direção z em M_3z. Surpreendente, não? A figura III.12 tenda dar uma ideia do que acontece.

A interpretação disso é sutil. Alguns dizem (os da escola de Copenhague) que as propriedades quânticas só fazem sentido (adquirem 'valor') quando são medidas, ao passo que outros como Einstein acreditavam que tudo deveria se passar como na física clássica, onde se assume que as entidades têm as suas características

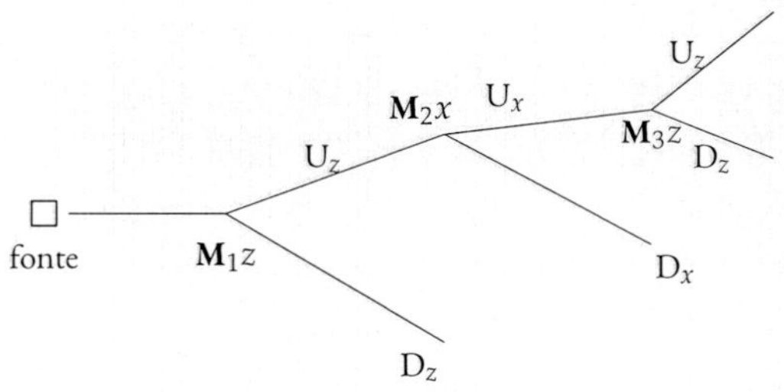

Figura III.12: Após passar pelo magneto $\mathbf{M}_1z$ (magneto 1 na direção z), o feixe U_z ('UP') deveria continuar na direção 'UP' após passar pelo magneto $\mathbf{M}_3z$, mas não é o que acontece; ele volta a se dividir. Parece que ele 'esqueceu' que era UP ao passar por $\mathbf{M}_2x$.

fixadas *desde o início*, bastando que as descubramos (era por isso que ele acreditava que a mecânica quântica não era *completa*, pois faltaria algo na teoria –variáveis ocultas– que indicasse esses valores).

III.4 Mach-Zehnder

Outro experimento importante que revela o comportamento 'tipicamente quântico' é aquele denominado de *interferômetro Mach-Zehnder*, devido aos físicos Ludwig Zehnder (1854-1949) e Ludwig Mach (1869-1951), e pode ser realizado com uma grande variedade de partículas, como fótons. Imagine que uma fonte emite um feixe monofotônico (que, quando detectado, exibirá uma única partícula, digamos um único fóton) sobre um espelho semi-refletor S_1 (chamado de *beam splitter*), conforme a figura do interferômetro Mach-Zehnder. O feixe se decompõe em S_1 em dois feixes, um rumando para A e o outro para B. Ambos são agora refletidos por espelhos refletores (que não deixam passar radiação) S_2 e S_3, e rumam para outro espelho semi-refletor (*beam splitter*) S_4, que novamente divide os feixes. O que se passa (e os arranjos experimentais comprovam isso) é que, quando refletido, um feixe de ondas sobre uma defasagem de $1/4$ de seu comprimento de onda. Assim, o feixe que ruma por A e vai para o detector D_2 sofreu defasagem de $1/4$ em S_2 apenas, enquanto que o que segue por B sofreu defasagens de $1/4$ em S_1, S_3 e S_4, somando $3/4$. Ou seja, os dois feixes têm defasagem de $1/2$ e, portanto, se anulam, resultando que nada é detectado em D_2. Vejamos agora o que acontece no detector D_1. O feixe por A sofre defasagem de $1/4$ em S_2 e em S_4, enquanto que o que ruma por B sobre defasagens em S_1 e S_3, Assim, os dois feixes têm defasagem de $1/2$ de seu comprimento de onda, resultando que entram em fase em D_1, e portanto, são detectados.

Imagine que uma fonte emite um feixe monofotônico (que, quando detectado, exibirá uma única partícula, digamos um único fóton) sobre um espelho semi-refletor S_1 (chamado de *beam splitter*), conforme a figura que esquematiza o *interferômetro Mach-Zehnder*. O feixe se decompõe em S_1 em dois feixes, um rumando para A e o outro para B. Ambos são agora refletidos por espelhos refletores (que não deixam passar radiação) S_2 e S_3, e rumam para outro espelho semi-refletor (*beam splitter*) S_4, que novamente divide os feixes. O que se passa (e os arranjos experimentais comprovam isso) é que, quando refletido, um feixe de ondas sobre uma defasagem de $1/4$ de seu comprimento de onda. Assim, o feixe que ruma por A e vai para o detector D_2 sofreu defasagem de $1/4$ em S_2 apenas, enquanto que o que segue por B sofreu defasagens de $1/4$ em S_1, S_3 e S_4, somando $3/4$. Ou seja, os dois feixes têm defasagem de $1/2$ e, portanto, se anulam, resultando que nada é detectado em D_2. Vejamos agora o que acontece no detector D_1. O feixe por A sofre defasagem de $1/4$ em S_2 e em S_4, enquanto que o que ruma por B sobre defasagens em S_1 e S_3, Assim, os

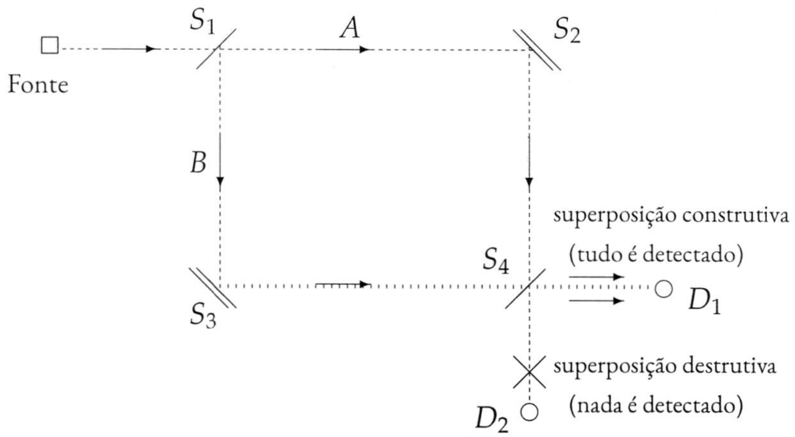

Figura III.13: Interferômetro Mach-Zehnder.

dois feixes têm defasagem de $1/2$ de seu comprimento de onda, resultando que entram em fase em D_1, e portanto, são detectados.

A figura abaixo ilustra a defasagem de meio comprimento de onda, havendo *superposição destrutiva*.

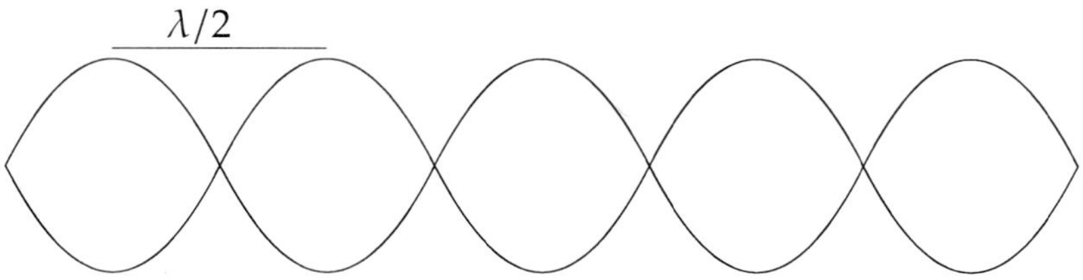

Figura III.14: Duas ondas defasadas de $\lambda/2$ se anulam.

Podemos raciocinar como na física clássica e supor que o objeto quântico (que pode ser um fóton) possui uma 'história' (como minha caneta no exemplo acima) e que passou por A ou por B? É fácil ver que não. Isso se deve ao seguinte fato, bem descrito em [172, p.12]. Se retirarmos o espelho S_1, o feixe se dirige por A e é repartido em S_4, sendo detectado em D_1 ou em D_2 com 50% de probabilidade em cada caso. Substituindo S_1 por um espelho que reflete totalmente, o feixe dirige-se S_4 por B, e lá se divide, dando novamente 50% de probabilidade de detecção em D_1 e 50% em D_2.

Portanto, se o feixe for deslocado tanto por A quanto por B, teremos 50% de probabilidade de ele ser detectado em D_1 ou em D_2, mas *sabemos* que, estando abertos os dois caminhos, temos 100% de chances de detecção em D_1 e 0% em D_2. Logo, *não podemos* supor que o feixe veio por A ou por B. Como explicar este fato? A primeira constatação é a de que não há 'meio fóton', para que se possa imaginar que o fóton se decompôs em dois, um rumando por A e outro por B. Pessoa Jr. salienta que a resposta a este tipo de questão, típica da física quântica, depende da interpretação que se adote (ver [172, p.13]).

O resultado do experimento de Mach-Zehnder é tipicamente ondulatório, e qualquer interpretação corpuscular terá grande dificuldade em explicá-lo. Em uma interpretação ondulatória, não haverá sentido em perguntar por qual caminho rumou o feixe, ou o fóton. Após o espelho S_1, ele se encontra em uma *superposição* de estados, um que indica a trajetória A, outro que indica a trajetória B, que podemos escrever como uma soma vetorial[19]

$$|\psi\rangle = |\psi_A\rangle + |\psi_B\rangle. \tag{III.1}$$

O fato relevante é que, como dissemos, não há sentido 'separar' as funções de onda parciais, o que ocorre somente após a medida (quando a função de onda 'colapsa' em um dos estados, de acordo com a interpretação usual).[20] Se adotarmos uma interpretação ondulatória, como poderemos dizer que estamos na presença de um indivíduo? Isso, quando muito, poderia ser dito somente quando há a medida, quando acontece o 'click' no receptor D_1, mas não antes.

Ora, poderia você sugerir, basta prestarmos atenção nas trajetórias para ver por qual ele passou. Isso corresponde a colocar alguma forma de 'observador' num dos caminhos, mas sabe-se dos experimentos que qualquer que seja o modo pelo qual realizemos isso, o fenômeno ondulatório desaparecerá, mesmo que o processo já tenha sido iniciado (ou seja, se fossemos suficientemente rápidos —e os físicos experimentais conseguem sê-lo— para, depois que o feixe passa por S_1 colocarmos um 'observador' em uma das trajetórias, mesmo assim o fenômeno ondulatório desaparece —esses experimentos são denominados de *experimentos da escolha demorada*, e são realizados em laboratório). No dito vulgar, costuma-se dizer que o quantum 'sabe' de nossas intenções e se comporta dessa ou daquela maneira mesmo antes de tomarmos qualquer atitude. Claro que isso é um abuso de expressão, e na verdade nada mais é que um 'fato quântico', para o qual, dentre muitos outros, não temos um correspondente 'clássico', motivo de nossa estranheza.

III.5 Efeito túnel

Há inúmeros outros 'fatos quânticos' que chocam nossa visão intuitiva das coisas, e mesmo a física clássica. Um dos mais intrigantes é o *efeito túnel*. Na física clássica, temos certeza de que uma bolinha (veja a figura a seguir abandonada em A não passará a barreira à sua frente, que tem altura maior do que a altura da qual a bola parte (sujeita unicamente à ação da gravidade).

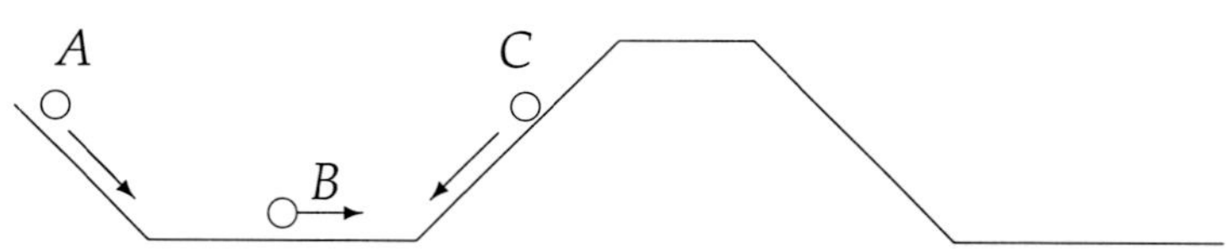

Figura III.15: Um objeto físico 'clássico', representado por uma bolinha 'clássica' abandonada em A não tem energia suficiente para suplantar a barreira à sua frente, chegando no máximo ao ponto C, e retornando, até alcançar o equilíbrio em B. Ver [86, p.96].

Na física quântica, no entanto, digamos que um quantum com energia E tenha diante de si uma 'barreira' de energia $2E$. Neste caso, há uma probabilidade diferente de zero de que um quantum possa ser encontrado *depois* da barreira. O estado de superposição dos estados 'quantum antes' e 'quantum depois' (da barreira)

[19] Se o leitor não conhece ainda a notação vetorial de Dirac, deve olhar a seção IV.8. Como já dito antes, as expressões $|\psi_A\rangle$ e $|\psi_B\rangle$ denotam vetores que descrevem o 'estado' do sistema.

[20] Há interpretações que tentam afastar o colapso; ver [86, §16.8] para uma das mais importantes, conhecida como GRW. Outra interpretação que afasta o colapso é a dos muitos mundos, associada a Hugh Everett III.

pode ser escrito

$$|q\rangle = \frac{1}{\sqrt{2}}(|q_E\rangle + |q_D\rangle).\text{[21]} \tag{III.2}$$

Antes de qualquer medida, não podemos afirmar que o quantum pode ser detectado antes ou depois da barreira, podendo haver 50% de chances em cada caso (idem, ibid.).

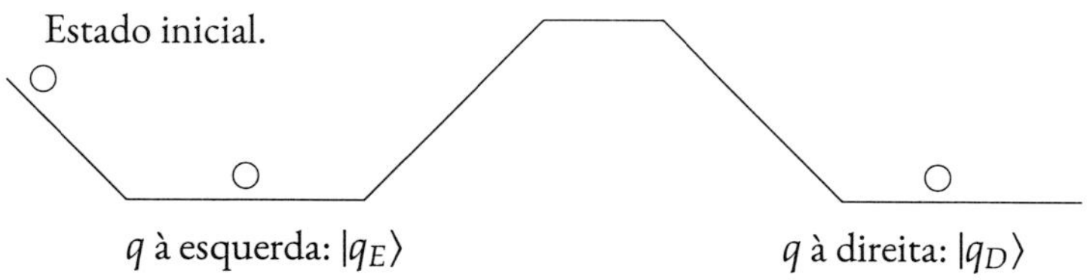

Figura III.16: Um quantum inicialmente no estado inicial, com um potencial próximo ao da barreira, encontra-se depois em superposição de dois estados $|q_E\rangle$ e $|q_D\rangle$. A analogia do quantum com uma bolinha é inadequada, e deve ser considerada com cautela.

Aos experimentos acima poderiam ser adicionados inúmeros outros que atestam a incapacidade da física clássica em descrevê-los. Sumarizando, aparecem no contexto quântico algumas novidades e fatos, como as seguintes:

1. Discretização. Isso significa que muitas quantidades não assumem valores contínuos como na física clássica. Um exemplo típico é o dos valores de energia, que como vimos, são sempre dados em quantidades discretas, múltiplas de uma unidade fundamental.

2. Superposição e emaranhamento. Na física clássica pode haver superposição de campos,[22] mas não como no contexto quântico. No caso do emaranhamento, o estado de um sistema composto de vários outros é tal que não é possível 'separar' o estado em subestados um de cada sistema. Veremos isso nos capítulos seguintes.

3. Contrariamente à crença que textos de divulgação transmitem, uma partícula **jamais** pode estar em dois lugares distintos ao mesmo tempo. Da mesma forma, o famoso 'gato de Schrödinger' **não está** simultaneamente vivo e morto antes de olharmos para o seu estado. Essas crendices têm que ser afastadas, e isso será feito à frente. Mas que fique a mensagem fundamental: uma 'partícula' como um elétron, um próton ou um fóton, não é uma 'coisinha' como uma pequena bola. Antes de se realizar uma medição de alguma propriedade, que pode ser a posição da partícula, ela não está em lugar específico nenhum, indo 'colapsar' em uma pequena região depois da medição e só então podemos dizer que ela 'está lá' em algum lugar. Para que ela estivesse em dois lugares ao mesmo tempo, ela teria que *estar aqui* e também *estar lá*, o que não acontece. Da mesma forma, para que o gato estivesse vivo *e* morto, ele teria que estar em ambos os estados simultaneamente, mas não é o que ocorre, como veremos.

[21] $\frac{1}{\sqrt{2}}$ é apenas um fator de normalização, usado para que o vetor $|q\rangle$ seja unitário. Os detalhes matemáticos serão fornecidos a partir do próximo capítulo.

[22] Por exemplo, partículas dotadas de carga elétrica desenvolvem um campo elétrico em torno de si que pode ser calculado pela Lei de Coulomb. Esses campos podem se superpor em dois ou mais campos elétricos.

4. Refutação do realismo local. Por *realismo local* entende-se a suposição 'clássica' de que o estado de um sistema físico evolui deterministicamente, isso é, se conhecemos o seu estado em um instante inicial t_0, podemos conhecer o seu estado em qualquer outro instante de tempo t, e que as propriedades do sistema são fixadas de antemão e são 'locais' para o objeto. Foi usando essa hipótese que Einstein, Podolski e Rosen (EPR) [69] tentaram mostrar que a mecânica quântica era incompleta, ou seja, haveriam situações que a teoria não poderia descrever. O determinismo é supostamente fundamental para que se possam fazer previsões. A física quântica, no entanto, questiona fortemente a hipótese do realismo local. Na abordagem de Dirac, o estado de um sistema quântico evolui deterministicamente (chama-se a isto de *evolução unitária*) de acordo com a equação de Schrödinger até que seja feita uma mensuração.[23] Quando isso é feito, ou seja, quando se faz algum experimento que vise determinar o valor de alguma propriedade do sistema, o vetor de estado, ou a função de onda *colapsa* de forma não determinística e tudo o que a teoria deixa saber são as probabilidades de uma ou outra situação possível. As probabilidades entram aqui de modo essencial, não como 'medidas da nossa ignorância', mas como tudo o que podemos saber. O vetor de estado, que é escrito via de regra como uma superposição de estados possíveis, quando da mensuração, colapsa para um dos estados componentes da superposição e tudo o que temos são as probabilidades de ele colapsar em um ou em outro estado. O Teorema de Bell (1964), no entanto, mostra que assumindo a hipótese do realismo local, pode-se derivar certas desigualdades que se prova experimentalmente que são violadas pela física quântica. Esses experimentos têm sido realizados ao longo dos anos e hoje se aceita que não há mais *loopholes* (alguma coisa que poderia levar a questionar o resultado) e portanto, ou o realismo ou a localidade (ou ambas) deve ser descartada. A conclusão é que a 'realidade' que atribuímos aos resultados de medida das propriedades dos objetos quânticos não passa de uma ilusão.

5. Contextualidade. Na física clássica, as propriedades de um sistema físico têm todas valores bem definidos e podem assumir esses valores simultaneamente. Se não conhecemos algum deles, isso se deve a alguma forma de limitação epistemológica e a noção de probabilidade entra como medida de nossa ignorância. Na física quântica, há 'observáveis' que não podem ser medidos simultaneamente. Os valores das propriedades dos sistemas vêm em grupos, ou 'contextos'. As probabilidades aparecem de modo essencial; por exemplo, um observável como *posição* pode ser descrito como uma superposição de infinitas possibilidades, que são indicadas por probabilidades, e saberemos a posição de um sistema (dentro das limitações dadas pelo Princípio de Incerteza) apenas por uma probabilidade.

6. Diferentes interpretações. O 'formalismo' da física quântica, tanto da mecânica quântica ortodoxa quanto da sua versão relativística, é bem conhecido e há vários modos de apresentá-lo. O que embaralha tudo é a pergunta seguinte: o que isso quer dizer? Ou seja, o que o formalismo está nos contando? Não há consenso quanto a isso e praticamente cada filósofo ou físico tem a sua explicação, ou a sua *interpretação*. Algumas das mais conhecidas são as seguintes:[24]

Para podermos começar a entender tudo isso, necessitamos nos acercar da matemática correspondente.

[23] Na abordagem de von Neumann, os estados permanecem fixos, e o que evolui são os observáveis. Isso ficará claro à frente.

[24] A busca pela questão 'quantum mechanics intepretations' na Stanford Encyclopedia of Philosophy mostra uma enorme quantidade de alternativas.

Capítulo IV

Preliminares Matemáticos

> "Temos uma situação um tanto incomum em que a mecânica quântica realmente não tem sua própria linguagem ... fazendo uso de um certo fragmento da linguagem da Análise Funcional."
>
> Yuri I. Manin

Na formulação da mecânica quântica não relativista, daremos preferência à mais divulgada abordagem, pelo menos nos textos filosóficos, que se dá por meio dos chamados Espaços de Hilbert. Forneceremos neste capítulo um mínimo de pré-requisitos matemáticos para o entendimento da formulação da mecânica quântica que faremos mais tarde.

Como acreditamos que grande parte as pessoas interessadas na filosofia da física quântica não tenham formação matemática prévia, achamos por bem introduzir vários conceitos básicos por meio de definições precisas, desse modo tentando auxiliar uma melhor compreensão do assunto.

A frase de Manin, colocada na epígrafe, deve ser entendida com cautela. O que seria uma linguagem 'própria' para a física quântica? Como (esperamos) ficará claro no decorrer deste texto, encontrar uma tal linguagem e os correspondentes princípios dependerá da metafísica adotada. Um adepto da mecânica quântica de David Bohm se dá muito bem com a matemática usual e sua correspondente 'linguagem' (essencialmente a da teoria de conjuntos usual). Mas um adepto (como nós) de uma metafísica de não-indivíduos, requererá uma matemática diferente, que veremos nos capítulos à frente. Isso tudo será apresentado paulatinamente. Mas, por enquanto, vamos nos concentrar naquilo que se requer usualmente.

Antes de entrarmos em alguns detalhes, cabe uma informação importante. Grande parte das definições que veremos à frente são da forma 'isso se, e somente se, aquilo', mas seguindo a prática usual, escrevemos simplesmente 'isso se aquilo'. Mas o leitor fica avisado da necessidade da equivalência e não do condicional somente.

IV.1 Leis de composição

Definição IV.1.1 (Operação binária). *Seja A um conjunto. Uma* ***operação binária*** *ou* ***lei de composição interna*** *sobre A é uma aplicação*[1] $* : A \times A \to A$*, ou seja, uma função que associa um elemento de A a cada par ordenado de elementos de A. A imagem do par* (a, b) *pela função* $*$ *é escrito '*$a * b$*'.*

Por exemplo, a multiplicação de números reais é uma operação binária sobre o conjunto $\mathbb{R}$ dos números reais, assim como são a adição desses números e a exponenciação. Se a e b são números reais, a multiplicação é usualmente denotada por um ponto, escrevendo-se '$a \cdot b$' ou simplesmente justapondo-se esses dois elementos, como em 'ab'. As demais operações têm notações usuais, a saber, '$a + b$' e 'a^b'.

A composição de funções (por exemplo, sobre $\mathbb{R}$ associa ao par (f, g) de funções a função $f \circ g$, dita **composta** de f e g, definida, para cada x real, como sendo $(f \circ g)(x) = f(g(x))$.

Definição IV.1.2 (Operações especiais). *Uma operação binária* $*$ *sobre um conjunto A é dita ser:*

1. ***Associativa*** *se, para todos* $a, b, c \in A$*, tivermos* $a * (b * c) = (a * b) * c$.

2. ***Comutativa*** *se, para todos* $a, b \in A$*, tivermos* $a * b = b * a$.

3. *Se* $\bullet$ *é também uma operação binária sobre A, então* $*$ *é* ***distributiva à direita*** *relativamente a* $\bullet$ *se, para todos* $a, b, c \in A$*, tivermos que*

$$a * (b \bullet c) = (a * b) \bullet (a * c).$$

4. *A operação* $*$ *é* ***distributiva à esquerda*** *relativamente a* $\bullet$ *se, para todos* $a, b, c \in A$*, tivermos que*

$$(b \bullet c) * a = (b * a) \bullet (c * a).$$

5. *A operação* $*$ *é* ***distributiva*** *relativamente a* $\bullet$ *se for distributiva à direita e à esquerda dessa.*

Por exemplo, a multiplicação e a adição de reais são associativas, comutativas e a multiplicação é distributiva relativamente à adição. A exponenciação não é associativa e nem comutativa. A composição de funções é associativa, mas não é comutativa.

Definição IV.1.3 (Elementos neutros). *Seja* $*$ *uma operação binária sobre o conjunto A. Se existir um elemento* $e' \in A$ *tal que, para todo* $a \in A$ *se tem que* $e' * a = a$*, então* e' *é dito ser um* ***elemento neutro à esquerda*** *de A relativamente à operação* $*$*. Analogamente, se existir um elemento* $e'' \in A$ *tal que para todo* $a \in A$ *se tem que* $a * e'' = a$*, então* e'' *é dito ser um* ***elemento neutro à direita*** *de A relativamente a* $*$*. Um elemento* $e \in A$ *é dito ser* ***elemento neutro*** *de A relativamente a A se for tanto um elemento neutro à esquerda quanto um elemento neutro à direita, isso é, para todos* $a \in A$*, tem-se que* $e * a = a * e = a$*. Nesse caso, demonstra-se que* $e' = e'' = e$ *e que esse elemento neutro é único.*

No caso de haver somente elemento neutro de um dos lados, ele pode não ser único. Se houver um neutro em ambos os lados, eles são iguais. A demonstração disso é bem simples. Assuma que e' e e'' existem como

[1]Usamos 'aplicação' como sinônimo de 'função'.

na definição precedente. Então $e' = e' * e'' = e''$. Quanto à unicidade, se e e $\bar{e}$ são neutros, então da mesma forma que acima, $e = \bar{e}$.

O número real 1 é o elemento neutro de $\mathbb{R}$ relativamente à multiplicação de números reais; o real 0 é o elemento neutro relativamente à adição desses números. Relativamente à exponenciação, $\mathbb{R}$ admite unicamente elemento neutro à direita, que é 1. A composição de funções admite a função identidade como elemento neutro.

Definição IV.1.4 (Elementos inversos). *Seja $*$ operação binária sobre A que admita elemento neutro e em pelo menos um dos lados e seja $a \in A$. Então se existe um elemento $a' \in A$ tal que $a' * a = e$, ele é dito ser um* ***elemento inverso à esquerda*** *de a relativamente à operação $*$. analogamente, se existir $a'' \in A$ tal que $a * a'' = e$, então a'' é dito ser um* ***elemento inverso à direita*** *de a relativamente à operação $*$. Se a admite inverso à esquerda, é dito ser* ***inversível à esquerda*** *e se admite inverso à direita, é* ***inversível à direita****. Se ambos os inversos existem e a operação é associativa admitindo elemento neutro (de ambos os lados), eles são iguais e únicos e ditos serem* ***o inverso*** *de a relativamente a $*$; nesse caso, a é dito ser* ***inversível****.*

Por exemplo, todo número real a admite um elemento inverso, a saber, o real $-a$. Somente os reais não nulos admitem inverso multiplicativo, o real 1. Relativamente à composição de funções, as funções injetivas admitem inversas à esquerda e as sobrejetivas à direita. As bijetivas são inversíveis.

A demonstração da exigência da associatividade para a unicidade do inverso é justificável do seguinte modo. Sejam a' inverso à esquerda de a e a'' inverso à direita e e elemento neutro (de ambos os lados). Sendo associativa a operação, temos

$$a' = a' * e = a' * (a * a'') = (a' * a) * a'' = e * a'' = a''.$$

Repare que a associatividade é requisitada e o elemento neutro aparece ora em um lado, ora em outro.

Definição IV.1.5 (Idempotência, involução). *Seja $*$ operação binária sobre A. Um elemento $a \in A$ é* ***idempotente*** *relativamente à operação $*$ se $a * a = a$. Se f é uma aplicação de A em A e id_A é a função identidade sobre A, ou seja, $id_A(x) = x$ para todo $x \in A$, então f é uma* ***involução*** *sobre A se $f \circ f = id_A$.*

Elementos idempotentes e involuções são importantes em particular nos fundamentos da mecânica quântica, como teremos oportunidade de verificar.

Sobre o conjunto $\mathbb{R}$ dos números reais, o único elemento idempotente relativamente à adição é 0; relativamente à multiplicação, 0 e 1 são idempotentes.

Exercício IV.1.1. *Seja $*$ operação binária sobre $\mathbb{R}$ definida por*

$$a * b := \frac{a+b}{2}.$$

Mostre que não existe elemento neutro e que todos os elementos são idempotentes.

Definição IV.1.6 (Lei externa). *Sejam A e B dois conjuntos. Chama-se* ***lei de composição externa*** *à esquerda (à direita) sobre B com parâmetros (ou operadores) em A a qualquer aplicação de $A \times B$ (respect. de $B \times A$) em B.*

Denotemos por enquanto os parâmetros por letras gregas minúsculas. Então

Definição IV.1.7 (Distributividade). *Uma lei externa $\cdot$ sobre B com parâmetros em A (em geral elas são denotadas multiplicativamente) é **distributiva** relativamente a uma operação binária (lei interna) $*$ definida sobre A se, para todos $\alpha, \beta \in A$ e $a, b \in B$, se tenha que*

$$\alpha \cdot (a * b) = (\alpha \cdot a) * (\alpha \cdot b),$$

$$(a * b) \cdot \alpha = (a \cdot \alpha) * (b \cdot \alpha).$$

IV.2 Grupos e corpos

Nesta seção assumimos que estamos trabalhando em uma teoria de conjuntos como o sistema ZFC, e denotaremos por ω o conjunto dos números naturais; portanto,

$$\omega = \{0, 1, 2, \ldots\}. \qquad \text{(IV.1)}$$

Definição IV.2.1 (Grupo). *Um **grupo** é uma estrutura $\mathscr{G} = \langle G, * \rangle$ onde G é um conjunto não vazio e $*$ é uma operação binária sobre G, ou seja, uma função $* : G \times G \longrightarrow G$, satisfazendo os postulados abaixo, para todos $a, b, c \in G$ (a imagem do par $\langle a, b\rangle$ pela função $*$ é denotada por '$a * b$'):*

1. $a * (b * c) = (a * b) * c$ *(associatividade)*
2. *Existe um elemento $e \in G$ tal que, para todo $a \in G$, tem-se que $a * e = e * a = a$ (existência do elemento neutro)*
3. *Para todo $a \in G$, existe um elemento $a' \in G$ tal que $a * a' = a' * a = e$ (existência do elemento inverso)*
4. *Se ainda valer a comutatividade, ou seja, $a * b = b * a$, o grupo é dito ser **comutativo** ou **abeliano** (honrando o matemático norueguês Niels Henrik Abel).*

É fácil demonstrar que o elemento neutro é único: com efeito, seja e' um 'outro' elemento neutro. Então $e = e * e' = e'$. Por exemplo, se $\mathbb{Z}$ denota o conjunto dos números inteiros e se '$+$' é a adição desses números, então $\mathscr{Z} = \langle \mathbb{Z}.+\rangle$ é um grupo comutativo, o **grupo aditivo dos inteiros**, no qual $e = 0$ e $a' = -a$ para cada $a \in \mathbb{Z}$.

O conjunto das funções reais de variável real (ou seja, aquelas $f : \mathbb{R} \longrightarrow \mathbb{R}$), munido da operação de composição de funções, é um grupo não comutativo, cujo elemento neutro é a função identidade.

Definição IV.2.2 (Corpo). *Um **corpo** é uma estrutura*

$$\mathscr{F} = \langle F, +, \cdot \rangle, \qquad \text{(IV.2)}$$

*onde F é um conjunto não vazio (logo veremos que ele tem que ter ao menos dois elementos), dito **domínio** do corpo, '$+$' e '$\cdot$' são operações binárias sobre F, ou seja, funções*

$$+ : F \times F \longrightarrow F, \qquad \cdot : F \times F \longrightarrow F, \qquad \text{(IV.3)}$$

*as quais satisfazem os postulados listados a seguir, válidos para todos $a, b, c \in F$. Os elementos de F são denominados de **escalares** e as operações são chamadas respectivamente de **adição** e de **multiplicação** de escalares. Os postulados são os seguintes:*

1. $a + (b + c) = (a + b) + c$ *(associatividade da adição)*

2. $a + b = b + a$ *(comutatividade da adição)*

3. *Existe um elemento geralmente denotado por* 0 *em F tal que* $a + 0 = a$. *(existência do elemento neutro aditivo)*

4. *Para cada elemento* $a \in F$, *existe um elemento em F, denotado por* $-a$ *tal que* $a + (-a) = 0$. *(existência do elemento inverso aditivo – dito 'oposto' – para cada elemento de F)*

5. $a \cdot (b \cdot c) = (a \cdot b) \cdot c$ *(associatividade da multiplicação)*

6. $a \cdot b = b \cdot a$ *(comutatividade da multiplicação)*

7. *Existe um elemento, usualmente denotado por '*1*', tal que* $a \cdot 1 = a$ *(existência do elemento neutro multiplicativo)*

8. *Para cada elemento* $a \in F$, *se* $a \neq 0$, *existe um elemento em F, denotado por* a^{-1}, *tal que* $a \cdot a^{-1} = 1$ *(existência do elemento inverso multiplicativo para cada elemento não nulo de F, dito 'simétrico' de a)*

9. $a \cdot (b + c) = (a \cdot b) + (a \cdot c)$, *ou simplesmente* $a \cdot (b + c) = a \cdot b + a \cdot c$. *(lei distributiva)*

10. $(a + b) \cdot c = a \cdot c + b \cdot c$ *(lei distributiva)*

Normalmente, escrevemos 'ab' ao invés de '$a \cdot b$'. Isso será feito muitas vezes à frente. É fácil ver que nos corpos 'interessantes', $0 \neq 1$. Com efeito se fosse $0 = 1$, seja a um elemento qualquer de F. Então, teríamos $a = a1 = a0 = a(0 + 0) = a(1 + 1) = a1 + a1 = a + a$, logo, $a = 0$ e o único elemento de F seria o zero. Não há vantagem em termos um corpo unitário cujo único elemento é o zero.

Os casos particulares (**modelos** da axiomática acima) que nos interessarão de corpos são os *corpos numéricos*, especialmente os seguintes:

1. O **corpo dos (números) racionais**, cujo domínio é o conjunto $\mathbb{Q}$ dos números racionais e as operações são a adição e a multiplicação entre esses números, '0' sendo o número racional 'zero' e '1' o número racional 'um'.

2. O **corpo dos (números) reais**, cujo domínio é o conjunto $\mathbb{R}$ dos números reais e as operações são a adição e a multiplicação entre esses números, '0' sendo o número real 'zero' e '1' o número real 'um'.

3. O **corpo dos (números) complexos**, cujo domínio é o conjunto $\mathbb{C}$ dos números complexos e as operações são a adição e a multiplicação entre esses números, '0' sendo o número complexo 'zero' ($0 = 0 + 0i$) e '1' o número complexo 'um' ($1 = 1 + 0i$).

Um outro corpo interessante é aquele cujo domínio é o conjunto $F = \{0, 1\}$ e cujas operações são definidas pelas tabelas seguintes:

+	0	1
0	0	1
1	1	0

$\cdot$	0	1
0	0	0
1	0	1

Portanto, em qualquer corpo deveremos ter pelo menos esses dois elementos como coisas distintas.

IV.3 Números complexos

Os números complexos foram introduzidos pelo matemático italiano Girolano Cardano (1501-1576) em um estudo sobre equações cúbicas. O termo 'número complexo' foi introduzido pelo matemático alemão Carl Friedrich Gauss (1777-1855). Sua origem tem a ver com a solução de equações como $x^2 + 1 = 0$, que não tem soluções 'reais', no sentido em que não há número real que, elevado ao quadrado e somado à unidade, dê o número zero. Porém, se chamarmos de i o número **complexo** $i = \sqrt{-1}$, podemos 'resolver' a equação escrevendo $x^2 = -1$, donde $x = \pm i$.[2]

Chamaremos de **unidade imaginária** o número complexo i. Qualquer número complexo z pode ser representado como um ponto de um plano; tomemos o plano $\mathbb{R}^2$ com um sistema de coordenadas cartesianas ortogonais como indicado na figura IV.1:

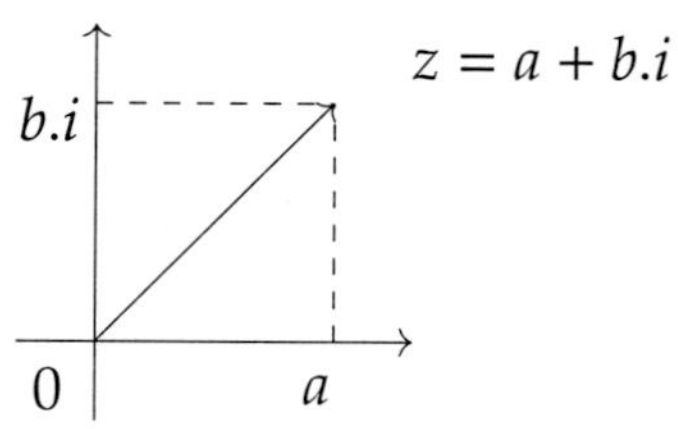

Figura IV.1: Sistema de coordenadas cartesianas ortogonais, com a origem $0 = (0, 0)$ e um número complexo $z = a + bi$, com $a, b \in \mathbb{R}$ e $i = \sqrt{-1}$.

O plano no qual os números complexos são representados denomina-se **plano de Argand-Gauss**,[3] O eixo onde está a coordenada a é denominado de **eixo real** enquanto o outro é o **eixo imaginário**. Alternativamente, podemos representar z por meio de *coordenadas polares* levando em conta o **raio** ρ e o **azimute** θ, como na figura IV.2

Na figura, a superposição dos dois sistemas de coordenadas foi deixada evidente, assim sendo mais fácil notar como as coordenadas em um sistema podem ser transformadas em coordenadas do outro pelas equações

$$a = \rho \cos \theta \tag{IV.4}$$

$$b = \rho \sin \theta \tag{IV.5}$$

O **conjugado** de um número complexo $z = a + bi$ é o número complexo $\bar{z} = a - bi$. No formalismo da mecânica quântica, muitas vezes o conjugado de z será escrito z^*.

[2]Saliente-se algo importante: a raiz quadrada de um número y é qualquer número x tal que $x^2 = y$. Assim, 4 tem duas raízes quadradas, a saber, 2 e -2. Porém, quando escrevemos $\sqrt{4}$, estamos indicando a raiz quadrada **positiva** de 4. Com efeito, se fosse $\sqrt{4} = \pm 2$, pela transitividade da igualdade, teríamos $\sqrt{4} = 2$ e $\sqrt{4} = -2$, o que daria uma contradição $2 = -2$. Assim, fixe-se que $\sqrt{4} = 2$.

[3]Devido ao matemático francês Jean Robert Argand (1768-1822).

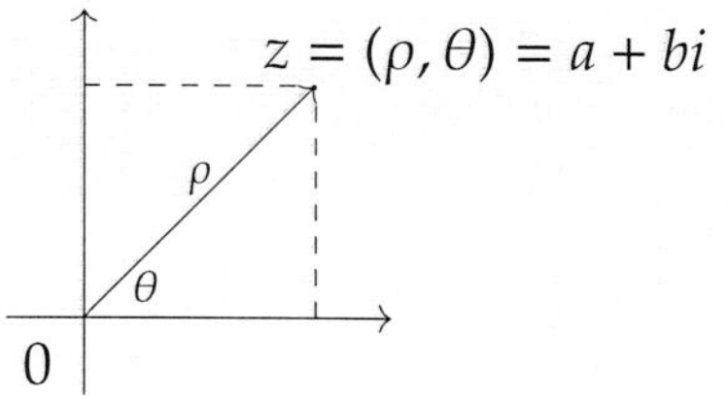

Figura IV.2: Sistema de coordenadas polares com a origem $0 = (0, 0)$ e um número complexo $z = (\rho, \theta)$ representado nessas coordenadas.

Podemos definir operações com números complexos como segue:

1. **Adição.** Sendo $z_1 = a + bi$ e $z_1 = c + di$, então $z_1 + z_2 :- (a + c) + (b + d)i$.

2. **Multiplicação.** $z_1 \cdot z_2 := (ab - cd) + (ad + bc)i$.

3. **Inverso.**

$$z^{-1} := \frac{1}{z} = \frac{a - bi}{a^2 + b^2},$$

desde que $z \neq 0$.

Importante notar duas coisas: a primeira é que a soma de um número complexo com o seu conjugado dá duas vezes a sua parte real. Isso é, se $z = a + bi$, então $z + \overline{z} = 2a$ ou, como é comum escrever, $2Re(z)$. Já o produto de um número complexo pelo seu conjugado fornece $z\overline{z} = a^2 + b^2$, que é o **módulo de** z, ou seja,

$$|z| = z.\overline{z} = a^2 + b^2. \tag{IV.6}$$

IV.4 Matrizes

Uma revisão da teoria das matrizes é conveniente para começarmos. Seremos breves, fornecendo somente o estritamente necessário; o leitor que achar necessário, deve procurar textos onde haja mais detalhes em algum livro de Álgebra Linear.

Definição IV.4.1 (Matriz m × n). *Uma matriz de ordem $m \times n$ (sendo m e n números naturais) sobre um conjunto X é uma função do conjunto $\{(i, j) : 1 \leq i \leq m, 1 \leq j \leq n\}$ em X.*

Se chamarmos de 'A' a matriz, podemos denominar de a_{ij} as imagens dos pares (i, j), as quais são elementos de X, e escrever

$$A = (a_{ij}), \tag{IV.7}$$

deixando a ordem subentendida. Quando $m = n = 1$, é costume não escrever $A = (a_{11})$, mas apenas o elemento a_{11}.

É comum omitir o domínio de A e apresentar somente as transformadas em uma tabela com m linhas e n colunas, os elementos a_{ij} sendo postos na i-ésima linha e na j-ésima coluna, como segue:

$$A = \begin{pmatrix} a_{11} & a_{12} & \cdots & a_{1n} \\ a_{21} & a_{22} & \cdots & a_{2n} \\ \vdots & \vdots & \vdots & \vdots \\ a_{m1} & a_{m2} & \cdots & a_{mn} \end{pmatrix} \tag{IV.8}$$

A matriz é **quadrada** se $m = n$. De particular importância é a **matriz identidade**, que é uma matriz quadrada, denotada por I_n (para 'ordem n'), sendo $a_{ij} = 1$ se $i = j$ e $a_{ij} = 0$ se $i \neq j$. A matriz identidade de ordem 3 tem o aspecto seguinte:

$$I_3 = \begin{pmatrix} 1 & 0 & 0 \\ 0 & 1 & 0 \\ 0 & 0 & 1 \end{pmatrix}. \tag{IV.9}$$

A **matriz nula** tem todas as entradas nulas; se a matriz é quadrada e $a_{ij} = 0$ para $i \neq j$, ela é dita ser uma **matriz diagonal**. Em particular, a matriz identidade é diagonal, bem como a matriz nula (se for quadrada). Uma matriz é **simétrica** se for quadrada e $a_{ij} = a_{ji}$; uma **matriz linha** é de qualquer matriz de ordem $1 \times n$; uma **matriz coluna** tem ordem $1 \times m$. A **transposta** de uma matriz $A = (a_{ij})$ é a matriz $A^T = (a_{ji})$. Se os elementos da matriz forem números complexos (ou seja, o contradomínio é $\mathbb{C}$), a **matriz conjugada** de $A = (a_{ij})$ é a matriz $\overline{A} = (\overline{a_{ij}})$, obtida substituindo-se os seus elementos por seus conjugados. A **transposta conjugada** de $A = (a_{ij})$ é a matriz $A^* = (\overline{A})^T = \overline{A^T}$..

As operações básicas com matrizes são as seguintes: sendo $A = (a_{ij})$ e $B = (b_{ij})$ de mesma ordem, então a $A + B = (a_{ij} + b_{ij})$, e se k for um escalar (em geral, um número real ou complexo), então $kA = (ka_{ij})$. O que requer mais detalhe é o **produto de matrizes**.

Sejam $A = (a_{ij})$ e $B = (b_{jk})$ matrizes de ordens $m \times n$ e $n \times k$ respectivamente; a condição essencial para que o produto AB (nessa ordem, pois ele resultará ser não comutativo) possa ser definido (caso contrário ele não pode ser feito) é que o número de colunas da primeira seja igual ao número de linhas da segunda. Indicamos isso enfatizando a notação: $a_{i\mathbf{j}}$ e $b_{\mathbf{j}k}$. Isso posto, definimos $AB = (c_{ik})$ onde

$$c_{ik} = \sum_{j=1}^{n} a_{ij} b_{jk}.$$

Esse 'produto linha por coluna' é associativo, não é comutativo. De particular importância para o que virá são os seguintes dois produtos, que exemplificamos aqui para o caso em que as matrizes contêm somente três elementos:

$$\begin{pmatrix} a_1 & a_2 & a_3 \end{pmatrix} \begin{pmatrix} b_1 \\ b_2 \\ b_3 \end{pmatrix} = a_1 b_1 + a_2 b_2 + a_3 b_3. \tag{IV.10}$$

Repare que não escrevemos o produto como uma matriz 1×1, mas apenas seu elemento, conforme convenção feita acima. O outro fato é o seguinte (note a diferença quando trocamos a ordem!):

$$\begin{pmatrix} a_1 \\ a_2 \\ a_3 \end{pmatrix} \begin{pmatrix} b_1 & b_2 & b_3 \end{pmatrix} = \begin{pmatrix} a_1b_1 & a_1b_2 & a_1b_3 \\ a_2b_1 & a_2b_2 & a_2b_3 \\ a_3b_1 & a_3b_2 & a_3b_3 \end{pmatrix}. \quad \text{(IV.11)}$$

Uma matriz $A = (a_{ij})$ é **inversível** se, e somente se, (i) for quadrada e (ii) seu determinante não for nulo. Se a **inversa** de A existe, é denotada por A^{-1}. Tem-se que, sendo n a sua ordem, $AA^{-1} = A^{-1}A = I_n$.

Outros conceitos matriciais aparecerão dentro dos seus contextos.

IV.5 Equações diferenciais e a equação de Schrödinger

O leitor certamente está acostumado com equações do tipo $x^2 - 5x + 6 = 0$, na qual a variável percorre um conjunto de números, como o conjunto dos números reais, e talvez também com equações que envolvam várias variáveis, como a equação de uma elipse,

$$\frac{x^2}{a^2} + \frac{y^2}{b^2} = 1. \quad \text{(IV.12)}$$

Há no entanto equações nas quais as variáveis são funções, nela aparecendo não somente essas funções como também as suas derivadas; tais são as *equações diferenciais*. Por exemplo, sendo $x(t)$ uma função que depende do parâmetro t, que pode representar o tempo, sendo A uma matriz $n \times n$:

$$\frac{\mathrm{d}x(t)}{\mathrm{d}t} = Ax(t). \quad \text{(IV.13)}$$

As equações diferenciais *ordinárias* são como a acima, nela aparecendo unicamente funções de uma variável. Se, ainda mais, somente aparecem as derivadas primeiras da função, como acima, ela é dita ser uma equação diferencial *ordinária*. Equações diferenciais *parciais* contêm funções de várias variáveis e suas derivadas. Nas equações que não são ordinárias, aparecem as derivadas de ordem superior (tanto nas ordinárias como nas parciais), como a equação da *corda vibrante*

$$\frac{\partial^2 u}{\partial t^2} = c^2 \frac{\partial^2 u}{\partial x^2}, \quad \text{(IV.14)}$$

o '∂' indicando a derivação parcial; ou seja, u é uma função a várias variáveis.

Uma equação diferencial que nos interessará em demasia é a *equação de Schrödinger*, que tem um aspecto similar à equação IV.13, a saber,

$$i\hbar \frac{\partial \psi}{\partial t} = H\psi, \quad \text{(IV.15)}$$

onde i é a unidade imaginária, $\hbar$ é a **constante reduzida de Planck**[4] e H é um operador denominado de **hamiltoniano**, que descreve a energia do sistema. Veremos mais à frente que os operadores podem ser descritos por matrizes.

[4]Ou seja, $\hbar = h/2\pi$, onde h é a constante de Planck.

A equação de Schrödinger é linear (aparecem somente derivadas primeiras). Sendo linear, tem a seguinte propriedade: suas soluções (as funções ψ que a satisfazem) são tais que se ψ_1 e ψ_2 são soluções, isto é, descrevem estados de sistemas físicos, então qualquer combinação linear delas também é uma solução, algo como $a\psi_1 + b\psi 2$ onde a e b são números complexos tais que $a^2 + b^2 = 1$; tais soluções expressam *estados de superposição*, e são fundamentais em física quântica. A equação acima é *dependente do tempo*, havendo uma versão que independe desse parâmetro.

O que diz essa equação? Primeiramente temos que saber que a derivada de uma função relativamente a algum parâmetro representa a *taxa de variação* dessa função relativamente ao parâmetro. Por exemplo, suponha que $x(t)$ é uma função que depende do parâmetro t (tempo), indicando a *posição* de um corpo no tempo t. A variação da posição com o tempo é a *velocidade* do objeto, assim

$$v(t) = \frac{\mathrm{d}x(t)}{\mathrm{d}t}. \tag{IV.16}$$

Já a taxa de variação da velocidade com o tempo é a *aceleração* do objeto, que corresponde então à segunda derivada da posição, ou seja,

$$a(t) = \frac{\mathrm{d}v(t)}{\mathrm{d}t} = \frac{\mathrm{d}^2x(t)}{\mathrm{d}t^2}. \tag{IV.17}$$

Assim, a equação de Schrödinger está dizendo que a variação do estado em relação ao tempo, ou seja, a *evolução* do estado é algo que depende do operador H (e das constantes i e $\hbar$. Vem agora a questão: como o físico *monta* a equação de Schrödinger? Note inicialmente que ele não começa com ψ, mas com a equação, e busca ψ resolvendo-a. Para a equação IV.13, as soluções são da forma

$$x(t) = e^{At}x(t_0), \tag{IV.18}$$

sendo t_0 um 'tempo inicial' e e a base dos logaritmos neperianos. Para a equação de Schrödinger, teremos uma situação similar; as soluções são da forma

$$\psi(t) = e^{-i\hbar Ht}\psi(t_0), \tag{IV.19}$$

onde $\psi(t_0)$ descreve o estado do sistema em um instante inicial [218, p.379].

A montagem da equação de Schrödinger depende do problema particular a ser atacado, e é realizada pelo físico em função de sua experiência e habilidade. Façamos uma analogia. Na física newtoniana clássica, se temos um corpo de massa m se deslocando sem atrito em um eixo x sujeito a uma força $F(x,t)$ que depende da posição x e do tempo t, o que se objetiva é descrever o movimento desse corpo por uma função $x(t)$ (a posição variando com o tempo). Para determinar $x(t)$, iniciamos com a segunda lei de Newton, $F = ma$, sendo a a aceleração (que se trata de uma grandeza vetorial). A força F (igualmente uma grandeza vetorial) é expressa em função da *energia potencial* V,

$$F = -\frac{\partial V}{\partial x}. \tag{IV.20}$$

Desse modo, a segunda lei se torna

$$m\frac{\mathrm{d}^2x(t)}{\mathrm{d}t^2} = -\frac{\partial V}{\partial x}. \tag{IV.21}$$

Fornecendo-se *condições iniciais* como posição e velocidade em um dado instante inicial t_0, podemos solucionar a equação acima e determinar $x(t)$.

Na mecânica quântica, queremos determinar a função de onda $\psi(x, t)$, por exemplo para x indicando a posição e t o tempo. A equação de Schrödinger depende de um hamiltoniano que os físicos escrevem (por experiência e habilidade)

$$H = \frac{\hbar}{2m}\frac{\partial^2}{\partial x^2} + V, \tag{IV.22}$$

onde V é o potencial. Trata-se de um *operador*, que quando aplicado à função $\psi(x, t)$, que escreveremos simplesmente 'ψ', se torna

$$H\psi = \frac{\hbar}{2m}\frac{\partial^2 \psi}{\partial x^2} + V\psi. \tag{IV.23}$$

A equação de Schrödinger para uma 'partícula livre' se deslocando na direção x fica

$$i\hbar\frac{\partial \psi}{\partial t} = \frac{\hbar}{2m}\frac{\partial^2 \psi}{\partial x^2} + V\psi. \tag{IV.24}$$

Nota-se uma coisa interessante. Veja que a massa m aparece no denominador, logo a equação não pode ser usada para qualquer partícula que tenha massa nula, como fótons.[5] Entidades como essa s só podem ser tratadas por meio das teorias quânticas de campos. A mecânica quântica ortodoxa se aplica a partículas de 'matéria', como elétrons e prótons.

As soluções de IV.24 são as funções ψ. Mas o que são essas funções? No início, pensava-se que representavam algo *real*, como uma onda no mar, mas isso leva a problemas. Por exemplo, uma onda desse tipo acha-se espalhada por uma região toda, como uma onda produzida em uma lagoa quando nela jogamos uma pedra. Mas aí, se medirmos a posição da partícula, a função de onda *colapsa* para as cercanias de um ponto, desaparecendo totalmente dos outros pontos de modo instantâneo. Isso é, o que acontece em um ponto ocasiona que ela *imediatamente* desapareça dos demais pontos da região, e isso vai contra a relatividade restrita, que afirma que nada pode acontecer instantaneamente (ou seja, com uma velocidade maior do que a da luz no vácuo) em um ponto que seja ocasionado por algo que aconteça em outro ponto. A 'influência' de um acontecimento sobre outro tem que respeitar o limite da velocidade da luz no vácuo. Assim, houve desde o início, o problema de se dar sentido à função de onda.

A resposta mais amplamente aceita foi proposta por Max Born (1882-1970), e chama-se de **interpretação estatística** da função de onda. Veja a figura IV.3 a seguir.

Na figura, representamos um trecho do gráfico da função $|\psi|^2$ (que se estende por todo o eixo x). A integral

$$\int_0^{c_4} |\psi(x,t)|^2 dx \tag{IV.25}$$

corresponde à área abaixo da curva até o eixo x e na interpretação de Born ela representa a *probabilidade* de encontrarmos a partícula entre 0 e c_4 no instante t e, dado um ponto como c_1, o valor da função nesse ponto indica a probabilidade de encontrarmos a partícula num entorno desse ponto. O 'ponto mais provável' de

[5]Os fótons têm unicamente *massa relativística*.

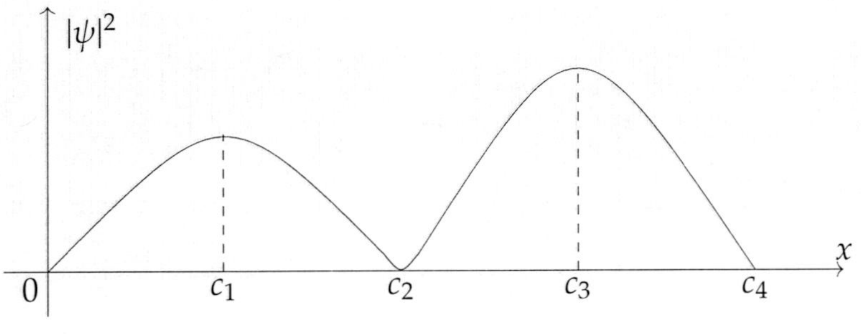

Figura IV.3: Um trecho do gráfico da função $|\psi|^2$ entre 0 e c_4.

encontrá-la é na vizinhança de c_3, onde a probabilidade é maior do que nos outros pontos e é impossível encontrá-la em c_2 (probabilidade igual a zero).

Em outras palavras, é o *quadrado* da função de onda que tem uma interpretação, a probabilística. Como dito, o problema de se encontrar uma interpretação para ψ permanece em aberto.

IV.5.1 As interpretações de ψ

No primeiro parágrafo do Prefácio do livro *The Wave Function: Essays on the Metaphysics of Quantum Mechanics* [166], Alyssa Ney e David Albert comentam a importância da função de onda nos seguintes termos:

> "As funções de onda, ou algum equivalente matemático das funções de onda, aparecem em todas as teorias quânticas e em todas as propostas para dar sentido conceitual explícito às teorias quânticas que temos atualmente. Nós as encontramos na mecânica quântica não relativística, nas teorias quânticas de campos relativísticos, nas teorias quânticas supersimétricas das cordas, na interpretação de Copenhague da mecânica quântica, na interpretação de muitos mundos da mecânica quântica, na mecânica bohmiana e nas teorias de redução espontânea do estado e elas podem muito bem constituir (em resumo) um elemento indispensável de qualquer relato científico de qualquer coisa, mesmo que remotamente parecida com o mundo em que vivemos."

Nesse livro, que recomendamos, os cientistas que contribuem (são dez ensaios) apresentam suas visões sobre o significado da função de onda, e o que se vê é que não há consenso entre eles. Falemos antes sobre o que se entende por **espaço de configurações**.

Uma exposição sucinta é apresentada por David J. Griffiths, em seu livro *Mecânica Quântica* [89, 90]. Nesse livro, algumas interpretações da função de onda.[6] Diz ele:

> "A interpretação estatística apresenta um tipo de indeterminação dentro da mecânica quântica, pois mesmo que você saiba tudo o que a teoria tem a dizer sobre a partícula (isso é, sua função de onda), não pode prever com exatidão o resultado de um experimento simples para medir a sua posição. Tudo o que a mecânica quântica tem a oferecer é informação *estatística* sobre os resultados *possíveis*. Essa indeterminação tem preocupado tanto físicos quanto filósofos e é natural questionar se é um fato da natureza ou um defeito da teoria." [89, p.2]

[6] No estudo todo, o leitor se beneficiará em muito vendo também [172, 173].

Griffiths apresenta então algumas alternativas para responder à seguinte questão. Suponha que meçamos a posição de uma partícula e a encontremos (com maior probabilidade) em torno do ponto c_3 (figura IV.3). Onde estava a partícula *antes* da mensuração ocorrer? Das alternativas apresentadas, destacamos duas, já que como comenta o autor, a terceira passou a ser desconsiderada depois do advento dos Teoremas de Bell (dos quais falaremos). Resumindo, as alternativas são as seguintes:

1. A interpretação de Copenhague (ou 'ortodoxa') apregoa que antes da medição a partícula não estava em nenhum local determinado. Segundo eles, é o ato de medir a posição que faz com que a partícula seja forçada a uma determinada região; antes, o seu estado, descrito pela função de onda, não determinava qualquer posição específica, já que a função de onda se espraia por todo o espaço. Griffiths menciona que Pascual Jordan (1902-1980), um dos que deu contribuições significantes à física quântica, teria dito que ao medirmos a posição da partícula, *forçamos* que ela assuma uma determinada posição, como que *produzindo* o que está para ser medido. Segundo Griffiths, isso mostra a necessidade de se esclarecer o significado do 'ato de medir', ou seja, o **problema da mensuração**, algo muito discutido ainda hoje (veja [174]).

2. A interpretação *realista*, defendida dentre outros por Einstein, diz que se na medição encontramos a partícula em c_3, isso se deve ao fato de que a partícula *já estava* em c_3 antes do experimento. A referida indeterminação seria algo inerente à nossa ignorância, e não a algo próprio da natureza da partícula. A posição seria algo bem definido, só que, antes da medida, ignorado por nós. Assim, em virtude do fato da mecânica quântica não ser capaz de nos informar onde estava a partícula, ela seria uma teoria **incompleta**, posição que Einstein sempre defendeu, notadamente em seu artigo com Podolski e Rosen, conhecido como 'EPR'.

Os Teoremas de Bell de 1964 vieram mostrar que essa discussão filosófica, notadamente entre Einstein e Bohr, era passível de uma versão experimental, ou seja, podia ser decidida no laboratório. Isso foi algo fantástico.[7] Falaremos disso mais tarde, mas adiantamos que os experimentos deram razão à visão ortodoxa.

IV.6 Uma opinião sobre a existência da função de onda

Em nossa opinião, a função de onda ψ é um dispositivo matemático, uma função complexa que habita um espaço de muitas dimensões, não tendo existência *real*, se por isso entendermos existência no nosso mundo físico. Ela não representa uma 'onda real' como uma onda no oceano. Faz parte de um *modelo matemático* usado para descrever fatos, ou supostos fatos, que ocorrem nas escalas quânticas. Na teoria, ela congrega tudo o que se pode saber sobre o estado de um sistema quântico em um dado momento.

No entanto, saliente-se que, como já dito, há uma discussão enorme na literatura da filosofia da física sobre o caráter ontológico de ψ, havendo quem sustente sua existência real; veja-se por exemplo [166] mencionado acima. O que sustentamos não é a existência (que não seja uma 'existência matemática') de ψ, mas das entidades (pelo menos de algumas) cujos estados ela representa. Não cremos ser errado supor que os aceleradores de partículas aceleram *partículas* e que são elas que fornecem aos físicos, por meio de suas interações a altíssimas velocidades, as informações sobre os componentes últimos da matéria.

[7] Há muito na literatura sobre esse debate. Em especial, recomendamos o livro de Manjit Kumar [131].

Desse modo, ainda que possamos estar interessados unicamente na função de onda, ou de 'potencialidades', 'poderes' ou outras coisas, não parece haver sentido em ignorar as entidades que detêm essas coisas, a saber, os objetos quânticos propriamente ditos, seja lá como forem concebidos (como partículas, excitações de campos ou outros modos ainda). No entanto, não queremos induzir o leitor a pensar que defendemos uma posição *substancialista* relativamente à teoria quântica. Nela, falamos de elétrons, prótons, átomos, partículas virtuais e outras coisas, algumas das quais, como as primeiras, supostamente existentes no nosso mundo real acima de qualquer dúvida. As partículas virtuais, no entanto, são suposições teóricas apenas, mas entram no discurso físico. A questão da ontologia associada à teoria quântica deve ser tratada com cuidado. Porém, *seja lá o que forem*, na nossa opinião essas coisas são melhor concebidas como entidades para as quais a teoria clássica da identidade não se aplica.

O próximo item introduz com detalhes a noção fundamental de espaço de Hilbert, essencial para que se possa entender como tudo o que foi dito acima pode ser tratado matematicamente.

IV.7 Espaços de Hilbert

A teoria dos espaços de Hilbert foi introduzida por John von Neumann (1903-1957) generalizando um tipo de estrutura matemática que era estudada por David Hilbert (1862-1943) e deu uma fundamentação considerada adequada para a física quântica, a qual é usada ainda hoje. Iniciemos com o conceito de *espaço vetorial*, noção que vem do final do século XIX.

Em um espaço vetorial, temos dois tipos de entidades, **vetores** e **escalares**. Quanto aos escalares, você pode pensar nos números reais ou nos números complexos; em geral, para os propósitos da física quântica, serão números complexos. O importante é que os escalares sejam elementos de uma estrutura algébrica denominada de *corpo*. Podemos somar escalares e multiplicá-los. Quanto aos vetores, nada é dito inicialmente a respeito de sua natureza. A palavra 'vetor' tem reminiscência nos vetores geométricos da Geometria Analítica, e intuitivamente podem ser pensados em entidades dotadas de uma direção, como Norte-Sul, um sentido, como de Sul para Norte, e uma intensidade. No entanto, de maneira abstrata vetores podem ser matrizes, funções e uma infinidade de outras coisas, de modo que ficamos com a imagem geométrica somente para motivação. Importante é que também podemos somar vetores, obtendo vetores, e podemos multiplicar vetores por escalares, obtendo vetores. Essas duas operações, sem surpresa, são chamadas de **adição de vetores** e de **multiplicação de vetor por escalar**.

Com maior precisão matemática, vem a seguinte definição.

Definição IV.7.1 (Espaço Vetorial). *Um* ***espaço vetorial*** *é uma estrutura* $\mathscr{E} = \langle \mathcal{V}, \mathcal{K}, +, \cdot \rangle$, *onde:*

1. $\mathcal{V}$ *é um conjunto cujos elementos são denominados de* ***vetores*** *e simbolizados por letras gregas* $\alpha, \beta, \gamma, \ldots$.

2. $\mathcal{K} = \langle K, +, \cdots \rangle$ *é um* ***corpo****, geralmente o corpo dos números complexos. Os elementos do domínio* K *são denominados de* ***escalares*** *e designados por letras latinas minúsculas* $a, b, \ldots, x, y, \ldots$ *com ou sem índices.*

3. *Na estrutura* $\mathscr{E}$*, o símbolo '+' designa uma operação binária sobre o conjunto de vetores, dita* ***adição de vetores****. Já na estrutura* $\mathcal{K}$*, o mesmo símbolo designa a operação de* ***adição de escalares****.*

4. *Ainda na estrutura $\mathscr{E}$, o símbolo '$\cdot$' designa uma operação chamada de* ***multiplicação de vetor por escalar****, que a cada vetor α e cada escalar a associa um vetor $a \cdot \alpha$ (ou simplesmente $a\alpha$). Já na estrutura $\mathcal{K}$, o símbolo representa a multiplicação de escalares.*

   O leitor não deve confundir as operações, pois usamos o mesmo símbolo, como '+' para designar tanto a adição de vetores quanto a adição de escalares. O mesmo se dá com o símbolo '$\cdot$', que designa ora a operação de multiplicação de vetor por escalar, ora a multiplicação de escalares. O contexto deixa claro qual é o caso.

5. *Essas operações obedecem algumas condições, ou postulados. São os seguintes, para α, β e γ vetores e a, b escalares:*

   (a) $\alpha + (\beta + \gamma) = (\alpha + \beta) + \gamma$ *(a adição de vetores é associativa).*

   (b) $\alpha + \beta = \beta + \alpha$ *(a adição de vetores é comutativa).*

   (c) *Existe um vetor, O, tal que, para todo α, tem-se que $O + \alpha = \alpha$.*

   (d) *Para todo vetor α, existe um vetor, denotado por $-\alpha$, tal que $\alpha + (-\alpha) = O$.*

   (e) $a.(\alpha + \beta) = a.\alpha + a.\beta$

   (f) $(a + b).\alpha = a.\alpha + b\alpha$

   (g) $a.(b.\alpha) = (a.b).\alpha$

   (h) $1.\alpha = \alpha$

Quem está iniciando pode ter algumas dúvidas bem fundamentadas. Por exemplo, por que postular que $1.\alpha = \alpha$? A razão é que precisamos saber como obter o vetor $-\alpha$, dado o vetor α. Você já deve ter percebido que em matemática, por mais 'evidente' que sejam as coisas, necessitamos defini-las ou demonstrá-las. Esse é um caso: a intuição diz que $-\alpha = (-1)\alpha$, mas como estabelecer isso? Não é difícil. Leve em conta a seguinte sequência de igualdades, que considera que $1.\alpha = \alpha$: $\alpha + (-1)\alpha = 1.\alpha + (-1)\alpha = (1 + (-1))\alpha = (1 - 1)\alpha = 0.\alpha = O$. Consequentemente, o vetor que somado a α dando o vetor nulo é $(-1)\alpha$, mas havíamos chamado esse vetor de $-\alpha$, portanto, eles têm que ser o mesmo vetor, assim $-\alpha = (-1)\alpha$.

Fato relevante é que podemos fazer *combinações lineares* de vetores, o que os físicos quânticos vão chamar de *superposições*. Uma **combinação linear** dos vetores $\alpha_1, \ldots, \alpha_n$ nada mais é do que a sua soma, previamente multiplicados por escalares. Assim, se $a_1, \ldots, a_n$ são escalares, temos a seguinte combinação linear dos vetores dados:

$$a_1\alpha_1 + \cdots + a_n\alpha_n. \tag{IV.26}$$

Como a multiplicação de um vetor por um escalar é ainda um vetor e como a soma de vetores é um vetor, a expressão acima corresponde a um vetor, que chamaremos de β, que é, portanto, uma combinação linear ou uma **superposição** dos vetores $\{\alpha_i\}_{i=1,\ldots n}$.[8] Ademais, a adição de vetores é associativa, o que nos permite omitir parênteses em IV.26.

Na física quântica, importam *certos* vetores e *certos* escalares, mas veremos isso mais à frente. Uma outra operação importante que podemos realizar sobre vetores é denominada de *produto interno*; se α e β forem dois vetores, o seu **produto interno** é um escalar, denotado por $\langle\alpha|\beta\rangle$.

De modo preciso, temos a seguinte definição de produto interno.

[8] O leitor deve ir se acostumando com a notação, que vamos introduzindo aos poucos.

Definição IV.7.2. *Seja $\mathcal{E}$ um espaço vetorial. Um* ***produto interno*** *sobre $\mathcal{E}$ é uma aplicação $\langle . | . \rangle$ de $\mathcal{V} \times \mathcal{V}$ em K (o domínio do corpo $\mathcal{K}$) que, para vetores α e β e escalares a e b, obedece os seguintes postulados:*

1. $\langle \alpha | + \beta + \gamma \rangle = \langle \alpha | \beta \rangle + \langle \beta | \gamma \rangle$
2. $\langle \alpha | b\beta \rangle = b \langle \alpha | \beta \rangle$
3. $\langle \alpha | \beta \rangle = \overline{\langle \beta | \alpha \rangle}$
4. $\langle \alpha | \alpha \rangle \geq 0$ *e* $\langle \alpha | \alpha \rangle = 0$ *se, e somente se,* $\alpha = O$

Observe o que resulta: o produto interno é *linear* na segunda variável (item 1) e o que pula fora no item 2 é o número complexo b. Usando 3, podemos constatar facilmente que

1. $\langle \alpha | \beta + \gamma \rangle = \langle \alpha | \beta \rangle + \langle \alpha | \gamma \rangle$
2. $\langle a\alpha | \beta \rangle = \bar{a} \langle \alpha | \beta \rangle$

Exemplo IV.7.1 (Espaço euclidiano real). *Como primeiro exemplo, vamos ao $\mathbb{R}^n$, onde $\mathbb{R}$ indica o conjunto dos números reais e n um número natural. Trata-se do espaço vetorial cujo domínio é o conjunto de todas as n-uplas de números reais com as operações definidas abaixo. Exemplificaremos com $n = 2$, mas será fácil generalizar. Além disso, por um motivo que ficará claro à frente, escreveremos os vetores como colunas, da seguinte forma:*

$$\alpha = \begin{pmatrix} x_1 \\ x_2 \end{pmatrix}, \tag{IV.27}$$

e não na forma de linhas, como é comum. As operações são as seguintes, sendo o corpo o dos números reais (os escalares são números reais). Sendo α como acima e

$$\beta = \begin{pmatrix} y_1 \\ y_2 \end{pmatrix}, \tag{IV.28}$$

então

$$\alpha + \beta = \begin{pmatrix} x_1 \\ x_2 \end{pmatrix} + \begin{pmatrix} y_1 \\ y_2 \end{pmatrix} = \begin{pmatrix} x_1 + y_1 \\ x_2 + y_2 \end{pmatrix}. \tag{IV.29}$$

A multiplicação por escalar é

$$a.\alpha = \begin{pmatrix} ax_1 \\ ax_2 \end{pmatrix}, \tag{IV.30}$$

O produto interno é o ***produto interno canônico****, ou* ***produto escalar****, a saber,*

$$\langle \alpha | \beta \rangle = x_1.y_1 + x_2.y_2. \tag{IV.31}$$

Esse espaço é também denominado de ***espaço euclidiano real de duas dimensões****. Podemos generalizar facilmente para o espaço euclidiano a n dimensões, cuja denominação é $\mathbb{R}^n$, assim havendo uma confusão de notação entre o espaço vetorial e o seu domínio de vetores.*

Exemplo IV.7.2. *Se mudarmos o domínio de vetores assumindo que as coordenadas* $x_1, \ldots, x_n$ *são agora números complexos e que o corpo é o corpo* $C = \langle \mathbb{C}, +, \cdot \rangle$ *dos números complexos, a adição e a multiplicação por escalar (para* $n = 2$*) podem ser entendidas exatamente como no exemplo anterior, mas agora as coordenadas e os escalares são números complexos. O produto interno também é o produto canônico, só que agora usando-se o conjugado dos números, dessa forma:*

$$\langle \alpha | \beta \rangle = \overline{x_1}.y_1 + \overline{x_2}.y_2, \tag{IV.32}$$

onde, sendo $x = a + bi$, $\overline{x} = a - bi$*. Esse espaço é também denotado por meio de referência do seu domínio de vetores, ou seja, é denominado de '*$\mathbb{C}^n$*' no caso geral (no nosso exemplo, '*$\mathbb{C}^2$*').*

Exercício IV.7.1. *Em* $\mathbb{C}^2$*, ache a soma dos vetores dados abaixo, o seu produto pelo escalar* $c = 2 - 3i$ *e os produtos internos* $\langle \alpha | \beta \rangle$, $\langle \beta | \alpha \rangle$, $\langle \alpha | \alpha \rangle$ *e* $\langle \beta | \beta \rangle$*.*

$$\alpha = \begin{pmatrix} 1 + i \\ -i \end{pmatrix}, \ \beta = \begin{pmatrix} -2 + 2i \\ 3 + i \end{pmatrix}$$

Observação quanto à notação. A multiplicação do vetor pelo escalar se dá *à esquerda*, $a\alpha$. No entanto, os físicos, que não são afeitos a esses detalhes, aceitam que dá no mesmo se colocarmos o escalar à direita do vetor, o que faremos também aqui. Portanto, aceitaremos que

$$a.\alpha = \alpha.a \tag{IV.33}$$

A partir do produto interno, podemos definir a **norma** de um vetor α, que nos dará a ideia de 'comprimento' ou de 'intensidade' do vetor, do seguinte modo:

$$||\alpha|| := \sqrt{\langle \alpha | \alpha \rangle}. \tag{IV.34}$$

Essa não é a única forma de se definir uma norma para vetores, mas para os propósitos da física quântica, é a que interessa; como ela foi definida a partir do produto interno, é chamada de *norma advinda do produto interno*.

Suponha agora que somemos um vetor α com o oposto de um outro vetor, β, ou seja, que façamos a operação $\alpha - \beta$. Esse vetor é denominado (sem surpresas) de *diferença* entre α e β (nessa ordem, porque facilmente se comprova que a operação não é comutativa – veja os exercícios abaixo). Ora, como todo vetor, $\alpha - \beta$ tem uma norma, que é definida como a **distância** entre α e β, ou seja,

$$d(\alpha, \beta) := \left\| \alpha - \beta \right\|. \tag{IV.35}$$

No espaço euclidiano (suponha $\mathbb{R}^2$, sendo α e β como antes, temos que $\begin{pmatrix} x_1 \\ x_2 \end{pmatrix} - \begin{pmatrix} y_1 \\ y_2 \end{pmatrix} = \begin{pmatrix} x_1 - y_1 \\ x_2 - y_2 \end{pmatrix}$, de sorte que

$$d(\alpha, \beta) = \sqrt{(x_1 - y_1)^2 + (x_2 - y_2)^2}. \tag{IV.36}$$

A figura abaixo ajuda a entendermos a intuição das definições acima em $\mathbb{R}^2$, em particular a distância entre α e β (observando-se o Teorema de Pitágoras no triângulo retângulo ABC, com $A = (x_1, x_2)$, $B = (y_i, y_2)$ e $C = (x_1, y_2)$):

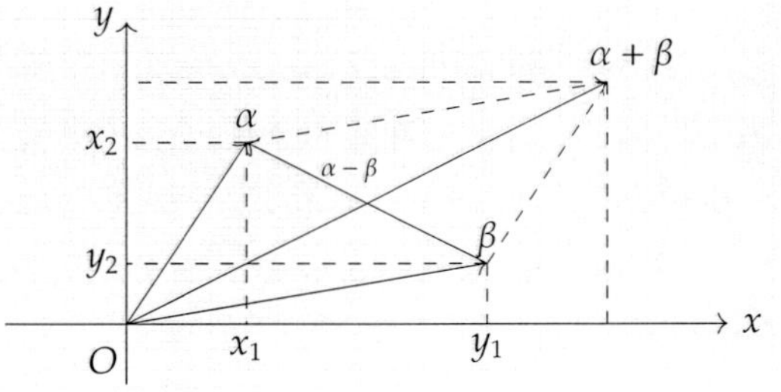

Figura IV.4: Esquema de vetores no plano euclidiano.

Dois vetores de um espaço vetorial com produto interno são ditos serem **ortogonais** se o seu produto interno é zero. Eles são **normais** se sua norma for igual à unidade, e são **ortonormais** se forem ortogonais e unitários.

Por exemplo, no plano euclidiano considerado acima, que identificaremos com o $\mathbb{R}^2$, o conjunto de todos os pares ordenados de números reais munido do produto interno canônico dado pela definição **??**, os vetores $i = \begin{pmatrix}1\\0\end{pmatrix}$ e $j = \begin{pmatrix}0\\1\end{pmatrix}$ são ortonormais. Os nomes 'i' e 'j' vêm da tradição. Podemos representar os vetores do plano $\mathbb{R}^2$ por meio de um sistema de coordenadas *cartesianas* (em homenagem ao seu criador, o filósofo René Descartes (1596-1650).[9] Um sistema de coordenadas não precisa ser *ortogonal*, mas isso facilita em muito as contas. A figura IV.5 auxilia a visão intuitiva, com os vetores i e j representados.

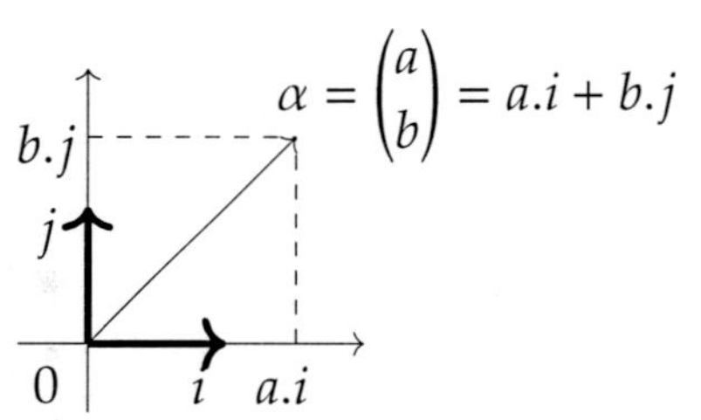

Figura IV.5: Sistema de coordenadas cartesianas ortogonais, com a origem $0 = (0, 0)$ e um vetor α representado como combinação linear de dois vetores i e j. Repare que não usamos 'flechinhas' sobre os vetores, como nas notações usuais ($\vec{v}$ para v).

Um conjunto de vetores $\mathcal{A} = \{\alpha_1, \ldots, \alpha_n\}$ de um espaço vetorial é dito ser **linearmente independente** se, e somente se, a única possibilidade da combinação linear abaixo

$$a_1\alpha_1 + \cdots + a_n\alpha_n = O \tag{IV.37}$$

acontece quanto $a_1 = a_2 = \cdots = a_n = 0$. Caso contrário, os vetores são **linearmente dependentes**. Por exemplo, $\alpha = (1, 2)$ e $\beta = (2, 4)$ do $\mathbb{R}^2$ são linearmente dependentes pois podemos escrever

$$1.\begin{pmatrix}2\\4\end{pmatrix} - 2.\begin{pmatrix}1\\2\end{pmatrix} = \begin{pmatrix}0\\0\end{pmatrix}, \tag{IV.38}$$

mostrando que a combinação linear pode ser nula sem que os coeficientes precisem ser zero.

[9] Conta-se que Descartes estava deitado observando uma mosca e então imaginou que poderia localizá-la por meio de três coordenadas espaciais, que hoje escrevemos como (x, y, z), dando origem à Geometria Analítica.

Por outro lado, os vetores $i = \begin{pmatrix} 1 \\ 0 \end{pmatrix}$ e $j = \begin{pmatrix} 0 \\ 1 \end{pmatrix}$ são linearmente independentes, como é fácil perceber. Seja A um conjunto de vetores de um espaço vetorial V. O conjunto dos vetores que são combinações lineares dos vetores de A é denotado por $[A]$.

Dotando $[A]$ com as operações de adição de vetores e de multiplicação de vetor por escalar (tomadas de V), resulta que $[A]$ torna-se um espaço vetorial, que é um **subespaço** de V. Nesse caso, os vetores de A **geram** esse subespaço, pois é a partir deles que os vetores do subespaço são obtidos. Por exemplo, é fácil ver que i e j acima geram o $\mathbb{R}^2$, uma vez que qualquer vetor desse espaço é combinação linear de i e j. Uma **base** para um espaço vetorial V é um conjunto de vetores que (i) gera o espaço e (ii) é linearmente independente.

Desse modo, $E = \{i, j\} = \{\begin{pmatrix} 1 \\ 0 \end{pmatrix}, \begin{pmatrix} 0 \\ 1 \end{pmatrix}\}$ é uma base para o $\mathbb{R}^2$, dita **base canônica** desse espaço. Repare que $A = \{i, j, i + j\}$ também gera o $\mathbb{R}^2$, mas não é uma base porque não é linearmente independente (exercícios). Nos casos mais simples, como no que estamos exemplificando, para vermos que um certo espaço vetorial tem uma base (em geral vai ter uma infinidade delas), basta que a exibamos. Mas, no caso geral, a coisa não é assim tão simples. No entanto, na presença de um axioma fundamental, dito Axioma da Escolha, podemos demonstrar que todos os espaços vetoriais têm base e que todas as bases têm o mesmo número de elementos (a mesma *cardinalidade*). Essa cardinalidade de uma base é chamada de **dimensão** do espaço. Desse modo, $\mathbb{R}^2$ tem dimensão 2.

Voltemos a nos dirigir para o conceito de espaço de Hilbert. Uma **sequência** de vetores de um espaço vetorial V é uma função $f : \omega \longrightarrow V$, sendo $\omega = \{0, 1, 2, \ldots\}$ o conjunto dos números naturais. Em outros termos, se denotamos os vetores de V pela letra α com subíndices, podemos escrever $f(0) = \alpha_0$, $f(1) = \alpha_1$, ... e podemos então simplificar a notação escrevendo unicamente os vetores, de sorte que a sequência, que denotaremos por (α_i), fica

$$\alpha_0, \alpha_1, \alpha_2, \ldots. \qquad \text{(IV.39)}$$

Há um caso especial de sequências que interessam aqui. São aquelas em que, à medida em que avançamos nos termos da sequência, a distância entre os vetores se torna cada vez menor ou, dito em outras palavras, os vetores vão se tornando 'cada vez mais próximos'. Sequências desse tipo são denominadas de **sequências de Cauchy**.

Uma sequência (α_i) é **convergente** se existe um vetor β de modo que se cumpra o seguinte: para qualquer número real $\epsilon > 0$ que admitirmos, existe um número natural n tal que para todo número natural $k > n$, $d(\alpha_k, \beta) < \epsilon$. Nesse caso, dizemos que a sequência converge *para* β, ou que β é o **limite** da sequência.

A intuição é direta: à medida que 'caminhamos' na sequência, os seus vetores vão se tornando cada vez mais próximos do limite, ou seja, a distância entre o limite e os vetores da sequência se torna menor do que qualquer número que se considere.[10]

O problema é que uma sequência de vetores de um espaço vetorial V pode convergir para um vetor *que não esteja em* V! Quando isso não acontece, ou seja, quando toda sequência de vetores de um espaço vetorial V converge para um vetor *em* V, o espaço é dito ser **fechado**.

[10] É fácil ver que com os espaços que estamos considerando, cujos escalares são números, a distância entre dois vetores é sempre um número real. Isso está resolvido nos exercícios apresentados abaixo.

Quando o espaço vetorial V é tal que toda sequência de Cauchy de vetores desse espaço converge para um vetor ainda no espaço (ele é fechado para essas sequências), ele é chamado de **espaço de Hilbert**. Em outras palavras,

Definição IV.7.3 (Espaço de Hilbert). *Um **espaço de Hilbert** é um espaço vetorial dotado de um produto interno que é completo relativamente à norma advinda do produto interno. O espaço de Hilbert é dito ser **separável** de possuir uma base ortonormal enumerável.*

IV.8 A notação de Dirac

Paul A. M. Dirac (1902-1984), notável físico britânico, Prêmio Nobel de 1933, foi um dos precursores da física quântica. Sua notação vetorial tornou-se padrão. Para entendê-la melhor, adiantemos um conceito: um **funcional linear** sobre um espeço vetorial é uma função f *linear* (já chegamos lá) que associa um escalar a cada vetor do espaço, cumprindo as **condições de linearidade**: para quaisquer vetores α e β e qualquer escalar k, tem-se que $f(\alpha + \beta) = f(\alpha) + f(\beta)$ e $f(k\alpha) = k.f(\alpha)$.

Seja $\mathcal{H}$ um espaço de Hilbert. Um vetor $\alpha \in \mathcal{H}$ é escrito por ele como '$|\alpha\rangle$' e é chamado de *ket* (você já entenderá porque). Um funcional linear sobre $\mathcal{H}$ é escrito $\langle\alpha|$, e chamado de *bra*. A razão desses nomes tem a ver com um teorema chamado de Teorema de Riez, que diz o seguinte:

Teorema IV.8.1 (Riez). *Todo funcional linear f sobre um espaço de Hilbert $\mathcal{H}$ está associado a um vetor β de forma que, para qualquer vetor α, $f(\alpha) = \langle\beta|\alpha\rangle$.*

Em outras palavras, o vetor β 'caracteriza' o funcional,[11] de modo que a transformada de α pelo funcional f é exatamente o produto interno $\langle\beta|\alpha\rangle$.

Ora, em inglês, os delimitadores '$\langle$' e '$\rangle$' são denominados de *brackets* ('colchetes'). Nada mais natural então do que chamar a primeira parte, '$\langle\beta|$' de 'bra' e a segunda, '$|\alpha\rangle$' de 'ket'. Ou seja, '$\langle\beta|\alpha\rangle$' pode ser visto tanto como a imagem do vetor α pelo funcional caracterizado por β como o produto interno de dois vetores β e α.

A notação de Dirac é excelente em vários aspectos. Por exemplo, definimos o **conjugado** de um vetor $|\alpha\rangle$ como sendo o vetor $\langle\alpha|$, definido como segue, tudo feito em $\mathbb{R}^2$:

Definição IV.8.1 (Conjugado). *Se* $|\alpha\rangle = \begin{pmatrix} x_1 \\ x_2 \end{pmatrix}$, *então seu conjugado é*

$$\langle\alpha| = (\overline{x_1}, \overline{x_2}).$$

Assim, se tomarmos o produto interno canônico sobre um espaço de Hilbert complexo (suponha-o de dimensão n), o funcional caracterizado pelo vetor β, ou seja, $\langle\beta|$, quando aplicado ao vetor $|\alpha\rangle$, fornece

$$\langle\beta|\alpha\rangle = (\overline{y_1}, \overline{y_2}, \ldots, \overline{y_n}) \cdot \begin{pmatrix} x_1 \\ x_2 \\ \vdots \\ x_n \end{pmatrix} = \sum_{i=1}^{n} \overline{y_i} x_i, \tag{IV.40}$$

as coordenadas sendo tomadas relativamente à base ordenada canônica e adotando a convenção de escrever somente o elemento quando a matriz é 1×1.

[11] Você deve lembrar que a imagem de um vetor por um funcional é um escalar e que o produto interno é também um escalar.

IV.9 Observação: uma questão de fundamentos

Nesta seção, que é paralela ao tema deste livro, objetiva-se esclarecer uma questão de fundamentos usualmente não tratada nos livros a respeito da filosofia da ciência.

Voltemos à definição dada de espaço vetorial. Note que dissemos que a estrutura envolve um *conjunto* de objetos chamados de 'vetores' e outras coisas descritas como conjuntos. Isso indica que estamos trabalhando *dentro* de uma teoria de conjuntos como ZFC, ou de algum modelo dessa teoria. Na verdade, o que estamos descrevendo com a definição é uma classe de estruturas que vêm a ser os *modelos* da teoria dos espaços vetoriais ou o que Bourbaki denominava de uma *espécie de estruturas*. Os espaços vetoriais particulares são *as estruturas dessa espécie*.

Se quiséssemos formular a teoria dos espaços vetoriais e não somente descrever os seus modelos, deveríamos proceder primeiramente especificando a sua linguagem (símbolos, modos de se definir as fórmulas, etc.), apontar para a lógica subjacente e para os axiomas específicos. Em outras palavras, deveríamos proceder *formalmente*, apresentando um sistema formal que em princípio independe da noção de conjunto. Isso se aplica a qualquer teoria matemática e mesmo física.

Desse modo, o que estamos sugerindo é uma diferenciação entre a descrição de uma teoria e a descrição de seus modelos. No entanto, se assumirmos, como fazem van Fraassen e Suppes que a especificação de uma teoria se dá exatamente com a especificação de seus modelos (veja [71, p.64]), então os dois conceitos se fundem. Porém, para finalidades de fundamentos, acreditamos que a distinção é necessária.

IV.10 Exercícios

1. Mostre que $\alpha = \begin{pmatrix} -1 \\ 1 \end{pmatrix}$ e $\beta = \begin{pmatrix} 0 \\ -1 \end{pmatrix}$ formam uma base para o $\mathbb{R}^2$.

Solução: Primeiramente, temos que mostrar que os vetores do conjunto são linearmente independentes, e depois que eles geram o espaço. Quanto à independência linear, pondo $x\begin{pmatrix} -1 \\ 1 \end{pmatrix} + y\begin{pmatrix} 0 \\ -1 \end{pmatrix} = \begin{pmatrix} 0 \\ 0 \end{pmatrix}$, obtemos $\begin{pmatrix} -x \\ x-y \end{pmatrix} = \begin{pmatrix} 0 \\ 0 \end{pmatrix}$ se, e somente se, $x = 0$ e $y = 0$. Portanto, eles são linearmente independentes. Por outro lado, se $\begin{pmatrix} a \\ b \end{pmatrix}$ é um vetor qualquer do espaço, pomos $\begin{pmatrix} a \\ b \end{pmatrix} = x\begin{pmatrix} -1 \\ 1 \end{pmatrix} + y\begin{pmatrix} 0 \\ -1 \end{pmatrix}$, o que nos dá um sistema de duas equações lineares $-x + 0y = a$ e $x - y = b$, que admite solução única pelo Teorema de Rouché-Capelli, para cada a e b. Assim, todo vetor do espaço pode ser escrito como combinação linear dos vetores dados. Eles formam, portanto, uma base. ∎

2. No caso acima, escreva o vetor $\gamma = \begin{pmatrix} 2 \\ 3 \end{pmatrix}$ como combinação linear de α e β, encontrando os escalares necessários para isso.

3. Ache o produto interno de α e β acima, depois de α e γ e finalmente de β e γ. Verifique que o produto interno é comutativo nesses casos.

4. Calcule as normas dos vetores anteriores.

5. Ache as distâncias entre os vetores anteriores.

6. Justifique a afirmação do texto: a distância entre dois vetores é um número real.
Solução: Primeiramente, vamos mostrar que $\langle\alpha|\beta\rangle + \langle\beta|\alpha\rangle = 2Re\langle\alpha|\beta\rangle$, onde *Re* significa 'parte real de', como $Re(3+2i) = 3$. Para isso, nos valemos de um dos postulados da definição de produto interno, até aqui omitido, mas que diz o seguinte: $\langle\alpha|\beta\rangle = \overline{\langle\beta|\alpha\rangle}$. Em palavras, quando comutamos os vetores, obtemos o conjugado do número complexo que era o produto interno dos vetores antes da comutação; claro que no caso de números reais, vale a comutatividade pura e simples. Temos então que $\langle\alpha|\beta\rangle + \langle\beta|\alpha\rangle = \langle\alpha|\beta\rangle + \overline{\langle\alpha|\beta\rangle} = 2Re\langle\alpha|\beta\rangle$, já que a soma de um número complexo com o seu conjugado dá duas vezes a sua parte real (verifique isso com quaisquer números complexos). Vamos então à distância: $d(\alpha,\beta) = \|\alpha-\beta\| = \left(\langle\alpha-\beta|\alpha-\beta\rangle\right)^{1/2} = \left(\langle\alpha|\alpha\rangle - \langle\alpha|\beta\rangle - \langle\beta|\alpha\rangle + \langle\beta|\beta\rangle\right)^{1/2} = \left(\|\alpha\|^2 + \|\beta\|^2 - Re\langle\alpha|\beta\rangle\right)^{1/2}$, ou seja, está tudo em $\mathbb{R}$. ∎

7. Justifique por que o $\mathbb{R}^n$ munido do produto interno canônico é um espaço de Hilbert separável.

8. Generalize as definições dadas em ?? para um espaço n-dimensional.

9. Demonstre que todo corpo é um espaço vetorial sobre si mesmo.
Solução: nesse caso, as operações de adição de vetores e de multiplicação de vetor por escalar confundem-se com as operações correspondentes entre escalares, assim como há identificação entre vetores e escalares.

10. Verifique que $C = \langle\mathbb{C},\mathbb{C},+,\cdot\rangle$ é um espaço vetorial complexo sendo $\mathcal{B} = \{1\}$ uma base. Essa mesma estrutura também define um espaço vetorial *real*, só que agora a dimensão é 2, ou seja, temos agora $C' = \langle\mathbb{C},\mathbb{R},+,\cdot\rangle$. Sabe dizer por quê?
Solução. Se o corpo de escalares for o conjunto dos números complexos, então cada número complexo ('vetor') $a+bi$ pode ser escrito $a+bi = (a+bi)\cdot 1$, ou seja, uma combinação linear de um único vetor, '1', cujo conjunto unitário é obviamente linearmente independente (justifique). Agora se o corpo é o dos números reais, os coeficientes das combinações lineares terão que ser números reais, logo precisaremos de dois números reais distintos para gerar os números complexos. Isso pode ser feito da seguinte maneira. Cada número complexo $a+bi$ corresponde a um ponto (a,b) no plano euclidiano $\mathbb{R}^2$ (plano de Argand-Gauss). Assim, o conjunto (base ortonormal canônica) $\mathcal{E} = \{\begin{pmatrix}1\\0\end{pmatrix},\begin{pmatrix}0\\1\end{pmatrix}\}$ é linearmente independente e gera o plano, logo o espaço dos números complexos. Mostre que $\mathcal{E}' = \{\begin{pmatrix}-1\\0\end{pmatrix},\begin{pmatrix}0\\-1\end{pmatrix}\}$ é outra base ortonormal para o mesmo espaço.

11. Sejam $\alpha = \begin{pmatrix}1\\-2\\1\\1\end{pmatrix}$ e $\beta = \begin{pmatrix}2\\-1\\1\\1\end{pmatrix}$ vetores do espaço de Hilbert real de dimensão 3 com o produto interno canônico. Ache a imagem do vetor α pelo funcional linear caracterizado por β. Repita para $\alpha = \begin{pmatrix}1+i\\2-i\end{pmatrix}$ e $\beta = \begin{pmatrix}-2+i\\-1+2i\end{pmatrix}$ no espaço de Hilbert complexo de dimensão 2 (produto interno canônico).

IV.11 Estados e emaranhamento

O **produto tensorial** dos subespaços W_1 e W_2 de V, que se escreve $W_1 \otimes W_2$ (não confundir com a soma direta) é definido de tal modo que há uma operação dita **produto tensorial de vetores** que, para $\alpha \in W_1$ e $\beta \in W_2$ associa um vetor $\alpha \otimes \beta \in W_1 \otimes W_2$ tal que vale o seguinte, para $\alpha, \alpha_1, \alpha_2 \in W_1$ e $\beta, \beta_1, \beta_2 \in W_2$,:

1. Leis distributivas:

(a) $\alpha \otimes (\beta_1 + \beta_2) = \alpha \otimes \beta_1 + \alpha \otimes \beta_2$

(b) $(\alpha_1 + \alpha_2) \otimes \beta = \alpha_1 \otimes \beta + \alpha_2 \otimes \beta$

2. Se a é um escalar, então

$(a.\alpha) \otimes \beta = \alpha \otimes (a.\beta) = a.(\alpha \otimes \beta)$

3. Se $\{\alpha_i\}$ é uma base para W_1 (dimensão n) e se $\{\beta_j\}$ é uma base para W_2 (dimensão m), então $\{\alpha_1 \otimes \beta_j\}$ é uma base para $W_1 \otimes W_2$ que, portanto, terá dimensão $n.m$.

Resulta que se ambos W_1 e W_2 são espaços de Hilbert, então $W_1 \otimes W_2$ é também um espaço de Hilbert. Obviamente, podemos estender essa definição para uma quantidade maior de subespaços.

Quando temos um sistema de muitas partículas (aqui vamos supor somente duas), alguns cuidados precisam ser feitos. Os *estados* dos sistemas individuais #1 e #2 são vetores (vamos supor sempre unitários) de espaços de Hilbert $\mathcal{H}_1$ e $\mathcal{H}_2$, digamos $|\alpha_1\rangle$ e $|\alpha_2\rangle$ respectivamente. O sistema conjunto contendo os dois sistemas tem seus estados no produto tensorial $\mathcal{H}_{12} = \mathcal{H}_1 \otimes \mathcal{H}_2$ (ver mais abaixo).

Vamos supor que temos um sistema quântico formado por um elétron e que estejamos interessados em uma de suas propriedades, o *spin*. Por enquanto, não vem ao caso o que seja isso, mas trata-se de algo que é inspirado (mas não coincide) com a ideia de que um objeto físico 'clássico' pode *girar* assim como a Terra gira em torno de seu eixo. Se ele 'gira' em um sentido, dizemos que o spin relativo ao eixo é 'UP', e que é 'DOWN' se gira no sentido oposto. Mas, contrariamente à Terra, que gira somente relativamente ao seu eixo Norte-Sul, um sistema quântico pode 'girar' em relação a qualquer direção, Norte-Sul, Leste-Oeste, ou qualquer outra. Isso mostra que o spin não é propriamente algo que tenha um análogo clássico; na verdade, não tem, mas os físicos associaram a um sistema quântico uma propriedade que denominam de *momento magnético* que é 'revelado' quando o sistema passa por um aparato do tipo Stern-Gerlach.

Os fatos que interessam são os de que nunca podemos determinar o valor do spin de um sistema em duas direções diferentes simultaneamente. O outro fato é o de que, dada uma direção qualquer, o spin do sistema nessa direção é 'UP' ou 'DOWN', que representaremos pelos vetores (na notação de Dirac) $|\uparrow\rangle$ e $|\downarrow\rangle$ para uma direção z. Suponha agora que temos dois sistemas quânticos. Você deve recordar que a cada sistema (vamos designá-los por '#1' e '#2') associamos um espaço de Hilbert $\mathcal{H}_i$ (com $i = 1, 2$), assim que há situações em que o estado do sistema conjunto 'sistema #1 mais sistema #2', que é um vetor do espaço de Hilbert que é o produto tensorial dos dois espaços, $\mathcal{H} = \mathcal{H}_1 \otimes \mathcal{H}_2$, é *separável* no sentido de que é possível 'fatorá-lo' em dois vetores, um de cada espaço.

Vejamos um exemplo. Considere os espaços de Hilbert $\mathcal{H}_1$ e $\mathcal{H}_2$ e os vetores $|\psi_1\rangle$ e $|\psi_2\rangle$ em cada um desses espaços. O vetor $|\psi\rangle = |\psi_1\rangle \otimes |\psi_2\rangle$ pode ser visto como descrevendo o estado de um sistema envolvendo dois subsistemas cujos estados estão em cada um dos espaços dados. Vemos que $|\psi\rangle$ é um produto (tensorial) de estados que é *separável*, ou *fatorizável* em vetores, cada um pertencente a um dos espaços dados.

Por outro lado, considere o estado *emaranhado* (ou *entrelaçado*)

$$|\psi\rangle = \frac{1}{\sqrt{2}}\Big(|\psi_1\rangle \otimes |\psi_2\rangle + |\psi_2\rangle \otimes |\psi_1\rangle\Big). \tag{IV.41}$$

Nesse caso, não conseguimos fatorizar o estado dado em vetores, cada um de um dos espaços dados. Ou seja, não há como caracterizar um dos estados sem fazer referência ao outro. Como salientou Schrödinger, o emaranhamento não é *um* fato da mecânica quântica, mas *a* sua fundamental característica, sem similar na física clássica.[12]

IV.12 Subespaços, somas e produtos de subespaços

Acima já demos a intuição do que significa *subespaço* de um espaço vetorial V: trata-se de um subconjunto W de vetores se V tal que se restringirmos as operações aos seus vetores, obtemos ainda um espaço vetorial. Uma condição necessária e suficiente para que $W \subseteq V$ seja subespaço de V é que cumpra as seguintes duas **condições de fechamento**, que asseguram que W é *fechado* para as operações de adição de vetores e de multiplicação de vetor por escalar:

1. Se $\alpha, \beta \in W$, então $\alpha + \beta \in W$
2. Se $\alpha \in W$ e se a é um escalar, então $a.\alpha \in W$.

Importante observar que o domínio do espaço V, que também chamamos de 'V', é um conjunto, e o mesmo se dá com o caso de seus subespaços. Assim, podemos realizar sobre esses conjuntos as operações usuais que se faz com conjuntos. Temos então que, se W_1 e W_2 são subespaços de V (e isso se estende para mais do que dois deles), a **interseção** dos subespaços, denotada por $W_1 \cap W_2$ é definida como o conjunto dos vetores que pertencem a ambos.[13], ou seja,

$$W_1 \cap W_2 := \{\alpha \in V : \alpha \in W_1 \wedge \alpha \in W_2\}. \tag{IV.42}$$

Pois bem: note que é simples demonstrar que tomando $W_1 \cap W_2$ como subconjunto de vetores de V, as duas condições acima são satisfeitas (exercícios). Em outras palavras, *a interseção de subespaços vetoriais é ainda um espaço vetorial*.

O que dizer da união de subespaços? Claramente que tomamos o que parece razoável, a união pura e simples, ou seja,

$$W_1 \cup W_2 := \{\alpha \in V : \alpha \in W_1 \vee \alpha \in W_2\}. \tag{IV.43}$$

Mas nesse caso as condições anteriores não são satisfeitas. É fácil dar um contraexemplo.[14] Tome o nosso conhecido $\mathbb{R}^2$ e os seguintes subespaços dele (exercícios: provar que são de fato subespaços): W_1 formado

[12] Para uma apresentação bacana do fenômeno do emaranhamento e de todo o seu contexto, sugerimos [1].

[13] Insistimos no jargão intuitivo para evitar a forma mais rigorosa de dizer que estamos fazendo a interseção dos domínios dos subespaços, etc.

[14] O estudante deve notar que para 'destruir' uma afirmativa como a de que a união de subespaços é um subespaço, basta encontrar uma situação em que isso não ocorra, um *contraexemplo*. No entanto, para corroborar uma afirmativa de que, por exemplo, a interseção de subespaços é um subespaço, nenhuma quantidade de exemplos é suficiente: é preciso uma *demonstração*. Isso é matemática.

pelos vetores da forma $x\begin{pmatrix}1\\0\end{pmatrix}$, para $x \in \mathbb{R}$, e W_2 formado pelos vetores da forma $y\begin{pmatrix}0\\1\end{pmatrix}$, com $y \in \mathbb{R}$. Ora, $W_1 \cup W_2$ é então formado por vetores de uma das formas *ou* da outra. Mas segundo a condição 1 acima, a soma de quaisquer dois vetores que pertençam ao pretensioso conjunto que quer ser o domínio de um espaço vetorial, deve ainda pertencer ao conjunto, mas não é o que ocorre neste caso; basta tomar $x = 2$ e $y = 3$ e verificar que $2\begin{pmatrix}1\\0\end{pmatrix} + 3\begin{pmatrix}0\\1\end{pmatrix} = \begin{pmatrix}2\\0\end{pmatrix} + \begin{pmatrix}0\\3\end{pmatrix} = \begin{pmatrix}2\\3\end{pmatrix}$ *não* pertence à união. Assim, nada feito: $W_1 \cup W_2$ não passa no teste geral para ser um subespaço, mas somente em casos específicos, o que não é suficiente.

Mas não desistimos ainda. Em vez de $W_1 \cup W_2$, vamos tomar o *subespaço gerado pela sua união*, $[W_1 \cup W_2]$, e já sabemos que o espaço gerado por um conjunto de vetores de V é um subespaço vetorial de V. Agora sim, podemos verificar que 1 e 2 acima são obedecidas (exercícios), logo, concluímos que *o espaço gerado pela união de subespaços de V é um subespaço de V.*

Para os propósitos que virão, é conveniente mudar um pouco a notação. Escreveremos $W_1 \sqcap W_2$ para a interseção de subespaços e $W_1 \sqcup W_2$ para indicar o espaço gerado pela união de W_1 e W_2. Isso posto, verifica-se que valem as seguintes afirmativas, além de várias outras, para quaisquer vetores de V:

(a) Ambas, $\sqcap$ e $\sqcup$ são associativas e comutativas (exercícios).

(b) Valem as *leis de absorção* seguintes: $W_1 \sqcup (W_1 \sqcap W_2) = W_1$ e $W_1 \sqcap (W_1 \sqcup W_2) = W_1$.

A importância disso aparecerá em breve. Há ainda um outro subespaço de V (aqui é preciso que V seja dotado de um produto interno) que desempenha papel relevante no formalismo quântico. Dado o subespaço W, definimos o seu **complemento ortogonal**, denotado por $W^\perp$ como sendo formado por todos os vetores de V que são *ortogonais* aos vetores de W; em símbolos,

$$W^\perp := \{\beta \in V : \langle\beta|\alpha\rangle = 0, \text{ para todo } \alpha \in W\}. \tag{IV.44}$$

É um bom exercício provar que $W^\perp$ é de fato um subespaço de V.

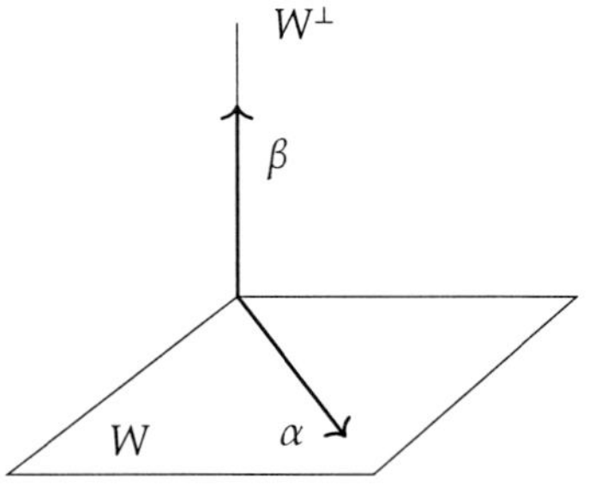

Figura IV.6: Representação esquemática de um subespaço W e seu complemento ortogonal $W^\perp$; os vetores α e β são ortogonais.

Vamos denominar de V_0 o subespaço de V cujo único vetor é o vetor nulo; ele é chamado de **subespaço trivial** (exercício). Temos então as seguintes propriedades sendo obedecidas, para qualquer W subespaço de V:

(c) $W \sqcap W^\perp = V_0$

(d) $W \sqcup W^\perp = V$

Considere os subespaços de $V = \mathbb{R}^2$ indicados na figura IV.7; é fácil descrevê-los formalmente, mas iremos em frente com a nossa intuição.[15]

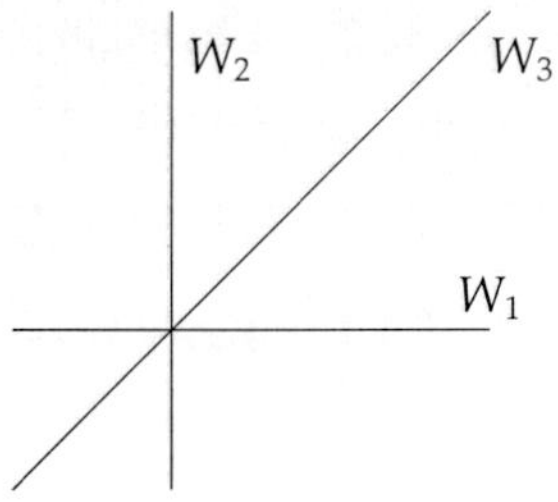

Figura IV.7: A falha da Lei Distributiva.

Verificamos sem dificuldade que $W_1 \sqcap (W_2 \sqcup W_3) = W_1$, pois $W_2 \sqcup W_3 = V$. Também notamos que $(W_1 \sqcap W_2) = (W_1 \sqcap W_3) = V_0$, portanto, como $V \neq V_0$, a Lei Distributiva abaixo **não vale**:

$$W_1 \sqcap (W_2 \sqcup W_3) = (W_1 \sqcap W_2) \sqcup (W_1 \sqcap W_3). \tag{IV.45}$$

Ora, o que isso mostra? A resposta é que mostra algo fundamental para a matemática da mecânica quântica. Na mecânica clássica, como veremos no capítulo seguinte, levando em conta os desenvolvimentos a serem feitos, resulta que as operações básicas conduzem a uma Álgebra de Boole, cujas propriedades encerram em particular a Lei Distributiva, cuja correspondente em termos de espaços vetoriais é indicada acima. A consequência da falha dessa lei no caso dos subespaços é que a estrutura

$$\mathscr{R} = \langle S, \sqcup, \sqcap, ^{\perp}, V_0, V \rangle \tag{IV.46}$$

não é uma Álgebra de Boole, onde 'S' indica a coleção de todos os subespaços vetoriais de V. No capítulo seguinte retomaremos esse assunto de um ponto de vista algébrico, mostrando que a estrutura algébrica subjacente à mecânica quântica, em vez de uma Álgebra de Boole, como na mecânica clássica, é um Reticulado Ortomodular.

Antes disso, são necessários outros conceitos relacionados aos subespaços. O primeiro deles é o de **soma** de subespaços, e em especial o de **soma direta** de subespaços.

Se W_1 e W_2 são subespaços de V, define-se a sua **soma**, denotada por $W_1 + W_2$ como sendo o subespaço gerado pela sua união, ou seja, em algo que pode ser estendido para mais de dois subespaços,

$$W_1 + W_2 := [W_1 \cup W_2]. \tag{IV.47}$$

É imediato que a soma é também um subespaço de V. Se $W_1 \cap W_2 = V_0$, então temos uma **soma direta**, que se escreve $W_1 \oplus W_2$. Se houver mais de dois subespaços, a soma direta deve ser definida de modo que a cada vez que se acrescenta um subespaço à soma, o resultado deve 'sair' do subespaço gerado pelo que se tinha antes, ou seja, temos $W = W_1 \oplus W_2 \oplus \ldots \oplus W_k$ se, e somente se, para todo $2 \leq j \leq k$,

$$W_j \cap (W_1 + \cdots + W_{j-1}) = V_0. \tag{IV.48}$$

[15]Aliás, esse é um ponto importante: até onde podemos ir seguindo a nossa intuição? Em matemática, ainda que a intuição seja usada o tempo todo, os resultados não podem ser nela baseados; é célebre a frase de Zermelo, "a matemática origina-se em intuições, mas não pode ser nelas fundamentada."

Um outro modo, talvez mais simples, mas equivalente de dizer em que consiste uma soma direta é a seguinte: para cada $\alpha \in W$, existem únicos $\alpha_i \in W_i$ tais que $\alpha = \alpha_1 + \cdots + \alpha_k$. Se a soma não for direta, perde-se a unicidade.

Vamos dar um exemplo considerando o espaço vetorial $\mathbb{R}^3$ cujos elementos são triplas ordenadas de números reais com as operações usuais (exercício) e com o produto interno canônico. Como sabe, podemos definir um sistema de coordenadas cartesianas ortogonais. Os subespaços desse V são: (i) o subespaço trivial, cujo único elemento é o vetor nulo, no caso $O = \begin{pmatrix} 0 \\ 0 \\ 0 \end{pmatrix}$, que tem dimensão zero; (ii) os subespaços unitários (de dimensão 1) que são representados pelas retas que passam pela origem do sistema de coordenadas; (ii) os planos que cortam a origem são os subespaços de dimensão 2, e (iii) o próprio $V = \mathbb{R}^3$. Imagine agora esse nosso V e tomemos um subespaço W_1 de dimensão 1, que é representado pela reta da figura IV.8:

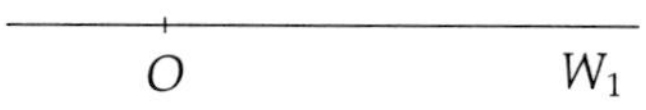

Figura IV.8: Um subespaço de dimensão 1 no $\mathbb{R}^3$.

Vamos acrescentar agora mais um subespaço unitário W_2, mas de modo que a soma $W_1 + W_2$ seja direta; vamos escolher W_2 o da figura IV.9:

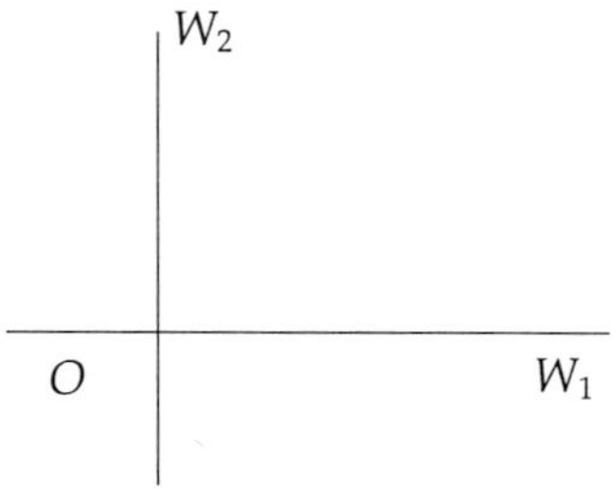

Figura IV.9: Outro subespaço de dimensão 1 no $\mathbb{R}^3$, de modo que a sua soma com o anterior seja direta.

Se queremos adicionar um $W3$ de modo que a soma $W_1 + W_2 + W_3$ seja direta, o novo W_3 tem que estar fora do espaço gerado pelos outros dois, que é o que diz a condição IV.48, ou seja, $W_3 \cap (W_1 + W_2) = V_0$. O subespaço $W_1 + W_2$, ou $W_1 \oplus W_2$, já que essa soma é direta, é o plano gerado pelos dois subespaços, logo, podemos tomar W_3 como uma reta não nesse plano, como indica a figura IV.10:

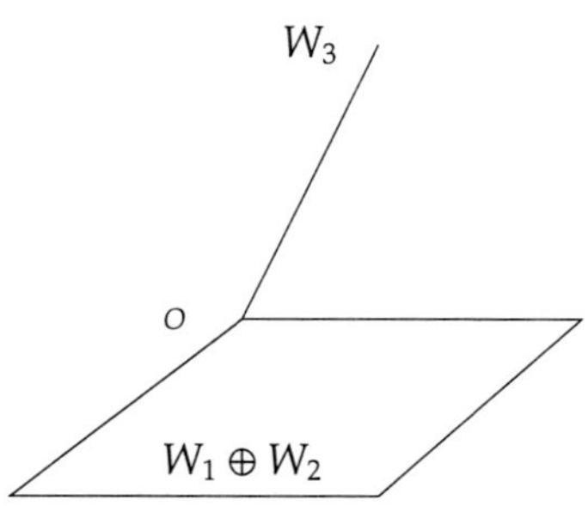

Figura IV.10: Representação esquemática da soma direta de três subespaços unitários do $\mathbb{R}^3$.

Então é isso: à medida em que você vai acrescentando subespaços à soma, para ele ela permaneça *direta* é preciso que os novos subespaços 'vão saindo' daquilo que os precedentes determinam.

Onde queremos chegar? O que estamos vendo é um mínimo da matemática da mecânica quântica. Algo relevante nessa disciplina é que um **espaço de Fock**, que é um espaço de Hilbert onde buscaremos os vetores da forma $|n_1, n_2, \ldots, n_k\rangle$ (na notação de Dirac), que representarão situações nas quais temos n_1 *quanta* em um estado, n_2 em outro, e assim por diante, sem que necessitemos descrevê-los individualmente.

IV.13 Exercícios

1. Mostre que o subespaço trivial V_0 é de fato um subespaço de V, qualquer que seja V.
Solução: Basta mostrar que as duas condições de 'fechamento' são satisfeitas. Quanto à primeira, tomemos $\alpha \in V_0$ e $\beta \in V_0$ quaisquer. Ora a única possibilidade é que $\alpha = \beta = O$. Mas uma das propriedades básicas dos espaços vetoriais é a de que para qualquer vetor α, temos que $\alpha + O = \alpha$, logo, $O + O = O \in V_0$ e a primeira condição é satisfeita. Quanto à segunda, verificamos que se a é um escalar qualquer, temos que $a.O = a.(O + O) = a.O + a.O$, e como $\alpha + \alpha = \alpha$, então $\alpha = O$, vem que $a.O = O \in V_0$. ∎

2. Mostre que as operações $\sqcap$ e $\sqcup$ são associativas e comutativas.
Solução (para a comutatividade): Temos que mostrar que, para quaisquer subespaços U e W, temos $U \sqcap W = W \sqcap U$, ou seja, que todo vetor de um deles é vetor do outro. Isso pode ser feito assim. Seja $\alpha \in U \sqcap W$. Então $\alpha \in U$ e $\alpha \in W$, pois estamos falando da interseção dos subespaços. Mas nesse caso $\alpha \in W \sqcap U$ pelo mesmo motivo. Em outras palavras, $\alpha \in U \sqcap W$ se, e somente se, $\alpha \in W \sqcap U$, como queríamos demonstrar. ∎

3. Considere V mais uma vez como o plano euclidiano. Seja W o subespaço gerado pelo vetor $\alpha = \begin{pmatrix} 1 \\ 1 \end{pmatrix}$. Ache o complemento ortogonal de $W^{\perp}$.

4. Uma **Álgebra de Boole** é uma estrutura $\mathbf{B} = \langle B, \sqcap, \sqcup, ', \mathbf{0}, \mathbf{1} \rangle$ onde B é um conjunto não vazio, $\sqcap$ e $\sqcup$ são operações binárias sobre B, $'$ é uma operação unária (uma função) sobre B, $\mathbf{0}$ e $\mathbf{1}$ são elementos de B, e os seguintes postulados são satisfeitos, para todos $a, b \in B$:

(B1) $\sqcap$ e $\sqcup$ são associativas e comutativas.

(B2) $\sqcap$ e $\sqcup$ são distributivas uma em relação à outra.

(B3) Valem as seguintes *leis de absorção*: $a \sqcup (a \sqcap b) = a$ e $a \sqcap (a \sqcup b) = a$.

(B4) Valem as *leis de complementação*: $a \sqcap a' = \mathbf{0}$, $a \sqcup a' = \mathbf{1}$.

(B5) $\mathbf{0} \neq \mathbf{1}$.

Isso posto, verifique quais desses postulados valem para quando B é o conjunto de todos os subespaços de um espaço vetorial V com produto interno, $\mathbf{0} = V_0$ (o subespaço trivial), $\mathbf{1} = V$ (o espaço todo), $\sqcap$ sendo a interseção de subespaços, $\sqcup$ sendo o subespaço gerado pela união e $'$ a operação que, a cada subespaço W, associa o seu subespaço complementar, $W^{\perp}$.
Resposta: falham as leis distributivas.

4. Em várias oportunidades, lançamos mão das **propriedades do produto interno** sem termos dito antes do que se tratavam. Pois aqui estão elas. O produto interno tem as seguintes propriedades:

(P1) $\langle\alpha|\beta+\gamma\rangle = \langle\alpha|\beta\rangle + \langle\alpha|\gamma\rangle$

(P2) $\langle a.\alpha|\beta\rangle = a.\langle\alpha|\beta\rangle$

(P3) $\langle\alpha|\beta\rangle = \overline{\langle\beta|\alpha\rangle}$

(P4) $\langle\alpha|\alpha\rangle \geq 0$ e $\langle\alpha|\alpha\rangle = 0$ se, e somente se, $\alpha = O$

Verifique então que $\langle\alpha|a.\beta\rangle = \bar{a}.\langle\alpha|\beta\rangle$.

Solução: $\langle\alpha|a.\beta\rangle = \overline{\langle a.\beta|\alpha\rangle} = \overline{a.\langle\beta|\alpha\rangle} = \bar{a}.\overline{\langle\beta|\alpha\rangle} = \bar{a}.\langle\alpha|\beta\rangle$. Repare que está sendo usado o fato de que se z_1 e z_2 são números complexos, então $\overline{z_1.z_2} = \overline{z_1}.\overline{z_2}$. ∎

5. Acima, falamos das 'operações usuais' no espaço vetorial $\mathbb{R}^3$. Quais são elas?

IV.14 Transformações Lineares e Operadores

Sejam V e W espaços vetoriais tais que os seus escalares são 'tomados de um mesmo lugar' (são números reais ou números complexos em ambos os casos); mais tecnicamente, dizemos que são espaços vetoriais *sobre um mesmo corpo*. Uma **transformação linear** ou um **homomorfismo** de V em W é uma função $T : V \longrightarrow W$ que cumpre o seguinte, para todos os vetores α e β de V e escalares a e b:

$$\begin{aligned} T(\alpha+\beta) &= T(\alpha)+T(\beta) \\ T(a.\alpha) &= a.T(\alpha) \end{aligned} \tag{IV.49}$$

Essas duas condições, ditas *condições de linearidade*, podem ser escritas de forma condensada:

$$T(a.\alpha + b.\beta) = a.T(\alpha) + b.T(\beta) \tag{IV.50}$$

Se $V = W$, uma transformação linear de (portanto) V em V (ou de W em W) é dita ser um **operador linear**. Aqui, vamos tratar unicamente de operadores lineares.

É fácil, ainda que algo trabalhoso, verificar que a função $T : \mathbb{R}^2 \longrightarrow \mathbb{R}^2$ definida por $T(x,y) = (x - y, x+2y)$ é um operador linear sobre esse espaço. Com efeito, basta ver que, para quaisquer escalares a e b, temos que

$$\begin{aligned} &T(a.\alpha + b.\beta) = T(a.(x_1,y_1) + b.(x_2,y_2)) = \\ &T(ax_1+bx_2, ay_1+by_2) = \\ &(ax_1+bx_2-(ay_1+by_2), ax_1+bx_2+2(ay_1+by_2)) = \\ &(ax_1-ay_1, ax_1+2ay_1) + (bx_2-by_2, bx_2+2by_2) = \\ &a(x_1-y_1, x_1+2y_1) + b(x_2-y_2, x_2+2y_2) = \\ &a.T(x_1,y_1) + b.T(x_2,y_2) = a.T(\alpha) + b.T(\beta). \end{aligned}$$

Lembre que $E = \{\begin{pmatrix}1\\0\end{pmatrix}, \begin{pmatrix}0\\1\end{pmatrix}\}$ é a base canônica do $\mathbb{R}^2$. Assim, para um vetor genérico

$$\begin{pmatrix}x\\y\end{pmatrix},$$

o operador acima pode ser escrito na forma matricial desse jeito:[16]

$$T\begin{pmatrix} x \\ y \end{pmatrix} = \begin{pmatrix} 1 & -1 \\ 1 & 2 \end{pmatrix}\begin{pmatrix} x \\ y \end{pmatrix}.$$

A matriz

$$\begin{pmatrix} 1 & -1 \\ 1 & 2 \end{pmatrix}$$

é dita ser a **matriz representativa** de T na base canônica, e é denotada por $[T]_E$.

Essa matriz, como o nome sugere, substitui a descrição do operador T. Se a base não for a canônica, a sua aparência muda, mas o seu 'efeito' não, qual seja, o de fornecer as coordenadas do vetor transformado (por T) relativamente à base escolhida. Vê-se, portanto, que a matriz representativa de um operador T depende da base. Mas há um alento: dadas duas bases A e B quaisquer, existe uma matriz que leva a matriz representativa de T em uma base para a matriz representativa de T na outra base; vamos denominar essa **matriz de transição de bases** de M. Resulta que M é inversível (seu determinante é diferente de zero) e vale a seguinte relação:

$$[T]_A = M^{-1}[T]_B M \tag{IV.51}$$

Quando os escalares de um espaço vetorial são números reais, uma matriz é dita **ortogonal** se as suas colunas (vistas como vetores) forem vetores ortogonais relativamente ao produto interno canônico. Por exemplo, as matrizes

$$\begin{pmatrix} 1 & -1 \\ 1 & 1 \end{pmatrix}, \begin{pmatrix} 1 & 0 \\ 0 & 1 \end{pmatrix}$$

são ortogonais, uma vez que

$$\left\langle \begin{pmatrix} 1 \\ 1 \end{pmatrix} \middle| \begin{pmatrix} -1 \\ 1 \end{pmatrix} \right\rangle = \left\langle \begin{pmatrix} 1 \\ 0 \end{pmatrix} \middle| \begin{pmatrix} 0 \\ 1 \end{pmatrix} \right\rangle = 0.$$

Essas matrizes têm um significado geométrico muito importante: elas representam **rotações**; se $\det\{M\} > 0$, a matriz ortogonal M é uma rotação em sentido anti-horário, e é uma rotação no sentido horário se $\det\{M\} < 0$. Repare que o determinante nunca é zero porque essas matrizes são sempre inversíveis.

Por exemplo, considere a seguinte matriz, que você facilmente mostra que é ortogonal:

$$\begin{pmatrix} \frac{\sqrt{2}}{2} & -\frac{\sqrt{2}}{2} \\ \frac{\sqrt{2}}{2} & \frac{\sqrt{2}}{2} \end{pmatrix}.$$

Se escrevermos, para um vetor (x, y) arbitrário a notação matricial

$$\begin{pmatrix} \frac{\sqrt{2}}{2} & -\frac{\sqrt{2}}{2} \\ \frac{\sqrt{2}}{2} & \frac{\sqrt{2}}{2} \end{pmatrix} \cdot \begin{pmatrix} x \\ y \end{pmatrix},$$

obtemos sucessivamente

$$\begin{pmatrix} \frac{\sqrt{2}}{2}x & -\frac{\sqrt{2}}{2}y \\ \frac{\sqrt{2}}{2}x & \frac{\sqrt{2}}{2}y \end{pmatrix} = \begin{pmatrix} x\cos(\pi/4) & -y\sin(\pi/4) \\ x\sin(\pi/4) & y\cos(\pi/4) \end{pmatrix}.$$

[16] Precisamos recorrer aqui à sua memória de que o produto matricial é o produto 'linha por coluna'.

Trata-se, portanto, de uma rotação (em sentido anti-horário) de um ângulo de $\frac{\pi}{4}$. De maneira geral, uma rotação de ângulo θ em sentido anti-horário é dada por uma matriz da forma

$$M = \begin{pmatrix} \cos\theta & -\sin\theta \\ \sin\theta & \cos\theta \end{pmatrix}. \tag{IV.52}$$

Se você quiser uma rotação no sentido horário, mude os sinais de modo a obter um determinante negativo, por exemplo

$$M' = \begin{pmatrix} -\cos\theta & \sin\theta \\ \sin\theta & \cos\theta \end{pmatrix}$$

representa uma rotação no plano $\mathbb{R}^2$ de um ângulo θ no sentido horário.

A importância dessas matrizes aparece não somente na geometria, mas na física. Como esse é o nosso pano de fundo, vamos explicar o que pretendemos dizer. Primeiramente, uma transformação (ainda no plano) da forma

$$T\begin{pmatrix} x \\ y \end{pmatrix} = \begin{pmatrix} \cos\theta & -\sin\theta \\ \sin\theta & \cos\theta \end{pmatrix}.\begin{pmatrix} x \\ y \end{pmatrix} + \begin{pmatrix} a \\ b \end{pmatrix} \tag{IV.53}$$

só é um operador linear se $a = b = 0$ (exercício), caso em que ele se reduz a uma rotação no sentido visto. Mas se $(a, b) \neq (0, 0)$, isso indica mais; além de girarmos o vetor, estamos 'empurrando-o' de um fator (a, b), tecnicamente efetuando uma **translação**.

Mais rigorosamente, uma **translação** de um vetor α em um espaço vetorial V é a soma de α com um vetor constante κ, ou seja, é uma função $f : V \longrightarrow V$ definida por

$$f(\alpha) = \alpha + \kappa, \tag{IV.54}$$

sendo κ um vetor fixo. Essa função será linear se, e somente se, $\kappa = O$ (exercício). O importante é que se tomarmos a equação IV.53, temos a composição de uma rotação com uma translação, ou seja, se escrevermos $T(\alpha) = M\alpha$ para a rotação, teremos $T(\alpha) = M\alpha + \kappa$. Uma transformação desse tipo é o que se denomina de **movimento rígido**.

Movimentos rígidos são importantes em geometria (o *grupo dos movimentos rígidos*) caracteriza a Geometria Euclidiana dentro do chamado Programa de Erlangen de Felix Klein (1849-1925), como na mecânica clássica. O movimento de um corpo é descrito por uma transformação desse tipo: ele pode ser girado (rotação) e transladado sem que haja deformação (sem que se parta ou expanda ou comprima-se). A despeito de sua importância, não adentraremos a esses fatos; veja-se no entanto [113] (ou na Wikipedia).

OBSERVAÇÃO. Para qualquer vetor α mesmo no caso complexo, a sua norma é um número real (exercício). Uma matriz complexa M é **unitária** se seus vetores-coluna forem ortonormais relativamente ao produto interno canônico. É a correspondente complexa de uma rotação (transformação ortogonal). Essas matrizes desempenharão papel preponderante no formalismo quântico, dando origem ao que se denomina de **evolução unitária** do vetor-de-estado. Uma outra forma de definir matrizes ortogonais e unitárias, que resultam equivalentes às definições que demos, é dada pelas seguintes cláusulas: uma matriz é **ortogonal** se sua inversa for sua transposta, e é **unitária** se sua inversa for sua transposta conjugada. A transposta de uma matriz (aqui, sempre quadrada) é obtida permutando-se ordenadamente linhas por colunas, e a conjugada (de uma matriz complexa) é obtida conjugando-se os seus elementos. Desse modo, se M é ortogonal, então $M.M^T = M^T.M = I$ e se for unitária, $M.M^* = M^*.M = I$, onde I é a **matriz identidade** de mesma ordem que M, o super-índice T indica a transposição, enquanto que $*$ indica a transposta conjugada.[17]

IV.15 Exercícios

1. Mostre que, sendo M uma matriz de rotação no plano euclidiano em sentido anti-horário, então $\det(M) = 1$.
Solução. Basta mostrar que o determinante da matriz IV.52 é 1. ▮

2. Mostre que se α é um vetor com coordenadas complexas, sua norma é um número real. Inicie comprovando isso para o vetor $\alpha = (1 + i, 2 - i)$.

3. Mostre que se $\kappa \neq O$, a função $f(\alpha) = \alpha + \kappa$ não é linear.
Solução: Com efeito, as condições de linearidade não são obedecidas se κ não for o vetor nulo. Para ver isso, basta tomar dois vetores α e β e notar que $f(\alpha) + f(\beta) = (\alpha + \kappa) + (\beta + \kappa) = \alpha + \beta + 2\kappa$, mas $f(\alpha + \beta) = (\alpha + \beta) + \kappa$. ▮

4. Faça um gráfico em coordenadas cartesianas ortogonais no plano para verificar o movimento rígido que pratica uma rotação de 30^0 no vetor $\alpha = (2, 1)$ e depois faz uma translação com $\kappa = (2, 3)$.

5. Mostre que a matriz abaixo é unitária:

$$M = \frac{1}{\sqrt{2}} \cdot \begin{pmatrix} 1 & 1 \\ i & -i \end{pmatrix}.$$

6. Verifique que se M é ortogonal ou unitária (escolha uma), suas linhas também são ortogonais relativamente ao produto interno canônico.

7. Procure mostrar que no $\mathbb{R}^2$ temos $\langle \alpha | \beta \rangle = x_1.y_1 + x_2.y_2 = ||\alpha||.||\beta|| \cos\theta$.

IV.16 Operadores Especiais

IV.16.1 Projeções

Um tipo de operadores particularmente importantes no formalismo da mecânica quântica são as **projeções**. Vamos iniciar com a intuição em $\mathbb{R}^2$ onde é mais fácil desenhar. Considere a figura IV.11 onde se representa um vetor α sendo *projetado* sobre o subespaço que corresponde ao eixo OX.

Consideremos a base $\mathcal{B} = \{\alpha_1, \alpha_2\}$ para o espaço $\mathbb{R}^2$ munido do produto interno canônico. Seja α vetor desse espaço; vamos obter as suas projeções sobre os subespaços W_1 e W_2 gerados respectivamente por α_1 e por α_2, que no desenho são tomados como sendo os eixos OX e OY respectivamente. Se escrevermos $\alpha = a.\alpha_1 + b.\alpha_2$, obviamente que as projeções serão $P_{W_1}(\alpha) = a.\alpha_1$ e $P_{W_2}(\alpha) = b.\alpha_2$. Assim, basta

[17] Para entender o que foi escrito, lembre que se M^{-1} é a inversa da matriz M, então $M^{-1}.M = M.M^{-1} = I$. Uma matriz admite inversa se, e somente se, for quadrada e seu determinante não for nulo.

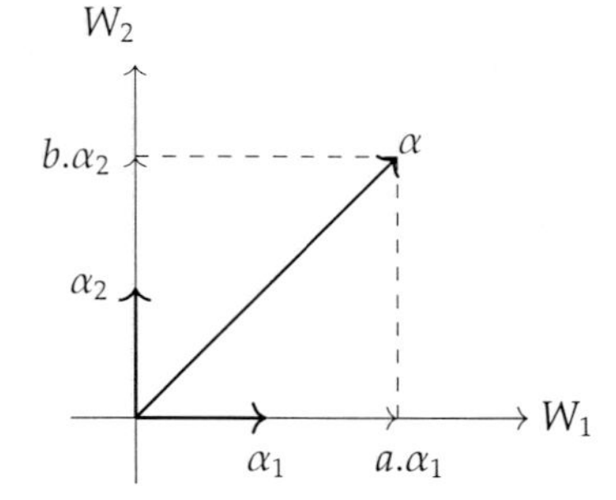

Figura IV.11: Projeção ortogonal de um vetor α sobre os eixos coordenados ortogonais gerados por α_1 e α_2.

determinarmos a e b. Repare que, por hipótese, $\langle\alpha_1|\alpha_2\rangle = 0$ pois supusemos que eles são ortogonais. Temos então

$$\langle\alpha_1|\alpha\rangle = \langle\alpha_1|a.\alpha_1 + b.\alpha_2\rangle = a.\langle\alpha_1|\alpha_1\rangle + b.\langle\alpha_1|\alpha_2\rangle, \tag{IV.55}$$

portanto, como $\langle\alpha_1|\alpha_2\rangle = 0$,

$$a = \frac{\langle\alpha_1|\alpha\rangle}{\langle\alpha_1|\alpha_1\rangle}. \tag{IV.56}$$

Raciocínio análogo mostra que

$$b = \frac{\langle\alpha_2|\alpha\rangle}{\langle\alpha_2|\alpha_2\rangle}. \tag{IV.57}$$

Melhoremos ainda um pouco; lembrando que $\langle\beta|\beta\rangle = \left\|\beta\right\|^2$ para qualquer vetor β, temos

$$a = \frac{\langle\alpha_1|\alpha\rangle}{||\alpha_1||^2} \text{ e } b = \frac{\langle\alpha_2|\alpha\rangle}{||\alpha_2||^2}, \tag{IV.58}$$

e facilmente escrevemos as projeções.

Portanto, podemos escrever algo que nos interessa:

$$\alpha = \frac{\langle\alpha_1|\alpha\rangle}{||\alpha_1||^2}\alpha_1 + \frac{\langle\alpha_2|\alpha\rangle}{||\alpha_2||^2}\alpha_2. \tag{IV.59}$$

Esse processo, que é denominado de *Processo de Ortogonalização de Gram-Schmidt*, pode ser generalizado para um número qualquer de dimensões. Assim, de maneira geral, se $\mathcal{B} = \{\alpha_1, \ldots, \alpha_n\}$ é uma base ortogonal do espaço V, qualquer vetor $\alpha \in V$ pode ser escrito como

$$\alpha = \sum_{i=i}^{n} \frac{\langle\alpha_1|\alpha\rangle}{||\alpha_i||^2}\alpha_i. \tag{IV.60}$$

Os coeficientes dessa combinação linear são denominados de *coeficientes de Fourier*.[18] Esses coeficientes desempenharão papel importante no formalismo da mecânica quântica.

[18] Essa terminologia tem a ver com o grande matemático francês Joseph Fourier (1768-1830), que dentre vários outros trabalhos relevantes em física e em matemática, desenvolveu as suas famosas *séries de Fourier*, nas quais funções são escritas em termos de funções ortogonais.

Se a base for ortonormal, isso é, se os vetores da base forem, além de ortogonais, unitários (norma igual a 1), temos

$$\alpha = \sum_{i=i}^{n} \langle \alpha_i | \alpha \rangle \, \alpha_i. \tag{IV.61}$$

De maneira mais geral, uma **projeção** sobre um espaço vetorial V é um operador linear P sobre V tal que $P^2 = P$. Aqui, P^2 significa a composição do operador com ele mesmo, ou seja, para qualquer vetor α, $P^2(\alpha) = P(P(\alpha))$.

IV.16.2 Na notação de Dirac

Repare o que acontece se usarmos a notação de Dirac e, como fazem boa parte dos físicos, a linearidade do produto interno na segunda variável, e a sesquilinearidade na primeira, ou seja, temos

$$\langle a\alpha \big| b\beta \rangle = \bar{a}b \, \langle \alpha \big| \beta \rangle \, . \tag{IV.62}$$

Observe-se que é indiferente em qual variável adotemos a linearidade, bastando que prestemos atenção na notação.

Nesse caso, o vetor em IV.61 fica

$$\alpha = \sum_{i=i}^{n} \langle \alpha_i | \alpha \rangle \, | \alpha_i \rangle \, . \tag{IV.63}$$

Passando o vetor $|\alpha_i\rangle$ para a frente, como fazem os físicos, temos

$$\alpha = |\alpha_1\rangle \langle \alpha_1 | \alpha \rangle + |\alpha_2\rangle \langle \alpha_2 | \alpha \rangle + \ldots + |\alpha_n\rangle \langle \alpha_n | \alpha \rangle \, . \tag{IV.64}$$

Se definirmos os **operadores de projeção** $P_i = |\alpha_i\rangle\langle\alpha_i|$, podemos escrever

$$\alpha = P_1 \, |\alpha\rangle + P_2 \, |\alpha\rangle + \ldots + P_n \, |\alpha\rangle \, , \tag{IV.65}$$

onde parênteses foram omitidos para simplificar a notação.[19] Suprimido $|\alpha\rangle$ de ambos os membros, obtemos

$$\mathbf{I} = P_1 + P_2 + \ldots + P_n, \tag{IV.66}$$

sendo **I** o **operador identidade.**

Resumindo, o **operador projeção** sobre o espaço gerado pelo vetor $|\alpha_i\rangle$ é definido como

$$P_i = |\alpha_i\rangle\langle\alpha_i| \, . \tag{IV.67}$$

Para comprovar isso, basta que você verifique que, voltando a usar a notação 'dos matemáticos', repassando o vetor $|\alpha_i\rangle$ para a sua posição adequada, então

$$P_i(\beta) = \langle \alpha_i \big| \beta \rangle \, |\alpha_1\rangle \, .$$

[19] Ou seja, escrevemos $P_1 \, |\alpha\rangle$ e não $P_1(|\alpha\rangle)$, e idem para os demais termos.

IV.17 Exercícios

1. Os vetores $\alpha_1 = \begin{pmatrix} 1 \\ -1 \end{pmatrix}$ e $\alpha_2 = \begin{pmatrix} 1 \\ 1 \end{pmatrix}$ são ortogonais. Ache a expressão correspondente à equação IV.60 para o vetor $\alpha = \begin{pmatrix} 2 \\ 1 \end{pmatrix}$.

2. Ache a projeção (vetor-projeção) de α acima sobre α_1 e depois sobre α_2.
Dica: Você pode escrever $P_1 = |1, -1\rangle \langle 1, -1|$ para o primeiro operador de projeção e achar $P_1(|2, 1\rangle$. Depois faça algo parecido com a segunda projeção. Mas observe que os vetores não são unitários.

3. Prove que se P é uma projeção, o mesmo se dá para $k.P$, qualquer que seja o escalar k.
Solução: Seja P uma projeção. Então, para quaisquer α e k, temos que $P^2(k\alpha) = kP^2(\alpha) = kP(\alpha) = P(k\alpha)$. ∎

4. Verifique que os operadores P_{α_i} definidos por

$$P_{\alpha_i}(\alpha) = \frac{\langle \alpha|\alpha_i\rangle}{||\alpha_i||^2}\alpha_i$$

como no texto, são projeções ($i = 1, 2$). (Este exercício será importante na seção ??)
Solução. Vamos resolver para $i = 1$. Assuma que $||\alpha_1|| = 1$, o que não perde a generalidade em virtude do exercício anterior. Seja, portanto, $P(\alpha_1(\alpha) = \langle \alpha|\alpha_1\rangle \alpha_1$. Ora, temos então que $P^2_{\alpha_i}(\alpha) = P_{\alpha_1}(\langle \alpha|\alpha_1\rangle \alpha_1) = \langle \alpha|\alpha_1\rangle P_{\alpha_1}(\alpha_1) = \langle \alpha|\alpha_1\rangle \alpha_1 = P_{\alpha_1}(\alpha)$, já que a projeção de α_1 sobre ele mesmo é igual a ele mesmo. ∎

5. Considerando o $\mathbb{R}^2$ com o produto interno canônico, ache a projeção do vetor $\alpha = (2, 3)$ sobre $\alpha_1 = (1, 0)$.

IV.17.1 Operadores hermitianos e autoadjuntos

Outros tipos de operadores lineares desempenham papel importante no formalismo da física quântica são os **autoadjuntos** ou **hermitianos**, que representarão os *observáveis físicos*. Na verdade, há uma diferença entre operadores autoadjuntos e hermitianos quando a dimensão do espaço é infinita, que por enquanto permanecerá omitida porque estaremos tratando principalmente de espaços finitos. Vejamos do que se trata.

Um operador linear T é **contínuo em um ponto**[20] α se para cada número real $\varepsilon > 0$ existe um $\delta > 0$ (que depende do ε) tal que $|T(\beta) - T(\alpha)| < \varepsilon$ sempre que $|\beta - \alpha| < \delta$. O operador é **contínuo** se for contínuo em todos os pontos (vetores) de V.[21] O operador é **limitado** se para cada natural $n > 0$ há uma constante C tal que $||T(\alpha)|| \leq C||\alpha||$ para todos $\alpha \in \mathcal{V}$.

Seja T um operador linear sobre o espaço vetorial V. Escreveremos $T\alpha$ para $T(\alpha)$ para simplificar a notação. O **adjunto** de T é um operador $T^\dagger$ sobre V tal que, para quaisquer α e β em V, temos que

$$\langle T\alpha|\beta\rangle = \left\langle \alpha \middle| T^\dagger\beta \right\rangle. \tag{IV.68}$$

[20] 'Ponto', aqui, é sinônimo de 'vetor'. Trata-se de uma terminologia que vem de outras partes da matemática, a qual manteremos.

[21] O leitor deve notar a semelhança dessa definição para com, por exemplo, a definição de uma função de $\mathbb{R}$ em $\mathbb{R}$ em um ponto a de seu domínio.

Pode-se demonstrar que se a dimensão de V for finita, todo operador T admite um adjunto [99, pp.374-5]. No caso de dimensão infinita, nem sempre existe o adjunto de um operador, mas quando o adjunto existe, é único. Pode-se ainda mostrar (ibid., p.375-6) que relativamente a qualquer base ortonormal, a matriz representativa de um operador é a transposta conjugada da matriz representativa de seu adjunto (na mesma base). Ademais, quando o operador não é limitado, por vezes é complicado definir o seu adjunto já que, se não for definido em todo o espaço, deve-se levar em conta o seu domínio de definição, mas não exploraremos isso aqui.

Sendo T operador e $T^\dagger$ o seu adjunto, valem as seguintes propriedades:

1. $(T^\dagger)^\dagger = T$
2. $(T + U)^\dagger = T^\dagger + U^\dagger$
3. $(TU)^\dagger = U^\dagger T^\dagger$
4. $(zT)^\dagger = \bar{z}T^\dagger$, sendo $\bar{z}$ o conjugado de z.
5. Se $\mathcal{A}$ é uma base ortonormal, as matrizes representativas de T e de seu adjunto relativamente a essa base são as transpostas conjugadas uma da outra.

Operadores não limitados são importantes em mecânica quântica. Os observáveis posição e momento de uma partícula são não limitados, mas não lidaremos com eles exceto em poucos exemplos. Lembramos que, em espaços de dimensão finita, todos os operadores são limitados. Ademais, relativamente a operadores não limitados, podem aparecer diferenças entre operadores **autoadjuntos** e operadores **hermitianos**, o que não ocorre se a dimensão do espaço for finita, conforme mencionado abaixo, mas isso não desempenhará um papel relevante aqui, uma vez que não desenvolveremos a mecânica quântica em espaços de dimensão infinita em detalhes. Assim, o leitor pode tomar os dois conceitos como expressando a mesma ideia. Vejamos do que se trata.

Um operador é **densamente definido** se para todo número real $\varepsilon > 0$ e para qualquer vetor β do espaço, existe sempre um vetor α no domínio do operador tal que $||\beta - \alpha|| < \varepsilon$, ou seja, um vetor no domínio arbitrariamente próximo do vetor dado).

Se T é densamente definido e se $T = T^\dagger$, então T é dito **autoadjunto**. Um operador é **hermitiano** se for autoadjunto e limitado.

Consequentemente, devido à definição de adjunto de um operador, tem-se que T é autoadjunto (hermitiano) se, e somente se,

$$\langle \alpha | T\beta \rangle = \langle T\alpha | \beta \rangle. \tag{IV.69}$$

No caso de dimensão finita, como dissemos, os dois conceitos (autoadjunto e hermitiano) se confundem. Se o operador é autoadjunto, seu domínio é todo o espaço.

Os físicos em geral escrevem '$T^\star$' para denotar o adjunto $T^\dagger$ em virtude de que a operação de tomar o adjunto tem semelhanças com a de tomar o conjugado de um número complexo, e do seguinte fato: a matriz de T autoadjunto relativamente a uma base ortonormal é hermitiana, ou seja, suas colunas são vetores ortonormais relativamente ao produto interno canônico.

IV.18 Exercícios

1. Mostre que o operador linear T sobre o $\mathbb{C}^2$ cuja matriz na base canônica desse espaço é

$$\begin{pmatrix} 1 & -i \\ i & 1 \end{pmatrix}$$

é hermitiano.

2. Faça um estudo procurando enfatizar a importância de se utilizar operadores autoadjuntos no formalismo da mecânica quântica.

3. Procure justificar a seguinte afirmativa ([22, p.66]): seja $\mathcal{O}$ o conjunto das matrizes auto-adjuntas sobre um espaço vetorial complexo de dimensão 4 e munido do produto interno canônico. Então existe uma função $v : \mathcal{O} \longrightarrow \mathbb{R}$ tal que para cada $a \in \mathcal{O}, v(A)$ é um autovalor de A. Mostre que para todos $A, B \in \mathcal{O}$, se $[A, B] = 0$, então $v(AB) = v(A)v(B)$.

IV.19 Autovetores e Autovalores

Como vimos fazendo, ficaremos restritos a um determinado espaço vetorial, em geral um espaço de Hilbert, de sorte que continuaremos falando de operadores lineares e não de transformações lineares.[22]

Antes de prosseguir, um alerta sobre a importância do que estamos para ver a seguir. No formalismo da mecânica quântica, os observáveis físicos são representados por certos operadores lineares, dito autoadjuntos. Eles representam aquilo que pode ser *medido* em um sistema que está em certo estado. Mas o que são ou o que podem ser os *resultados* dessas medições? Resposta: os autovalores dos autovetores de T. Portanto, preste atenção no que virá a seguir.

Iniciaremos com os autovetores e com os autovalores. Seja T um operador linear sobre o espaço vetorial V, sendo os escalares números reais ou complexos. Um **autovetor** de T é um vetor não nulo $\alpha \in V$ tal que $T(\alpha) = \lambda\alpha$, sendo λ um escalar. O escalar λ é dito **autovalor** associado ao autovetor α.

Dito informalmente, um autovetor de um operador T é um vetor tal que T o transforma em algo que é um múltiplo escalar dele mesmo; se $\lambda > 1$, o vetor 'estica' e 'encolhe' se $\lambda < 1$, ficando ele mesmo se $\lambda = 1$. Se $\lambda < 0$, o vetor (intuitivamente) troca de sentido, e o mesmo acontece: estica, encolhe .... O autovalor indica o 'quanto' ele estica ou encolhe.

Por exemplo, o operador linear $T\begin{pmatrix} x \\ y \end{pmatrix} = \begin{pmatrix} 2x \\ 2y \end{pmatrix}$ sobre o $\mathbb{R}^2$ 'dobra de tamanho' todo vetor ao qual ele se aplica. Assim, todos os vetores são autovetores de T, e 2 é o único autovalor. Já virão mais exemplos. Antes, vejamos como isso pode ser posto em termos de matrizes.

Seja A matriz de ordem n com entradas reais ou complexas. Um **autovetor** de A é uma matriz $n \times 1$ (uma coluna) X tal que $AX = \lambda X$. O escalar λ é dito **autovalor** associado ao autovetor X.

Denomina-se **espectro** de um operador ou de uma matriz ao conjunto de seus autovalores.

[22]Mas recorde que no fundo são a mesma coisa, somente que uma transformação linear é uma função entre dois espaços e um operador é um caso particular de uma função de um espaço nele mesmo.

Por exemplo, seja D operador linear sobre o espaço vetorial das funções reais de variável real deriváveis no intervalo $[a, b]$ da reta, definido por

$$D(f(x)) = \frac{df(x)}{dx}.$$

É imediato verificar que D é linear (exercício). Então $f(x) = e^{3x}$ é autovetor de D, cujo autovalor associado é $\lambda = 3$.

Um outro exemplo. Seja T operador linear sobre o $\mathbb{R}^2$ definido por $T\begin{pmatrix} x \\ y \end{pmatrix} = \begin{pmatrix} 2x - y \\ y \end{pmatrix}$. Impondo $T\begin{pmatrix} x \\ y \end{pmatrix} = \lambda\begin{pmatrix} x \\ y \end{pmatrix}$, obtemos o sistema de equações

$$\begin{cases} (2-\lambda)x - y = 0 \\ (1-\lambda)y = 0 \end{cases}$$

A matriz dos coeficientes do sistema é

$$A = \begin{pmatrix} 2-\lambda & -1 \\ 0 & 1-\lambda \end{pmatrix}$$

que deve ter determinante não nulo para que haja solução não trivial (quer dizer, $x = y = 0$). Impondo $\det(A) = 0$, obtemos o **polinômio característico** da matriz (ou do operador que ela representa em alguma base), cujas raízes são os autovalores $\lambda^2 - 3\lambda + 2 = 0$, que são $\lambda_1 = 1$ e $\lambda_2 = 2$. Os autovetores associados são obtidos resolvendo-se o sistema acima para cada valor de λ, o que fornece dois conjuntos de vetores, a saber: $E_{\lambda_1} = \{\gamma \in V : T(\gamma) = \lambda_1\gamma\} = \{\begin{pmatrix} x \\ y \end{pmatrix} \in \mathbb{R}^2 : x = y\}$ e $E_{\lambda_2} = \{\gamma \in V : T(\gamma) = \lambda_2\gamma\} = \{\begin{pmatrix} x \\ y \end{pmatrix} \in \mathbb{R}^2 : y = 0\}$.

É fácil ver que o conjunto $E_\lambda \cup \{\mathrm{O}\}$ é um subespaço vetorial de V, dito *espaço característico* associado ao autovalor λ, onde O é o vetor nulo de V.

Seja A matriz quadrada de ordem n com entradas reais ou complexas. Impondo $AX = \lambda X$, para X matriz 2×1 cujos elementos são x e y, obtemos $AX - \lambda X = 0$, ou $(A - \lambda I)X = 0$, sendo I a matriz identidade de ordem 2 e 0 a matriz nula de mesma ordem. A matriz $A - \lambda I$ deve ser **singular** (não inversível) para que o sistema admita solução não trivial, portanto, $\det(A - \lambda I) = 0$, que é o **polinômio característico** de A. Suas raízes são os autovalores de A, e os autovetores associados são obtidos resolvendo-se os sistemas $(A - \lambda I)X = 0$ para cada λ encontrado.

Mais um exemplo, Seja

$$A = \begin{pmatrix} 1 & 1 \\ 0 & 1 \end{pmatrix}$$

matriz real. Então $\det\{(A - \lambda I)\} = 0$ nos dá

$$\det(A - \lambda I) = \begin{pmatrix} 1-\lambda & 1 \\ 0 & 1-\lambda \end{pmatrix},$$

o que fornece $\lambda_1 = \lambda_2 = 1$. Resolvendo-se o sistema $AX = 1.X$, encontramos $y = 0$, portanto, $E_1 = \{\begin{pmatrix} x \\ y \end{pmatrix} \in \mathbb{R}^2 : y = 0\}$.

Pode-se demonstrar que se T é operador linear sobre V e $A = [T]_{\mathcal{A}}$ é a matriz representativa de T na base ordenada $\mathcal{A}$, então α é autovetor de T se, e somente se, $X = [\alpha]_{\mathcal{A}}$, a matriz das coordenadas de α na base $\mathcal{A}$, é autovetor de A. Os autovalores são os mesmos.

Duas matrizes A e B são **semelhantes** e existe uma matriz inversível M tal que $B = M^{-1}AM$. Lembre que é o que acontece com as matrizes representativas de um operador em bases distintas, sendo M a matriz de mudança de base.

Demonstra-se sem dificuldades que matrizes semelhantes têm o mesmo polinômio característico, logo os mesmos autovalores. Com efeito, $\det(B - \lambda I) = \det\{(M^{-1}AM - \lambda I)\} = \det\{(M^{-1}(A - \lambda I)M)\} = \det\{(A - \lambda I)\}$.

No formalismo da mecânica quântica, teremos que levar em conta se os operadores têm ou não autovalores repetidos. Um operador linear T sobre um espaço vetorial V é **maximal** ou **não degenerado**, se todos os seus autovetores são distintos. Caso contrário, é **degenerado**..

Um outro resultado fundamental para a mecânica quântica é o fato de que dado um operador autoadjunto, *sempre* é possível encontrar uma base para o espaço formada por autovetores do operador, mesmo que ele seja degenerado. A importância disso será enfatizada no próximo capítulo.

IV.20 Mais sobre operadores

No linguajar da física, o conjugado de um número complexo $z = a + bi$ é denotado por $z^\star$ ao invés de $\overline{z}$ como fizemos acima. Essa notação se estenderá para operadores e matrizes sempre que houver números complexos envolvidos.

Vamos destacar algumas propriedades adicionais dos operadores lineares que importam ao formalismo da mecânica quântica, em particular vamos enfatizar que há várias razões para nos interessarmos pelos operadores autoadjuntos ou hermitianos.

Se T é operador hermitiano e $\mathcal{B}$ é uma base ortonormal, então a matriz representativa de T nessa base é hermitiana. É indiferente pensarmos nos operadores ou em suas matrizes representativas. Assim, o discurso se torna mais fácil quando se usa um outro caso.

Dois operadores S e T **comutam** se $ST = TS$, lembrando que a operação envolvida é a composição de funções (lembre que os operadores são funções). Introduzimos o **comutador** do seguinte modo:

$$[ST] := ST - TS. \tag{IV.70}$$

Assim, se S e T comutam, tem-se que $ST = O$, onde aqui O representa o operador nulo (aquele que associa o vetor nulo a todo vetor de seu domínio).

Uma **isometria** sobre um espaço V com produto interno é um operador linear T sobre V tal que $||T(\alpha)|| = ||\alpha||$ para todo $\alpha \in V$. Intuitivamente, uma isometria é uma aplicação que preserva comprimentos (iso-metria), como fica claro pelo seguinte:

Se T é uma isometria sobre V, então, para todos $\alpha, \beta \in V$:

1. T preserva distâncias, ou seja, $||\alpha - \beta|| = ||T(\alpha) - T(\beta)||$.

2. T preserva produtos internos, ou seja, $\langle\alpha|\beta\rangle = \langle T(\alpha)|T(\beta)\rangle$.

3. T preserva conjuntos ortonormais.

4. T preserva medidas angulares.

Uma isometria sobre um espaço vetorial complexo é chamado de **operador unitário**. Uma isometria sobre um espaço vetorial real é chamado de **operador ortogonal**, que já encontramos antes nos casos particulares das rotações no plano. Uma matriz real (complexa) de ordem n $A = [a_{1j}]$ é **ortogonal** (respec. **unitária**) se $A^{\mathrm{T}}A = I$ (respec. $A^{\star}A = I$).

A definição implica que, no primeiro caso, $\sum_{k=1}^{n} a_{ki}a_{kj} = \delta_{ij}$, e no segundo caso, $\sum_{k=1}^{n} a^{*}_{ki}a_{kj} = \delta_{ij}$, onde a^* é o conjugado de a e δ_{ij} é o **delta de Kronecker**, definido assim: $\delta_{ij} = +1$ se $i = j$ e $\delta_{ij} = 0$ se $i \neq j$. Ou seja, as colunas de A são vetores ortonormais relativamente ao produto interno canônico. Pode-se ainda demonstrar que uma matriz $n \times n$ A real (complexa) representa um operador ortogonal (unitário) T relativamente a uma base ortonormal se, e somente se, for ortogonal (unitária).

Outros fatos importantes são os seguintes, aqui somente enunciados:

1. Se A for ortogonal ou unitária, $\det(A) = \pm 1$

2. $A^{-1} = A^{\mathrm{T}}$ (respect., $A^{-1} = A^{\star}$, onde A^* é a transposta conjugada de A)

3. As linhas de A também são vetores ortonormais relativamente ao produto interno canônico.

Existe sempre uma base para o espaço V formada por autovetores do operador hermitiano T. Isso significa que esses operadores são sempre **diagonalizáveis**, ou seja, **semelhantes** a uma matriz diagonal em cuja diagonal aparecem os autovalores de T. O conceito de semelhança de matrizes é relevante.

Duas matrizes A e B são **semelhantes** se existe uma matriz inversível M tal que $A = M^{-1}AM$. Se o operador for hermitiano, sua matriz relativa a uma base ortonormal será hermitiana, igual à sua conjugada complexa ($A = A^*$). Nesse caso, sendo D matriz diagonal semelhante à matriz A, tem-se que $D = M^*AM$, sendo M uma matriz **unitária** (ortogonal no caso real).

Logo, em particular, existe uma base ortonormal para o espaço formada por autovetores do operador.

Todos os autovalores de um operador autoadjunto são reais, e isso tem importância capital para o formalismo da mecânica quântica. A demonstração deste fato é simples: se T é autoadjunto, então $\langle\alpha|T\beta\rangle = \langle T\alpha|\beta\rangle$. Se por outro lado γ é autovetor de T, ou seja, existe um escalar λ tal que (escrevendo sem os parênteses) $T\gamma = \lambda\gamma$, então $\lambda||\gamma||^2 = \lambda\langle\gamma|\gamma\rangle = \langle\gamma|\lambda\gamma\rangle = \langle\gamma|T\gamma\rangle = \langle T\gamma|\gamma\rangle = \langle\lambda\gamma|\gamma\rangle = \lambda^{\star}\langle\gamma|\gamma\rangle = \lambda^{\star}||\gamma||^2$. Consequentemente, $\lambda = \lambda^{\star}$, o que ocorre se, e somente se, λ for real.

É importante saber que autovetores associados a autovalores distintos são ortogonais. Esses operadores representarão os observáveis físicos no formalismo da mecânica quântica, e seus autovalores serão os valores possíveis da medição de um observável.

Qual a relação entre operadores autoadjuntos e unitários? A resposta é o seguinte: um operador linear T é autoadjunto se, e somente se, o autoadjunto existe (sempre existe no caso finito) e

$$TT^{\dagger} = T^{\dagger}T = I.$$

Ou seja, o inverso se um operador autoadjunto é o seu adjunto (ele mesmo portanto). Ademais, se T é unitário, é um automorfismo do espaço vetorial (um isomorfismo do espaço sobre si mesmo).

IV.21 Exercícios

1. Mostre que o conjunto $E_\lambda \cup \{O\}$ dos autovetores associados ao autovalor λ, ao qual se adiciona o vetor nulo, é um subespaço vetorial de V.

2. Ache os autovetores e autovalores do operador linear $T\begin{pmatrix} x \\ y \end{pmatrix} = \begin{pmatrix} y \\ x \end{pmatrix}$ sobre o $\mathbb{R}^2$ e diga se o operador é ou não degenerado. Se quiser, ache primeiro a representação matricial de T relativamente à base canônica e trabalhe com essa matriz, pois é equivalente.

Solução: Sabemos que $E = \{\begin{pmatrix} 1 \\ 0 \end{pmatrix}, \begin{pmatrix} 0 \\ 1 \end{pmatrix}\}$ é a base canônica. Logo, temos

$$T\begin{pmatrix} 1 \\ 0 \end{pmatrix} = \begin{pmatrix} 0 \\ 1 \end{pmatrix} = a\begin{pmatrix} 1 \\ 0 \end{pmatrix} + b\begin{pmatrix} 0 \\ 1 \end{pmatrix}$$
$$T\begin{pmatrix} 0 \\ 1 \end{pmatrix} = \begin{pmatrix} 1 \\ 0 \end{pmatrix} = c\begin{pmatrix} 1 \\ 0 \end{pmatrix} + d\begin{pmatrix} 0 \\ 1 \end{pmatrix}$$

o que nos dá

$$[T]_E = \begin{pmatrix} 0 & 1 \\ 1 & 0 \end{pmatrix}.$$

Vamos chamar essa matriz de A. Para achar os autovalores, precisamos do seu polinômio característico, que é obtido fazendo $\det(A - \lambda I) = 0$, ou seja,

$$\begin{vmatrix} -\lambda & 1 \\ 1 & -\lambda \end{vmatrix} = 0,$$

e, portanto, $\lambda^2 - 1 = 0$, e temos duas raízes, $\lambda_1 = 1$ e $\lambda_2 = -1$. Como os autovalores são distintos, o operador não é degenerado. Agora para os autovetores. Primeiro para $\lambda_1 = 1$. Temos, então, que

$$\begin{pmatrix} -\lambda & 1 \\ 1 & -\lambda \end{pmatrix}\begin{pmatrix} x \\ y \end{pmatrix} = \begin{pmatrix} 0 \\ 0 \end{pmatrix}$$

fornece

$$\begin{pmatrix} -1 & 1 \\ 1 & -1 \end{pmatrix}\begin{pmatrix} x \\ y \end{pmatrix} = \begin{pmatrix} 0 \\ 0 \end{pmatrix}$$

ou seja, $x = y$. Os autovetores associados a esse autovalor são, portanto, vetores da forma $\alpha = \begin{pmatrix} x \\ x \end{pmatrix} = x\begin{pmatrix} 1 \\ 1 \end{pmatrix}$. Repita agora para $\lambda_2 = -1$ para achar $x = -y$ e, portanto, os autovetores são da forma $\beta = \begin{pmatrix} x \\ -x \end{pmatrix} = x\begin{pmatrix} 1 \\ -1 \end{pmatrix}$. ∎

IV.22 Probabilidades

Outro conceito matemático central em física quântica é o de probabilidade. Na física clássica, as probabilidades entram como 'medida da nossa ignorância', como algo que atribuímos a um *evento*. A noção usual de probabilidade é a *frequencial*, que significa o seguinte: se há uma quantidade a de possibilidades de algo ocorrer, e se há n casos possíveis, a probabilidade desse algo ocorrer é

$$p = \frac{a}{n}. \tag{IV.71}$$

Por exemplo, se temos um dado, a probabilidade de virar um 3 em um lance é 1/6, já que são seis os casos possíveis e uma chance de ocorrer um 3. Se temos uma moeda, a probabilidade de virar 'cara' em um lance é 1/2.

Na física quântica, as probabilidades entram de modo *essencial*; não é que não sabemos ao certo o que vai ocorrer, mas *não podemos saber*, e tudo o que a teoria nos fornece são probabilidades sobre aquilo que poderá ocorrer. Há no entanto um grande problema com esse conceito quando aplicado a esse campo: ninguém sabe ao certo o que ele significa, ou seja, ainda que 'classicamente' haja várias noções de probabilidade e todas elas sejam matematicamente bem definidas, no caso quântico isso ainda está por ser feito, ou seja, ainda se busca por uma 'legítima probabilidade quântica'.[23] Iniciemos com uma ideia geral da situação clássica.

É dito que o Chevalier de Méré (Antoine Gombaud, 1607-1684) teria indagado ao seu amigo matemático Blaise Pascal (1623-1662) sobre como calcular probabilidades, pois era viciado em jogo de dados [31, cap.2]. Isso motivou Pascal a iniciar a teoria das probabilidades, que também teve a participação de Pierre de Fermat (1607-1665), mas os historiadores retroagem a Gerolamo Cardano (1501-1576) e suas análises de jogos de azar.

Em 1933, o matemático russo Andrey Kolmogorov (1903-1987) apresentou um grupo de axiomas para o conceito de probabilidade e desde então os *axiomas de Kolmogorov* tornaram-se padrão. Vejamos do que se trata. Um **espaço de probabilidades** é uma tripla ordenada $\langle \Omega, \mathcal{F}, p\rangle$ onde Ω é **espaço amostral**, o conjunto dos resultados possíveis dos experimentos. Por exemplo, suponha que vamos realizar um experimento que consiste em lançar duas moedas não viciadas. O espaço amostral pode ser assumido ser o seguinte conjunto:

$$\Omega = \{(\text{cara,cara}), (\text{cara, coroa}), (\text{coroa, cara}), (\text{coroa,coroa})\}.$$

Já $\mathcal{F}$ é o conjunto dos *eventos*, sendo que um evento é um conjunto de resultados possíveis. No nosso exemplo, um evento poderia ser $E = \{(\text{cara,coroa})\}$, indicando que no lançamento da primeira moeda deu 'cara' e no da segunda deu 'coroa'. Por sua vez, p é uma função que a cada evento E associa um número real. Por exemplo, qual a probabilidade do evento E do nosso exemplo ocorrer?

Todas essas coisas devem satisfazer os seguintes axiomas:

(P1) $0 \leq p(E) \leq 1$ para todo $E \in \mathcal{F}$

(P2) $p(\Omega) = 1$

(P3) se E e F são eventos *disjuntos*, ou seja, *mutuamente exclusivos*, significando que a ocorrência de um deles acarreta a não ocorrência do outro, o que se escreve $E \cap F = \emptyset$, então $p(E \cup F) = p(E) + p(F)$.

---

[23] Muitas vezes, dependendo do contexto, podemos ter até probabilidades *negativas*!

Assim, ainda com o nosso exemplo, como os eventos 'cara' e 'coroa' são disjuntos, a probabilidade de E será $p\{(\text{cara,coroa})\}$ será a razão entre o número de casos esperados, que é apenas um (dar 'cara-coroa') e o número de casos possíveis, que são 4 (o número de elementos de Ω). Portanto, a probabilidade é $1/4$ ('um em quatro'). Algumas consequências são apontadas no seguinte teorema.

Teorema IV.22.1. *Valem as seguintes igualdades:*

1. $p(\emptyset) = 0$

2. *se* $E \subseteq F$, *então* $p(E) \leq p(F)$

3. $p(\complement_\Omega(E)) = 1 - p(E)$, *onde* $\complement_\Omega(E)$ *é o complemento de* E *relativamente a* Ω, *ou seja, é o conjunto* $\Omega \setminus E$.

4. $p(E \cup F) = p(E) + p(F) - p(E \cap F)$

Na mecânica quântica, interessarão situações como a seguinte. Um sistema físico está em um certo *estado*, que escrevemos (na notação de Dirac) $|\psi\rangle$ e como já sabemos isso consiste em uma informação que permite determinar o comportamento futuro (e passado) do sistema. Temos um *observável físico* que chamaremos de A, algo que pode ser *medido* quando o sistema está no tal estado. O que queremos é determinar a probabilidade de que a medida do observável para o sistema está no estado dado ser um determinado valor. O que fornece isso é a chamada **regra de Born**, central na mecânica quântica.

A Regra de Born oferece uma interpretação para a função de onda. Essa função, como já adiantado, é assumida como descrevendo o *estado* do sistema sendo considerado, prestando toda a informação que se pode dispor. A partir dela, outras grandezas relevantes, como o momento. A função de onda resulta da solução da Equação de Schrödinger, que é elaborada pela análise do problema em questão. Se chamarmos de ψ a função de onda, que via de regra é uma função a variáveis complexas, Max Born supôs que o quadrado do seu módulo, $|\psi|^2$, que é um número real, fornece a *probabilidade* de encontrarmos o sistema (uma partícula, por exemplo), em um certo local. Isso é tudo o que a teoria pode fornecer: probabilidades.

Mas note que quando se diz 'em um certo local', isso não quer dizer 'em um local específico' (em um ponto) e isso se deve ao Princípio de Incerteza de Heisenberg. O tratamento da *posição* das entidades é algo um tanto delicado devido ao princípio mencionado, que deve ser obedecido e devido ao fato de que o espectro do 'operador de posição' ser contínuo e não discreto. Como dito, o princípio implica que a localização de uma entidade quântica está limitada aos limites que ele estabelece, e o *espaço das posições* é descrito por meio de um conceito introduzido por Paul Dirac, conhecido como *função delta* [152, Chap.V, §8]. Mas esse tema não será tratado aqui. Como curiosidade apenas, vale mencionar que a 'função' de Dirac não é uma *função* em sentido usual, mas o que os matemáticos denominam de uma *distribuição*. Um tratamento axiomático à teoria das distribuições pode ser visto em [36].

IV.23 Exercícios

1. Qual a probabilidade de dar um 3 ou um 5 em um lance de um dado?

2. Qual a probabilidade de dar um sete em uma jogada com dois dados?

3. Ainda com o exemplo das duas moedas do texto. Calcule a probabilidade de dar cara-cara ou coroa-cara.

4. Assumindo o item 4 do teorema IV.22.1, prove que $p(\emptyset) = 0$:
Solução. Primeiramente, verificamos que $p(\emptyset) = p(\emptyset \cup \emptyset)$, e como $\emptyset \cap \emptyset = \emptyset$, pelo item 4 temos $p(\emptyset \cup \emptyset) = p(\emptyset)$, portanto, $p(\emptyset) = 0$. ∎

5. Leia sobre a interpretação probabilística da função de onda. Procure entender o motivo da teoria nos fornecer unicamente probabilidades.

Capítulo V

Os Fundamentos da Matemática Utilizada

"A matemática origina-se de intuições, mas não pode ser nelas fundamentada."

Ernst Zermelo

Neste capítulo falaremos do que alicerça, ou fundamenta, a matemática que descrevemos no capítulo anterior. Isso é importante porque se estamos utilizando um arcabouço matemático para descrever nossa teoria, é adequado que tenhamos uma ideia do que essa matemática 'realmente' é. Ademais, como veremos, questões filosóficas importantes aparecem quando a natureza da matemática utilizada é levada em conta. Em nossa opinião, e contrariamente a alguns filósofos da física (como veremos), a lógica subjacente a uma teoria (entendendo-se pela 'Grande Lógica', envolvendo por exemplo uma teoria de conjuntos) não pode ser desconsiderada. Isso trará uma discussão interessante que faremos na seção VIII.4.

Em resumo, o alicerce da matemática utilizada, assim como o de praticamente toda a matemática que se conhece, é a lógica de primeira ordem clássica (chamada de 'elementar' por razões a serem ditas) e alguma teoria de conjuntos. Poderíamos usar uma lógica de ordem superior, mas em se tratando da teoria de conjuntos, a lógica elementar é adequada. Optamos aqui pelo sistema de teoria de conjuntos que é o mais referido pelos filósofos da física, quando esses se dão ao trabalho de dizer algo a respeito, o sistema ZFC, Zermelo-Fraenkel com o Axioma da Escolha, em uma versão comportando *átomos*, no sentido comentado logo abaixo; nossa teoria será denotada por 'ZFA', Zermelo-Fraenkel com o Axioma da Escolha e Átomos. Para um apanhado completo e bem feito dessa teoria, o leitor interessado pode consultar [210].[1]

ZFA é uma teoria *formal*, e assim não diz respeito a nada, ou seja, em princípio não se refere a nenhum domínio particular, nem a conjuntos. No entanto, ela foi desenvolvida para que se pudesse lidar com uma

[1] A chamada Teoria de Categorias é uma forma alternativa de se prover uma fundamentação para a matemática que conhecemos. No entanto, há argumentos que mostram que todos os conceitos dessa teoria podem ser desenvolvidos em uma teoria de conjuntos suficientemente forte, como o sistema ARC de Ackermann-Muller [120]. Tendo em vista esse fato, podemos ficar restritos a considerar conjuntos unicamente.

entidade que denominamos de *conjunto*, sendo portanto uma *teoria de conjuntos*. Mas, o que é um conjunto? Georg Cantor (1845-1918), o criador da teoria de conjuntos, dizia que

> "Por um 'conjunto' entendemos qualquer coleção, reunida em uma totalidade, de objetos definidos e *distintos* de nossa intuição ou pensamento." (ênfase minha para o que virá) [27, p.85]; veja também [120, §3.1].

É claro que a frase de Cantor não constitui uma *definição* de conjunto, uma vez que é imprecisa e redundante (note que define 'conjunto' como sendo uma 'coleção', que seria apenas um sinônimo). Mas a ideia intuitiva é transmitida: um conjunto é um agregado de coisas, que são os *elementos* do conjunto. Há um caso especial de um conjunto que não tem elementos, o qual é chamado de *conjunto vazio* e denotado pela letra do alfabeto norueguês '$\emptyset$'. Pode-se pensar também em um *conjunto universal*, geralmente denotado pela letra 'V', que seria o conjunto que tem todos os conjuntos como elementos. Uma teoria de conjuntos pode ainda levar em conta entidades que não são conjuntos mas que podem ser elementos de conjuntos; tais são os *átomos*, denominados também de *ur-elementos* (elementos 'primitivos', ou 'iniciais'). No caso da Física, é interessante contar com essas entidades.

Uma questão relevante, que resulta do modo como a teoria é desenhada, é que ZFC comporta o conjunto vazio, mas nem o conjunto universal e nem os átomos fazem parte do seu domínio, uma vez que essa teoria seja considerada *consistente* (já veremos a razão disso); se quisermos átomos, temos que modificá-la, criando uma outra teoria que a literatura denota por 'ZFA', Zermelo-Fraenkel com Átomos (é comum também o uso de 'ZFU', o 'U' indicando os *Urelemente*). Se quisermos o conjunto universal, teremos que ir para outra teoria, por exemplo o sistema KM (Kelley-Morse), mas não precisaremos disso. O conjunto universal, bem como outras coleções que não fazem parte da teoria, no entanto, podem ser mencionados na *metamatemática*. É o caso das chamadas *classes próprias*, que também não 'existem' em ZFA (suposta consistente, e sempre assumiremos isso). Mas, o que é isso?

A explicação é simples. Para formar um conjunto, via de regra fornecemos uma condição P que seja característica dos elementos do conjunto, que chamaremos de 'A' e somente deles. A coleção de todos os objetos ('entidades', 'coisas', são sinônimas) que satisfazem a condição P é chamada de uma *classe*. O papel dos axiomas da teoria de conjuntos é determinar quais classes ela quer regimentar para chamar de 'conjuntos'. Aquelas que a teoria aceita, são, como o nome sugere, 'conjuntos'; as demais são as *classes próprias*. Em ZFA, portanto, $\emptyset$ é um conjunto, mas V é uma classe própria. A notação usual já deve ser de seu conhecimento desde a escola; se um conjunto A tem a, b e c como elementos, escrevemos

$$A = \{a, b, c\}, \tag{V.1}$$

e convencionamos que de nada adianta escrever um mesmo elemento mais de uma vez; o conjunto acima será (na teoria ZFA) exatamente igual ao conjunto $A' = \{a, a, a, b, b, c\}$, ou seja, $A = A'$. Se não são poucos os elementos de A, é melhor utilizar a condição P; assim,

$$A = \{x : P(x)\} \tag{V.2}$$

indica a *classe* de todos os indivíduos x que cumprem, ou *satisfazem* a condição P. Como dissemos, cada teoria particular reservará os seus próprios critérios para chamar certas classes de 'conjuntos'. Quando alguma coisa a (um conjunto ou um átomo) *pertence* a um conjunto A, escrevemos '$a \in A$' e escrevemos '$a \notin A$'

em caso contrário. A relação '$\in$' é chamada de *relação de pertinência*. Assumimos que os átomos não têm elementos, ou seja, se a é um átomo, não existe x tal que $x \in a$; o mesmo acontece com o conjunto vazio, mas nesse caso ele é um *conjunto* e não um átomo.

Você pode perguntar: como sabemos de todas essas coisas? A resposta, mais uma vez, é simples: nós conhecemos a teoria, e ela nos diz tudo isso. Assim, o melhor a fazer é dizer do que se trata a teoria ZFA. Usaremos as variáveis $x, y, z, \ldots, a, b, c, \ldots$ com ou sem índices para denotar átomos. Para conjuntos, usaremos letras maiúsculas como $X, Y, Z, \ldots, A, B, C, \ldots$. Assim, podemos ter como lícitas as seguintes expressões: $x \in A, A \in B, A \in A$, mas não $a \in a$ ou $A \in x$. Além dessas variáveis e o sinal de pertinência '$\in$', usamos ainda o de igualdade, '$=$', para escrever o que queremos. Assim, podemos ter como lícitas também expressões como $a = b, a = a, x = y, x = A, A = A, A = X$, bem como as suas negações. Como se vê, a igualdade se aplica a tudo. As expressões da forma $x \in X, X \in Y, x = y, x = Y, X = Y$ são chamadas de *fórmulas atômicas*. As expressões que são aceitas como lícitas são denominadas de *fórmulas*. Assim, $x \in X$ é uma fórmula, mas $x \in y$ não é. Fórmulas mais complicadas são obtidas fazendo-se uso dos conectivos lógicos '$\neg$' (negação), '$\wedge$'(conjunção), '$\vee$' (disjunção), '$\rightarrow$' (condicional material) e '$\leftrightarrow$' (bicondicional) e dos quantificadores, '$\forall$' (quantificador universal) e '$\exists$' (quantificador existencial). Usamos parênteses para evitar ambiguidade na leitura das fórmulas. Para simplificar, usaremos variáveis $u, v, w, \ldots$ com ou sem índices para designar tanto átomos como conjuntos. Assim, um exemplo típico de uma fórmula é a que descreve o conjunto vazio:

$$\exists X \forall u (u \notin X), \tag{V.3}$$

que assevera que existe um *conjunto* repare no 'X' que não tem elementos, sejam átomos ou conjuntos.

O leitor pode se sentir mais confortável se raciocinar como fez Ernst Zermelo (1871-1953) quando apresentou pela primeira vez uma teoria axiomática de conjuntos em 1908. Assuma que existe um *domínio* V (ele usava a letra gótica '$\mathfrak{B}$' para 'Bereich', 'domínio' em alemão) comportando conjuntos e átomos. É dessas entidades que a nossa teoria, por meio de seus postulados, irá falar. Os postulados de ZFA dividem-se em *postulados lógicos*, que são os da lógica clássica de predicados de primeira ordem com igualdade, e os *postulados específicos*, típicos da teoria em questão.[2] Assumiremos que o leitor já fez algum curso básico de Lógica no qual viu os postulados da lógica 'elementar' clássica, assim que não os repetiremos aqui, nos contentando apenas em extrair algumas de suas consequências. Listaremos a seguir os postulados específicos de ZFA para só depois falarmos de suas consequências.

Na metamatemática, vários conceitos são introduzidos por definição para facilitar o desenvolvimento da teoria, como o de *subconjunto*, que é dado pela seguinte definição: um conjunto A é **subconjunto** de um conjunto B se e somente se todo elemento de A é também elemento de B. Em símbolos,

$$A \subseteq B := \forall u (u \in A \rightarrow u \in B). \tag{V.4}$$

Por que 'na metamatemática'? Se estivéssemos sendo mais rigorosos, teríamos que ter especificado com detalhes a *linguagem* de ZFA, a qual conteria as variáveis indicadas (exceto $u, v, \ldots$), os conectivos, quantificadores, a pertinência e a igualdade (e possivelmente parênteses). O símbolo '$\subseteq$', bem como inúmeros

[2]Antigamente distinguia-se 'axiomas' de 'postulados'. Aqueles seriam 'verdades universais', válidos em todos os domínios, como 'o todo é maior do que qualquer de suas partes', enquanto que estes diriam respeito a uma disciplina particular, como 'por um ponto fora de uma reta passa somente uma reta paralela à reta dada', típica da Geometria Euclidiana. Hoje essa distinção caiu por terra. No entanto, nos contextos lógicos, por 'postulados' entende-se toda a base lógica da teoria, de seus axiomas lógicos e específicos às suas regras de inferência.

outros (como '$\aleph_0$', 'On, '2', etc.) não faz parte dessa linguagem básica (por nossa opção). Ele está na *metalinguagem*. A expressão '$A \subseteq B$' está *abreviando* a (essa sim) fórmula da linguagem $\forall x(x \in A \rightarrow x \in B) \wedge \forall X(X \in A \rightarrow X \in B)$, que é (também) abreviada na definição com o uso da letra 'u'. É sempre assim: trabalhamos com uma versão metalinguística de ZFA para facilitar a nossa vida. Esperamos que você tenha entendido; caso contrário, vá em frente que entendimento o alcançará.

V.1 Os postulados de ZFA

Relembrando, a linguagem de ZFA é a da lógica clássica de primeira ordem com igualdade, com variáveis individuais de duas espécies, $x, y, \ldots, a, b \ldots$ para os *átomos* e $X, Y, \ldots, A.B, \ldots$ para os *conjuntos*, além de um único símbolo de predicado binário, '$\in$', a relação de pertinência. As *fórmulas* (expressões bem formadas da linguagem) são expressões (sequências de símbolos) da forma $x = y, x = X, X = Y, x \in X$ e $X \in Y$. Apenas expressões da forma $x \in y$ e $X \in x$ não são aceitas. Lembre ainda que usamos $u, v, w, \ldots$ como meta-variáveis tanto para átomos como para conjuntos. As demais fórmulas são geradas recursivamente, como de hábito, usando-se os conectivos lógicos e os quantificadores. Temos então os seguintes postulados:

Lógica Subjacente: Todos os postulados da lógica clássica de predicados de primeira ordem com igualdade os conceitos relacionados podem ser vistos em [153] ou em [63], e são apresentados com algum detalhe na página 15.

Postulado 1: Extensionalidade Este postulado diz que dois conjuntos são iguais (idênticos) se e somente se tiverem os mesmos elementos. Em símbolos,

$$\forall A \forall B(\forall u(u \in A \leftrightarrow u \in B) \leftrightarrow A = B). \tag{V.5}$$

Acrescente-se a isso os postulados da identidade da lógica elementar, que fazem parte da lógica subjacente de ZFA, qual sejam,

(1) $\forall u(u = u)$

(2) $\forall u \forall v(u = v \rightarrow (\alpha(u) \leftrightarrow \alpha(v))$, onde $\alpha(u)$ é uma fórmula na qual a variável u (para átomos ou conjuntos) figura livre, e $\alpha(v)$ resulta da substituição de u por v em algumas ocorrências daquela.

Esses axiomas são denominados respectivamente de **reflexividade da identidade** e **substitutividade da identidade**. Com a Extensionalidade e esses três axiomas, temos a **Teoria da Identidade** da matemática usual. A consequência disso é que a relação de igualdade, ou de identidade, pode ser colocada entre dois termos quaisquer, ou seja, para quaisquer u e v do domínio, tem-se que $u = v$ ou $u \neq v$ (Princípio do Terceiro Excluído); para os propósitos da discussão sobre os objetos quânticos que faremos, importa enfatizar: na matemática usual, a identidade se aplica a tudo, e dadas duas coisas quaisquer, ou elas são a mesma coisa (idênticas) ou são diferentes; nesse caso, como enfatizaremos, *apresentarão alguma diferença*.

Uma vez definida a noção de subconjunto, demonstra-se facilmente que o Axioma da Extensionalidade é equivalente à afirmativa seguinte:

$$A \subseteq B \wedge B \subseteq A \leftrightarrow A = B. \tag{V.6}$$

Postulado 2: Conjunto Vazio Existe um *conjunto* que não tem elementos:

$$\exists X \forall u (u \notin X). \tag{V.7}$$

Saliente-se que trata-se de um conjunto e que, usando-se o postulado anterior, resulta em ser único, o que justifica o nome próprio '$\emptyset$'.

Postulado 3: Esquema da Separação Aqui não temos um único postulado, mas um *esquema* para gerar postulados, um para cada fórmula $\alpha(u)$ que se considere. Em símbolos:

$$\forall A \exists X \forall u (u \in X \leftrightarrow u \in A \wedge \alpha(u)). \tag{V.8}$$

O postulado diz que, dado um conjunto A, podemos 'separar' entre seus elementos aqueles que cumprem o que estabelece a fórmula dada e com eles formar um novo conjunto. Como todos os elementos desse novo conjunto são também elementos do conjunto dado, o conjunto formado resulta ser um subconjunto do conjunto original (conforme a definição V.4 dada mais abaixo). Por esse motivo, esse esquema é também denominado de *esquema da formação de subconjuntos*.

Postulado 4: Par Dados dois objetos u e v quaisquer, existe um conjunto que contém esses objetos como elementos e mais nenhum outro, ou seja,

$$\forall u \forall v \exists A \forall w (w \in A \leftrightarrow w = u \vee w = v). \tag{V.9}$$

Esse conjunto é denotado por $A = \{u, v\}$; se $u = v$, resulta $A = \{u\}$, o **conjunto unitário** de u (que, por extensionalidade, é igual ao conjunto $\{v\}$). Para a nossa discussão filosófica, guarde esta consequência: dado *qualquer* objeto u, existe o conjunto unitário $\{u\}$.

Postulado 5: União Se X e Y são conjuntos, podemos formar um outro conjunto, a sua *união*, denotada por $X \cup Y$ cujos elementos são os elementos que pertencem a um ou a outro dos conjuntos. Isso pode ser estendido para mais de dois conjuntos. De maneira bem mais geral, se temos um conjunto X, podemos formar a *união de* X, denotada $\cup X$ (que é o conjunto Y do axioma a seguir), tendo como elementos os elementos dos elementos de X que são conjuntos, ou seja,

$$\forall X \exists Y \forall u (u \in Y \leftrightarrow \exists Z (Z \in X \wedge u \in Z)) \tag{V.10}$$

Usando o Esquema da Separação com a fórmula $\alpha(u) \leftrightarrow u \in X \vee u \in Y$, podemos aplicar o esquema no conjunto $X \cup Y$ e obter um subconjunto dele contendo como elementos exatamente aqueles elementos que são comuns a ambos; esse conjunto é denotado por $X \cap Y$ e dito ser a **interseção** de X e Y. Claro que isso pode ser generalizado para mais de dois conjuntos e, de modo geral, nas condições do axioma anterior, podemos obter $\cap X$ formado por todos aqueles elementos que pertencem aos conjuntos em X.

Postulado 6: Conjunto Potência Axioma do conjunto potência, que diz que se X é um conjunto, então a coleção de todos os seus subconjuntos é também um conjunto, denotado por $\mathcal{P}(X)$.

$$\forall X \exists Y \forall z (Z \in Y \leftrightarrow Z \subseteq X). \tag{V.11}$$

POSTULADO 7: ESQUEMA DA SUBSTITUIÇÃO Este postulado não será aqui enunciado porque não é usado nas formulações comuns da mecânica quântica (o leitor pode consultar nossas referências em todo caso, como [157, 120], dentre outros. Uma de suas formulações é a seguinte: a imagem de um conjunto por uma função é um conjunto.

Pode parecer estranho para quem não está habituado, mas veja: uma *condição funcional* na variável u é uma fórmula $\alpha(u, v)$, tendo u livre e sendo v uma variável, a qual satisfaz a seguinte condição: dado um conjunto X, para cada elemento $u \in X$ existe um único v tal que $\alpha(u, v)$ é verdadeira. Ou seja, α é aquilo que usualmente chamamos de *função*. Só que uma função, para ser definida, exige que se explicitem o seu *domínio* (de onde ela sai) e seu *contra-domínio* (onde ela chega), e ambos devem ser conjuntos. Quanto ao domínio, não há problemas, porque já assumimos que X é um conjunto. Mas, e quando à coleção dos v? O que o Esquema da Substituição vai dizer é justamente que eles formam um conjunto. Com esse postulado, o Esquema da Separação é dispensável.

POSTULADO 8: REGULARIDADE, OU FUNDAÇÃO

$$\forall X(X \neq \emptyset \to \exists Y(Y \in X \land X \cap Y = \emptyset)) \tag{V.12}$$

Conjuntos que não obedecem a este axioma são chamados na literatura de *não bem fundados*, e às vezes por *hiperconjuntos*. Um fato interessante é que esse axioma impede coisas como (i) que um conjunto possa ser elemento dele mesmo (sem o axioma, isso é possível); (ii) que haja 'cadeias circulares' de pertinência, como $X_1 \in X_2 \in \ldots \in X_1$, ou sequências infinitas como $\ldots X_n \in X_{n-1} \ldots \in X_2 \in X_1$. A prova de que um conjunto não pode pertencer a ele mesmo é simples: suponha que $X \in X$. Como $X \in \{X\}$, temos que $X \in X \cap \{X\}$. Mas, pelo axioma, existe um $Y \in X$ tal que $\{X\} \cap Y = \emptyset$. Porém, desde que $\{X\}$ é unitário, devemos ter $Y = X$ e, portanto, $X \cap \{X\} = \emptyset$, o que contraria o fato de que essa interseção deveria ser não vazia. Assim, temos que ter $X \notin X$ para todo conjunto X. Um típico conjunto que viola esse axioma é $X = \{u, v, X\}$ que não pode existir em ZFA se essa teoria for consistente.

POSTULADO 9: ESCOLHA O Axioma da Escolha (AE) é uma das proposições mais importantes e famosas de toda a matemática. Ele foi explicitamente enunciado pela primeira vez em 1904 por Zermelo, tendo originado inúmeras controvérsias, que podem ser vistas em [158]. O fato é que os matemáticos dividiram-se com respeito à sua aceitação. O principal motivo de tal discrepância era basicamente a derivação de resultados 'estranhos' a partir de tal axioma, como o 'paradoxo' (na verdade, um teorema) de Banach-Tarski; esse 'paradoxo' é na verdade somente contraintuitivo, nada havendo de contraditório. Ele afirma, em essência, que toda esfera X no espaço tridimensional pode ser decomposta em duas partes disjuntas Y e Z tais que $X = Y \cup Z$ e tanto Y quanto Z são congruentes a X. Ou seja, podemos 'decompor' a esfera em duas outras exatamente similares à esfera dada. O problema é que o axioma é não construtivo, simplesmente afirmando a existência de conjuntos (no caso, da função que faz a 'decomposição') sem nos dizer como eles podem ser obtidos. Boas referências são [109] e [78].

Por outro lado, para contribuir com a aceitação do AE, estão todas as vantagens que se obtêm na matemática tradicional com o seu uso, como na prova de muitos teoremas em álgebra, em topologia e em análise.[3] Por exemplo, o axioma da escolha é equivalente ao Teorema de Tychonoff, importante em topologia, e sem

[3]No mencionado artigo [109], T. Jech apresenta uma série de exemplos.

ele não se pode provar um resultado que soa intuitivo, como o de que a reunião de uma quantidade enumerável de conjuntos enumeráveis é enumerável. Face à independência do axioma da escolha relativamente aos demais axiomas de ZF (comentada à frente), não se pode provar, portanto, que $\mathbb{R}$ não seja a reunião de conjuntos enumeráveis, o que parece contrariar a intuição. Um outro resultado relevante para a física, em especial para a formulação da mecânica quântica por meio dos espaços de Hilbert, uma proposição equivalente ao AE, denominada de Lema de Zorn é usada para demonstrar que todo espaço vetorial tem uma base.[4]

Pode-se provar que toda família finita $\mathcal{F}$ de conjuntos tem **função escolha**, isso é, existe uma função f com domínio em $\mathcal{F}$ tal que para todo $X \in \mathcal{F}$, tem-se que $f(X) \in X$, e isto ocorre mesmo que os conjuntos $X \in \mathcal{F}$ não sejam finitos. Em alguns casos, se os elementos $X \in \mathcal{F}$ forem dotados de uma estrutura particular, pode-se provar a existência da função escolha, como se eles forem todos subconjuntos finitos de $\mathbb{R}$, caso em que se pode 'escolher' o menor elemento de cada um deles, mas isso não se dá em geral. Com efeito, se $\mathcal{F}$ é uma família finita de conjuntos cujos elementos são conjuntos (arbitrários) de números reais, então a existência de uma função escolha só pode ser provada lançando-se mão do AE *op. cit.*.

Em suma, a matemática tradicional não prescinde do AE, e muito além da sua utilidade está o aspecto da possibilidade de seu uso sem o risco de contradições. A versão do AE que usaremos, essencialmente a mesma de Zermelo em 1904, é a seguinte:

$$\begin{gathered}\forall X(\forall Y \forall Z((Y \in X \wedge Z \in X \wedge Y \neq Z) \to (Y \neq \emptyset \\ \wedge Y \cap Z = \emptyset)) \to \exists W \forall u(u \in W \to \exists Z(Z \cap W = \{u\}))) \end{gathered} \tag{V.13}$$

Há muitas proposições que são equivalentes ao AE [194, 158] e que interessam a várias partes da matemática usual.

A axiomática dada acima é redundante, o que significa que poderíamos eliminar alguns postulados. Isso não é feito por simplicidade, procurando-se evidenciar o mais possível os pressupostos assumidos.

Com os recursos da teoria, podemos 'construir' coisas (ou melhor, *estruturas*) como o par ordenado $\mathcal{G} = \langle G, * \rangle$ (olhe quantas coisas na metalinguagem!) que irá servir para que definamos o que é um *grupo*, uma das estruturas centrais da matemática (e da física) de hoje. Da mesma forma, construímos estruturas (que são conjuntos) para o que necessitamos, como espaços vetoriais, espaços de Hilbert e também coisas ainda mais complexas que sirvam aos propósitos da ciência, como a estrutura $\mathcal{P} = \langle P, T, m, \vec{s}, \vec{f} \rangle$ que é usado para se descrever uma *mecânica clássica de partículas*. Em princípio, qualquer teoria que investiguemos com recursos matemáticos, vai fazer uso de estruturas desse tipo, ou seja, *estará sendo feita* em ZFA.

Quais as consequências disso? Destacaremos algumas que importam para a discussão filosófica que faremos nos capítulos que estão por vir. A principal é que o domínio V (nosso universo) é um domínio de *indivíduos*. Falaremos 'filosoficamente' sobre essas entidades à frente; por enquanto, vamos ver o que isso significa em ZFA.

Resulta do Axioma do Par que dados u e v quaisquer, átomos ou conjuntos, podemos formar o par $\{u, v\}$ e se $u = v$, isso se reduz ao conjunto unitário $\{u\}$ (que obviamente é igual ao conjunto $\{v\}$). Temos ainda que, qualquer que seja w, temos que $w \in \{u\}$ se e somente se $w = u$. Defina agora a 'propriedade' *ser idêntica a* u pondo $I_u(w) := w \in \{u\}$, ou seja, algum w tem a propriedade de ser idêntico a u se e somente

[4]A demonstração é facilmente encontrada na internet.

se pertencer ao conjunto unitário de u, o que implica em ... ser idêntico a u. Toda essa enrolação está sendo posta para que você entenda que no universo V *existe um único objeto que é idêntico a* u, *que é o próprio* u. Parece óbvio, mas não é. Acontece que podemos elaborar estruturas em ZFA no interior das quais os objetos *parecem* idênticos e apesar de não serem a mesma coisa, isso não pode ser visto de dentro dessas próprias estruturas: tudo se passa como se eles fossem *indiscerníveis*. A razão da relevância disso é imediata: na física quântica, importa considerar entidades indiscerníveis. Mas se queremos usar uma teoria como ZFA para elaborar uma teoria dessas, como contornar a questão que estamos ressaltando, a saber, que a única coisa indiscernível de um objeto em V é esse próprio objeto?

A resposta é que não podemos contornar essa conclusão. Assim, se queremos tratar de objetos indiscerníveis, temos que mudar de teoria de conjuntos ou trabalhar dentro de alguma estrutura de ZFA na qual os objetos *pareçam* indiscerníveis; tais estruturas são chamadas de **estruturas deformáveis** ou **estruturas não rígidas**.

De maneira geral, uma **estrutura** em ZFA é um par ordenado $\mathcal{E} = \langle D, \{R_i\}\rangle$, com $i \in I$, sendo I um conjunto de índices (por exemplo, $I = \{1, 2, 3, 4, 5\}$ ou $I = \mathbb{R}$). D é o **domínio** da estrutura, que pode ser a união de vários conjuntos, ou seja, a reunião de vários tipos de entidades. '$\{R_i\}$' representa um conjunto de relações sobre os elementos de D; uma função, ou operação, é um caso especial de uma relação, assim podemos nos concentrar unicamente nas relações. Sejam $\mathcal{A} = \langle D^{\mathcal{A}}, \{R_i^{\mathcal{A}}\}\rangle$ e $\mathcal{B} = \langle D^{\mathcal{B}}, \{R_i^{\mathcal{B}}\}\rangle$ estruturas. Dizemos que elas *têm a mesma assinatura* ou o *mesmo tipo* se para cada relação n-ária na primeira existe uma relação n-ária correspondente na segunda e vice-versa. Um **homomorfismo** entre as estruturas é uma função $h : D^{\mathcal{A}} \rightarrow D^{\mathcal{B}}$ tal que, se R é uma das relações da primeira estrutura que se aplica a n entidades e se $a_1, \ldots, a_n \in D^{\mathcal{A}}$, então, sendo S uma relação n-ária na segunda estrutura, tem se que

$$R(a_1, \ldots, a_n) \leftrightarrow S(h(a_1, \ldots, h(a_n)). \tag{V.14}$$

Um homomorfismo é, portanto, uma função que *preserva* as relações das estruturas. Um exemplo é dado pelas transformações lineares, que são os homomorfismos entre espaços vetoriais. Se as estruturas forem a mesma, fala-se em um **endomorfismo** e se a função for bijetiva, temos um **isomorfismo**. Um isomorfismo de uma estrutura nela mesma é chamado de **automorfismo**.

Um exemplo simples é o seguinte. Considere a estrutura $\mathcal{Z} = \langle \mathbb{Z}, +\rangle$ onde $\mathbb{Z}$ é o conjunto dos números inteiros e '+' é a adição entre esses números. Então a função $h : \mathbb{Z} \rightarrow \mathbb{Z}$ definida por $h(x) = -x$ para todo $x \in \mathbb{Z}$ é um automorfismo. Com efeito, a função é bijetiva: leva cada número no seu oposto, e o zero no zero. Ela também preserva a única relação existente, que no caso é uma operação binária. Para vermos isso, considere $a, b \in \mathbb{Z}$ e obtenhamos $a + b$. Ora, temos que $h(a) = -a$ e $h(b) = -b$, de sorte que $h(a + b) = -(a + b) = -a + (-b) = h(a) + h(b)$. Saliente-se que a **função identidade** sobre o domínio de uma estrutura é um automorfismo da estrutura. Assim, toda estrutura tem ao menos um automorfismo, a função identidade (que é chamada de **automorfismo trivial**). Quando a função identidade é o único automorfismo de uma estrutura, ela se diz **rígida**. Portanto, uma **estrutura rígida** é uma estrutura que tem um único automorfismo, a função identidade. Assim, $\mathcal{Z} = \langle \mathbb{Z}, +\rangle$ não é rígida, mas deformável.

A relevância disso pode ser vista da seguinte forma. Seja $\mathcal{E} = \langle D, \{R_i\}\rangle$ uma estrutura. Dizemos que os elementos a e b de seu domínio são **$\mathcal{E}$-indistinguíveis**, ou indistinguíveis *para* a estrutura $\mathcal{E}$ e escrevemos $a \equiv b$, se existe um automorfismo h da estrutura tal que $h(a) = b$. Como um automorfismo é uma função bijetiva e como toda função bijetiva é inversível, vem que $h^{-1}(b) = a$, que também é um automorfismo.

Isso mostra que 3 e -3 são indistinguíveis para a estrutura $\mathcal{Z}$ acima, ou seja, a estrutura *não vê* as diferenças entre um número e seu oposto. Você pode pensar em outros termos. Suponha que uma estrutura seja um país P. Se h é um automorfismo de P, seus habitantes não distinguem entre um habitante a e sua imagem $h(a)$; eles são cegos para isso. No entanto, eles sabem perfeitamente, uma vez que conhecem a teoria de conjuntos, que exceto se h for a função identidade, há dois habitantes em consideração, que no entanto são indistinguíveis para eles. O que isso tem a ver com a filosofia da mecânica quântica? Tudo. Aguarde.

Um outro exemplo interessante é o seguinte. Considere uma estrutura $\mathcal{E} = \langle D, \{R_i\}\rangle$ na qual $D = \{a, \{a\}, \{a, b\}\}$ se seja $\in$ a única relação. Observamos que $a \in \{a, b\}$ e que como $a \neq b$ (por hipótese), resulta que $\{a\} \neq \{a, b\}$. Para quem habita esse mundo, $u \in \{a\}$ se e somente se $u \in \{a, b\}$, e isso se deve ao fato de que os habitantes *não conhecem* b, pois ele não pertence ao domínio, ainda que os habitantes saibam dos fatos que acabamos de mencionar. Em particular, eles sabem que $\{a\} \neq \{a, b\}$, mas não sabem as razões disso. A teoria de conjuntos, para mencionar, em suas partes avançadas é uma teoria *extremamente* difícil e sutil.

Em ZFC, ou seja, no universo de conjuntos (sem átomos), não existem automorfismos não triviais, ou seja, somente a função identidade é um automorfismo. Mas em ZFA pode acontecer o seguinte; vamos chamar momentaneamente de $\mathscr{A}$ o conjunto dos átomos. Uma **permutação** sobre um conjunto qualquer nada mais é do que uma função bijetiva sobre esse conjunto; portanto, uma permutação simplesmente rearranja os elementos. Considerando o universo de ZFA, demonstra-se que toda permutação sobre $\mathscr{A}$ dá origem a um automorfismo não trivial sobre esse universo, ou seja, cria-se uma estrutura (um 'modelo' de ZFA) no qual certos elementos são indiscerníveis para quem habita o modelo. Esses modelos são chamados de **modelos de permutação** e foram criados por Abraham Fraenkel em 1922 com a finalidade de demonstrar que o Axioma da Escolha é *independente* dos demais axiomas de ZFA. Mais tarde, foram estudados por A. Mostowski e hoje são chamados de **modelos de Fraenkel-Mostowski**.

Alguém (e existe esse alguém, pode acreditar) poderia pensar que os modelos de permutação são adequados para tratar de entidades indiscerníveis, e que isso basta. Ele está certo quanto à *possibilidade de tratar*, ou de considerar a indiscernibilidade desse jeito, e para certas finalidades pode ser que isso baste mesmo. Mas filosoficamente isso constitui um truque apenas; é como se em uma festa colocássemos máscaras iguais em pessoas parecidas de modo que elas não possam ser identificadas pelas demais pessoas da festa. Os modelos de permutação, ou qualquer outro artifício dessa natureza, apenas *mascara* as coisas. Entidades podem *se passar* por indiscerníveis sem serem realmente. A que se deve essa afirmativa?

A razão é que *toda estrutura pode ser estendida a uma estrutura rígida*. Qualifiquemos isso um pouco. Pense de novo na estrutura $\mathcal{Z} = \langle \mathbb{Z}, +\rangle$ que já sabemos não ser rígida. Por 'estender' uma estrutura entendemos acrescentar a ela novas relações. Façamos isso no nosso caso, colocando a relação '$<$', obtendo $\mathcal{Z}' = \langle \mathbb{Z}, +, <\rangle$. Ora, essa nova estrutura é rígida, como se comprova facilmente e, nela, podemos distinguir quaisquer dois elementos; por exemplo, o fato de que $-3 < 3$ é suficiente para discernirmos entre 3 e -3. A afirmativa em itálicos acima diz que isso é sempre possível de ser feito, seja qual for a estrutura. Um argumento a favor pode ser o seguinte (se não entender, pule e acredite): se D (o domínio) for finito, acrescente à estrutura todos os conjuntos unitários dos elementos de D; se estamos assumindo o Axioma da Escolha, acrescente (independentemente de D ser finito ou não) uma *boa-ordem* sobre D à estrutura. Se não temos o Axioma da Escolha e D não for finito, vamos precisar de uma linguagem infinitária, mas é possível manter o resultado.

Repare que isso acontece até mesmo com os modelos de permutação. Com efeito, quando Fraenkel os inventou, ele afirmou categoricamente que estaria assumindo uma coleção de átomos *distintos* uns dos outros [73], que depois 'são feitos' indiscerníveis para quem está dentro da estrutura. Mesmos os átomos de um modelo de permutações são distintos uns dos outros, uma vez que obedecem a teoria da identidade de ZFA, que é dada pela lógica subjacente, a lógica elementar clássica. Assim, alternativas como usar estruturas deformáveis quaisquer para tratar de entidades indiscerníveis pode funcionar para um instrumentalista, mas nega a metafísica de não-indivíduos.

V.2 Ordinais e Cardinais

Para a discussão filosófica, são importantes as noções de ordinal e de cardinal. Desde a escola básica aprendemos que o cardinal de um conjunto reflete a quantidade de elementos que ele tem, e que o ordinal associado a um conjunto fornece um modo de ordenar os seus elementos. Aqui não daremos as definições detalhadas, mas somente as ideias que estão envolvidas. Os **ordinais finitos**, que também são os **cardinais finitos** são os números naturais $0, 1, 2, \ldots$. Da definição de von Neumann, resulta que cada um desses números é a coleção dos seus 'predecessores', assim $1 := \{0\}, 2 := \{0, 1\}, 3 := \{0, 1, 2\}$, etc.O Axioma do Infinito vai dizer que podemos coligir todos esses números e formar com eles um conjunto, que a literatura denomina de 'ω' (na matemática intuitiva, '$\mathbb{N}$'). Assim,

$$\omega := \{0, 1, 2, \ldots\}. \tag{V.15}$$

É importante que você perceba que o que escrevemos acima pertence à metalinguagem: as reticências não fazem parte da linguagem da teoria.

Assim como obtivemos 3 acrescentando 2 ao conjunto $\{0, 1\}$, podemos acrescentar ω ao conjunto $\{0, 1, 2, \ldots\}$, obtendo um novo número ordinal (que agora *não* é um cardinal), como veremos),

$$\omega + 1 := \{0, 1, 2, \ldots, \omega\}. \tag{V.16}$$

Colocamos ω como último elemento, mas tanto faz: o Axioma da Extensionalidade diria que dá tudo no mesmo, independentemente de onde o coloquemos no conjunto. Podemos prosseguir, obtendo

$$\begin{aligned} \omega + 2 &:= \{0, 1, 2, \ldots, \omega, \omega + 1\} \\ \omega + 3 &:= \{0, 1, 2, \ldots, \omega, \omega + 1, \omega + 2\} \\ &\vdots \\ \omega.2 &:= \{0, 1, 2, \ldots, \omega, \omega + 1, \omega + 2, \ldots, \omega + \omega\} \\ &\text{e depois } \omega.3, \omega.4, \ldots, \omega.\omega = \omega^2, \omega^3, \ldots \end{aligned} \tag{V.17}$$

A coleção de todos os números ordinais é denotada por 'On', e é uma classe própria, não tendo existência formal *dentro* de ZFA. Todos esses ordinais mencionados são *enumeráveis*, isto é, equinumerosos ao conjunto ω dos números naturais. Pode-se ver isso estabelecendo-se bijeções entre esses ordinais e ω. Por exemplo, uma bijeção f de ω em $\omega + 1$ é facilmente definida assim: $f(0) = \omega, f(1) = 0, f(2) = 1$, etc. Repare que, portanto, todos os ordinais *transfinitos* listados acima (maiores ou iguais a ω) são equinumerosos (equipotentes) a um ordinal menor do que eles (a saber, ω). Ordinais que não são equinumerosos a ω aparecerão quando falarmos de cardinais.

Alguns fatos importantes sobre os ordinais são os seguintes, tendo em vista a definição de von Neumann:

Todo ordinal é um conjunto **transitivo**, isso é, se α é um ordinal e $x \in \alpha$, então os elementos de x também pertencem a α. É fácil ver isso com os ordinais vistos acima.

Nenhum ordinal é elemento dele próprio, isto é, se α é um ordinal, então $\alpha \notin \alpha$.

A relação de ordem entre ordinais é a relação de pertinência: $\alpha < \beta$ se e somente se $\alpha \in \beta$. Logo, pelo item anterior, para todo ordinal α, tem-se que $\alpha \nless \alpha$.

Se α é um ordinal e $\beta \in \alpha$, então β também é um ordinal.

Um ordinal α é um ordinal **limite** se e somente se não existe ordinal β tal que $\alpha = \beta + 1$; caso contrário, α é um ordinal **sucessor**. Por exemplo, todos os números naturais são ordinais sucessores; ω é um ordinal limite.

Um número ordinal que *não* é equinumeroso a um ordinal menor é um **cardinal**. Assim, todos os ordinais finitos, isto é, os números naturais, são cardinais e ω é um cardinal. De fato, não é possível estabelecer uma bijeção de $n = \{0, 1, \ldots, n-1\}$ em qualquer número natural menor do que n. Como um cardinal, ω é denotado por $\aleph_0$. Portanto, $\aleph_0$ é o cardinal do conjunto dos números naturais e de todos os conjuntos que são equinumerosos a ele. Esses conjunto são chamados de **enumeráveis** (às vezes, **denumeráveis**). Um conjunto é **contável** se for finito ou enumerável. Por exemplo, consideremos o conjunto dos números pares, $p = \{0, 2, 4, 6, \ldots\}$. Esse conjunto é equinumeroso a ω, mas também a $\omega + 1$. Com efeito, defina uma bijeção $f : \omega \to P$ da seguinte forma: $f(x) = 2x$. É fácil ver que essa função é bijetiva. Quanto a $\omega + 1$, defina $g : \omega + 1 \to P$ do seguinte modo: $g(\omega) = 0$ e $g(x) = 2x$ para todo $x \neq \omega$. No entanto, $\omega < \omega + 1$ e P não é equinumeroso a nenhum número natural, logo o seu cardinal é ω, ou seja, $\aleph_0$.

No entanto, em algo que foi revolucionário para a época (final do século XIX), Cantor mostrou que há infinitos *maiores* do que $\aleph_0$, na verdade, construindo toda uma sequência de cardinais

$$0, 1, \ldots, \aleph_0, \aleph_1, \ldots, \tag{V.18}$$

sendo $\aleph_0, \aleph_1, \ldots$ os **cardinais transfinitos**. Os ordinais que são os cardinais de $\aleph_1$ para cima não são equinumerosos (equipotentes) aos números naturais.

Enfatizamos o que significa *contar* em matemática. Suponha que queiramos contar os dedos de nossa mão esquerda. O que fazemos? A primeira coisa é representar os nossos dedos como elementos de um conjunto, $D = \{a, b, c, d, e\}$. A seguir, mostramos que há uma *bijeção* entre esse conjunto e algum segmento inicial do conjunto ordenado dos números naturais $\omega = \{0, 1, 2, 3, 4, 5, 6, \ldots\}$, no caso, com $5 = \{0, 1, 2, 3, 4\}$, usando-se o conceito de ordinal no sentido acima. A bijeção pode ser a seguinte (há várias delas, como se constata facilmente); uma $f : 5 \to \{a, b, c, d, e\}$ pode ser definida por:

$$f(0) = a$$
$$f(1) = b$$
$$f(2) = c$$
$$f(3) = d$$
$$f(4) = e$$

Isso posto, dizemos que o conjunto D tem cinco elementos. Note que, para definirmos a bijeção f, necessitamos discernir entre os elementos de D. Repare em uma coisa importante. Informalmente, para contar nossos dedos, vamos pegando neles com os dedos da outra mão e associando a cada um deles um número, em geral começando com 1 e não com 0. Mas isso é algo que fazemos *fora* da matemática, pois nossos dedos não estão *na* matemática. Para tornar a contagem algo matematicamente preciso, necessitamos substituir a 'realidade' por alguma estrutura conceitual de modo que possamos *atribuir números às coisas*. Essa última frase foi grafada em itálicos pela sua importância. Como disse Patrick Suppes, "não podemos simplesmente pegar um número em nossas mãos e 'aplicá-lo' a um objeto físico" [214]. Ele desenvolveu com colaboradores um imenso trabalho sobre a Teoria da Mensuração para dar conta de, dito de modo resumido, mas como ele mesmo se expressa, *atribuir números às coisas*. Para tanto, certas *álgebras* têm que ser desenvolvidas, de modo a se provar que essas 'estruturas que captam um conjunto de fenômenos' são isomorfas a certas estruturas numéricas.

Esse processo de contagem via o estabelecimento de bijeções foi usado por Cantor também para o caso de infinitos elementos. Cantor trouxe à matemática, não sem fervorosa oposição de pessoas importantes como o seu ex-orientador Leopold Kronecker (1923-1891), a existência de uma quantidade transfinita de diferentes tipos de infinito. Antes pensava-se que a ideia de infinito era apenas a do infinito *potencial*, como a dos números naturais, onde se pode ir 'acrescentando um' infinitas vezes. O infinito *atual*, ou seja, uma quantidade infinita dada em sua totalidade, 'acabada', era algo inconcebível. Com Cantor, isso teve que ser revisto. Ele demonstrou que um segmento de reta tem tantos pontos quantos há em um quadrado que tem o tal segmento como um dos lados. Da mesma forma que se pode estabelecer uma bijeção entre dois segmentos de comprimentos quaisquer, há também bijeções entre um segmento e um cubo, em uma figura correspondente em um espaço de dimensão $n > 3$ qualquer, etc. Isso é realmente estranho, ou contraintuitivo, tanto é que Cantor escreveu a Dedekind "je le voi, mas je ne le crois pas" ('eu vejo, mas eu não acredito').

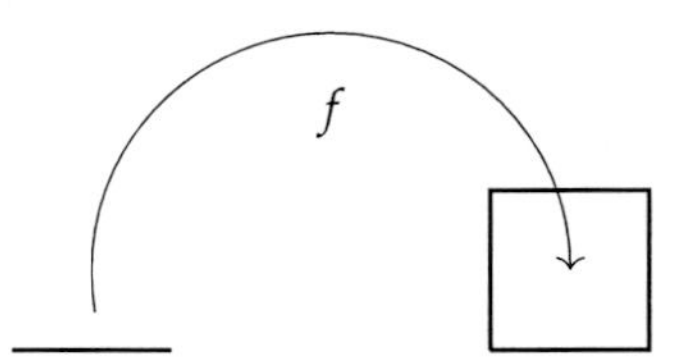

Figura V.1: Bijeção (intuitiva) f entre um segmento de reta e um quadrado tendo esse segmento como um dos lados. Veja os exercícios.

Hoje, os *infinitos atuais* estão mais do que sedimentados na matemática comum, ainda que sejam contestados em outras filosofias, como a construtivista (sobre a matemática construtiva, o leitor pode consultar [26]).

Por que estamos falando disso? O motivo é que alguns filósofos da física criticam a abordagem aos objetos quânticos como não-indivíduos justamente porque, para eles, 'ter um cardinal' implica discernibilidade, isto é, desde que um conjunto tenha um cardinal, seus elementos têm que ser necessariamente distintos. Veremos na seção IX.7 que isso não é assim no contexto quântico.

A figura V.3 mostra a hierarquia cumulativa de von Neumann (daí o seu nome, 'V'),[5] que é obtido por recursão transfinita sobre a classe dos ordinais.[6] Poderíamos acrescentar átomos se quiséssemos, como faremos mais abaixo. A definição é como segue, lembrando que a classe (própria) dos ordinais, On, pode ser escrita assim:

$$On = \{0, 1, 2, \ldots, \omega, \ldots, \omega 2, \ldots, \omega^2 \ldots, \omega^\omega, \ldots\}. \qquad \text{(V.19)}$$

Então, definimos (na metamatemática)

$$\begin{aligned}
&V_0 := \emptyset \\
&V_1 := \mathcal{P}(V_0) \\
&\vdots \\
&V_{n+1} := \mathcal{P}(V_n) \\
&\vdots \\
&V_\lambda := \textstyle\bigcup_{\beta<\lambda} V_\beta \quad \text{se } \lambda \text{ é um ordinal limite} \\
&\vdots \\
&V := \textstyle\bigcup_{\alpha\in On} V_\alpha
\end{aligned}$$

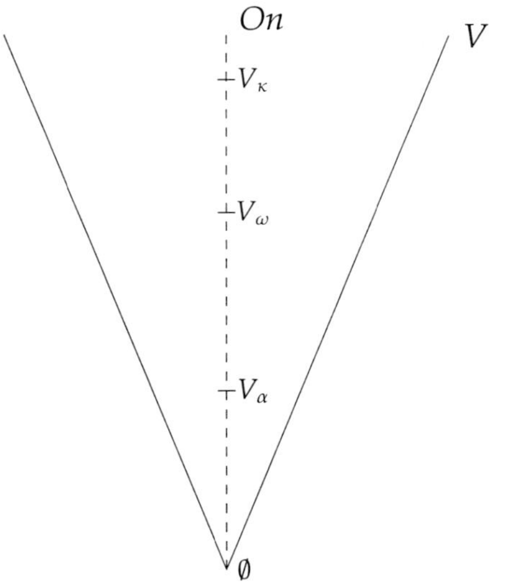

Figura V.2: A hierarquia cumulativa V de conjuntos sem levar em conta os átomos, indicando alguns níveis indexados por ordinais (On).

Se fôssemos considerar os átomos, faríamos algo semelhante; seja A o conjunto dos átomos. Então, ainda na metamatemática, definimos

[5]No entanto, [158, p.281] salienta que a atribuição a von Neumann é equivocada, e que a hierarquia teria sido descrita por Zermelo em 1930.

[6]Apelamos para a **recursão** (finita) quando queremos construir um subconjunto de um conjunto dado começando com algum elemento desse conjunto e iterando certas operações conjuntistas naquilo que vamos obtendo. Usualmente faz-se isso sobre o conjunto ω dos números naturais, mas o método pode ser estendido para conjuntos bem ordenados quaisquer, inclusive para a classe própria On.

$$
\begin{aligned}
&V_0 := A\\
&V_1 := V_0 \cup \mathcal{P}(V_0)\\
&\vdots\\
&V_{n+1} := V_n \cup \mathcal{P}(V_n)\\
&\vdots\\
&V_\lambda := \textstyle\bigcup_{\beta<\lambda} V_\beta \quad \text{se } \lambda \text{ é um ordinal limite}\\
&\vdots\\
&V := \textstyle\bigcup_{\alpha\in On} V_\alpha
\end{aligned}
$$

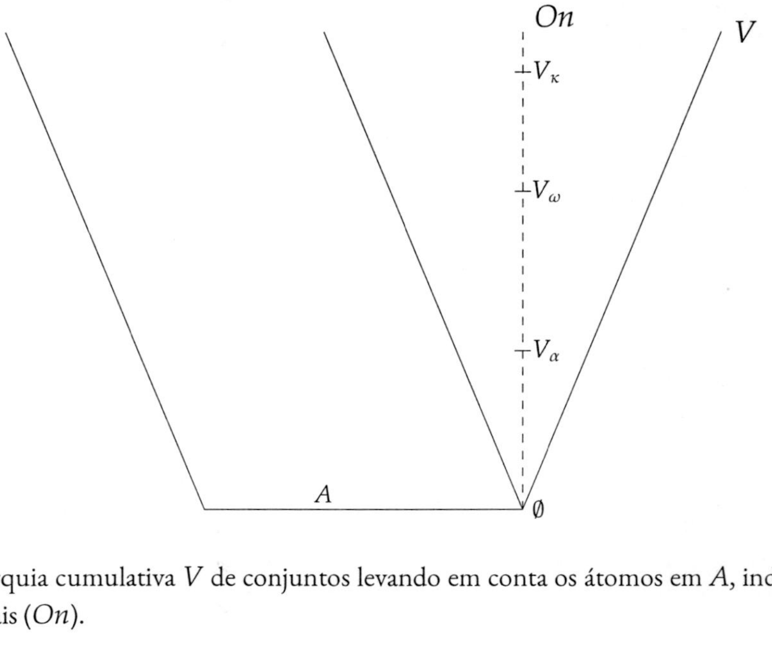

Figura V.3: A hierarquia cumulativa V de conjuntos levando em conta os átomos em A, indicando alguns níveis indexados por ordinais (On).

Uma curiosidade. Por que a classe On não é um *conjunto* da teoria ZFA (supondo essa teoria consistente)? Levando em conta as propriedades listadas na página 93, é simples verificar que On é transitivo, pois se $\alpha \in On$, como seus elementos são também ordinais (segundo a definição de von Neumann), então os elementos de α também pertencem a On. Por outro lado, On é bem ordenado pela reação '$\in$' e, portanto, é um ordinal. Mas, sendo um ordinal, então $On \in On$, ou seja, ainda pela definição, $On < On$. Mas tem-se também que nenhum ordinal é menor do que ele mesmo, logo $On \not< On$, e temos uma contradição. Esse fato foi apresentado em 1897 pelo matemático italiano Cesare Burali-Forti (1861-1931), e é conhecido como *paradoxo de Burali-Forti*. A solução desse paradoxo é dizer que On não é um conjunto dessas teorias, mas uma classe própria, ou seja, On *não está* em ZFA.

Finalmente, mais uma observação importante. Quando falamos coisas sobre ZFC ou ZFA, assumimos a consistência dessas teorias. Isso significa que nelas não é possível derivar uma contradição, ou seja, uma fórmula do tipo $\alpha \wedge \neg\alpha$. Mas, como garantir isso? A questão é que não é possível demonstrar esse fato para essas teorias. A razão está no modo como a elaboramos, mediante recursão, a partir de símbolos de um alfabeto, depois definido as fórmulas e iterando tudo mediante os conectivos e quantificadores. Assim, como em qualquer dessas teorias podemos elaborar a aritmética usual (ou seja, elas são 'fortes o suficiente' para expressar essa aritmética), pelo Segundo Teorema de Incompletude de Gödel não podemos provar sua consistência com os seus próprios recursos, tendo que recorrer a outras teorias. Ou seja, o máximo que podemos fazer é demonstrar que elas são consistentes *relativamente* a alguma outra. No caso, ZFC e ZFA são **equiconsistentes**, pois podemos provar a consistência de uma relativamente à outra. Se uma teoria é **inconsistente**, ela tem dois teoremas contraditórios, digamos α e $\neg\alpha$. Resulta disso que, para qualquer β, derivamos $\alpha \vee \beta$ (uma das regras da lógica clássica é a de que de A qualquer, derivamos $A \vee B$ para qualquer B). Mas temos $\neg\alpha$ e, portanto, pelo chamado Silogismo Disjuntivo, obtemos β.[7] Isso mostra que de duas proposições contraditórias (na lógica clássica) *qualquer* proposição pode ser derivada. Uma teoria que permite isso é dita ser **trivial**. Como não queremos trivialidade com ZFC ou ZFA e como não podemos provar que elas são consistentes (exceto relativamente a alguma outra teoria), temos que *assumir* a sua consistência.

V.3 Topologia

A topologia é o ramo da matemática que lida com transformações contínuas. Mais especificamente, estuda o modo pelo qual algo, como um triângulo, pode ser transformado continuamente, ou seja, sem que haja rompimento ou formação de buracos. Desse modo, um triângulo pode ser transformado em um quadrado, ou em um círculo. Isso quer dizer que, de um ponto de vista topológico, não há diferença entre um cubo e uma esfera, já que um deles pode ser 'levado' no outro por uma de tais transformações. Uma rosquinha (um 'toro') e uma xícara de chá são também topologicamente equivalentes pois ambas têm 'somente um buraco' (na xícara, está em sua alça). Uma excelente exposição geral dessa área da matemática encontra-se no capítulo 10 de [208] (fortemente recomendado para quem não conhece o assunto). Em português, o leitor ganhará muito com o livro de E. L. Lima [136].

As entidades básicas dessa área são os espaços topológicos. Um **espaço topológico** é um par-ordenado $\mathcal{T} = \langle X, \tau \rangle$, onde X é um conjunto não vazio e τ é uma coleção de subconjuntos de X, denominados de *abertos* da topologia τ, obedecendo as condições seguintes:

(i) X e $\emptyset$ pertencem a τ

(ii) a interseção de quaisquer dois elementos de τ ainda pertence a τ

(iii) a união de uma quantidade qualquer de elementos de τ é ainda um elemento de τ.

O complemento de um conjunto aberto é dito ser um **conjunto fechado** da topologia. Assim, como X e $\emptyset$ são complementares um do outro, ambos são abertos e fechados em τ. Há muitos tipos de topologia que podem ser associados a um dado conjunto, dependendo dos subconjuntos que se escolha. Uma delas é dita ser 'T2', ou 'Hausdorff', nome do matemático polonês que deu enormes contribuições à área. Uma topologia é T2, ou 'Hausdorff' se dados quaisquer elementos a e b de X, encontramos abertos A e B cada um contendo um deles e sendo disjuntos. Os elementos, portanto, podem ser 'separados' por abertos disjuntos aos quais pertençam. A figura V.4 visa ajudar a esclarecer isso.

Por que estamos chamando a atenção para essa propriedade? É em virtude do que acontece na física quântica. Digamos que estejamos representando os elementos de algum sistema quântico como elementos

[7] O Silogismo Disjuntivo é uma regra de inferência que pode ser assim escrita, sendo '$\vdash$' o símbolo de dedução: $\neg A, A \vee B \vdash B$: 'um ou outro; não um, então o outro'.

Figura V.4: A propriedade 'Hausdorff': quaisquer **dois** elementos a e b podem ser distinguidas. A e B são abertos disjuntos com $a \in A$ e $b \in B$.

de um conjunto. Para fazermos alguma matemática, necessitamos de alguma forma de 'medida', o que os matemáticos denominam de uma **métrica**. Ela nos dá comprimentos, distâncias, ângulos e, em particular, 'abertos' que podem formar uma topologia. Por exemplo, vamos denotar por $d(a,b)$ a 'distância' entre os pontos (o nome que se dá aos elementos do domínio X de um espaço topológico) a e b. Ela deve satisfazer as seguintes propriedades:

(i) $d(a,b) \geq 0$ e $d(a,b) = 0$ se e somente se $a = b$

(ii) $d(a,b) = d(b,a)$

(iii) $d(a,b) \leq d(a,c) + d(c,b)$ (desigualdade triangular)

Uma distância 'comum' é a Euclidiana, que no plano $\mathbb{R}^2$, para $a = (x_1, y_1)$ e $b = (x_2, y_2)$, é definida como

$$d(a,b) = \sqrt{(x_1 - y_1)^2 + (x_2 - y_2)^2}. \qquad \text{(V.20)}$$

No plano $\mathbb{R}^2$, chamamos de **bola aberta** de centro a ao conjunto dos pontos que distam de a uma distância menor que uma certa quantidade dada, que chamaremos de ε. Ou seja, denotando por $B_\varepsilon(a)$ a bola aberta de centro a e 'raio' ε, temos

$$B_\varepsilon(a) = \{c \in \mathbb{R}^2 : d(a,c) < \varepsilon\}. \qquad \text{(V.21)}$$

A bola é **fechada** se ao invés de '<', colocarmos '≤' na definição. Desse modo, podemos dizer que uma topologia é Hausdorff se e somente se dados quaisquer dois pontos a e b, existem bolas abertas disjuntas A e B tais que $a \in A$ e $b \in B$.

Acontece que na física quântica nem sempre podemos 'separar' dois elementos quaisquer. Se eles formam um sistema cujo estado é um **estado emaranhado** (*entangled*), isso não é possível de ser feito. Suas 'funções de onda' estão de tal forma 'emaranhadas' que não é possível separá-las em uma função em um espaço de Hilbert e outra em um espaço de Hilbert diferente; são estados **não separáveis**, que não podem ser *fatorados*.

Ora, isso sugere que uma topologia 'legitimamente quântica' deveria tomar esse fato em conta e ser 'não-Hausdorff'. No capítulo IX daremos uma ideia de como isso deveria ser (ou 'poderia' ser)

V.4 Exercícios

1. Mostre que a função inversa de um automorfismo é também um automorfismo.

Solução: Vamos trabalhar com um caso simples somente para que você perceba a ideia. Suponha uma estrutura com um domínio D e uma operação '$\circ$' sobre os seus elementos. Um automorfismo é então uma função bijetiva $h : D \to D$ tal que $h(x_1 \circ x_2) = h(x_1) \circ h(x_2)$. Sua inversa h^{-1} existe porque h é bijetiva. Então, sendo $h(x_1) = y_1$ e $h(x_2) = y_2$, vem que $h^{-1}(y_1 \circ y_2) = h^{-1}(h(x_1) \circ h(x_2)) = (h^{-1}(h(x_1 \circ x_2)) = (h^{-1}h)(x_1 \circ x_2) = x_1 \circ x_2 = h^{-1}(y_1) \circ h^{-1}(y_2)$. ∎

2. Considere a estrutura $C = \langle \mathbb{C}, +, \cdot \rangle$ dos números complexos. Seja $z = a + bi$ um número complexo. O número $\overline{z} = a - bi$ é o *conjugado* de z. Mostre que a operação de tomar o conjugado é um automorfismo de C. Nesse sentido, os números complexos i e $-i$ são C-indistinguíveis.

3. Praticar um pouco é sempre recomendável. Prove o seguinte, para quaisquer conjuntos A, B e C:

(a) $A \cup B = B \cup A$,

(b) $A \cap B = B \cap A$,

(c) $A \cup \emptyset = A$,

(d) $A \cap \emptyset = \emptyset$,

(e) $A \cap (B \cap B) = (A \cap B) \cap C$,

(f) $A \cup (B \cup C) = (A \cup B) \cup C$,

(g) $A \cap (B \cup C) = (A \cap B) \cup (A \cap C)$,

(h) $A \cup (A \cap C) = (A \cup B) \cap (A \cup C)$.

Solução para (b). Temos que provar que dois conjuntos $A \cap B$ e $B \cap A$ são iguais. Para isso, nos valemos do Axioma da Extensionalidade e temos então que mostrar que todo elemento de um deles é elemento do outro. Sendo um subconjunto do outro, resultarão iguais. Vamos ver inicialmente que $A \cap B \subseteq B \cap A$, a recíproca ficando como exercício. Seja $x \in A \cap B$. Pela definição de interseção, temos que $a \in A \wedge x \in B$. Mas o conectivo lógico '$\wedge$' permite a comutatividade ('$\alpha \wedge \beta \leftrightarrow \beta \wedge \alpha$'), logo isso é equivalente a $x \in B \wedge x \in A$, pu seja, $x \in B \cap A$ e, portanto, como vale para todo x, temos o que queríamos. Importante você perceber o uso da lógica nas demonstrações; o que pode ou não ser demonstrado depende da lógica subjacente à teoria que estamos utilizando. ∎

4. Verifique que a função $f(x) = \tan(\pi x - \pi/2)$ é uma bijeção entre o segmento $I = (0, 1)$ da reta real e todo o conjunto $\mathbb{R}$. Isso mostra que eles têm a mesma cardinalidade, a **cardinalidade do contínuo**, que Cantor designava por '$\mathfrak{c}$', e que resulta ser $\mathfrak{c} = 2^{\aleph_0}$, ou seja, $\mathbb{R}$ tem 'tantos elementos' quantos são os subconjuntos dos números naturais.[8]

5. Quantos elementos (conjuntos) têm V_0, V_1, V_2, V_3, V_4, V_5 e V_6?

6. Demonstre o Teorema XII.2.1 para o caso do ínfimo.

7. Considere o conjunto $\mathbb{R}$ dos números reais munido da relação $\leq$ ('menor ou igual') usual, que é uma ordem parcial sobre $\mathbb{R}$. Pede-se:

[8] Recorde que se um conjunto tem n elementos, o seu conjunto potência tem 2^n elementos. Que tal você procurar uma demonstração para esse fato? O conjunto potência de um conjunto A é muitas vezes denotado por '2^A', o que justifica o nome 'conjunto potência'. Veja [137].

a) Considere o intervalo fechado $[0, 1]$. Exiba dois limites inferiores e dois limites superiores desse conjunto. Ele admite supremo e ínfimo? Caso afirmativo, quais são eles?

b) Repita o exercício anterior para o intervalo aberto $(0, 1)$. Qual a diferença?[9]

8. Defina uma bijeção entre o conjunto dos números pares P e o ordinal $\omega + 2$.

9. Porque ω é um cardinal mas $\omega + 1$ não é?

10. Leia o capítulo 10 do livro indicado de Ian Stewart [208].

[9]No primeiro caso, tanto supremo quanto ínfimo pertencem ao conjunto, o que não ocorre no segundo caso.

Capítulo VI

O Formalismo da Mecânica Quântica

> "O objeto deste livro é apresentar a nova mecânica quântica em uma representação unificada a qual, tanto quanto é possível e útil, é matematicamente rigorosa."
>
> John von Neumann, 1932

A física quântica, do ponto de vista matemático, pode ser desenvolvida de diversos modos. Falando da MQ, ou seja, da teoria não relativista, as formulações mais consideradas são as listadas abaixo. É discutível se cada uma delas corresponde a uma mecânica diferente ou se tratam de versões da mesma teoria. Se tivéssemos duas teorias formalizadas T e T', a resposta poderia ser dada mais facilmente: se todos os teoremas de uma forem teoremas da outra, podemos dizer que se tratam da mesma teoria, diferindo eventualmente na linguagem e nos postulados adotados. Caso típico é o das diversas formulações do Cálculo Proposicional Clássico ou da Teoria de Grupos. No entanto qualquer dessas formulações conduz aos mesmos teoremas que a outra e tem os mesmos modelos, nos dando margem para afirmar que se tratam da mesma teoria.

No caso de teorias como a MQ, a situação é um pouco mais delicada, pois uma teoria física não se resume à sua contraparte matemática, mas encerra a contraparte *física*, que envolve possíveis *interpretações*. Em nossa opinião, o mais acertado seria considerar que estamos na presença de diversas *formulações*, mas como elas tratam ao menos potencialmente das mesmas coisas, tratam-se da mesma teoria, como se assumem ser as formulações de Heisenberg e de Schrödinger, as quais von Neumann 'representou de forma unificada', como ele diz na citação da epígrafe.[1] No entanto, como veremos, eventualmente podemos ter formulações que assumem pressupostos distintos, como a versão bohmiana, e nesses casos seria conveniente dizer que se tratam de teorias diferentes. Vejamos algumas das formulações mais comuns.

1. **Formulação Matricial**, iniciada por Werner Heisenberg em 1925 e depois desenvolvida por ele, Max Born, Pascual Jordan e Wolfgang Pauli, tem sua história descrita em [131, pp.188ss], inclusive para o que significa 'representação *matricial*', pois ele usava matrizes (sem saber o que eram, o que lhe foi dito depois

[1] É aceito que Schrödinger 'demonstrou' a equivalência das duas formulações em 1926.

por Born), ele representava na forma de linhas e colunas as frequências das linhas espectrais de um átomo de hidrogênio. Antes disso, ou seja, no intervalo entre 1900 e 1925, houve progressos nesse domínio, como a introdução do quantum de ação de Planck, a quantização no estudo do efeito fotoelétrico por Einstein e a teoria do átomo de hidrogênio feita por Bohr. Mas nada de se criar uma *teoria quântica* propriamente dita, o que veio a acontecer somente com Heisenberg. Até ele, o que havia ficou denominada de *velha mecânica quântica*.

No 'quadro de Heisenberg', são os operadores, que representam os observáveis, que são dependentes do tempo e 'evoluem' de acordo com uma equação diferencial; os estados são independentes do tempo. Se denotamos por H o operador hamiltoniano, que descreve a energia total do sistema, e $\hat{A}$ é um operador que representa o observável A, então a *equação do movimento de Heisenberg* pode ser escrita como ([198, p.83]):

$$\frac{\mathrm{d}\hat{A}}{\mathrm{d}t} = \frac{1}{i\hbar}\left[\hat{A}, H\right]. \tag{VI.1}$$

Não nos interessa interpretar essa equação, mas apenas exibi-la. No entanto, salientamos que ela não saiu do nada; é bem parecida com a equação clássica (da física clássica) do movimento, escrita na forma dos chamados 'colchetes de Poisson'.[2] A notação em colchetes indica o *comutador*, definido da seguinte forma, para U e T operadores: $[U, T] = UT - TU$. Se U e T comutam (podem ser medidos simultaneamente), então $[U, T] = O$ (o operador nulo). Para os operadores p (momento) e q (posição), que não comutam, temos a relação

$$[p, q] = \frac{ih}{2\pi}I. \tag{VI.2}$$

sendo I o operador identidade (ou matriz identidade).

2. **Formulação via Função de Onda**, devida a Erwin Schrödinger em 1926. A abordagem de Schrödinger difere da de Heisenberg, mas (é o que se diz) foi provada equivalente a essa pelo mesmo Schrödinger. Na sua formulação, são os estados que evoluem e não os operadores. A célebre equação de Schrödinger (dependente do tempo) é escrita como

$$i\hbar\frac{\partial\psi}{\partial t} = H\psi. \tag{VI.3}$$

No mesmo ano, Schrödinger mostrou que a sua abordagem e a de Heisenberg são equivalentes. A de Heisenberg é mais usada quando se almeja ir às teorias da relatividade.

3. **Formulação via Integrais de Caminho**, devida a Richard Feynman. Trata-se de uma das formulações mais utilizadas pelos físicos que querem obter resultados, mas ainda é pouco considerada no meio filosófico. Para Anthony Zee, essa formulação, que ele denomina de 'Dirac-Feynman', permite a mais fácil transição da física clássica para a física quântica. Uma descrição excelente dessa abordagem encontra-se em seu livro [235].

[2] Na página 84, Sakurai explica isso; ver [198].

Formulação por meio de Ondas Piloto, devida a David Bohm, cuja ideia remonta aos anos 1920, com de Broglie, mas feita independentemente por Bohm. Muitas vezes denominada simplesmente de *interpretação*, em nossa opinião é, como Styer et al. sugerem [209], uma outra formulação, uma *outra mecânica*, mas considerada empiricamente equivalente à 'clássica' (Heisenberg-Schrödinger).

Formulação algébrica. Após vermos o formalismo de von Neumann que utiliza os espaços de Hilbert, veremos mais tarde uma generalização abstrata desse formalismo, mostrando que a consideração da álgebra dos subespaços de um espaço de Hilbert ou, equivalentemente, a álgebra dos operadores limitados sobre esse espaço conduzem a uma estrutura algébrica denominada de reticulado ortomodular. O estudo desse tipo de estrutura caracteriza o campo das **lógicas quânticas**.

Há várias outras alternativas que o leitor pode querer conhecer, como a **abordagem informacional**, por meio de **matrizes de densidade**, usando a **segunda quantização**, a formulação de **Hamilton-Jacobi**, dentre várias outras. É uma questão de escolha e preferência.

Aqui seguiremos aquela formulação que aparece com mais destaque nos debates sobre a Filosofia da Física, a de Schrödinger, mas posta através do chamado *Formalismo dos Espaços de Hilbert*.

A ideia básica é a seguinte. Partimos de um *sistema físico*, que pode ser um elétron, um próton, uma coleção de elétrons, um átomo de alguma substância, uma molécula e assim por diante (mais à frente falaremos algo sobre o 'limite quântico', ou seja, *até onde* podemos ir mantendo as características quânticas dos sistemas em estudo). Dado um sistema físico, usamos a matemática para *representá-lo*. No jogo da Física, para estudarmos sistemas físicos, interessam os *estados* em que estão ou podem estar os sistemas e os *observáveis físicos*, que dizem respeito àquilo que podemos *medir* de um sistema em certo estado. Temos então que encontrar representações para os estados e para os observáveis (repare que a referência aos sistemas físicos vai sendo deixada de lado). Feito isso, tratamos de descrever de que modo os conceitos que escolhemos se envolvem uns com os outros, o que se faz por meio dos postulados da teoria, de modo a obtermos um modo de termos explicações físicas que nossos experimentos sugerem. Como veremos, há uma enormidade de questões de natureza filosófica envolvidas nesse trato.

Em uma primeira seção, vamos ver como o esquema da Física Clássica, e aqui nos restringiremos à Mecânica, é feito.[3] A mecânica estuda o movimento dos corpos

VI.1 O caso da Mecânica Clássica

No esquema da mecânica clássica (MC), os estados de um sistema físico são descritos pelos elementos de uma entidade chamada de *espaço de fases*, em geral denotado por 'Ω'. Os estados dos sistemas são *pontos* nesse espaço. Para um sistema físico, como uma partícula, o espaço de fases é o $\mathbb{R}^6$, cujos elementos são 6-uplas de números reais. Os três primeiros indicam as *coordenadas de posição* da partícula, e são geralmente denotadas por q_1, q_2, q_3 ou por x_1, x_2, x_3. As demais são as *coordenadas de momento*, denotadas por p_1, p_2, p_3 ou por x_4, x_5, x_6. Ou seja, o estado de um sistema em um dado instante de tempo é dado por uma 6-upla

$$\sigma = \langle q_1, q_2, q_3, p_1, p_2, p_3 \rangle. \tag{VI.4}$$

[3]Deixaremos, portanto, de analisar outras áreas da Física Clássica, como a Óptica e a Termodinâmica, por exemplo.

Usando uma notação abreviada, pomos $\vec{q} = \langle q_1, q_2, q_3 \rangle$ e $\vec{p} = \langle p_1, p_2, p_3 \rangle$, de forma que podemos escrever

$$\sigma = \langle \vec{q}, \vec{p} \rangle. \tag{VI.5}$$

Todas essas coordenadas são funções de um parâmetro t que representa o tempo e, portanto, deveríamos escrever $\langle q_1(t), \ldots, p_3(t) \rangle$, ou $\langle \vec{q}(t), \vec{p}(t) \rangle$, com t percorrendo algum intervalo de números reais.

Se temos um sistema com n partículas, por exemplo, o espaço de fases será o produto cartesiano

$$\mathbb{R}^{6n} = \underbrace{\mathbb{R}^6 \times \ldots \times \mathbb{R}^6}_{n \text{ vezes}}. \tag{VI.6}$$

As *quantidades dinâmicas* (observáveis) que podem ser medidas sobre um sistema físico são representadas por funções adequadas do espaço de fases em $\mathbb{R}$; se A é uma tal quantidade, então consideramos a função $f : \Omega \to \mathbb{R}$. Desse modo, o conjunto das partes (ou dos subconjuntos) $\mathcal{P}(\Omega)$ representa o sistema de todas as propriedades possíveis dos estados puros do sistema em questão.

Diz-se então que cada propriedade $X \in \mathcal{P}(\Omega)$ representa uma proposição que, para certo sistema físico e um tempo t, pode ser verdadeira ou falsa para um dado estado $p \in \Omega$. As condições são as seguintes:

1. X é verdadeira para p se e somente se $p \in X$.

2. X é falsa para p se e somente se $p \neq X$, ou seja, se e somente se $p \in \Omega - X$ (o complementar de X em relação a Ω.

Ora, sabemos que $\mathcal{P}(\Omega)$ tem uma estrutura booleana (é isomorfa a uma álgebra de conjuntos) quando munida das operações de interseção de conjuntos, união de conjuntos, conjunto complementar (em relação a Ω), sendo $\mathbf{0} = \emptyset$ e $\mathbf{1} = \Omega$. Desse modo, tendo em vista que uma álgebra de Boole é a contraparte algébrica da lógica proposicional clássica, costuma-se dizer que a lógica das proposições da mecânica clássica é a lógica clássica.

VI.2 O caso quântico

Falaremos aqui de uma versão padrão da mecânica quântica não relativista. Ainda temos sistemas físicos a serem considerados, mas eles são tratados diferentemente. Apresentamos uma axiomatização de uma teoria que vamos chamar de 'MQ' por meio de um *predicado conjuntista* que congrega os postulados a serem vistos a seguir. Sobre o significado desses termos e suas implicações, ver o capítulo V. O leitor pode pensar nos conceitos a seguir como dados ou representados em uma teoria de conjuntos.

Nos valeremos de uma apresentação axiomática. Os conceitos primitivos são *sistema físico*, *estado* e *observável*; a teoria das *probabilidades* entra como uma teoria subsidiária, assim como entra a teoria dos corpos na axiomática dos espaços vetoriais. Os postulados são os que seguem, usando a notação de Dirac.

Postulado 1. *A cada sistema físico τ associa-se um espaço de Hilbert $\mathcal{H}_\tau$. Os vetores unitários desse espaço representam os* ***estados puros*** *do sistema. Combinações lineares de estados puros dão ainda estados puros, as* ***superposições***.

A ideia intuitiva de um estado puro lembra, segundo M. L. Dalla Chiara, a noção leibniziana de *conceito completo*. Como salienta essa autora,

> "A noção clássica de *estado puro* parece estar muito próxima da ideia de um *conceito completo* investigado por Leibniz: embora muitas propriedades de um objeto individual (digamos, a Lua) possam ser desconhecidas para as mentes humanas, Deus conhece o conceito completo de qualquer objeto (vivendo no mundo real ou em algum mundo possível), e esse conceito representa uma informação máxima e completa sobre o objeto em questão [44]

Outros estados, dos quais falaremos abaixo, são as *misturas*, quando temos apenas uma *mistura estatística* de estados.

Ainda com os estados puros, daremos um exemplo, apresentado por E. Brézin [21]. Trata-se da situação envolvendo ligações químicas. Suponha que temos dois núcleos carregados positivamente e um elétron. Se os núcleos estão localizados a uma certa distância um do outro, é possível falar de um 'estado à esquerda', quando o elétron está ligado ao núcleo 1, representado na notação de Dirac por $|left\rangle$ e também de um 'estado à direita', quando o elétron está ligado ao núcleo 2, $|right\rangle$.

Porém, quando os núcleos estão próximos um do outro, aparece na física quântica uma situação que não se vê na física clássica, a qual envolve, como diz Brézin, "atravessar barreiras potenciais", ou seja, o *efeito túnel*. Nas vizinhanças do núcleo 1, o elétron constata um *poço potencial* atrativo e um igual relativamente ao núcleo 2, mas há uma barreira potencial entre esses dois poços.[4] De acordo com a física clássica, estando nas vizinhanças do núcleo 1, a barreira potencial impede que ele se aproxime do núcleo 2, mas na física quântica, a natureza ondulatória do elétron permite que ele transite entre regiões onde 'classicamente' as partículas deveriam permanecer confinadas. Os cálculos apontam para o estado $|left\rangle + |right\rangle$ como sendo o de menor energia, que o elétron tende a preferir. Essa energia é menor do que aquela obtida quando o elétron acompanha um dos núcleos.

Quando no estado $|left\rangle + |right\rangle$, é impossível dizer que o elétron está no estado $|left\rangle$ ou no estado $|right\rangle$. Como diz Brézin, "ele está completamente deslocalizado, e é isso que está na base das ligações envolvendo elétrons. É isso o que há em moléculas contendo múltiplos núcleos interligados. Não é portanto um fenômeno esotérico uma vez que opera em toda a química atômica e molecular."

O exemplo mostra a importância dos estados superpostos, que são de essencial importância em física. Essa característica tipicamente quântica nunca contentou pessoas como Einstein e Schrödinger, que viam nessa situação o fato de que a mecânica quântica não descreve tudo o que acontece, já que não permite dizer o que está ocorrendo previamente a uma medição (ver mais abaixo), sendo portanto, para eles, uma teoria *incompleta*.

Como mencionado, outros estados são as **misturas**, ou *agregados estatísticos* de estados puros. Essas aparecem quando não há informação precisa (completa) sobre o estado em que está o sistema. As misturas são superposições de estados puros, a cada um dos quais se atribui uma probabilidade. Resulta que os estados puros são, portanto, casos particulares das misturas. Nas misturas, aparecem os *operadores de densidade* que descrevem o estado do sistema de um modo que veremos abaixo.

Perceba bem o que está acontecendo. O sistema físico pode ser um feixe de fótons, como um raio lazer, com o qual estamos lidando no laboratório. Ou seja, á algo *físico*. O que fazemos é descrever isso por meio de uma estrutura matemática como a que estamos construindo, ou seja, elaborar um mapa para um território que está sendo explorado. Passando para os espaços de Hilbert, *saímos* do laboratório e entramos em um mundo puramente matemático (onde está o mapa). Um grande problema que comentaremos é o de *voltar*,

[4]Sobre o efeito túnel, o leitor pode ver a seção **??**.

ou seja, o problema de traduzir em termos físicos aquilo que obtivemos com a nossa matemática; essa *relação* entre o que podemos chamar de *teoria* e a *realidade*, o laboratório, é algo intrincado na Filosofia da Física e será trabalhado no capítulo II. Com efeito, esse problema é intricado. Um mapa, por mais bem feito que tenha sido realizado, *não é* o território, e invariavelmente deixa muita coisa de fora. Será que não deixamos de fora coisas essenciais para o entendimento do território? Isso não pode ser respondido a priori, e é para isso que se realizam experimentos.

Como já dito antes, ao físico importam os *estados* dos sistemas físicos. No caso quântico, os **estados puros** do sistema τ são dados por vetores de um subespaço unidimensional de $\mathcal{H}_\tau$, do qual se retira o vetor nulo. Os físicos chamam isso de uma *ray*; no dizer deles, se $|\alpha\rangle$ denota um estado puro, então qualquer outro múltiplo escalar não nulo de $|\alpha\rangle$ representa o mesmo estado, assim é suficiente considerar apenas os vetores unitários, já que assume-se que se $|\alpha\rangle$ designa um estado, qualquer múltiplo escalar não nulo de $|\alpha\rangle$ denota o mesmo estado.

Um conceito importante é o de **fator de fase**. Dado um estado $|\psi\rangle$ (veja a figura VI.1), uma quantidade numérica $e^{i\theta}$ que multiplica um estado fornecendo um outro estado, porém, sem alterar as probabilidades, sendo θ um ângulo dado e i a unidade imaginária.[5] Estados puros que diferem por um fator de fase são ainda estados puros.

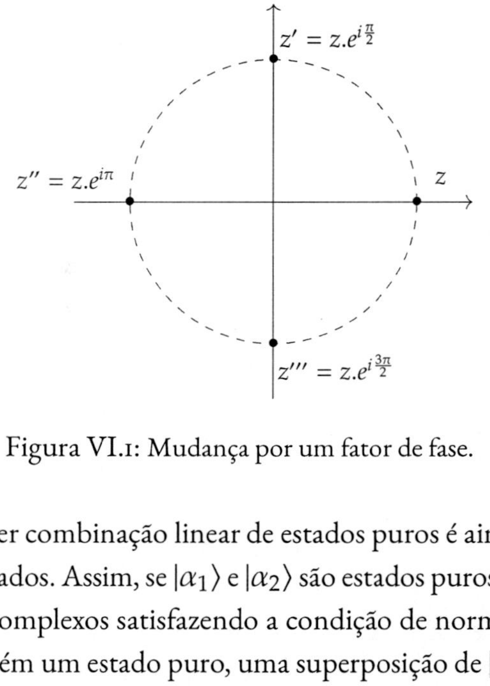

Figura VI.1: Mudança por um fator de fase.

Assume-se ainda que qualquer combinação linear de estados puros é ainda um estado puro, que é dito ser uma **superposição** desses estados. Assim, se $|\alpha_1\rangle$ e $|\alpha_2\rangle$ são estados puros, o vetor $|\beta\rangle = a.\,|\alpha_1\rangle + b.\,|\alpha_2\rangle$ para a e b (em geral) números complexos satisfazendo a condição de normalização (para que o vetor seja unitário) $|a|^2 + |b|^2 = 1$, é também um estado puro, uma superposição de $|\alpha_1\rangle$ e $|\alpha_2\rangle$.

Se o sistema é um sistema composto de vários outros sistemas $\tau_1, \tau_2, \ldots$, a cada um deles associamos um espaço de Hilbert $\mathcal{H}_i$ $(i = 1, 2, \ldots)$ e então a τ é associado o **produto tensorial** $\mathcal{H}_\tau = \mathcal{H}_1 \otimes \cdots \otimes \mathcal{H}_n \cdots$ desses espaços.

Os **observáveis físicos** são quantidades que podem ser *medidas*, como a massa, a carga elétrica ou, no caso quântico, o *spin*. Denotaremos um observável por uma letra como 'A'. Assim, temos o segundo postulado.

POSTULADO 2. *A cada observável A para o sistema τ associamos um operador autoadjunto $\hat{A}$ sobre $\mathcal{H}_\tau$.*

[5] É conveniente lembrar a equação de Leonhard Euler (1707-1783), a saber, $e^{i\theta} = \cos\theta + i\sin\theta$.

No caso finito, os operadores autoadjuntos coincidem com os operadores hermitianos (tais que $T = T^*$, sendo T^* o adjunto de T).

Os operadores autoadjuntos são tais que sempre se pode encontrar uma base para o espaço formado pelos seus autovetores; se $\dim \mathcal{H} = n$, seja $\{|\alpha_i\rangle\}$, $i = 1, \ldots, n$ essa base. Assim, se α é um vetor do espaço, existem escalares a_i tais que

$$|\alpha\rangle = \sum_{i=1}^{n} a_i |\alpha_i\rangle. \tag{VI.7}$$

e sabemos do formalismo que $a_i = \langle\alpha_i|\alpha\rangle$ (são os chamados *coeficientes de Fourier*; veja [117, p.43]).

Por outro lado, os autovetores obedecem a equação

$$\hat{A}\,|\alpha_i\rangle = \lambda_i\,|\alpha_i\rangle, \tag{VI.8}$$

sendo os λ_i os autovalores do operador $\hat{A}$.

POSTULADO 3. [Algoritmo da quantização] *Os valores possíveis da medida de um observável A para o sistema no estado $|\alpha\rangle$ acima são os autovalores do operador autoadjunto associado $\hat{A}$.*

O problema agora é o seguinte: se um certo λ é um valor possível da medida do observável, qual a probabilidade de ele ocorrer? A resposta está no Algoritmo da Quantização, ou **Regra de Born**. Dito de modo simples, essa regra é um postulado que nos diz qual é a probabilidade que a medida de um observável vai nos fornecer um certo resultado:

POSTULADO 4. [Regra de Born] *A probabilidade da medida do observável A dar o valor λ_i quando o sistema está no estado $|\alpha\rangle$ é (na notação adaptada de [186]):*

$$Prob(\lambda_i)_A^{|\alpha\rangle} = \sum_{j|a_j=a_i} |a_j|^2 = \sum_{j|a_j=a_i} |\left\langle\alpha_j|\alpha\right\rangle|^2. \tag{VI.9}$$

Expliquemos essa notação. Não, ela não é complicada; basta que você preste atenção. Operador $\hat{A}$, que representa o observável A, pode conter autovalores repetidos. Quando isso ocorre ele é dito ser *degenerado*, e *não degenerado* quando todos os autovalores são distintos. Mesmo que ele seja degenerado, é possível encontrar uma base ortonormal formada por autovetores; primeiro encontramos uma base de autovetores, depois tornamos todos eles unitários.[6] A expressão acima está dizendo que a probabilidade da medida do observável A quando o sistema está no estado $|\alpha\rangle$ ser λ_i é a soma de todos os quadrados dos coeficientes a_j do autovetor α_j na expressão VI.8. Se o operador for não-degenerado, haverá somente um de tais a_j, e a probabilidade fica simplesmente

$$Prob(\lambda_i)_A^{|\alpha\rangle} = |a_i|^2 = |\langle\alpha_i|\alpha\rangle|^2. \tag{VI.10}$$

Vejamos um exemplo. Suponha que temos um estado superposto como o seguinte

$$|\psi\rangle = \frac{1}{\sqrt{3}}|\varphi_1\rangle + \sqrt{\frac{2}{3}}|\varphi_2\rangle. \tag{VI.11}$$

[6] Se $||\alpha|| \neq 0$ é a norma de α, então $\beta = \frac{\alpha}{||\alpha||}$ é unitário (exercício).

Então quando da medida de um observável A, e sejam $\hat{A}\,|\varphi_1\rangle = a_1\,|\varphi_1\rangle$ e $\hat{A}\,|\varphi_2\rangle = a_1\,|\varphi_2\rangle$. Então a probabilidade de obtermos a_1 na medida é $|\frac{1}{\sqrt{3}}|^2 = \frac{1}{3}$, e a de obtermos a_2 é $|\sqrt{\frac{2}{3}}|^2 = \frac{2}{3}$.

Isso posto, podemos obter o modo de calcular o **valor esperado** da medida do observável é como indicada abaixo, o que corresponde à média dos valores obtidos quando da medição repetida do experimento com o sistema preparado no mesmo estado:[7]

$$\langle A\rangle_{|\alpha\rangle} = \sum_{i=1}^{n} \lambda_i |a_i|^2 = \langle\alpha|A|\alpha\rangle\,. \tag{VI.12}$$

Tudo isso foi feito para o caso da dimensão do espaço de Hilbert ser finita. No caso infinito, que ocorre quando o observável denota, por exemplo, posição, momento ou energia, todos os somatórios devem ser substituídos por integrais, mas não abordaremos esses casos aqui; veja [186].

O caso que queremos mencionar é o de quando ignoramos o estado em que está o sistema, sabendo apenas que é um dos estados em $\{\alpha_k\}, k = 1, \ldots, m$. Nesse caso atribuímos *pesos* à probabilidade do sistema estar no estado α_k, que denotamos por w_k, e impomos que $\sum_{k=1}^{m} w_k = 1$. Se Δ é um conjunto de valores possíveis para a medida do observável, a probabilidade do valor medido ser um dos elementos de Δ torna-se

$$\sum_{k=1}^{m} \sum_{j|a_j\in\Delta} |\left\langle\alpha_j|\alpha_k\right\rangle|^2. \tag{VI.13}$$

Antes de prosseguir, uma explicação.

A FUNÇÃO DE ONDA Pode ser difícil perceber, quando estamos usando vetores como nesta exposição, como aparece a famosa função de onda. Expliquemos isso. Vamos supor que X seja o observável *posição*, cujo operador autoadjunto correspondente $\hat{X}$ tem um espectro (conjunto de autovalores) infinito. Vamos denotar os seus autovetores abstratamente por $|x\rangle$ e os correspondentes autovetores por x, de modo que podemos escrever

$$\hat{X}\,|x\rangle = x\,|x\rangle\,. \tag{VI.14}$$

Como dissemos antes, no caso infinito os somatórios acima devem ser substituídos por integrais (que são 'somatórios' para esse caso), de sorte que o vetor α é agora escrito na base ortonormal de autovetores como

$$|\alpha\rangle = \int_{-\infty}^{\infty} \langle x|\alpha\rangle\,|x\rangle\,. \tag{VI.15}$$

Os coeficientes dessa combinação linear são as funções de onda:

$$\alpha(x) := \langle x|\alpha\rangle\,, \tag{VI.16}$$

geralmente escritas como $\psi(x) = \langle x|\psi\rangle$.

[7] Isso é uma suposição. Quando realizamos um experimento fazendo uma medição, 'estragamos' o sistema quântico que *perde a coerência* (quântica). Assim, necessitamos realizar *um novo* experimento, e supõe-se que ele ocorra nos mesmos moldes anteriores, com um sistema do mesmo tipo (indistinguível do anterior) e um estado idem. No entanto, isso é discutível. Em [**barholkra2017**], os autores sustentam que se adotarmos a posição de que as diversas medições são realizadas não sobre *o mesmo* sistema –o que de fato é impossível– mas sobre indistinguíveis e se assumirmos ainda que os experimentos também não podem ser 'os mesmos' (as condições térmicas do laboratório e de outras coisas podem ter sofrido alguma alteração mínima) mas 'indistinguíveis' das anteriores, então algumas consequências podem ser evitadas, no caso do trabalho mencionado, o 'paradoxo' Kochen-Specker, um dos mais célebres resultados da física quântica, não ocorre.

DINÂMICA. Cabe agora descrever como a teoria determina como o sistema evolui com o tempo. Aqui estamos adotando a abordagem de Dirac, para quem os estados é que mudam com o tempo. Alternativamente, poderíamos adotar a visão de von Neumann, que mantém os estados e faz os operadores evoluírem. As duas abordagens são equivalentes.

O que rege a dinâmica do sistema é a **equação de Schrödinger**, que aqui descrevemos de dois modos. No primeiro, ela estabelece o seguinte, sendo H o operador autoadjunto que descreve a energia do sistema, chamado de **hamiltoniano**, e aqui passamos a usar a notação $\psi(x)$ para a função de onda:

$$i\hbar\frac{\partial\psi(x)}{\partial t} = H\psi(x). \tag{VI.17}$$

Lembre que a derivada, informalmente falando, indica a 'taxa de variação' de uma quantidade relativamente a outra. No caso da equação, o primeiro membro está dizendo que a taxa de variação da função de onda é dada pelo valor que essa função assume relativamente ao hamiltoniano. Os valores i e $\hbar$ (constante reduzida de Planck) são constantes, i sendo a unidade imaginária (número complexo).

Uma outra forma de vermos a equação de Schrödinger é escrever a variação do estado (dado pela função de onda) em termos de um operador autoadjunto denominado de **operador unitário**, simbolizado com a letra 'U'. Escrevemos $U(t_0, t)\psi$ para indicar que o operador 'mudou' a função de onda de um tempo inicial t_0 para um tempo t. A equação fica

$$\psi(t) = U(t_0, t)\psi(t_0), \tag{VI.18}$$

e podemos ainda expressar esse operador em função do hamiltoniano; se $\Delta(t) = t - t_0$ é o intervalo de tempo, então

$$U(t_0, t) = e^{-i\hbar H\Delta(t)}. \tag{VI.19}$$

Essa evolução temporal da função de onda, ou do vetor de estado, é *linear*; isso significa que se ψ_1 e ψ_2 são soluções da equação de Schrödinger, então qualquer combinação linear delas também será solução da equação. Ademais, a evolução é *determinista*, ou seja, dadas as condições do sistema (sua função de onda) em um tempo t_0, podemos determinar as suas condições em qualquer tempo posterior ou anterior. Portanto, a equação de Schrödinger descreve uma evolução determinista.

No entanto, há uma surpresa não determinista no processo. Vamos retornar ao nosso vetor de estado α escrito como combinação linear dos vetores de uma base ortonormal,

$$|\alpha\rangle = \sum_i a_i |\alpha_i\rangle, \tag{VI.20}$$

e lembremos que os $|\alpha_i\rangle$ são autovetores ortonormais do operador autoadjunto $\hat{A}$ que representa o observável A. Vem então a seguinte suposição:

POSTULADO 5. [Postulado do colapso.] *Quando realizamos a medição do observável A quando o sistema está no estado α, ocorre o* ***colapso*** *do vetor de estado (ou da função de onda): o sistema entra imediatamente no estado $|\alpha_i\rangle$ com uma probabilidade $|a_i|^2$.*

Por exemplo, considere novamente o estado VI.11. Quando medimos o observável A para o sistema nesse estado, o vetor *colapsa* para um dos dois autoestados com probabilidades respectivamente 1/3 e 2/3. Repare que, antes de efetuarmos a medição, nada se pode dizer ao certo sobre para qual estado o sistema irá; temos apenas probabilidades.

Antes da medição, o sistema tem um estado descrito pela superposição VI.20, e 'entra' em um dos estados componentes após a medição. Note que **é errado** dizer que, previamente à medida, o sistema 'está em todos os estados componentes *ao mesmo tempo*', como ocorre em geral quando se fala disso. O estado inicial é uma *superposição de estados*, e não uma 'conjunção lógica' (na qual poderíamos usar o conectivo 'e' para indicar 'um estado' *e* 'outro', etc.) de estados. Isso ocorre em todas as situações, inclusive quando o observável é a posição: antes da medida, o sistema está em um estado que é descrito pela *superposição* de todos os estados que descrevem as posições possíveis, mas *ele não está em nenhuma delas*, e muito menos em todas ao mesmo tempo. Quando medimos, aí ocorre o colapso e ele 'entra' em uma das posições possíveis; antes, só podemos avaliar a probabilidade de ele entrar nessa ou naquela posição, mas nunca saberemos ao certo. Essa consideração explica o experimento do famoso **gato de Schrödinger**, do qual falaremos ainda. Os textos de divulgação dizem que, antes da medição (do cientista abrir a janela e olhar para o gato para saber como ele está, se vivo ou morto), o gato estaria vivo *e* morto. Não, isso é errado. *Antes* da medida, o estado do gato é uma superposição de estados: não é nem um e nem outro, mas a superposição. Para estar vivo e morto, ele teria que estar em ambos os estados, o que não acontece: insistindo, a superposição **não é** um *e* outro. Uma soma vetorial não é uma conjunção lógica, como teremos chance de ver quando falarmos da 'negação quântica' na seção **??**.

Basicamente, esse é o 'formalismo' do qual tudo se segue. O desenvolvimento da teoria nele baseado pode ser visto nos livros padrão da disciplina e não vamos falar disso aqui, mas veja [89, 198]. O que nos interessa é que, do ponto de vista filosófico, pode-se atribuir à teoria uma grande quantidade de *interpretações*, que objetivam esclarecer o que realmente está acontecendo. Uma das questões mais proeminentes é o esclarecimento do postulado do colapso: o que ocasiona o colapso? A medida do observável? Mas, em que sentido? Ou será que ele só ocorre quando o cientista se dá conta do que aconteceu? Essa questão é denominada de **problema da medição** e praticamente concentra todos os esforços dos filósofos da física. Muitos tentam evitar o colapso, encontrando modos alternativos de considerar a teoria de modo a não haver colapso; outros o aceitam, mas se deparam com outros tipos de problemas, como a explicação de porque a função de onda, que antes da mensuração tinha um domínio que se estendia por todo o espaço, *instantaneamente* desaparece, ficando restrita a uma região muito pequena em torno do ponto no qual se supõe que houve o colapso. Um tal 'desaparecimento instantâneo' violaria a teoria da relatividade restrita, que impede um tal colapso instantâneo.[8]

VI.2.1 Uma estrutura para a mecânica quântica

Veremos agora como podemos descrever os *modelos* dos postulados acima dentro de um ambiente conjuntista. O que se depreende dos postulados anteriores é uma **estrutura $\mathcal{Q}$ para a mecânica quântica**, que pode ser descrita da seguinte maneira, na qual introduzimos explicitamente uma coleção S de sistemas quânticos:

[8] Grosso modo, a função de onda 'desapareceria' instantaneamente de outros pontos distintos daquele onde houve o colapso, implicando em uma ação instantânea à distância.

$$Q = \langle S, \{\mathcal{H}_i\}, \{\hat{A}_{ij}\}, \{U_{ik}\}, \varrho\rangle, \quad \text{(VI.21)}$$

onde S é uma coleção de sistemas físicos, $\{\mathcal{H}_i\}$ é uma coleção de espaços de Hilbert, um para cada sistema físico de S, $\{\hat{A}_{ij}\}$ é, para cada i, uma coleção de operadores autoadjuntos sobre os espaços $\mathcal{H}_i$, $\{U_{ik}\}$ é, para cada i, uma coleção de operadores autoadjuntos sobre os espaços $\mathcal{H}_i$, e ϱ é uma função que a cada $\sigma \in S$ associa um $\mathcal{H}_i$.

No entanto, os sistemas físicos 'reais' situam-se no espaço e no tempo. Como essas coisas aparecem? A resposta pode ser a seguinte. Para cada sistema físico $\sigma \in S$, associamos uma outra estrutura da forma (que identificaremos com o próprio σ)

$$\sigma = \langle \mathbb{E}^4, \psi(\vec{x}, t), \Delta, \mathfrak{p}\rangle, \quad \text{(VI.22)}$$

onde $\mathbb{E}^4$ é o espaço euclidiano real de dimensão 4, $\psi(\vec{x}, t)$ é uma função que assume valores nas quádruplas $(\vec{x}, t) = (x, y, z, t)$, sendo (x, y, z) coordenadas espaciais e t uma coordenada 'temporal', Δ é um subconjunto dos números reais (um 'boreliano'),[9] e $\mathfrak{p}$ é uma função que a cada elemento $(\psi, \hat{A}, \Delta)$ associa um número real $\mathfrak{p}(\psi, \hat{A}, \Delta) \in [0, 1]$, que indica *a probabilidade de que a medida do observável A quando o sistema está no estado ψ está no conjunto* Δ. Note que poderíamos ter usado algo como $|\alpha(t)\rangle$ no lugar de ψ.

Uma das grandes questões que se coloca é a seguinte. *Onde* essas estruturas são construídas? A resposta parece clara: em ZFC, ou em ZFA, pois são *conjuntos*. Certo, isso está correto. Mas e quanto a S? Seria também um conjunto mesmo quando supomos que seus elementos são representações de sistemas quânticos que não podem ser discernidos uns dos outros? Aparentemente, há algo de muito suspeito na hipótese de que estamos em uma teoria 'standard' de conjuntos. Todo o resto, no entanto, pode sim ser concebido em uma dessas teorias. Na nossa opinião, deveríamos buscar uma teoria alternativa, que preservasse toda a estrutura a menos de S, que deveria poder ser concebido como uma colação de objetos completamente indiscerníveis; pois bem, essa teoria existe e se chama *teoria de quase-conjuntos*, que veremos mais à frente.

VI.3 A ÁLGEBRA DE OPERADORES

Tomemos os subespaços unitários de um espaço de Hilbert complexo e separável $\mathcal{H}$ (vamos considerar somente o caso de dimensão finita, mas isso pode ser estendido para o caso infinito), cuja coleção chamaremos de $\mathbf{U}$. Dado um vetor $|\psi\rangle$ de $\mathcal{H}$, podemos escrevê-lo como combinação linear dos vetores de uma base ortonormal (vamos admitir que a dimensão é finita); sendo $\{|\alpha_i\rangle\}$ essa base, temos então

$$|\psi\rangle = \sum_{i=1}^{n} c_i |\alpha_i\rangle, \quad \text{(VI.23)}$$

e sabemos que $c_i = \langle\alpha_i|\alpha\rangle$, de modo que

$$|\psi\rangle = \sum_{i=1}^{n} \langle\alpha_i|\psi\rangle |\alpha_i\rangle \quad \text{(VI.24)}$$

[9]Os borelianos são subconjuntos de $\mathbb{R}$ que têm propriedades que são interessantes para a teoria da medida (as probabilidades são um tipo de medida) – não confundir 'medida' no sentido matemático com 'mensuração' (de uma quantidade) em física. Eles podem ser pensados como sendo os intervalos abertos de $\mathbb{R}$.

que podemos reescrever como fazem os físicos (Dirac fez isso), colocando os vetores '$|\alpha_i\rangle$' na frente:[10]

$$|\psi\rangle = \sum_{i=1}^{n} |\alpha_i\rangle \langle\alpha_i|\psi\rangle \tag{VI.25}$$

Chamemos de $P_i := |\alpha_i\rangle\langle\alpha_i|$ e se escrevermos $|\psi\rangle = \mathbf{I}(|\alpha\rangle)$, sendo $\mathbf{I}$ o operador identidade, podemos ver que

$$\mathbf{I} = \sum_{i=1}^{n} P_i. \tag{VI.26}$$

Claramente se vê o que representam os P_i: são os **operadores de projeção** sobre os subespaços unitários gerados pelos $|\alpha_i\rangle$. Um pouco mais de detalhes pode ser útil aqui; daremos um pequeno exemplo, extraído de [117, pp.82ss].

Definição VI.3.1 (Projeção). *Uma* **projeção** *sobre um espaço vetorial é um operador P sobre esse espaço tal que* $P^2 = P$.

Considere o $\mathbb{R}^2$ com o produto interno canônico, e seja $\mathcal{B} = \{\alpha_1, \alpha_2\}$ base ortonormal para esse espaço. Então para todo vetor α, existem escalares (números reais) x_1 e x_2 tais que $\alpha = x_1\alpha_1 + x_2\alpha_2$ (veja a Figura VI.2). Portanto, levando em conta que x_1 e x_2 são os coeficientes de Fourier da decomposição, temos

$$\langle\alpha_1|\alpha\rangle = \langle\alpha_1|x_1\alpha_1 + x_2\alpha_2\rangle = \langle\alpha_1|x_1\alpha_1\rangle + \langle\alpha_1|x_2\alpha_2\rangle =$$

$$= x_1\langle\alpha_1|\alpha_1\rangle + x_2\langle\alpha_1|\alpha_2\rangle = x_1.$$

Da mesma forma, $\langle\alpha_2|\alpha\rangle = x_2$. Portanto,

$$\alpha = \langle\alpha_1|\alpha\rangle|\alpha_1\rangle + \langle\alpha_2|\alpha\rangle|\alpha_2\rangle.$$

Consideremos agora o operador $P_{|\alpha_1\rangle}$, projeção sobre o vetor $|\alpha_1\rangle$ unitário, definido por

$$P_{|\alpha_1\rangle}|\alpha\rangle := \langle\alpha_1|\alpha\rangle|\alpha_1\rangle, \tag{VI.27}$$

É fácil ver

$$P^2_{|\alpha_1\rangle}|\alpha\rangle = E_{|\alpha_1\rangle}\big(E_{|\alpha_1\rangle}|\alpha\rangle\big) = E_{|\alpha_1\rangle}\big(\langle\alpha_1|\alpha\rangle.|\alpha_1\rangle\big) = \langle\alpha_1|\alpha\rangle E_{|\alpha_1\rangle}|\alpha_1\rangle = \langle\alpha_1|\alpha\rangle.|\alpha_1\rangle =$$

$$= P_{|\alpha_1\rangle}|\alpha\rangle,$$

ou seja, $P_{|\alpha_1\rangle}$ é de fato uma projeção. Deste modo, obtemos em particular que o vetor projeção de $|\alpha\rangle$ sobre $|\alpha_1\rangle$ (normalizado) é obtido fazendo-se

$$P_{|\alpha_1\rangle}|\alpha\rangle = \langle\alpha_1|\alpha\rangle.|\alpha_1\rangle.$$

Se α_1 não fosse unitário, teríamos que dividi-lo pela sua norma, obtendo

$$P_{|\alpha_1\rangle}|\alpha\rangle = \Big\langle\frac{\alpha_1}{||\alpha_1||}\Big|\alpha\Big\rangle \cdot \frac{|\alpha_1\rangle}{||\alpha_1||} = \frac{\langle\alpha_1|\alpha\rangle}{||\alpha_1||^2}\cdot|\alpha_1\rangle,$$

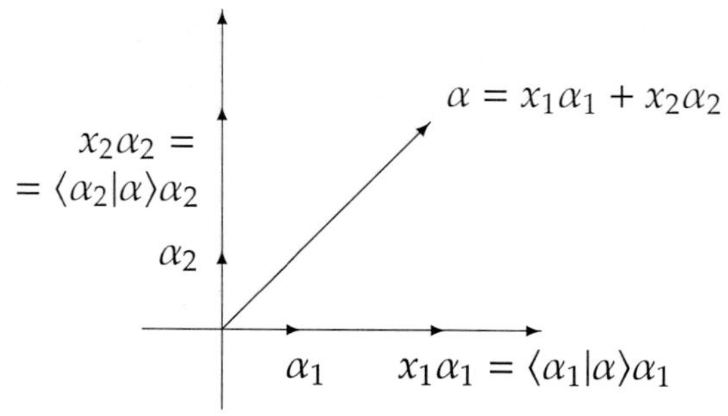

Figura VI.2: Projeções ortogonais de α sobre α_1 e α_2 unitários.

Assim, podemos criar uma **álgebra de operadores limitados**, definindo operações da seguinte forma, onde S e T denotam operadores limitados sobre $\mathcal{H}$:

Adição: $(S+T)\left|\psi\right\rangle = S\left|\psi\right\rangle + T\left|\psi\right\rangle$

Multiplicação: $(ST)\left|\psi\right\rangle = S\big(T\left|\psi\right\rangle\big)$

Operação de tomar o adjunto: T^* é o adjunto de T, ou seja, temos que $\langle a^*\psi|\varphi\rangle = \langle\psi|a\varphi\rangle$, sendo a um número complexo e a^* o seu conjugado.

Com essas operações, verifica-se que a adição é associativa e comutativa, a multiplicação é associativa e a operação '$*$' é uma involução.[11] Há um nome técnico para uma álgebra desse tipo; trata-se de uma C^*-**álgebra** (lê-se 'álgebra C-estrela'), e pode-se desenvolver a teoria quântica baseada nessas álgebras [93].

Um operador autoadjunto é sempre diagonalizável (veja a página **??**) ou seja, *semelhante* a uma matriz diagonal, e na base ortonormal de seus autovetores, sua matriz é diagonal e tem os autovalores na diagonal principal. O mesmo se dá com cada projeção P_i e suas matrizes nessa mesma base são da forma

$$\begin{pmatrix} 0 & 0 & & \cdots & 0 \\ & \ddots & & & \\ 0 & \cdots & 1 & \cdots & 0 \\ & & & \ddots & \\ 0 & \cdots & & & 0 \end{pmatrix}$$

com o elemento '1' aparecendo na i-ésima linha e na i-ésima coluna.

VI.4 Exercícios

1. Comprove que de fato a estrutura $\mathcal{R}_{MQ}$ é um reticulado ortomodular e que não valem as leis distributivas.

[10] Veremos isso com mais detalhes mais tarde.

[11] Este conceito será introduzido Na definição XII.2.9.

2. Mostre que as matrizes dos operadores de projeção P_i relativamente a uma base ortonormal são da forma indicada na página 113.

3. Prove que se $||\alpha||$ é a norma não nula de α, então $\beta = \frac{\alpha}{||\alpha||}$ é unitário.
Solução. Se β é unitário, sua norma é igual à unidade. Vemos que

$$||\beta|| = \left\| \frac{\alpha}{||\alpha||} \right\| = \frac{||\alpha||}{||\alpha||} = 1.$$

Obviamente, estamos supondo que você note que $||(||\alpha||)|| = ||\alpha||$. ∎

Capítulo VII

Questões de Ontologia e Metafísica

> A matéria tem sido sempre e será sempre um dos principais objetos da física.
>
> Wolfgang Pauli

Tian Yu. Cao, um importante filósofo da física da atualidade, em um livro excelente chamado de *Conceptual Developments of 20th Century Field Theories* [28], no qual apresenta a evolução do moderno conceito de *campo*, que veio substituir o de partícula da mecânica clássica,[1] salienta que não obstante as ideias relacionadas à metafísica tenham se tornado 'fora de moda' nos anos recentes, elas ainda são relevantes mesmo para os físicos em geral. Diz ele que

> "Como um componente importante da cultura, uma concepção do mundo físico envolve um modelo da constituição e funcionamento da natureza, e inclui suposições sobre os mecanismos para interações fundamentais entre os constituintes últimos da matéria, e uma interpretação da natureza do espaço e tempo. Ou seja, a concepção envolve o que os filósofos costumam chamar de pressupostos metafísicos." (*ibid.*, p.xiii)

Em outras palavras, não escapamos de assumir hipóteses sobre a realidade que nos cerca, como que o mundo é isotrópico (as propriedades de um objeto físico não se alteram independentemente de como o considerarmos – em que direções se considere), que os objetos são dotados de individualidade (como na física clássica ou na mecânica de Bohm), ou que as propriedades de um objeto físico têm sempre valores bem determinados, independentemente se as conhecemos ou não (também como na física clássica), que vale a localidade, etc.

Mas a metafísica, vista como a disciplina mais geral daquilo que há, muitas vezes confundida com a ontologia, pergunta coisas como a seguinte, em se tratando da física quântica: as teorias, e em especial a

[1] Mencionamos mais uma vez o Cap.6 de [67] para a 'evolução' do conceito de partícula.

física quântica, falam de alguma coisa? Logo após a frase mencionada na epígrafe, Wolfgang Pauli emenda que

> "por falar sobre 'a matéria como um aspecto da natureza das coisas', tenciono dar a você uma impressão de como as leis da natureza concernentes à matéria e pertencentes à física podem ser encontradas e como elas se desenvolvem gradualmente. (...) A ciência é um refinamento gradual dos conceitos da vida diária revelando uma realidade profunda e não diretamente visível que está por trás das coisas coloridas e barulhentas. Mas não deveria ser ignorado que essa realidade subjacente cessaria de ser um objeto da física, diferente dos objetos da matemática pura e da especulação pura, se seus vínculos com as realidades da vida diária fossem desconectados inteiramente." [168, p.28]

Em outros termos, transparece que Pauli se refere à física como 'tratando do mundo', daquilo que nos cerca. Desse modo, é uma questão de filosofia questionar a natureza dessas coisas; seriam *objetos*, *eventos*, *impressões*, *coleções de propriedades*. Cada alternativa pode ser desenvolvida em uma metafísica diferente e igualmente lícita, sem que possamos dizer qual deve prevalecer sobre qual. É uma questão de opinião, já que cada uma delas pode fundamentar as nossas melhores teorias.

Repare que aqui estamos firmando uma posição: aceitamos que diferentes metafísicas ou ontologias, cada uma adaptada a uma concepção que se tenha, sem que uma tenha que necessariamente excluir as demais que lhe sejam incompatíveis; nossa visão é pluralista. Assim, por exemplo, o mesmo formalismo quântico pode se adaptar a uma concepção dos objetos quânticos como indivíduos, ainda que havendo restrições quanto aos possíveis estados que eles possam acessar, como uma concepção que os vê como não-indivíduos , a qual preferimos (para uma discussão mais abrangente, consultar [79]).[2]

Em nossa opinião, contrariamente à matemática e à lógica, que tratam de entidades abstratas, achamos que as teorias *físicas* dizem respeito a alguma 'realidade', ou pelo menos pretendem isso, como salienta Pauli, ainda que para tanto venham a utilizar conceitos abstratos. Em outras palavras, ainda que elaboremos uma teoria que trate unicamente (assuma uma ontologia de) de coleções de propriedades [139] ou de 'poderes' [192], ainda há aquelas coisas que detêm as coleções de propriedades ou que detêm esses poderes. No nosso entender, são elas que constituem o material básico da física quântica, e deveriam ser consideradas em qualquer formalismo que trate das entidades quânticas fundamentais.

Desse modo, salientamos que não defendemos uma posição 'substancialista' de que os objetos quânticos são 'partículas' de algum tipo; essas entidades podem ser descritas como excitações de campos, ou de outras formas ainda, mas não achamos que se possa olvidar deles; a assim chamada 'física de partículas', o nosso Modelo Padrão descreve essas entidades, e é sobre elas que calcamos a nossa ontologia e a nossa metafísica e é com elas que realizamos nossos experimentos, por exemplo, nos grandes aceleradores. A grande questão é de fato sobre a sua natureza ontológica, que permanece em aberto. No entanto, sejam elas o que forem, na nossa opinião a sua melhor caracterização é como a de entidades para as quais a teoria usual da identidade não se aplica.

[2]Na seção 4.1.2 desse livro, os autores discorrem sobre como as entidades quânticas podem ser vistas como indivíduos. Argumentam eles que o Postulado da Indistinguibilidade (IP), que diz que qualquer permutação de partículas de mesma espécie não altera os resultados de medida, impõe restrições aos estados acessíveis às entidades, de forma que uma vez que uma partícula, digamos, esteja em um estado simétrico, os estados antisimétricos tornam-se inacessíveis para ela.

A principal diferença entre uma teoria física e uma teoria típica das disciplinas formais (lógica e matemática) reside em que essas teorias nascem com alguma *interpretação intencional*, ou seja, *já vêm interpretadas dentro de alguma parcela da realidade* que se deseja investigar (por exemplo, na física clássica de partículas temos em vista as 'partículas', seja lá o que forem), ainda que a sua contraparte matemática, que é uma estrutura matemática abstrata, possa ter outras interpretações (outros modelos além do intencional). Isso é razoável; quando cria uma teoria física, o cientista está atento a alguma coisa, a algum domínio do conhecimento inicial, e a sua teoria visa dizer respeito às entidades desse domínio, ainda que depois possa ser aplicada a outros campos.

Como já tivemos oportunidade de salientar, não há aquilo que alguém poderia chamar de *a* mecânica quântica: há aquela que chamamos de 'ortodoxa' [89, 198], há aquela fundamentada em alguma teoria de campos [6, 219, 235], e mesmo se tomarmos uma delas, como a mecânica ortodoxa, há várias formulações distintas e supostamente equivalentes e, ainda mais, para cada uma delas há diversas *interpretações* possíveis. Assim, temos que fazer uma escolha. No nosso caso, lidamos ora com a mecânica quântica ortodoxa, ora com uma teoria de campos fundada em uma estrutura abstrata chamada de 'espaço de Fock', mas independentemente de qual seja ela, assumimos que há aquilo que podemos chamar de *entidades quânticas*, ou *sistemas quânticos*, ou simplesmente *quanta*. Sua natureza é colocada entre parênteses: depende da teoria que se adota. Falar um pouco sobre isso auxilia a que você, leitor, entenda a nossa posição.

Aceitamos que uma teoria física fala de objetos físicos. Pode também falar de suas propriedades, suas potencialidades ou seus poderes, mas o que há subjacentemente a qualquer opção ontológica que se faça são os objetos quânticos, como prótons, elétrons, átomos, moléculas e coisas desse tipo. É fato que, contrariamente à física clássica, que muitas vezes *descreve* um determinado objeto, como um asteroide ou um planeta que se observa, como que 'extraindo' deles as suas propriedades, no domínio quântico não há essa possibilidade. Ainda que o leitor encontre facilmente 'fotografias' de átomos ou mesmo de coisas menores, há que ter atenção que via de regra são recriações artísticas daquilo que se pode acessar somente por meios indiretos, como microscópios eletrônicos. As 'fotografias' que vemos dão uma ideia de como essas coisas poderiam ser, mas não são mais do que desenhos, recriações computacionais.[3] Como então concebemos os quanta? A resposta está na teoria que adotamos. Presentemente, o que classifica as entidades quânticas fundamentais é o chamado Modelo Padrão da Física de Partículas. Grosso modo, há dois tipos básicos de entidades, os férmions e os bósons. Os primeiros dividem-se em quarks e antiquarks, que vêm em três 'gerações' e em leptons, que também são divididos em três gerações. Os bósons dividem-se em '*gauge* bosons', dos quais há quatro tipos, e em *scalar bosons*, de um só tipo (o agora famoso bóson de Higgs). Suas características são fixadas pela teoria física com base em experimentos e teorização; por exemplo, um dos gauge bósons é o ainda hipotético *graviton*, que ainda não foi detectado, ainda que se saiba o que dele esperar pelo que diz a teoria.

Um caso famoso é o da 'descoberta' da partícula Ω^- (ômega-menos) em 1964 pelo físico Murray Gell-Mann por meio de simetrias de um certo grupo de simetria de hadrons, denominado de SU3. Foi uma 'descoberta' puramente teórica, matemática, depois confirmada experimentalmente. Ou seja, a teoria antecipou a experiência.

No caso quântico, nenhuma teoria que adotemos vai dizer que um elétron não tem massa $m = 9.1 \times 10^{-28}$ g, carga elétrica $e = 4.8 \times 10^{-10}$ e.s.u. e valor de spin $s = \frac{\hbar}{2}$. Há outros valores que aparecem na

[3] O mesmo se dá, obviamente, com outras coisas, como uma 'fotografia' de um buraco negro, divulgada recentemente na imprensa.

teoria, mas esses três servem para que possamos dizer o que pretendemos. Esses valores são colocados como *leis físicas*, ainda que tenham sido propostos por experimentos, como o que determinou a massa do elétron em 1890. É um fato histórico interessante e importante como os cientistas chegaram a esses valores sem que se pudesse 'pegar' um elétron para estudar as duas características; elas são *postas* a princípio a partir de experimentos e depois como que por axiomas. Experimentos recentes têm medido a massa do elétron com extraordinária precisão. Por exemplo, no site do *Max-Planck-Gessellschaft*, em 'Electron on the Scale', fala-se de medidas (a postagem é de 2014) que atestam ser a massa do elétron 1/183615267377 da massa do próton. Essas entidades são *dadas* por leis físicas, são entidades *nomológicas*.[4] Vejam o que dizem M. L. Dalla Chiara e G. Toraldo di Francia, quando tratam da 'ausência de nomes próprios' na física quântica, no sentido de que não há qualquer sentido em se nomear um sistema quântico e pretender que esse nome funcione como o que Kripke denominava de 'designadores rígidos', algo que denote *a mesma* entidade em todos os mundos possíveis nos quais ela exista:

> "A falta de nomes próprios é devido fundamentalmente ao fato de que os objetos da microfísica são nomológicos. Todas as suas características são fixadas por leis físicas e são idênticas para os objetos de um mesmo tipo. Tanto o quanto sabemos hoje, um elétron é idêntico a outro elétron, um próton é idêntico a outro próton, e assim por diante.[5] Pense em um país no qual todas as pessoas são gêmeas mono-ovulares. Como você poderia chamar de Pedro ou de Paulo se você não pode distingui-los das outras pessoas? Ora, você poderia perguntar: você é Pedro ou Paulo? Mas os elétrons não dariam uma resposta! Nem tampouco dois elétrons podem portar uma fita azul ou vermelha em seus braços. É um princípio fundamental de mecânica quântica que duas partículas de uma mesma espécie sejam absolutamente indistinguíveis. São elas, portanto, idênticas ou o mesmo objeto? Uma aplicação apressada do Princípio da Identidade dos Indiscerníveis de Leibniz levaria a essa absurda conclusão, pois Leibniz diz: 'não há na natureza duas entidades exatamente similares nas quais não se possa encontrar uma diferença interna'. Mas, com efeito, a diferença pode ser representada meramente por uma localização diferente no espaço e no tempo."

Christian de Ronde e Raimundo Fernández-Mouján, em uma série de trabalhos, questionam a *visão atomista* da física quântica. No que segue, faremos referência a [192] e aos comentários de sua proposta postos em [5]. Esses autores afirmam que a mecânica quântica não nos força a fazer referência e coisas como elétrons e prótons como se fossem partículas elementares se essas forem vistas como suas correspondentes 'clássicas'. Eles insistem que *não sabemos* ao certo o que são essas entidades, com o que concordamos plenamente, uma vez que temos somente os *modelos* (nossas teorias) elaboradas para tratar de seus aspectos perceptíveis ou teorizados. No entanto, discordamos desses autores em que falar dessas entidades "não providencia qualquer inteligibilidade conceitual". Como não?

É certo que, como lembram eles resgatando uma advertência de Heisenberg, não devemos transferir para o domínio quântico as ideias e os conceitos 'clássicos'.[6] Mas não se trata de usar os mesmos conceitos da física

[4]Em [79, §5.4], há uma discussão mais abrangente sobre a ideia de objetos nomológicos.

[5][É claro que os autores estão usando a palavra 'idênticos' no sentido dos físicos.]

[6]Recordamos aqui que Schrödinger também expressou-se dizendo que para certas coisas (ele se referia em particular à ausência de individualidade das entidades quânticas), é difícil encontrar palavras adequadas. Yuri Manin igualmente diz que a mecânica quântica "não tem linguagem".

clássica. A física quântica, e em particular a química atual, não pode ser descrita sem que se façam referências a coisas como elétrons e prótons ou ao emaranhamento. A questão é entender essas entidades *de um modo distinto* do 'modo clássico'. Na nossa opinião, Toraldo di Francia está certo quando diz que as entidades quânticas são *objetos nomológicos*, dados por leis físicas. Nesse caso, elétrons e prótons são caracterizados como a teoria que estamos utilizando os conceitua e, insistamos, vai depender da teoria.

Insistimos em salientar que Brigitte Falkenburg, em seu excelente livro [67], traça a 'evolução' do conceito de partícula desde a física clássica até o atual modelo da física de partículas (o 'Modelo Padrão'), mostrando como essa noção foi se transformando de algo que podia ser comparado a uma pequena bolinha até às excitações energéticas de campos quânticos. Mas, seja lá como for, ainda são 'partículas', e a física quântica depende desse conceito, ainda que não seja mais o conceito fundamental, tendo cedido lugar para os campos quânticos. Isso, no entanto, não quer dizer que não existam, que não possam ter propriedades e que não possam formar uma ontologia.[7]

De Ronde e Mouján discorrem ainda sobre a hipótese de que as entidades quânticas são *melhor vistas* (não queremos com isso dizer que *elas são isso ou aquilo*) como não-indivíduos, como entidades para as quais a teoria clássica da identidade não se aplica.[8] Eles dizem que a noção de objetos quânticos como não-indivíduos segue uma rota de negações, *subtraindo* aspectos da noção (clássica) de objeto. Isso não é verdade. Talvez a palavra 'não' em 'não-indivíduos ' tenha levado esses autores a essa conclusão, mas os não-indivíduos são caracterizados nas lógicas não reflexivas e em particular na teoria de quase-conjuntos, de forma axiomática, o que se coaduna com a ideia de objetos nomológicos, dados por leis ou, no caso, por axiomas. Os não-indivíduos não foram, portanto, concebidos a partir de indivíduos e subtraindo-lhes algumas características; apesar do nome, são entidades postas como primitivas, *right from the start* (veja o capítulo seguinte). Em um modo tipicamente hilbertiano, podemos dizer que os axiomas *definem implicitamente* as entidades que os modelam. Assim, se aceitarmos, e propomos que isso de fato deva ser feito, ou seja, que a física quântica lida com entidades para as quais a teoria clássica da identidade não pode ser aplicada, devemos procurar uma ontologia de entidades que correspondam a esses axiomas e suas consequências, uma das quais sendo as estatísticas.

Assim, devemos rebater de Ronde e Mouján em que se adotarmos a concepção de não-indiv , devemos abandonar também a própria noção de objeto. Bom, depende. Se 'objeto' designa algo como na física clássica, então eles têm razão, mesmo que você seja um adepto da mecânica quântica de David Bohm.[9] Mas é patente que a noção de objeto deve ser outra. Mas, qual?

Nossas fichas vão para os não-indivíduos . Parece patente que duas entidades quânticas da mesma espécie na mecânica quântica ortodoxa, ou duas excitações de um campo quântico em alguma teoria quântica de

---

[7]A revista *Quantum Magazine* publicou um artigo de divulgação interessante contando sobre as várias maneiras de se considerar o que é uma partícula; ver em `https://www.quantamagazine.org/what-is-a-particle-20201112`. Pela sua importância, esse artigo será sugerido de novo à frente.

[8]As razões disso são repetidas em vários pontos deste livro, e aqui elas são relembradas mais uma vez. Fundamentalmente, a teoria clássica da identidade diz que se tivermos mais de uma entidade, elas são *diferentes* e, em um modo tipicamente leibniziano (compare com o que diz B. Russell em [196, cap. V]), cada uma delas apresenta uma propriedade, uma característica, o que quer que seja, que não é partilhada pelas outras entidades. Ora, isso contrasta totalmente com as estatísticas quânticas vistas no início e com a existência de entidades das quais não se pode dizer 'qual é qual'.

[9]Apesar de que as partículas (sim, elas existem nessa teoria) tenham identidade na mecânica bohmiana, a ontologia é apenas similar à da física clássica. As trajetórias, que são dadas por variáveis ocultas e que não podem ser conhecidas, fornecem a identidade às partículas. No nosso entender, isso é tanto ou mais estranho do que postular que a noção clássica de identidade não se aplica a elas dadas as razões já apresentadas.

campos, possam apresentar alguma diferença conceitual, como dois elétrons que não podem partilhar o mesmo estado quântico ou duas excitações que diferem em lugar no campo, se é que podemos atribuir-lhes alguma coordenada. O problema é o da reidentificabilidade. Suponha que temos dois elétrons emaranhados, como os dois elétrons de um átomo de Hélio em seu estado de menor energia. Se medimos o spin de um elétron numa direção z e achamos UP, a do outro a ele emaranhado deveremos ter um DOWN. Mas suponha que medimos agora os spins em uma direção distinta, x, encontrando novamente *um elétron* UP e o outro DOWN, sem que haja qualquer sentido em se dizer que o (agora) UP *é o mesmo* que o UP anterior, o que seria possível de se fazer, pelo menos em princípio, se esses objetos fossem 'clássicos'. Se voltarmos a medir os spins na primeira direção z, voltamos a encontrar um UP e um DOWN mas, de novo, não há qualquer sentido (na acepção de que a teoria diz isso) em se pretender que o novo UP na direção z seja aquele de antes. Como afirmar que essas coisas, que *podemos* tratar como partículas, pois estamos fazendo isso, são indivíduos? É incrível a relutância em se aceitar esse fato, que para nós é bastante evidente.

Voltemos então à frase de Pauli posta na epígrafe. Devemos olhar para a matéria, e a matéria é composta de *coisas* como elétrons e prótons, e não de potencialidades, poderes ou o que quer que seja. Se há 'poderes' (o que fundamenta a filosofia de de Ronde e Mouján), são poderes de *algo*. Para citar um exemplo dado por eles, o jogador de futebol Lionel Messi tem o 'poder' de converter pênaltis, que é maior do que o poder similar de qualquer um de nós. Mas é Messi quem detém esse poder. O poder não existiria sem Messi, ainda que certamente possamos elaborar uma teoria quântica desses poderes, como fazem os referidos autores. No entanto, a sua ontologia, quer queiram ou não, ainda é objetual, ainda depende (se bem que esconda) da existência daquilo que detém o poder.

No capítulo seguinte, falamos mais sobre indivíduos e sobre não-indivíduos .

Capítulo VIII

Indivíduos e Não-indivíduos

Se deseja conversar comigo, defina os seus termos.

Voltaire

A metafísica que sugerimos no capítulo anterior e que detalharemos neste capítulo vê as entidades quânticas como destituídas de identidade, em um sentido preciso a ser especificado no que segue. A motivação vem de alguns dos fundadores da teoria quântica, que devido às estatísticas e à ausência de trajetórias bem definidas, expressavam-se dizendo que as partículas (ainda se referiam a elas no sentido antigo do termo) haviam *perdido a sua individualidade*, não eram mais 'indivíduos'.

Veremos abaixo de que forma a ausência de individualidade nos levou à falta de sentido em se pretender que as entidades quânticas obedeçam à teoria da identidade da lógica usual. Veremos também como os conceitos de identidade e de individualidade, que muitas vezes foram tomados como sinônimos, são distintos, e ainda falaremos da *individuação*, situação em que um objeto quântico é aprisionado em uma armadilha, quando então alguns sustentam que eles teriam identidade. Claro está que devemos seguir o Voltaire da citação da epígrafe e iniciar definindo os conceitos que usaremos.

O objetivo é duplo: primeiro, levar em conta a não-individualidade das entidades quânticas (ausência de identidade) e segundo, assumir isso 'desde o começo' (*"right from the start"*), como sugeriu Heinz Post [179]. Com efeito, os tratamentos usuais de entidades indiscerníveis são feitos no escopo da matemática usual, que incorpora a lógica clássica e a sua teoria da identidade; ou seja, são coisas *dotadas de identidade* que depois 'são feitas' simularem a não individualidade.[1] Nosso objetivo é distinto: começar com a metafísica de não-indivíduos *right from the start*.

Vamos iniciar com a noção intuitiva de *indivíduo*. Usamos essa palavra para nos referirmos a que um certo objeto, digamos uma mesa, uma caneta ou mesmo uma pessoa, é *aquele* objeto e não outro, que pode ser distinguido dos demais de algum modo. Ou seja, a individualidade tem a ver com a possibilidade da

[1]Insistamos mais uma vez nesse ponto, que é essencial. Hermann Weyl usou essa tática de 'simular' a indiscernibilidade tomando os elementos de uma mesma classe de equivalência como indiscerníveis, mas isso não é nada mais do que um truque [230, Ap. B],

distinguibilidade: um indivíduo é um indivíduo porque podemos discerni-lo dos demais. G.Toraldo di Francia sugeriu que

> "O mundo parece ser feito de coisas ou objetos. É sobre eles que realizamos nossas investigações e é entre eles que estabelecemos relações.
>
> ...
>
> Na minha opinião, a *objetuação* é uma atividade primitiva, ou seja, logicamente (e cronologicamente) anterior a todas as outras atividades do pensamento. É por isso que todas as tentativas de definir o conceito de objeto estão desesperadamente destinadas à circularidade. O esquema de definições dado por vários filósofos é mais ou menos assim: objeto é aquilo que, etc. É evidente que aquele 'aquilo' já é um objeto." [223, p.315]

Repare que o autor qualifica o que diz, sugerindo que 'o mundo parece' ser composto de indivíduos. Com efeito, ele advoga a mesma tese defendida aqui, qual seja, que *formamos* uma concepção da realidade à nossa volta.[2] No nosso caso, cremos que essa concepção depende de vários fatores, como a etapa de evolução da ciência, a habilidade do cientista e outras coisas.

Com efeito, como esse mesmo autor diz, *dividimos* o mundo em objetos, em indivíduos, sem que com isso queiramos dizer que o mundo *é* assim. Mas, se temos um copo com água, podemos considerar aquela quantidade de líquido como um indivíduo? Dificilmente, pois se esvaziarmos o copo em um rio, nunca mais poderemos identificar a *nossa* massa de água' novamente. Mas não seria tão estranho associar a ideia de um indivíduo para uma nuvem isolada. No entanto, essa 'individualidade' da nuvem pode ter vida curta se começarem a aparecer outras nuvens que se fundam àquela formando uma totalidade capaz de produzir uma tempestade. Onde está a nossa nuvem agora?

Você poderia argumentar que um indivíduo não é eterno, desaparecendo depois de uma certa época na qual ele *seria* um indivíduo. Julio Cesar, o célebre general romano, *foi* um indivíduo, você diria, e hoje não é mais, e assim algo similar ao que aconteceu com a nuvem teria acontecido com ele. Um relâmpago certamente tem uma 'vida' muito mais curta do que Julio Cesar, mas o princípio é o mesmo.

Mas, ainda que possamos ter fotografado a nossa nuvem, de sorte que mesmo depois da tempestade possamos dizer que *tínhamos* um indivíduo, neste caso *não haverá traços* da nuvem depois de ela ter se misturado às demais, e isso se deve ao fato de que as coisas das quais ela é formada (as partículas de água) carecem de identidade, não havendo quaisquer diferenças entre as de nossa nuvem e as das outras nuvens. Quanto a Julio Cesar, na medida em que seu corpo possa ser considerado, haverá traços, como os de seu DNA, que possibilitariam a sua identificação, e mesmo depois disso, quando qualquer traço de seu DNA houver desaparecido, ainda poderemos dizer que *ali* jazia um homem com essas e aquelas características distintivas, tanto é que quando nos referimos a Julio Cesar, o general romano, *sabemos perfeitamente* de quem estamos falando, o que não podemos fazer com a nossa nuvem, uma vez que mesmo a sua forma pode ser copiada por outras, ou seja, nada diz ser impossível haver uma *outra* nuvem em alguma parte do planeta exatamente similar à nuvem da nossa foto, o que costuma ser refutado quando se trata de pessoas. A existência de *características distintivas* é fundamental; você poderia dizer que a porção de água no copo tem tais características já que 'está no copo'. Mas a questão é que *qualquer* outra porção de água poderia

[2]Schrödinger diria que *construímos* essa visão.

estar no copo e tudo se passaria do mesmo modo. Já com Julio Cesar não acontece nada disso; se ele fosse substituído por outra pessoa no senado romano, certamente as coisas seriam diferentes.

A hipótese de que nunca duas entidades se assemelham completamente é uma hipótese metafísica, resumida no chamado Princípio da Identidade dos Indiscerníveis, do qual falaremos abaixo, e que faz parte da teoria da identidade da lógica clássica.

Mas deixemos de nos ocupar com os *traços* de um indivíduo e concentremo-nos em uma coleção deles. Nesse caso, por razões como as acima citadas, é pertinente requerer de um indivíduo uma propriedade essencial, a *reidentificabilidade*. Um indivíduo não é somente algo que possa ser isolado, tomado de forma 'individual', como uma porção de água colocada em um copo, *mas deve permanecer identificável mesmo que seja colocado junto com outros que podem lhe ser semelhantes em vários aspectos*. Um indivíduo é algo reidentificável como tal. Vem então a seguinte definição, que será usada em todo o restante deste livro.

Definição VIII.0.1 (Indivíduo). *Um **indivíduo** é qualquer entidade que satisfaça as seguintes condições:*

(Ind-1) *É uma unidade de algum tipo; uma pessoa, um gato, um relógio, etc.*

(Ind-2) *Pode ser reidentificado como tal em outros contextos, ou seja, como sendo **aquele** indivíduo de outras experiências ou contextos.*

Em 1963, em um artigo que se tornou influente na filosofia da física em questões sobre a identidade e a individualidade, denominado de 'Individualidade e Física', o filósofo Heinz Post (nascido em 1918) [179] perguntou: em virtude do que um indivíduo é um indivíduo? Ele exemplificou com o seu suposto guarda-chuva, que ele dizia conhecer bem. Mas se ele se perde e Post vai depois à seção de achados e perdidos e observa que há vários guarda-chuvas semelhantes ao seu, será que mesmo assim ele consegue reconhecê-lo? A nossa tendência seria procurar por alguma marca, arranhão, algo que seja característico do nosso guarda-chuva e supostamente só dele. Agindo desse modo, estaremos aceitando a máxima de Leibniz de que não existem duas entidades que difiram somente por uma ser uma e a outra ser a outra, ou *solo numero*, como dizia. Se são duas, devem apresentar alguma diferença. Essa é a essência do famoso Princípio da Identidade dos Indiscerníveis (PII), que parece já era conhecido dos estoicos mas que se tornou célebre com a metafísica leibniziana. O PII pode ser assim enunciado:

PRINCÍPIO DA IDENTIDADE DOS INDISCERNÍVEIS: Não existem entidades completamente indiscerníveis; se são duas, há alguma diferença entre elas.

Leibniz expressava essa diferença em termos de alguma 'qualidade', que aqui podemos traduzir por alguma *propriedade*. Mesmo que duas coisas 'muito semelhantes', como duas gotas de água estejam localizadas em pontos diferentes do espaço, para Leibniz deveria ainda haver uma distinção 'interna', alguma 'qualidade' (ver [196, p.57]). Mas a resposta pode ser outra; as entidades podem diferir por algo que não seja uma propriedade (relações são propriedades particulares), ou seja, por algo que Post dizia 'transcender' as propriedades das coisas. A filosofia medieval cunhou o termo *haecceity* para designar isso que não seria uma propriedade (ou atributo) mas que seria capaz de conferir a individualidade a uma entidade. Usam-se também outros termos, como *thisness* ou *quid*. O problema é que, não sendo redutível a propriedades, é difícil dizer em que consiste a hecceidade de uma coisa individual. Por exemplo, obedecendo a estatística MB, as partículas clássicas podem partilhar todas as suas propriedades, mas uma permutação entre elas, como já sabemos, altera o estado, levando-nos a acreditar que há algo a mais, para além das propriedades, que confere individualidade a essas partículas. Partículas clássicas, contrariamente às suas correspondentes quânticas, apresentam hecceidade.

Uma questão filosófica relativa à física quântica que tem recebido muita atenção até hoje é a seguinte: será que o PII vale também no contexto quântico? Apontaremos para essa discussão a seguir, mas ressalte-se que há realmente muitas tentativas de salvar o PII no domínio quântico. Parece impressionante como os filósofos (a maioria deles) conseguiram se livrar do *tabu* associado à validade de princípios clássicos como o Terceiro Excluído (por exemplo, com a criação das lógicas polivalentes e da lógica intuicionista) e mesmo do "mais seguro de todos os princípios", nos dizeres de Aristóteles, o Princípio da Não Contradição, com a criação das lógicas paraconsistentes, mas ainda mantêm o tabu relativamente à noção de identidade e em particular ao PII, refutando qualquer tentativa de questioná-los. A identidade e a ideia de que as coisas, mesmo as quânticas, são indivíduos (logo, entidades reidentificáveis) é um dos tabus do qual a metafísica quântica presente deveria se livrar.

VIII.1 Individualidade e identidade

No entanto, pelo menos de um ponto de vista lógico, podemos conceber um mundo em que haja entidades *absolutamente indiscerníveis*,[3] não apresentando quaisquer diferenças; seria um mundo de bolinhas 'iguais' '•, •, •', e de outras coisas também 'iguais' entre si, '◇, ◇', '○, ○, ○, ○'. Nesse mundo, importariam o *tipo* de cada entidade (bolinhas pretas, diamantezinhos, bolinhas, etc.) e sua quantidade, preservando-se dessa forma algum tipo de *atomismo*.[4] Isso se parece muito com a química, onde escrevemos coisas como H_2SO_4 para indicar que temos dois átomos de hidrogênio, um de enxofre e quatro de oxigênio para formar uma molécula de ácido sulfúrico, sem que haja individualização dos átomos (a sua 'identidade' particular não importa à química)[5] e apesar de que *esses* átomos sejam decomponíveis em elétrons, prótons, neutrons e outras coisas, são tratados como unidades; a física presente não sabe se há 'entidades últimas', indivisíveis. Ainda que uma elaboração sensata de uma situação dessa sugerida possa servir de modelo para algo em física ou em química, as entidades quânticas não seriam cooptadas desse jeito. Com efeito, duas bolinhas separadas' como as da figura VIII.1, que

$$\bullet \quad \bullet \qquad \text{(VIII.1)}$$

podem ser usadas em vários contextos, como aconteceu com o filósofo Max Black em sua tentativa de refutar o PII [15], não refletem o caso quântico. Uma das principais características das entidades quânticas é que,

---

[3] Whitehead e Russell, em seu célebre *Principia Mathematica* [231, §13], definiram a identidade incorporando o PII, no que foram criticados por F. P. Ramsey, que considerou a definição "um sério defeito" [183, p.180] dizendo que a definição (como sabemos) diz que duas coisas são idênticas se (e somente se) têm as mesmas propriedades; diz ele que "a definição torna autocontraditório que duas coisas tenham todas as suas propriedades elementares em comum. No entanto, isso é realmente perfeitamente possível, mesmo que, de fato, nunca aconteça. Pegue duas coisas, a e b. Então não há nada autocontraditório em a ter qualquer conjunto autoconsistente de propriedades elementares, nem em b ter este conjunto, nem, portanto, obviamente, em ambos a e b tê-los, nem, portanto, em a e b terem todas as suas propriedades elementares em comum. Portanto, sendo isso logicamente possível, é essencial ter um simbolismo que permita considerar essa possibilidade e não a exclua por definição."

[4] O atomismo é uma concepção que remonta aos filósofos gregos, notadamente Demócrito, e apregoa que haveriam 'entidades últimas', indivisíveis –daí a origem da palavra 'átomo'. Uma análise dessa noção à luz da física presente acha-se em [180].

[5] E não é apenas que 'não importe'. Na nossa opinião, essas entidades de fato não obedecem à teoria usual da identidade.

dentro de certos limites (que tem a ver com o chamado 'comprimento de onda de de Broglie'), não há sentido em se pensar que elas possam estar separadas como as bolinhas acima. Na teoria, dizemos que as suas *funções de onda* (aquilo que descreve o seu estado) se *superpõem* de forma que não se pode nem apontar para 'bolinha da esquerda' e 'bolinha da direita' como na figura anterior. Mas mesmo assim, contrariamente a uma nuvem que agora se fundiu com outras e passou a fazer parte de uma 'nuvem grande', as entidades quânticas continuam sendo entidades quânticas, ainda que imiscuídas em algo maior. É o caso de elétrons nos níveis de energia dos átomos, e certamente você se deparou com desenhos como o da figura VIII.1 em seus anos de escola.

Essa situação de 'não separabilidade' das descrições (emaranhamento), como disse Schrödinger, é *o* traço característico da mecânica quântica. Em suas palavras,

> Quando dois sistemas, dos quais conhecemos os estados pelas suas respectivas representações, entram em interação física temporária devido a forças conhecidas entre eles, e quando após uma influência mútua os sistemas se separam novamente, então eles não podem mais ser descritos do mesmo modo que antes, viz., dotando-se cada um de uma representação própria. Eu não chamaria esse de *um* mas de *o* traço característico da mecânica quântica. [201]

O problema é que não temos nada além da matemática para descrever situações como essa. Mesmo figuras como VIII.1, na qual são desenhados alguns *orbitais*, ajudam didaticamente, mas encerram erros.

Figura VIII.1: Representação gráfica de alguns orbitais. Repare que isso é só um desenho. As regiões mais escuras (cujas fronteiras não seriam bem definidas como no desenho) representam *distribuições de probabilidades*, regiões onde os elétrons podem se encontrar com maior probabilidade, ainda que essas palavras tenham que ser qualificadas, como aponta o texto.

Com efeito, dá-se a impressão de que os elétrons seriam 'algo' (bolinhas?) lá dentro, escondidos naquelas regiões. Isso se depreende de dizeres como que elas são 'regiões nas quais há mais probabilidade de se encontrar os elétrons' mas, literalmente, é falso. Os elétrons não são coisinhas escondidas nessas *nuvens de probabilidade* (o nome dado a essas coisas): de certo modo, eles *são* as nuvens! Acontece que algumas delas têm um 'peso' maior, indicando que 'há mais elétrons' (figura de linguagem) do que em outras. Você lembra disso: $1s^2\ 2s^2\ 2p^6\ 3s^2 \ldots$ A distribuição de elétrons nas camadas de energia não são feitas como se dispuséssemos de um estoque de elétrons individuais em algum lugar e que houvesse átomos com locais 'vazios', como se os seus orbitais estivessem esperando que os elétrons fossem de algum modo colocados neles. Não é assim que funciona. A distribuição se dá em função da energia do átomo, que *requer* elétrons, mas esses não são 'pegos' de algum estoque de elétrons identificáveis que tenhamos por aí: primeiro João, depois José, e assim por diante; não há uma fila de elétrons esperando a sua vez. A 'identidade' dos elétrons não importa, e a distribuição independe de *quais* elétrons vão para cada orbital; o que importa é que *sejam elétrons*, e não sua 'identidade' particular, o que por sinal não existe. A teoria fala dos *números quânticos* que dependem dessa energia, e que podem descrever quantos (e não 'quais') elétrons podem aparecer em cada nível de energia; ou seja, como já vimos e vamos ver em outras partes deste livro, o que está em jogo são *espécies* (de coisas) e *quantidades* e não a individualidade (ou identidade) de cada uma delas. Por exemplo, o único elétron que aparece na camada de valência (a mais externa, de maior energia) de um átomo neutro de sódio tem os números quânticos $n = 3, \ell = m = 0, s = \pm 1/2$.[6] Repare bem o que diz Bruce Mahan em um livro clássico de química [144, p.453]:

> "Uma palavra de cautela acerca da ideia de 'alimentar' os orbitais com elétrons. Por mais que seja útil descrever átomos qualitativamente dizendo que há elétrons 'em' certos orbitais, e por mais que seja algumas vezes útil pensar nos átomos como sendo construídos 'colocando-se' elétrons nos orbitais vagos, essa linguagem não pode ser considerada literalmente. Os orbitais de um átomo não são um conjunto permanente de 'caixas' colocadas fixamente em uma escala energética ... Quando dizemos que um elétron está 'em um orbital', estamos dizendo unicamente que um elétron está se comportando de uma certa maneira,[7] e nesse sentido um orbital existe fisicamente somente se um elétron 'está nele'. Além do mais, cada átomo ou íon tem um único conjunto de níveis de energia determinado pela sua carga nuclear e pelo número de elétrons. Consequentemente, a energia associada a um determinado orbital depende de que outros orbitais estejam ocupados, e não é a mesma para todos os átomos. Portanto, o padrão das energias dos orbitais ... tem somente uma importância qualitativa."

A imagem intuitiva que temos dessas coisas, que vêm do ensino básico, nos confunde e cria expectativas que não se verificam quando se adentra ao estudo mais aprofundado.[8] Mas Schrödinger tem razão quando diz que nossas linguagens não são boa para expressar esses fatos:

> "[uma] partícula não é um indivíduo identificável (...) Não é fácil expressar essa falta de individualidade[9] e encontrar palavras para isso." [204, p.205] (ver também [205])

A questão de que as entidades quânticas deveriam ser como nos indica a experiência diária com os objetos que nos cercam, ou seja, que deveriam ser igualmente separados espacialmente e discerníveis por isso, dita questão da 'separabilidade', preocupou Albert Einstein. Ele dizia não conseguir conceber que entidades (mesmo as quânticas!) separadas espacialmente não possam ser concebidas como entidades *distintas*.[10] A mecânica quântica, por outro lado, pelo menos na acepção de Bohr e seguidores, diz o contrário disso: mesmo 'separadas', certas entidades quânticas podem continuar a formar parte de um mesmo todo, caso típico dos sistemas emaranhados (*entangled*) que se separam: a ação em um deles determina imediatamente o conhecimento de coisas do outro, aparentemente violando (mas não violando!) a relatividade restrita, que afirma que nada pode influenciar outra coisa instantaneamente, a uma velocidade maior do que a da luz. Com efeito, como vimos na citação de Schrödinger acima, quando temos sistemas quânticos que eram inicialmente emaranhados e agora separados e medimos uma propriedade em um deles, *imediatamente*

[6]Note bem: isso não lhe confere identidade e nem faz dele um indivíduo; uma vez eliminado por um processo de ionização que produz um íon positivo (cátion) Na^+, *nunca mais* esse elétron poderá ser reidentificado.

[7][Repare o leitor que não se afirma que *este* ou *aquele* elétron está de um certo jeito, mas que *um* elétron se comporta de uma certa maneira.]

[8]Nada contra o modo pelo qual esses assuntos são ensinados, pois na escola elementar parece mesmo não haver outro jeito. Lamentamos somente que as pessoas permaneçam com essas imagens errôneas em suas mentes e que *escrevam* sobre isso.

[9][Mais abaixo qualificaremos isso, preferindo dizer 'falta de identidade'.]

[10]Um excelente artigo sobre a filosofia da ciência de Einstein é [101].

ficamos sabendo da propriedade correspondente do outro, e isso se dá *sem que eles tenham trocado qualquer informação*. Esse fenômeno tipicamente quântico é chamado de *não localidade* e é a chave para a teoria da *informação* quântica. O emaranhamento quântico é muito realizado hoje em dia em laboratórios. O debate entre Einstein e Bohr, que inicia essa discussão, é considerado um dos debates filosóficos mais importantes do século passado, e pode ser visto no belo livro de Manjit Kumar [131].

O fato é que fica difícil podermos associar a uma partícula (nome que estamos usando para um sistema quântico qualquer, mas que qualificaremos na seção seguinte) a teoria usual da identidade da lógica e da matemática clássicas, que delineamos anteriormente. Como vimos, essa teoria implica que as coisas que a ela obedecem são *indivíduos*, dotados de *identidade* no sentido de poderem (sempre, mesmo que somente em princípio) ser discernidos de qualquer outra entidade. Porém, as entidades quânticas não obedecem critérios de reidentificabilidade; para mais um exemplo, tomemos agora o caso de um átomo de hélio (He) em seu estado fundamental (de menor energia). Ele tem dois elétrons, que podemos chamar de 'e_1' e 'e_2'. Mediante um processo chamado de *ionização*, podemos expulsar um elétron do átomo, ficando com um íon positivo He^+; podemos fazer isso de novo, expulsando o outro elétron, mas a primeira etapa já é suficiente. Pois bem, a primeira questão aparece: qual dos elétrons expulsamos da primeira vez? Apesar dos nomes dados a eles, a questão não faz o menor sentido. Mas isso não é tudo; podemos agora reverter o processo e fazer o íon *capturar* um elétron, tornando-se um átomo neutro novamente. Temos agora outras questões: (1) o elétron capturado é o mesmo que o que foi expulso? (2) o segundo átomo neutro é o mesmo que o primeiro? Novamente, essas questões não se colocam. Tudo o que importa é que as propriedades dos átomos neutros, antes e depois, são exatamente as mesmas, assim como são as do elétron expulso e do capturado (lembre: tipos, ou espécies e quantidades). E veja bem: não se tratam de limitações epistemológicas, mas da própria ontologia das entidades quânticas. Elas são assim mesmo.

Mas você pode ser mais esperto e nos questionar: sendo férmions, os elétrons 'e_1' e 'e_2' não podem partilhar os mesmos números quânticos e, portanto, apresentam *alguma* diferença, via de regra tomada como sendo o valor de seu *spin* quando medido em uma dada direção.[II] Ora, dirá você: se os elétrons apresentam uma diferença, o PII de Leibniz se aplica e eles são *diferentes*!

Bom argumento, mas isso pressupõe que PII valha a priori para que possa ser corroborado com o caso em tela, o que implica que a teoria da identidade supostamente está vigorando para os elétrons, assim o seu argumento é uma petição de princípio: você já assumiu que a teoria da identidade, logo o PII, valia e agora quer usar esse mesmo argumento para 'provar' que sendo PII verdadeiro *então* os elétrons são diferentes? Ora, se o PII vigora, então *dois* elétrons serão necessariamente diferentes. O fato é que o PII, assim como a teoria usual da identidade, falha para essas entidades simplesmente porque *a identidade não faz sentido para elas*! 'Ter identidade', ou obedecer a teoria da identidade da lógica usual, ressaltemos, significa ser um indivíduo, isso é, obedecer a definição dada antes, principalmente a reidentificabilidade, e parece bastante evidente que as entidades quânticas carecem dessa característica. O Rei da Inglaterra (Charles III) é um indivíduo, e é reconhecido (pelo menos em princípio) como sendo o Rei da Inglaterra quer ele esteja em Buckingham ou na Escócia; o que dizer de um elétron ou de qualquer outro sistema quântico?

[II]Sim, spins são medidos sempre segundo uma dada direção. A teoria diz que, relativamente a uma dada direção, há unicamente dois valores de medida, que os físicos chamam de 'UP' e 'DOWN'. Ademais, a teoria ainda postula que não é possível obter, de uma só vez, o spin de um elétron (ou de qualquer outro objeto quântico) em duas direções diferentes a uma só vez. Sobre o spin, você pode ler o capítulo 7 do livro mencionado de Kumar, que fala de como essa propriedade foi considerada como uma propriedade intrínseca por S. Goudsmit (1902-1978) e G. Uhlenbeck (1900-1988) em 1925.

Saliente-se que estamos sustentando que a noção *usual* de identidade, dada pela teoria que vimos antes, não se aplica às entidades quânticas fundamentais, não que outras formas de identidade não possam valer, como a *identidade relativa* de Peter Geach [84];[12] porém, em nossa concepção, tais 'identidades' são outras coisas, como indistinguibilidade relativa à propriedade ou propriedades escolhidas, e não identidade *estrito senso*, que requer *completa indiscernibilidade*. Como sugeriu Voltaire, necessitamos definir o que queremos entender por esse conceito, e nós fizemos a nossa parte: identidade é aquele conceito descrito pela teoria usual da identidade da lógica e da matemática (teoria de conjuntos) comum. Saliente-se que é *essa* identidade que não se aplica a entidades quânticas. Por quê? Simples: tomemos o caso de um *condensado bosônico*, um BEC, ou 'condensado Bose-Einstein'. Essas coisas são obtidas (experimentalmente a partir de 1994, mas previstos em 1925) congelando-se átomos ou partículas até uma temperatura extremamente próxima do zero absoluto (alguns *pico-Kelvins* acima, somente).[13] Em uma tal situação, essas entidades agem em *uníssono*, como se fossem uma coisa só, formando uma 'grande onda', não podendo ser discernidas umas das outras *de forma alguma* [112]. Mas, se a teoria da identidade vale para os elementos de um tal condensado, resulta que há uma propriedade que um deles tem e os outros não, e a existência disso contraria a mecânica quântica. Os físicos fazem vistas grossas a essas questões lógicas, mas filosoficamente elas são obviamente importantes.

Recorrer à mecânica quântica de David Bohm não ajuda muito para tentar resgatar a identidade das entidades quânticas e a lógica clássica. Trata-se de uma teoria diferente. Nela, partículas têm 'trajetórias' e, por meio delas, as partículas podem ser identificadas, distinguidas e reidentificadas. Uma 'trajetória' na mecânica bohmiana não é nada semelhante ao que usualmente associamos a essa palavra; essas trajetórias não podem ser conhecidas, sendo descritas por *variáveis ocultas* (*hidden variables*).[14] Uma partícula é 'conduzida' por uma *onda-piloto* e sujeita a um *potencial quântico*, entidades tão ou mais estranhas que a falta de identidade. Com efeito, a mecânica bohmiana trata das partículas 'idênticas', no jargão dos físicos, com uma forma de truque. De início, cada partícula de uma coleção de n delas tem uma coordenada, que vamos chamar de x_i ($i = 1, \ldots, n$). Mas elas estão desordenadas em um espaço que podemos, como faz R. Tumulka, denominar de '${}^n\mathbb{R}^3$' (mas note que cada uma tem a sua 'coordenada' x_i que a distingue de qualquer outra). A teoria prescreve, em um instante t, uma *configuração*

$$Q(t) = (\mathbf{Q}_1(t), \ldots, \mathbf{Q}_n(t)), \tag{VIII.2}$$

onde as $\mathbf{Q}_i(t)$ indicam as posições das partículas. O que governa isso é a equação de Schrödinger, mas esses detalhes não nos importam aqui. O que para nós é relevante é que para cada ponto $Q(t) \in {}^n\mathbb{R}^3$, a teoria fornece curvas

$$t \mapsto \hat{Q}(t) \in \mathbb{R}^{3n}, \tag{VIII.3}$$

sendo $\mathbb{R}^{3n}$ o espaço euclidiano de dimensão $3n$, onde há ordenação. Mas para cada configuração não ordenada $\{x_1, \ldots, x_n\} \in {}^n\mathbb{R}^3$, há $n!$ ordenações possíveis em $\mathbb{R}^{3n}$. Assim, se

$$\sigma(x_1, \ldots, x_n) = (x_{\sigma(1)}, \ldots, x_{\sigma(n)}) \tag{VIII.4}$$

[12]De acordo com Geach, o máximo que podemos dizer de duas entidades a e b é que 'elas são o mesmo F', sendo 'F' um predicado sortal, isso é, um predicado que permite que haja um critério de contagem para as coisas que satisfazem o predicado. Para nós, isso não passa de indiscernibilidade relativa a F.

[13]Um pico-Kelvin é uma temperatura igual a 10^{-12} do Kelvin.

[14]Há experimentos recentes com 'trajetórias estranhas' (*surreal trajectories*) na mecânica bohmiana. Os cientistas advogam poder determinar a trajetória de partículas através do emaranhamento. Esses experimentos, no entanto, ainda padecem de falhas (*loopholes*) e não podem ser considerados conclusivos; ver [145].

é uma permutação, quaisquer duas curvas $t \mapsto \hat{Q}_1(t) \in \mathbb{R}^{3n}$ e $t \mapsto \hat{Q}_2(t) \in \mathbb{R}^{3n}$ estarão relacionadas por

$$\hat{Q}_1(t) = \sigma\hat{Q}_2(t), \tag{VIII.5}$$

de modo que a teoria vê a existência de *uma única trajetória* para as partículas (a menos de uma permutação), o que permite a afirmação de que "a escolha arbitrária da ordem [das partículas] não afeta a sua dinâmica" [226, p.261].[15]

Como claramente se vê, é um truque. As partículas, inicialmente discernidas pelas suas coordenadas individuais x_i, são alocadas em uma n-upla ordenada de $\mathbb{R}^{3n}$, pois precisamos representá-las em algum espaço matemático conveniente e então, para evitar a distinção, apela-se para algo que independa de qualquer permutação σ. É algo semelhante ao que faz a mecânica quântica usual quando apela para postulados de simetria.[16] Nada de novo no front, o que é compreensível perante o uso da matemática usual.

Um outro parêntese: você pode estar indagando que, se há várias mecânicas quânticas, qual escolhemos? Qual a 'verdadeira'? A resposta é que nenhuma, mas também todas. Tudo depende do seu aparato metafísico e de como você concebe as coisas. As teorias quânticas de campos, que subsidiam a mecânica quântica relativista, apresentam ainda outras concepções de 'partícula', via de regra dizendo que elas nada mais são que certas 'excitações' dos campos quânticos, reforçando a ideia de que o conceito de identidade é de fato problemático para essas entidades, seja lá como forem concebidas, com uma possível exceção da mecânica bohmiana.[17] Com efeito, no caso de campos quânticos, 'cada elétron' é uma excitação do 'campo elétron', e assim duas excitações de mesma energia não apresentam qualquer diferença.

A falta de sentido em se aplicar a noção de identidade às entidades quânticas e em especial às partículas, foi ressaltada por Erwin Schrödinger em um belo livro chamado de *Science and Humanism* [203] e em um artigo célebre 'What is an elementary particle?' [205, 204]. Em várias passagens ele salienta esses fatos; vejamos algumas:

> "Este ensaio ['O que é uma partícula elementar?'] trata da partícula elementar, mais particularmente de uma certa característica que este conceito adquiriu –ou melhor, perdeu– na mecânica quântica. Quero dizer o seguinte: que a partícula elementar não é um indivíduo; não pode ser identificado, carece de 'variedade'.[18] [...] Em linguagem técnica é dito que as partículas 'obedecem' a uma nova estatística estranha (*fangled*), seja a estatística de Bose-Einstein ou a estatística de Fermi-Dirac. A implicação, longe de ser óbvia, é que o insuspeitado epíteto

[15] A dinâmica (movimento) é descrita pela equação de Schrödinger, e ela é construída de tal modo que não se altera se alguma permutação for considerada.

[16] O Postulado de Simetrização afirma que se as partículas nomeadas por x_i e x_j são indiscerníveis, então

$$\psi(x_1, \ldots, x_i, \ldots, x_j, \ldots, x_n) = \pm\psi(x_1, \ldots, x_j, \ldots, x_i, \ldots, x_n), \tag{VIII.6}$$

o sinal positivo valendo para bósons e o negativo para férmions. Isso não importa, porque o que interessa é o quadrado dessa função de onde, $|\psi|^2$, que fornece as probabilidades, e desse modo o sinal negativo desaparece.

[17] Lembre do artigo da revista *Quantum Magazine*, onde se apresentam várias alternativas para se dizer o que é uma partícula: (i) uma função de onda 'colapsada', (ii) uma excitação de um campo quântico, (iii) uma representação irredutível de um grupo, (iv) uma 'corda' vibrante. Veja em `https://www.quantamagazine.org/what-is-a-particle-20201112`.

[18] [Schrödinger diz que "it [a partícula] lacks 'sameness'". O dicionário Oxford sugere que se diga 'carece de variedade', sugerindo, portanto, que a partícula não se distingue de outras. É o que estamos querendo dizer quando usamos a expressão 'carece de identidade'.]

'isto' não é propriamente aplicável a, digamos, um elétron, exceto com cautela, em um sentido restrito, e às vezes não pode ser aplicado de modo algum. [204]

"Eu imploro para enfatizar e imploro para que você acredite: não é uma questão de sermos capazes de determinar a identidade em alguns casos e não sermos capazes de fazê-lo em outros. Está fora de dúvida que a questão da 'semelhança', da identidade, real e verdadeiramente carece de sentido." [203, pp.121-2]

"Se eu observo uma partícula aqui e agora, e observo uma similar um momento depois em um lugar muito próximo ao primeiro, não só não posso ter certeza se é 'a mesma', mas esta afirmação não tem significado absoluto. Isso *parece* um absurdo. [U]ma vez que estamos tão acostumados a pensar que a cada momento entre as duas observações a primeira partícula deve ter estado em *algum lugar*, deve ter seguido uma *trajetória*, quer saibamos disso ou não. E da mesma forma a segunda partícula deve ter vindo de algum lugar, *deve* ter estado em algum lugar no momento de nossa primeira observação. Então, em princípio, deve ser decidido, ou decidível, se esses dois caminhos são os mesmos ou não – e, portanto, se é a mesma partícula. Em outras palavras, assumimos – seguindo um hábito de pensamento que se aplica a objetos palpáveis – que poderíamos ter mantido nossa partícula sob *observação contínua*, verificando assim sua identidade." (ibid., p.131)

"Os átomos –nossos átomos modernos, as partículas últimas– não podem mais ser considerados como indivíduos identificáveis." [205, p.162]

Em outras passagens, salientando que noções que possam conduzir a alguma forma de atomismo (como ele reputa a Heisenberg e de Broglie) tenham que ser descartadas,[19] ele emenda

"Se desejamos reter o atomismo, em virtude de fatos observados, somos forçados a negar a característica de indivíduos identificáveis aos constituintes últimos da matéria." [204, p.211]

"...devemos negar à partícula a dignidade de ser um indivíduo absolutamente identificável." (ibid.)

"os estados são indivíduos bem definidos, o que não se pode dizer dos elétrons." (ibid., p.217)

"a identidade (*sameness*) de uma partícula não é um conceito absoluto. Tem unicamente um significado restrito e falha completamente em alguns casos." (ibid., p. 218)

Importante mencionar que não se trata de uma opinião isolada, ainda que Schrödinger seja respeitável (Prêmio Nobel de 1933 e um dos verdadeiros fundadores da teoria quântica). Vários outros precursores dessa teoria tiveram opinião semelhante, como Max Born, Werner Heisenberg (que tem um artigo também intitulado 'O que é uma partícula elementar'), os matemáticos Hermann Weyl, de quem falaremos ainda, e vários filósofos, que omitimos por enquanto.[20] Mas a filosofia é assim mesmo. Vamos falar um pouco mais da identidade e da individualidade, e depois ver a posição de filósofos importantes como Bas van Fraassen, que tentam salvar o PII no domínio quântico.

---

[19] Claramente ele está reivindicando a sua própria abordagem, na qual entram em cena os aspectos ondulatórios [204, p.220ss].
[20] Em [79] você encontra um apanhado geral de tudo isso.

Achamos que uma distinção fundamental deve ser feita entre três conceitos que usualmente são tomados como equivalentes, a saber: *identidade*, *individualidade* e *individuação*.

Na citação acima, Schrödinger fala em 'preservar o atomismo'. Essa é uma questão delicada. Na metafísica da física quântica, certamente não haveria sentido em se pretender manter alguma forma de atomismo em sentido usual de assumir que há entidades indivisíveis. No momento, acredita-se que elétrons e quarks são indivisíveis, mas futuramente isso pode mudar, da mesma forma que nossa concepção de 'átomo' (que se pensava indivisível) se alterou. O que estamos tentando defender é uma visão de que as entidades básicas da teoria quântica, sejam elétrons, prótons ou mesmo átomos e moléculas, violam a teoria usual da identidade pois são *completamente* indiscerníveis em certas situações, sem que com isso estejamos assumindo que constituam 'átomos' em alguma acepção. Isso nos leva a considerar com mais cautela as noções de identidade, individualidade e individuação, geralmente tomadas como sinônimas, mas que como veremos devem ser distinguidas.

VIII.1.1 Identidade, Individualidade e Individuação

Considere o conceito de 'individualidade'. Podemos certamente (pensando um pouco) aceitar que se trata de uma noção metafísica que nos permite, como dizia Jonathan Lowe (1950-2014), "fazer [de algo] o objeto que ele é, distinto de todos os outros" [140].[21] Por exemplo, o PII de Leibniz é um princípio de individualidade, pois nos permite dizer que, dada uma coleção de propriedades que caracterizam um objeto, somente aquele objeto as tem. A existência de uma hecceidade de um objeto é outro exemplo; cada objeto, é suposto, tem a *sua* particular hecceidade que o distingue de qualquer outro objeto. Individuação, por outro lado, é algo de natureza epistemológica, vinculada à nossa capacidade de identificar algo; trata-se de algo que nos permite, por exemplo, 'saber' que um dado objeto acha-se neste ou naquele local, mas difere da especificação de *porque* ele é *aquele* indivíduo (individualidade).

O fisico Hans Dehmelt (1922-2017) ganhou o Prêmio Nobel em 1989 pelos seus trabalhos com a individuação de objetos quânticos. Mais recentemente, Serge Haroche (1944-) e David Wineland (1944-) ganharam o Nobel em 2012 por experiências na mesma direção. Vamos ficar com o caso de Dehmelt.[22] Dentre outras coisas, Dehmelt (sua equipe e toda a comunidade da física) aceitavam que em sua armadilha havia um objeto quântico, um deles sendo um pósitron que ele batizou de 'Priscilla'. Não sabemos ao certo o que é Priscilla a não ser pelas propriedades que a teoria atribui a *qualquer* pósitron, independentemente de ele estar no laboratório de Dehmelt ou não (trata-se de algo *nomológico*, como já explicamos antes). Mas esse pósitron especial, ainda que ele não possa mais ser identificado se por acaso 'sair' da armadilha, pode ser dito se coadunar com a situação de que existe um 'princípio' epistemológico que nos permite dizer que Priscilla é *aquele* pósitron no laboratório de Dehmelt, por exemplo as coordenadas do laboratório e da armadilha. O fato de ela estar lá é algo que epistemologicamente nos permite realizar experimentos e extrair algumas consequências de sua existência como algo aprisionado *naquela* armadilha (que supostamente 'tem identidade'). Podemos tentar atribuir a Priscilla também um princípio de individualidade, mas sabemos que PII não funciona nesse caso. A mecânica bohmiana, como já sabemos, diria que a posição de Priscilla é

[21] Essa distinção é explorada por J. Arenhart em [4].

[22] Para mais detalhes, ver [121], bem como [97, 53, 52].

suficiente como um princípio de individualidade, mas questionamos isso sob o argumento de que 'posição' nessa mecânica não coincide com o que usualmente chamamos por esse nome na física clássica.[23]

Veja o que disse Dehmelt:

> "não há nenhuma dúvida acerca da identidade de Priscilla durante esse período [aquele em que ela ficou na armadilha], uma vez que em um vácuo extremamente alto (*ultrahigh vaccuum*) ela nunca teve a chande de trocar de posição com outras irmãs de antimatéria. A bem definida identidade dessa partícula elementar é algo fundamentalmente novo, que merece reconhecimento pelo nome que lhe foi dado, como animais de estimação recebem nomes dados pelas pessoas." [53]

Nossa conclusão é outra. Se Priscilla tivesse identidade, ela seria um indivíduo e não precisaria estar em um ultravácuo para evitar se misturar com outros pósitrons e permanecer discernível deles. Mas não é o que ocorre, como o próprio Dehmelt sugere. Ademais, não é claro o que Dehmelt quer dizer com 'identidade'; é de se supor que ele queira se referir ao fato de que Priscilla pode ser *discernida* de outras entidades quânticas, remontando à concepção intuitiva de identidade que já vimos antes. Isso certamente não é correto e nem adequado. Com efeito, é de se supor que Dehmelt não realizou uma única experiência, mas com certeza dezenas delas até que se fixasse *naquele* pósitron para chamar de 'Priscilla'. Por que aquele? Poderia ser qualquer outro, e os resultados de suas experiências não seriam diferentes, pois *todos os pósitrons* têm as mesmas características. A resposta óbvia é que ele tinha que terminar o experimento um dia, e escolheu uma certa data para isso. A 'Priscilla' que ele aprisionou não tem nada excepcional em comparação a qualquer outro pósitron, contrariamente a Nelson Mandella, que passou anos preso, mas era perfeitamente identificável e continuou identificável como *aquela* pessoa depois de solto, mesmo que tenha envelhecido. Priscilla, se liberada de sua armadilha, *nunca mais* será reconhecida novamente, se é que continuou existindo. Não, Priscilla não era um indivíduo, Priscilla não tinha identidade. O fato de simplesmente isolá-la de outros não lhe confere identidade; como lembrou Hume, "um objeto singular [poderíamos dizer 'isolado'] passa a ideia de unidade, não de identidade." [103, p.200].

Mas consideremos a noção de individualidade. Trata-se de uma noção metafísica que nos fornece um modo de dizer que uma entidade específica é 'aquela' entidade que desejamos considerar. Por exemplo, necessitamos de alguma suposição metafísica para afirmar que Priscilla, na armadilha, é de fato o pósitron preso por Dehmelt. O PII de Leibniz é um exemplo de um princípio de individualidade: necessitamos *assumir* que nunca duas coisas quaisquer (sendo duas) serão *exatamente* semelhantes, mas não podemos demonstrar que isso ocorre em todos os casos. O mesmo ocorre com o caso de Priscilla; assumindo que ela tem, ou obedece, algum princípio de individualidade, parece que estamos autorizados a afirmar que *aquele* pósitron é *aquela* entidade da qual estamos falando. No entanto, estritamente falando, não temos qualquer garantia disso. Invocando David Hume mais uma vez, ainda que obviamente ele não tenha se referido ao contexto quântico, ele relegou a identificação ou identidade de um objeto quando "ele constantemente é encontrado" de um modo que nós, mediante um "modo comum e cuidadoso de pensar", atribuímos a ele identidade pelo hábito ou pela familiaridade [103, pp. 222-223]. Com efeito, não podemos *provar* que alguém, depois de ter saído de nosso campo de contato e retorne, é *a mesma* pessoa de antes, a despeito

[23]Com efeito, se temos um sistema de duas partículas com coordenadas x_1 e x_2 no espaço de configurações, a dupla (x_1, x_2) deveria, em princípio, especificar onde está cada uma das partículas. O problema é que essa dupla não pode ser conhecida; as partículas são como fantasmas que se movem mas não podem ser detectadas em algum lugar específico.

das similaridades; tudo leva a crer que sim, mas a 'prova lógica' não existe. "Mas os filósofos, diz Hume, percebem imediatamente a falsidade desses sentimentos vulgares [de atribuir identidade], e descobrem que não há conexão conhecida entre os objetos [entre o que saiu e o que entrou]." Portanto, seguindo esse raciocínio, podemos dizer que a identificação de coisas como sendo 'a mesma' tem que ser postulada, não pode ser demonstrada 'logicamente'.

Schrödinger tinha uma opinião semelhante. Em 'O que é uma partícula elementar?' [204, 205], ele afirma o seguinte:

> "Quando um objeto familiar entra novamente em nosso campo de conhecimento, é usualmente reconhecido como uma continuidade de aparições prévias. A permanência relativa das peças individuais de matéria é a mais momentânea característica de nossa vida diária e da experiência científica. Se uma peça familiar, digamos um jarro de barro, desaparece de nossa sala, você estará certo de que alguém o levou dali. Se após algum tempo ele reaparece, você pode duvidar se é realmente a mesma peça – objetos quebráveis em tais circunstâncias geralmente não são [a mesma peça].[24] Você pode não ser capaz de decidir a questão, mas não terá dúvidas de que a duvidosa identidade (*sameness*) tem um significado indiscutível –que existe uma resposta inequívoca à sua pergunta, tão firme é nossa crença na continuidade das partes não observadas das coisas!"

É isso o que ele denomina de *postulado da continuidade da descrição* [205, p.130]. De fato, parece haver algo que faz com que uma certa entidade seja precisamente *aquela* entidade da qual estamos falando. Há filósofos que creem que uma entidade é um indivíduo em virtude de possuírem uma propriedade não qualitativa essencial, a de 'ser idêntico com ela mesma' e que seria isso que explicaria a sua individualidade. Desse modo, Sócrates seria um indivíduo porque possui a propriedade de 'ser idêntico a Sócrates', e nada mais possui essa propriedade, sendo ela pertencente à 'essência' de Sócrates, e seria não qualitativa em virtude de não poder ser usada como uma relação para discerni-lo de qualquer outra coisa. Assim, em termos de qualidades, dois indivíduos poderiam coincidir, mas mesmo assim tendo essências diferentes, as suas propriedades não qualitativas. A literatura denomina essas propriedades não qualitativas de hecceidades, como já vimos, e os indivíduos seriam indivíduos devido a elas. Em geral, a hecceidade é expressa pela autoidentidade; a hecceidade de Sócrates é expressa pelo fato de Sócrates ser idêntico ('=') a Sócrates.

Apesar de comum na literatura, cabe aqui um comentário. Estamos pressupondo que por 'qualitativas' entendemos aquelas propriedades 'essenciais' de algo e que, sob o PII, permitem discernir essa coisa de qualquer outra. A autoidentidade, o 'ser Sócrates', é precisamente o que faz essa diferença; claro que 'ser Sócrates' envolve outras qualidades, como ter certos pais, ser casado com Xantipa, ter nascido na Grécia, dentre outras. A identidade de Sócrates, 'qualitativa' ou não (achamos que é), trata-se de um atributo que Sócrates tem, o de ser Sócrates, e isso o diferencia de qualquer outra coisa que não seja Sócrates. Desse modo, não vemos como algo razoável relegar a autoidentidade como uma hecceidade, ou seja, como algo que não pertença às propriedades de Sócrates, mesmo porque a distinção entre o que seriam propriedades 'qualitativas' e 'não qualitativas' nos parece ser vaga. Esse ponto será retomado quando da discussão sobre a identidade de alguma entidade em uma teoria de conjuntos (ver à frente, página 138).

No entanto, essa abordagem à individualidade faz um vínculo entre individualidade e identidade, bem como entre a falta delas. Assim, se algo falha em ter uma identidade, ou em obedecer à teoria usual da

[24] [Claramente ele se refere a um possível caso de que uma pessoa quebrou o jarro e o substituiu por um semelhante.]

identidade, isso acarreta que a sua individualidade também fica comprometida, dando vazão à ideia de que podemos ter entidades sem individualidade, como apregoavam Schrödinger e os demais já mencionados.

Uma maneira de expressar formalmente essa ideia é a de assumir que a noção de não individualidade pode ser expressa pela *ausência de identidade*, e desse modo essa noção pode ser capturada em algum sistema formal que recuse aceitar que expressões do tipo '$x = y$' possam ser consideradas lícitas em todos os casos. Em outras palavras, o predicado binário '=' de identidade não poderia ser colocado entre termos quaisquer. Essa maneira de tratar o caso da ausência de individualidade mediante a falha da identidade é a motivação principal para a teoria de quase-conjuntos que veremos à frente e a várias lógicas não reflexivas igualmente.

No capítulo IX, vamos apresentar uma teoria matemática ('teoria de quase-conjuntos') que estabelece uma conexão entre identidade e individualidade. Como colocado em [79, p.248],

> "estamos supondo haver uma forte relação entre individualidade e identidade (...) uma vez que caracterizamos 'não-indivíduos' como entidades para as quais a relação de autoidentidade $a = a$ não se aplica."

Como resultado, é possível estabelecer uma concepção metafísica da não individualidade seguindo as linhas preconizadas por Schrödinger. Desse modo, não-indivíduos são indistinguíveis pelas suas propriedades de 'outros' que as partilhem, e isso é permitido na teoria em questão, uma vez que esses objetos são nomológicos.

OBSERVAÇÃO. O leitor pode argumentar que dois elétrons (ou quaisquer dois objetos quânticos de mesmo tipo) localizados em pontos diferentes do espaço são *diferentes* e podem ser discernidos pelas duas funções de onda, que chamaremos de $|\psi\rangle_1$ e $|\psi\rangle_2$. Mas não é tão simples assim. O formalismo vai dizer que quando consideramos o sistema conjunto, ou seja, quando consideramos os dois elétrons como formando um único sistema, o vetor que descreve o estado do sistema de dois quanta *não é* o produto tensorial $|\psi\rangle_{12} = |\psi\rangle_1 |\psi\rangle_2$,[25] mas um vetor que apresenta simetria (bósons) ou antisimetria (férmions, como elétrons):

$$|\psi\rangle_{12} = \frac{1}{\sqrt{2}}\big(|\psi\rangle_1 |\psi\rangle_2 \pm |\psi\rangle_2 |\psi\rangle_1\big), \tag{VIII.7}$$

e então qualquer possibilidade de distinção é perdida. Recorde mais uma vez da citação de Schrödinger posta à página 125.

Podemos então apresentar algumas das principais características dos não-indivíduos:

(i) O conceito usual de identidade, dado pela teoria da identidade padrão, não se aplica a eles. Em nosso formalismo, isso é expressado dizendo-se que se x e y denotam não-indivíduos, expressões como '$x = y$' não são bem formadas, não são *fórmulas* (o mesmo ocorre com $x \neq y$).

(ii) Desse modo, não há sentido preciso em se atribuir um nome próprio a um não-indivíduo, como 'Chico', uma vez que esse nome não o identificará como sendo Chico em outros contextos. São elementos de um mundo de anônimos, não havendo o que usualmente se denomina de 'identidade entre mundos' (ou contextos).

[25]Michael Redhead cunhou o termo 'surplus structures' para designar essas situações, ou seja, estados como esse, que podem ser escritos no formalismo quântico, mas que não têm qualquer contraparte na teoria. Ver [188, 79].

(iii) Em outras palavras, não-indivíduos não podem ser reidentificados como tais em diferentes situações.

(iv) Não-indivíduos podem ser agregados em coleções, que denominamos de *quase-conjuntos*, às quais na maioria das situações podemos associar um cardinal mas não um ordinal.

(v) Não-indivíduos podem ser classificados em 'tipos' ou 'espécies', assim como há elétrons, prótons e neutrons.

Esse conceito é, na nossa opinião, o que mais se aproxima das entidades quânticas postas pela teoria quântica. Com efeito, como podem coisas que obedecem às estatísticas de Bose-Einstein ou de Fermi-Dirac e o Postulado da Indistinguibilidade 'terem identidade'?

Hermann Weyl tentou descrever o modo pelo qual podemos formar 'agregados' dessas coisas. Vejamos do que se trata.

VIII.2 Hermann Weyl e os agregados de partículas

Hermann Weyl (1885-1955) foi um matemático notável, dando muitas contribuições a várias áreas da matemática e da filosofia, notadamente pela introdução do uso da Teoria de Grupos na mecânica quântica. Seu livro *Philosophy of Mathematics and Natural Science* [230] é um clássico. Nesse livro, que é um tratado excelente sobre a filosofia da matemática, filosofia da ciência e em especial a filosofia da física, no Apêndice B ele discorre sobre 'agregados de indivíduos'. Vale ver alguns detalhes.[26]

Weyl objetivou tratar, no referido Apêndice, de situações em que é possível discernir entre os estados daquilo que ele chama de 'indivíduos', mas não entre os indivíduos eles mesmos. Como estamos usando essa palavra em outro sentido, vamos chamar as entidades de Weyl de 'objetos'. Weyl aponta a importância desse tipo de análise para a mecânica quântica, para a química e para a biologia. Com efeito, na mecânica quântica (e fiquemos com esse caso apenas) o cientista se depara com situações nas quais não é possível discernir entre duas entidades; os elétrons de um átomo de Hélio e condensados bosônicos são exemplos disso. Weyl diz que se temos n dessas entidades, o *estado efetivo* de seu agregado é uma 'decomposição ordenada'

$$n_1 + n_2 + \cdots + n_k = n, \tag{VIII.8}$$

onde n_i é o número de objetos que pertencem ao estado C_i $(i = 1, \ldots, k)$, não podendo haver a situação em que um objeto esteja em mais de um estado. A ideia, segundo ele, é ficar somente com essa decomposição, pois seria isso o que interessaria para as disciplinas mencionadas; recorde mais uma vez: 'tipos' (de objetos) e quantidades. Isso de fato é assim em física; permitam-nos citar um livro clássico, de Eugene Merzbacher [154, p.535], que comenta como tratamos de um sistema de n partículas 'idênticas' (indistinguíveis; lembre o modo como os físicos usam esses conceitos). Diz ele:

> "Assumamos a existência de um conjunto completo K de variáveis dinâmicas para uma única partícula.[27] (...) Um estado particular do sistema é especificado quando se estabelece que, das n

[26] A palavra 'indivíduos' como usada por ele pode ser entendida como 'entidades', em especial os quanta, nada tendo a ver com a noção de indivíduo dada antes. Com efeito, o que ele quer é justamente negar a individualidade de certas entidades. Para mais sobre isso, ver [124, 79].

[27] ['Variáveis dinâmicas' são aquilo que vai descrever o estado do sistema em análise. Quando ele assume que são 'para uma única partícula', está dizendo que vai considerar todas elas como 'a mesma', ou seja, como indiscerníveis.]

partículas, n_1 assumem os valores K_1, n_2 têm valores K_2, etc.[28] Situações mais gerais são obtidas por superposições dos estados dessas n partículas. É impossível[29] dizer qual partícula tem o valor K_1, qual tem o valor K_2, etc. Por exemplo, as coordenadas x, y, z e a componente S_z de spin constituem um conjunto completo de variáveis dinâmicas para elétrons. Por mensurações, é possível determinar que há um elétron na posição $\mathbf{r}_1$ com componente de spin $(\hbar/2)\sigma_1$ (onde $\sigma_1 = +1$ ou -1), outro na posição $\mathbf{r}_2$ com componente de spin $(\hbar/2)\sigma_2$, etc., *mas é impossível fazer qualquer identificação adicional dos elétrons.*" (nossa ênfase)

Com efeito, entre os dois elétrons de um átomo de Hélio, como já dissemos antes, há uma diferença entre seus valores de spin quando medidos relativamente a uma certa direção. O problema é que não há modo de estabelecer *qual* deles tem um ou outro dos possíveis valores de medida.[30] Quanto aos condensados bosônicos, um exemplo típico sendo o dos *condensados de Bose-Einstein*, todos os 'objetos' partilham dos mesmos números quânticos, ou seja, estão no mesmo estado. Não há qualquer diferença entre eles; se fôssemos aplicar a teoria da identidade, por PII eles resultariam ser *o mesmo* objeto físico.

Como procede Weyl para obter a decomposição VIII.8? Ele parte de um *conjunto*, e aqui salientemos a palavra 'conjunto' com n elementos, munido de uma relação de equivalência '$\sim$'. Chamando de $C_1, \ldots, C_k$ as classes de equivalência correspondentes, é imediato que cada uma delas terá um cardinal n_i e que a sua soma dá exatamente a decomposição VIII.8.[31]

A discussão feita por Weyl é mais detalhada e contém mais coisas, mas isso nos basta. Repare no que aconteceu: ele partiu de um *conjunto*, assim os n elementos já eram distintos por definição! Encerrá-los nas classes de equivalência não muda isso; mesmo que *queiramos* ignorar a sua distinção, tratando os elementos de uma mesma classe de equivalência como indistinguíveis, *eles não são em absoluto*. Trata-se, portanto, de mais um truque. A indiscernibilidade *absoluta* não pode ser mapeada nas teorias usuais de conjuntos.

VIII.3 Não-indivíduos quânticos

Nesta seção vamos reforçar a ideia de que os objetos quânticos podem ser vistos (melhor vistos, na nossa opinião) como não-indivíduos, entidades para as quais a teoria usual da identidade da lógica e da matemática clássicas não se aplica. Iniciemos com uma frase do Nobel laureado *Sir* Roger Penrose, um dos mais importantes físicos da atualidade. Em seu livro célebre *A Mente Nova do Rei: Sobre Computadores, Mentes e as Leis da Física* (há uma tradução para o Português), ele diz o seguinte:

"De acordo com a mecânica quântica (...) quaisquer dois elétrons são necessariamente completamente idênticos,[32] e o mesmo se dá para quaisquer dois prótons e para quaisquer duas

---

[28] [Ou seja, cada partícula tem seus valores específicos relativamente ao conjunto K.]

[29] [Ressaltamos a palavra *impossível*, enfatizando que não se trata de uma limitação epistemológica.]

[30] Repare que estamos acostumados a falar 'neste' e 'naquele', como se os estivéssemos identificando, mas no mundo quântico deveríamos falar algo que não desse essa conotação, e esse é o problema: não dispomos de uma linguagem adequada, outra que a da matemática.

[31] As classes de equivalência formam o *conjunto quociente* do conjunto dado relativamente à relação de equivalência; dado um objeto $a \in S$, a classe de equivalência de a é o conjunto de todos os elementos de S que estão na relação '$\sim$' com a, ou seja, $[a]_\sim := \{b \in S : b \sim a\}$.

[32] [Lembre do jargão dos físicos; ele está querendo dizer 'completamente indistinguíveis'. Se fossem 'completamente idênticos', de acordo com a teoria usual da identidade, seriam *o mesmo* objeto.]

> partículas de uma mesma espécie. Isso não quer dizer meramente que não há um modo de se colocar as partículas à parte: a declaração é consideravelmente mais forte do que isso. Se um elétron do cérebro de uma pessoa for trocado com um elétron de um tijolo, o estado do sistema será *exatamente o mesmo estado* que era antes [da troca], e não somente indiscernível [dele]." [171, p.32]

Essa afirmativa é muito forte: *nada muda* com uma permutação de uma entidade quântica por alguma indiscernível dela. Ao contrário, a seleção portuguesa de futebol é uma com o atacante Cristiano Ronaldo e *outra* se ele for substituído por um outro jogador. A seleção portuguesa é vista como formando um conjunto (mas não é um conjunto, veja a seguir), ou seja, pode ser *representada* por meio de um conjunto, e como sabemos do Axioma da Extensionalidade, se trocarmos um elemento por outro distinto dele, o conjunto se altera. Insistimos em que na lógica e na matemática usuais, assim como na física clássica, a única coisa *absolutamente* indistinguível de algo é esse próprio algo; o PII de Leibniz vale.

Falamos em 'absolutamente' indistinguível para enfatizar, pois como vimos poderíamos considerar outras formas de indistinguibilidade, como a *relativa* a uma ou a um conjunto de propriedades. O sentido de 'absoluto', aqui, quer dizer que duas coisas absolutamente indistinguíveis partilham *todas* as suas propriedades e relações, que não há qualquer forma de hecceidade, sejam quais forem essas propriedades ou relações. Não há isso na matemática clássica. No entanto, para bem da clareza, se o leitor abrir um livro sobre teoria de conjuntos, poderá se deparar com 'indiscerníveis', mas acredite que se tratam de coisas diferentes.[33]

Antes de seguir, uma explicação. Dissemos que a seleção portuguesa de futebol pode ser representada por um conjunto, mas que não é um conjunto. Com efeito, um conjunto é uma entidade abstrata, que não tem existência no mundo real, enquanto que supostamente os jogadores da seleção portuguesa têm. É preciso um pouco de cuidado com o uso informal das palavras.

O que Penrose estava se referindo é um dos princípios fundamentais da mecânica quântica, o **Postulado da Indistinguibilidade**, que já apresentamos anteriormente com o nome (também usado) de Postulado de Simetria; ele diz que se a função de onde ψ descreve o estado de um sistema de n partículas, se A for um observável qualquer sobre esse sistema, representado pelo operador autoadjunto $\hat{A}$ e de P for um operador de permutação, tal que se a_i $(i = 1, \ldots, n)$ representam as partículas, então

$$P(a_1, \ldots, a_i, \ldots, a_j, \ldots, a_n) = \pm P(a_1, \ldots, a_j, \ldots, a_i, \ldots, a_n), \qquad \text{(VIII.9)}$$

onde as partículas a_i e a_j foram permutadas, as medidas do observável, antes e de depois da permutação, fornecem exatamente os mesmos resultados, o que se expressa por meio dos *valores esperados*,[34] independentemente do sinal '+' ou '−' do resultado da permutação:[35]

$$\langle \psi | \hat{A} | \psi \rangle = \langle P\psi | \hat{A} | P\psi \rangle . \qquad \text{(VIII.10)}$$

Levando em conta o formalismo já visto, isso significa o seguinte. Seja $\{\psi_i\}$ uma base para o espaço de Hilbert em questão formada por autovetores de $\hat{A}$ e sejam a_i os autovalores correspondentes, isto é,

[33] Uma explicação mais técnica é a seguinte, dada em [110, pp.298-9]; sendo κ um ordinal infinito, $\mathfrak{A}$ um modelo para a linguagem que se está usando, cujo domínio contém todos os ordinais e sendo $I \subset \kappa$, então I é um conjunto de indiscerníveis se, para toda fórmula $\varphi(x_1, \ldots, x_n)$, tem-se que $\mathfrak{A} \models \varphi(a_1, \ldots, a_n)$ se e somente se $\mathfrak{A} \models \varphi(b_1, , \ldots, b_n)$ sempre que $a_1 < \ldots < a_n$ e $b_1 < \ldots < b_n$ são duas sequências crescentes de elementos de I. O fato dos elementos de I estarem postos em uma sequência ordenada já mostra que eles são indivíduos.

[34] Trata-se de uma espécie de 'média' de várias medidas de uma dada variável.

[35] O sinal '+' vigora para bósons, e o '−' para férmions.

$\hat{A}\psi_i = a_i\psi_i$. Como já sabemos, os a_i representam os valores possíveis da medida do observável A para quando o sistema está no estado $\psi = \sum_i a_i\psi_i$. Escrevendo, como é usual,

$$\left\langle \hat{A} \right\rangle_\psi := \langle\psi|\hat{A}|\psi\rangle, \tag{VIII.11}$$

temos que

$$\left\langle \hat{A} \right\rangle_\psi = \sum_i a_i |\langle\psi|\psi_i\rangle|^2, \tag{VIII.12}$$

onde $|\langle\psi|\psi_i\rangle|^2$ indica a probabilidade do valor a_i ocorrer quando da medida do observável A. Portanto, VIII.10 está dizendo que essas probabilidades não mudam após uma permutação das partículas.

Como entidades que obedecem tal critério podem ser indivíduos? Essa questão é delicada. Você poderia mais uma vez tentar recorrer à mecânica bohmiana, mas não daria certo. Vários trabalhos apontam que o fato das partículas nessa mecânica terem trajetórias que as distingue, mas isso não implica um retorno à metafísica da física clássica (ver [181]). Com efeito, o tratamento dado aos 'indivíduos' na mecânica bohmiana difere daquilo que apregoa a física clássica. Um b-indivíduo ('indivíduo bohmiano') é uma partícula que não pode ser dissociada do campo quântico, estando sujeita não somente ao potencial clássico mas a um novo *potencial quântico*, que é responsável por todos os efeitos quânticos como os padrões de interferência no experimento das duas fendas. A energia de uma partícula não é algo *local* como na física clássica, e ela não pode ser tomada como algo que se assemelhe a uma coisa localizada em um ponto. A metafísica bohmiana é diferente da clássica.

Apesar de que a visão de Bohr também apregoar que não é possível descrever os objetos quânticos individualmente, uma vez que não conseguimos separá-los do contexto experimental com o qual lidamos com eles, na mecânica quântica 'usual' não há trajetórias bem definidas, logo não há posições bem definidas. Ademais, objetos quânticos podem partilhar uma mesma região espaço-temporal, o que faz com que a sua distinção individual não possa ser feita. Tentativas de se raciocinar propondo que se temos um objeto em um local A e um objeto em um outro local B, cada um descrito por uma função de onda particular ψ_A e ψ_B, quando consideramos o sistema conjunto, isto é, quando *falamos dos dois* objetos, temos que usar uma função de onda simétrica ou antisimétrica, dependendo se eles são bósons ou férmions, como já vimos antes. Isso feito, qualquer possibilidade de individualização é impossibilitada.

Você poderia mais uma vez tentar recorrer a hecceidades. Pensemos mais uma vez na propriedade que chamamos de 'identidade de a', sendo a um termo que representa um indivíduo, $I_a(x) := x \in \{a\}$. Repare nessa definição; dado um objeto qualquer a em ZFC ou em ZFA, pelo Axioma do Par podemos formar o conjunto $\{a\}$, o *unitário* de a. Resulta que $b \in \{a\}$ se e somente se $b = a$. A propriedade $I_a(x)$, portanto, acha-se bem definida.

Vamos chamar o nosso objeto de 'Sócrates', de modo que a é o nome próprio 'Sócrates'. Alguns filósofos acham que 'ser idêntico a Sócrates' não pode ser usada para distinguir Sócrates de qualquer outra coisa, pois uma vez que somente Sócrates tem essa propriedade, ela seria algo como que uma *essência* de Sócrates, uma propriedade não qualitativa que não poderia ser usada para discernir qualitativamente Sócrates de qualquer outra coisa, como vimos acima. Nesse sentido, a *autoidentidade* seria uma espécie de hecceidade, e dois indivíduos poderiam coincidir em tudo, ainda que tendo diferentes essências [129]. Ora, ainda que interessante e sutil, esse argumento falha em assumir que a autoidentidade de Sócrates não pode ser tomada como uma propriedade qualitativa dele. Por que não? Se o que distingue Sócrates de qualquer outra coisa é justamente o fato de Sócrates ser Sócrates, ou seja, o fato de ele obedecer a propriedade I_S de 'identidade de Sócrates', não parece razoável querer afastar essa propriedade. Não nos parece razoável sustentar que propriedades como a indicada não possam ser aceitas, ou que propriedades (ou relações) que envolvam o símbolo de identidade não possam ser consideradas nos casos de individuação.[36]

Se estamos então propensos a aceitar uma metafísica comportando não-indivíduos, o que seriam eles? o filósofo inglês Jonatham Lowe (1950-2014) deu uma definição de 'indivíduo' nos seguintes termos [141], que se aproxima muito da que demos anteriormente (veja à página 123): algo x é um indivíduo se e somente se

1. x conta como *uma* entidade, e

2. x tem uma identidade bem determinada.

Não-indivíduos falhariam em obedecer pelo menos uma dessas condições. Entre eles, estariam *pluralidades* como os planetas do nosso sistema solar, que (em conjunto) não contam como *um*, ou uma porção de água em uma banheira, que se derramada em um rio, perde a sua identidade completamente. O exemplo mais interessante é com efeito o dos dois elétrons orbitais de um átomo de hélio, que já conhecemos bem.

Acreditamos que a nossa definição dada acima é equivalente ou talvez mais abrangente que a de Lowe. Além de requerer que um indivíduo seja uma unidade, requisitamos a sua *reidentificabilidade*, o que para nós implica a identidade do indivíduo. Os não-indivíduos de Lowe cabem na negativa de nossa definição, mas ela é, pensamos, mais afeita ao caso quântico; faltar com (2) acima é algo vago se não dissermos *exatamente* o que significa 'ter identidade', ao passo que a reidentificabilidade é algo mais, digamos, fácil de conceber.

VIII.3.1 Vagueza

'Inteligente', 'bonita', dentre vários outros, são predicados *vagos*. Isso significa que, dado um objeto, pode ser difícil ou mesmo impossível determinar se ele *cai* sob o predicado ou não.[37] Lembre que a lógica clássica é *bivalorada*: toda sentença pode assumir um dentre dois valores de verdade, que usualmente denominamos de 'verdadeiro' e 'falso', não podendo assumir ambos em uma mesma situação. Na lógica clássica, não há 'mais ou menos'. É discutível se Marilyn Monroe (Norma Jeane Mortenson) era de fato tão inteligente como se diz (há fotos dela lendo *Ulisses*, de James Joyce, uma obra reconhecidamente difícil), mas parece ser de fato o caso, apesar de ela ter transpassado à imprensa uma imagem diferente. Mas parece ser consenso que ela era bonita. Assim, à sentença 'Marilyn era bonita' parece razoável atribuir um valor 'verdadeiro', mas ficamos em dúvida quanto a 'Marilyn era inteligente'. Porém, se estamos no domínio da lógica clássica, como dito, não pode haver tal dúvida.

A literatura sobre vagueza (*vagueness*) é hoje bastante vasta, e se aprende que a ideia de vagueza foi preponderantemente atribuída às linguagens;[38] haveria linguagens com termos vagos, como 'inteligente' e 'bonito', mas Marilyn seria uma pessoa bem definida, de quem não duvidaríamos em atribuir uma identidade: um indivíduo. Em outros termos, indivíduos são bem definidos (*sharp*), enquanto que os predicados (e outras

[36]Para uma rejeição dessas propriedades, ver [**caulton2022**]. Com efeito no caso do sinal de identidade, é justamente quando '$a \neq b$' que nos sentimos seguros em afirmar que a e b diferem.

[37]O termo é de Frege [75].

[38]O leitor pode consultar o verbete 'Vagueness' na Stanford Encyclopedia of Philosophy, onde há referências adequadas.

coisas da linguagem), nem sempre. Que fique claro que isso não é e nunca foi assim em matemática; qualquer dúvida que tenhamos acerca da veracidade ou falsidade de algo deve ser encarada de um dos seguintes pontos de vista: ou 'ainda não sabemos', tratando-se de uma questão em aberto, ou está fora do nosso mapa matemático, como por exemplo, demonstrações usando a noção de infinito atual, que não 'cabem' na matemática construtiva. A matemática clássica é, como não poderia deixar de ser, reflexo da lógica clássica: verdadeiro ou falso, e não ambos. Isso é refletivo nos famosos princípios do Terceiro Excluído (uma ou outra) e da Contradição (ou Não Contradição: nunca ambas).

Mas vamos à física e às ciências empíricas em geral, que supostamente tratam 'do mundo', ou dos objetos que nele habitam. Há vagueza no mundo? Você pode argumentar que uma nuvem, por exemplo, é algo meio vago, uma vez que se há várias delas se aproximando umas das outras, teremos dúvidas em qualificar uma delas como a 'nossa nuvem'. Porém isso é apenas um jogo de linguagem. Uma nuvem não é um indivíduo de acordo com as definições vistas (a nossa e a de Jonathan Lowe), uma vez que ela não retém a sua suposta identidade em diferentes contextos (quando se mistura a outras). É difícil, ou algo dúbio, definir o que é uma nuvem (o leitor pode conferir isso na web). Mas é tido como certo que podemos 'definir' um elétron ou qualquer outro objeto quântico por meio das leis físicas que a nossa teoria prescreve. Por exemplo, no caso de elétrons, as 'propriedades' massa, carga elétrica e spin constituem os elementos principais de uma coleção de 'variáveis dinâmicas' para elétrons, como já vimos antes. Medindo essas quantidades, podemos chegar a uma probabilidade que nos avalia se há ou não um elétron em uma região próxima às coordenadas dadas e com um certo valor de spin em uma direção escolhida. As propriedades que definem um elétron são *sharp*, bem definidas; aparentemente, se há vagueza, ela está nos elétrons e não na linguagem que usamos para tratar deles, que aliás é a da matemática usual.[39]

Propomos a seguinte definição: uma entidade é *sharp*, bem definida, se obedece à teoria usual da identidade, e é *vaga* em caso contrário, ou seja, identificamos as coisas vagas com os nossos não-indivíduos. Desse modo, pelo menos de acordo com a nossa física atual, o 'mundo' é feito de coisas vagas, pois todas as coisas são formadas de entidades quânticas. Mas, nesse caso, como então chegamos aos indivíduos que nos cercam? Primeiramente, é conveniente ressaltar que a 'fronteira' entre o 'clássico' e o 'quântico' é mal definida; não sabemos em que momento uma coisa 'deixa de ser quântica' para se tornar 'clássica'. É algo como nos famosos paradoxos *sorites*, que vêm desde a antiguidade. Cremos que concordamos, nós e você, leitor, que um grão de areia não constitui um 'monte' de areia. Nem se adicionarmos um grão a mais, nem se adicionarmos um terceiro ... mas em certo momento teremos um monte de areia. Em que momento isso se deu? Impossível dizer. O filósofo britânico Timothy Williamson discorda disso; para ele, não há 'paradoxo' nos *sorites*. Ainda que não saibamos quando, segundo ele, *existe* um momento em que os grãos de areia começam a formar um monte. A vagueza, para esse autor, está na linguagem, e no caso do paradoxo mencionado, no sentido da palavra 'monte' (*heap*) [233].

Na física, coisas 'nitidamente' quânticas como elétrons e fótons exibem 'comportamento quântico', como apresentarem padrões de interferência no experimento das duas fendas, ou entrarem em estados emaranhados, algo que não se conseguiu ainda fazer com objetos *macroscópicos*, apesar dos avanços recentes em se mostrar que coisas 'grandes' para os padrões quânticos mostram também comportamento digno de entidades quânticas. Constituem exemplos facilmente encontráveis na literatura as moléculas de C_{60} e C_{70}, contendo 60 ou 70 átomos de carbono, que 'passam no teste das duas fendas', apresentando interferência

[39] O nosso trabalho (com Steven French) 'Quantum Vagueness' fala mais sobre isso: [80].

[236]. Mais recentemente, 'coisas maiores' mostraram ter um comportamento tipicamente quântico, e não sabemos até onde isso irá.[40]

Quanto às coisas macroscópicas que nos cercam serem *sharp*, isso é discutível.[41] Avançamos a ideia de que *concebemos* a realidade que nos cerca como se fosse constituída de coisas com identidade bem definida, mas isso é questionável. O físico e filósofo italiano Giuliano Toraldo di Francia (1919-2011), como vimos, a *objetuação* é uma atividade primitiva, ou seja, logicamente (e cronologicamente) anterior a todas as outras atividades do pensamento, mas definir 'objeto' é algo problemático. Ele salienta que uma busca em um dicionário traz 'um objeto é uma coisa que ...', e se se busca por 'coisa', encontra-se algo como 'uma coisa é um objeto que ...'. Circularidade. Aparentemente, não temos como definir essas 'coisas' sem isso. No entanto, para Toraldo, 'praticamos' o ato de 'objetuar' o mundo que nos cerca, de vê-lo como constituído de objetos que, além do mais, são todos distintos uns dos outros. Essa concepção da realidade teria sido importante para a formação de nossos esquemas conceituais, como a lógica, a matemática e mesmo a física.

VIII.3.2 Entidades sem identidade

Em uma frase que se tornou famosa e que de certo modo deu as diretrizes para muitas concepções usuais sobre a identidade, Quine estabelece que "não há entidade sem identidade" (em 'On the individuation of attributes', reimpresso en [182, pp.100-112]), ao que Ruth Barcan Marcus (1921-2012) retrucou que, ao contrário, "não há identidade sem entidade" [9, p.200]. A opinião de Marcus é parcialmente refletida na frase de Galileo em uma carta na qual falava a um colega sobre as manchas solares [224, p.1]:

> "Os nomes e os atributos devem se acomodar à essência das coisas, e não a essência aos nomes; porque primeiramente se deram as coisas, e depois os seus nomes."

Parece claro que, em se tratando de objetos usuais, primeiramente temos os objetos, e depois estabelecemos os seus nomes e outras formas de referência, assim como refletimos sobre a possibilidade de haver algum 'outro' com exatamente as mesmas características (indiscernível daquele). Com efeito, o verbete 'Electron' da Wikipedia é bem interessante em traçar as origens do conceito. Diz que os antigos gregos já sabiam que o âmbar, quando atritado com peles de animais, tem a propriedade de atrair pequenos objetos, e em 1600 William Gilbert cunhou o termo *electric* para designar aquelas substâncias que têm propriedades semelhantes. A palavra 'eletricidade', bem como 'elétron' vem do latim 'electrum', que por sua vez se origina da palavra grega para âmbar, *elektron*. A história continua e a leitura é agradável, mas o que importa é que primeiramente *tínhamos algo* antes de constatar suas propriedades e mesmo atribuir-lhe um nome e uma identidade; Barcan Marcus parece ter razão.

Com o advento da física moderna, em especial da teoria quântica, percebeu-se que o acesso aos constituintes últimos da matéria é impossível; nem mesmo podemos ver os constituintes (elétrons, prótons, quarks) dos átomos.[42] Ademais, a teoria, pelo menos na versão comum, isso é, exceptuando-se a mecânica

[40]Recentemente realizaram-se experimentos com 'objetos' ainda maiores, como até 2.000 átomos, que ainda se comportam 'quanticamente'.

[41]Como já dito, mas vale insistir, a 'fronteira' entre o 'clássico' e o 'quântico' é vaga. A partir dos anos 1970, foi introduzido o conceito de *decoerência* que ocorre quando sistemas com muitos quanta 'perdem a coerência' (quântica), como o de surgirem franjas de interferência, passando a se comportarem como coisas 'clássicas'. Isso se deveria ao contato com o meio ambiente. Também na Stanford Encyclopedia of Philosophy, há o verbete 'The Role of Decoherence in Quantum Mechanics', que esclarece o assunto.

[42]Há na web inúmeras 'fotografias' de átomos e mesmo de coisas menores, mas são recriações quase que artísticas. Essas coisas são muito menores do que o comprimento de onda da luz, assim não podem ser vistos em sentido estrito da palavra (lembre que

bohmiana, é uma teoria onde, como dizem M. L. Dalla Chiara e G. Toraldo di Francia, vigora o anonimato; nomes próprios não fazem qualquer sentido nesse campo [49]. Mas, mesmo assim, *temos entidades de algum tipo*, ou seja, a física quântica parece contestar fortemente a ideia de Quine, pois temos entidades, o que não temos é a sua identidade. O problema é a forma de termos acesso a essas coisas; se não podemos identificá-las, como chegamos a elas?

Até o final do século XIX havia dúvidas sobre a existência de átomos,[43] mas hoje é universalmente aceito que não só eles, mas seus constituintes, elétrons, prótons, neutrons, quarks, dentre outras entidades desse mundo micro, existem de fato, ainda que a física nos venha desvendando seus mistérios a uma velocidade impressionante.[44] O problema é que não temos acesso a eles assim como supostamente temos (ou podemos ter) à Torre Eifel, à face oculta da Lua ou à estrela Alfa Centauri; tudo o que nos resta são as nossas teorias, e a melhor delas, no presente dia, é a teoria quântica.[45]

Citando mais uma vez Toraldo di Francia [222],

> "Os historiadores talvez tenham sido cegados pelo glamour da relatividade e da mecânica quântica e gostam de descrever essas teorias como as 'revoluções' do século XX. No entanto, acredito que um desenvolvimento muito mais importante aconteceu na virada do século, um desenvolvimento que talvez os futuros historiadores colocarão em uma perspectiva mais adequada. Trata-se da descoberta de objetos nomológicos. Objetos nomológicos têm massas, cargas, momentos angulares, etc. bem determinados. Alguns deles (fótons e neutrinos) têm até mesmo uma velocidade bem determinada. Objetos nomológicos são prescritos por leis físicas; ou, talvez, cada classe deles represente uma lei física. Assim, por exemplo, podemos formular a lei de que uma massa $m = 9,1.10^{-28}$ g deve ser sempre acompanhada de uma carga elétrica $e = \pm 4,8.10^{-10}$ e.s.u e por um spin $\hbar/2$, e assim por diante.

Em outros termos, o que temos são as nossas teorias. O acesso 'direto' às entidades tem que ser visto com cautela; lembre que dentro do espectro eletromagnético, temos acesso visual a uma faixa ínfima de radiação, que corresponde às cores que vemos, e isso depende da nossa fisiologia. Pássaros e outros animais, como se sabe, têm muito mais 'cones de luz' do que nós, que temos somente três, e podem enxergar coisas ou cores as quais nem mesmo conseguimos imaginar. Desse modo, formamos uma ideia do nosso contorno em função dessas nossas capacidades visuais e de outros sentidos, associadas à nossa inteligência e imaginação. Uma vez 'criada' uma situação, cabe aos experimentos que realizamos verificar a sua correção ou viabilidade. Tudo é, de certo modo, postulado. Vivemos teorizando.

Toraldo di Francia, em sua análise do objeto físico, que ele continua em [221], nos sugere que de certo modo todos os objetos, e não somente aqueles da física quântica, são, portanto, *nomológicos*, dados por leis físicas. Sua conclusão é interessante:

'vemos' as coisas porque a luz nelas reflete e impressiona o nosso cérebro via nossos nervos óticos). Mesmo imagens capturadas por um microscópio eletrônico, que permitem acessar coisas muito menores do que a incidência de luz permitiria, quando 'repassadas' ao nosso campo visual têm que se conformar ao que podemos enxergar, ou seja, as imagens têm que ser recriadas para que possamos ter uma ideia daquilo que o microscópio está acessando.

[43]O grande físico e filósofo Ernst Mach, por exemplo, colocava em dúvida a existência de átomos; veja [175].

[44]Recentemente, houve avanços no que sabemos sobre os prótons e seus constituintes, os quarks. Um artigo recente da revista virtual Quanta Magazine veio com um título provocante: 'Dentro do próton, "a coisa mais complicada que você poderia imaginar"', onde os autores discorrem sobre pesquisas recentes; ver [234].

[45]Essa questão do que podemos ou não 'observar' é um tema candente em Filosofia da Ciência, mesmo sobre objetos macroscópicos como planetas e estrelas.

"Como uma conclusão desses breves comentários, gostaria de enfatizar que a situação do conceito de objeto físico, mesmo se quisermos deixar o rigor extremo e aceitar algo do senso comum, é hoje até mais complicado do que no passado. Estamos nos confrontando com muitas novas noções acerca do mundo físico, que provavelmente necessitam ainda ser assimiladas e serem tornadas consistentes umas com as outras. É igualmente bom enfatizar que toda a discussão não é meramente acadêmica, e pode ter implicações profundas em toda nossa atividade teórica. Até mesmo os fundamentos da lógica podem ser afetados. Pense, por exemplo, que em qualquer teoria formalizada, devemos começar definindo um *universo do discurso*, que é um conjunto de objetos sobre os quais queremos falar. Para isso fazer sentido, deve ser bem determinado se um objeto pertence ou não ao conjunto (*extensão* do conjunto); além disso, os objetos devem ser distinguíveis uns dos outros, de modo que possamos dizer qual é qual. Estes requisitos talvez podem ser preenchidos por objetos matemáticos (embora alguns pensadores oporem-se fortemente a esta ideia). Mas, o que acontece no caso do nosso objeto de discurso ser feito de objetos físicos? Como podemos dizer que é determinado se um dado elétron pertence ou não ao nosso sistema, e como podemos dizer de qual elétron estamos falando? Se queremos conceber um sistema físico como um conjunto de objetos, devemos, antes de tudo, recorrer a um conjunto *difuso* [*fuzzy set*] (pense em partículas virtuais); porém, mais provavelmente, devemos desistir de qualquer tentativa de usar uma definição *extensional* de conjunto e recorrer a argumentos *intensionais*. No entanto, a lógica intensional ainda não é muito desenvolvida e encontra sérias dificuldades.[46] Resta, portanto, muito trabalho a ser feito em conexão com o conceito de objeto físico." [222]

Se as entidades quânticas são dadas por tão poucas 'essências', elas podem ser completamente indiscerníveis relativamente a essas 'essências' e mesmo que estendamos suas propriedades às 'não essenciais', que os físicos denominam de *extrínsecas* (as 'essenciais' são as *intrínsecas*), a teoria quântica diz que se trocarmos umas pelas outras (desde que partilhem as propriedades intrínsecas), os valores medidos não se alteram. Como tratar essas entidades como indivíduos? Aparentemente, tendo em vista o que caracterizamos como um indivíduo, não há sentido nisso. O modo de tratar entidades desse tipo deve ser consoante com a ideia básica de que *nem mesmo em princípio* coisas indiscerníveis possam ser distinguidas, ou seja, devemos evitar o truque de confiná-las a uma estrutura não rígida, que no entanto, no escopo da matemática usual, pode sempre ser estendida a uma estrutura rígida. Nossa estratégia é outra; consiste em negar a identidade para elas em um sentido forte: se x e y designam entidades que podem ser meramente indiscerníveis sem serem a mesma entidade, então nossa linguagem não aceita expressões como $x = y$ e $x \neq y$ como lícitas, ou seja, como bem formadas; dizemos que não são *fórmulas*. No capítulo IX desenvolveremos as ideias principais de

[46] Uma lógica intensional, em princípio, rejeita qualquer forma de 'extensionalidade'; na lógica usual, a extensionalidade se refere à invariança do valor verdade de uma sentença quando substituímos um de seus termos por outro que lhe seja equivalente. Por exemplo, se 'A estrela da manhã é idêntica à estrela da tarde', em um contexto extensional qualquer ocorrência de 'a estrela da manhã' pode ser substituída por 'a estrela da tarde'. Mas isso não é assim, como sabemos. Nos contextos 'opacos' (termo de Quine), se dizemos que 'João acredita que a estrela da manhã é o planeta Vênus', a substituição não pode ser feita, pois João pode não acreditar que a estrela da tarde seja Vênus devido aos seus parcos conhecimentos de astronomia. Em teoria de conjuntos, o Axioma da Extensionalidade afirma que dois conjuntos são idênticos (iguais) se e somente se tiverem os mesmos elementos. Nas teorias intensionais de conjuntos isso não é assim. Um conjunto é determinado 'pelo modo' como ele é formado, e não pelos seus elementos. Assim, o conjunto $A = \{x : x = 2 \vee x = 3\}$ se distingue de $B\{x : x^2 - 5x + 6 = 0\}$, uma vez que são determinados por 'intensões' diferentes, apesar de terem os mesmos elementos.

uma teoria de *quase-conjuntos* que permite tratar entidades indiscerníveis do modo como estamos sugerindo, ou seja, *sem identidade.*

VIII.4 Apenas relacionais?

Alguns filósofos da física, tentando discorrer sobre os objetos quânticos, sustentam que essas entidades seriam apenas *relacionais* (F. A. Muller), ou *fracamente discerníveis* (S. Saunders). Nesta seção veremos o equívoco que eles cometem em não especificar a matemática com a qual estão operando a qual, sendo a clássica (Muller e Saunders em um artigo de 2008 falam explicitamente em 'ZF') está comprometida com a teoria da identidade que já vimos, o que coloca por terra o seu argumento. Veremos também posições que sustentam que 'qualquer propriedade individualizadora' não deveria conter nem o símbolo de identidade e nem constantes individuais (A. Caulton) também não fazem sentido no escopo da matemática usual.[47]

Toda teoria que usa a matemática, como as teorias físicas (não falaremos das demais áreas, mas certamente isso se aplica também a elas), utiliza *alguma* lógica que guia as suas inferências consideradas lícitas. Na maioria das vezes, essa lógica não é explicitada, mas para certas discussões é pertinente que indaguemos ao cientista qual a lógica ele está utilizando. Esse é o caso da presente discussão.

Aqui cabe uma pequena digressão. Um importante filósofo da matemática, Imre Lakatos, tem um livro importante chamado em português de *A Lógica da Descoberta Matemática: Provas e Refutações* [132]. Nele, ele defende que a matemática informal, aquela que não está axiomatizada, procede pelo procedimento popperiano de 'provas e refutações'.[48] Isso significa que o matemático lança conjecturas sobre algum domínio do conhecimento, como a de que vale a fórmula de Euler $V - A + F = 2$ para poliedros, onde A é o número de arestas, F o de faces e V o de vértices. É fácil ver que isso vale para o cubo, para o tetraedro e para muitos outros poliedros. Uma 'prova' dessa conjectura, apresentada originalmente por A. -L. Cauchy em 1813, é vista, mas rapidamente é apresentado um contraexemplo, um poliedro para o qual $V - A + F = 0$. Ora, como algo que demonstrou pode admitir um contraexemplo? A 'demonstração' dada deve então ser revista e corrigida, já que não era válida para todos os poliedros. Para Lakatos, a matemática procede desse jeito, o que evidentemente requer que a área em questão não esteja axiomatizada ou formalizada, uma vez que nesse caso os teoremas não seriam propriamente novidades, uma vez que de certo modo já estariam implícitos nos axiomas.

Assim, para Lakatos, o real progresso da matemática se dá com a matemática informal, na qual 'novidades' podem ser apresentadas e incorporadas do domínio dessa disciplina. Mas, mesmo assim, as demonstrações que são feitas, ou pelo menos as tentativas de demonstrações, usam alguma lógica, e em geral pressupõe-se que se trata daquela que, se fôssemos ver os seus detalhes, identificaríamos com a lógica clássica. Isso é muito mais acentuado quando tratamos de uma disciplina axiomatizada ou formalizada. Vejamos agora o caso que nos interessa, porém tendo em mente essas observações.

Fred A. Muller e Simon Saunders, em um influente artigo de 2008 [161], apregoam que férmions (mais tarde eles estenderam o seu argumento também para bósons) podem ser discernidos unicamente por relações irreflexivas e simétricas, o que eles chamam de 'discernibilidade fraca' (*weak discernibility*). O exemplo que eles dão é o dos elétrons em um átomo de Hélio em seu estado de menor energia. A física quântica descreve

---

[47] Esta seção segue [122].

[48] O título original do livro de Lakatos é *Proofs and Refutations: The Logic of Mathematical Discovery*, [133]. Karl Popper defende esse método em seu célebre *A Lógica da Pesquisa Científica* [176], que no original é *The Logic of Scientific Discovery* [177].

o estado desses dois elétrons com um emaranhamento já nosso conhecido, levando-se em conta o spin em alguma direção pré-escolhida:

$$|\psi\rangle = \frac{1}{\sqrt{2}}\big(|\uparrow\rangle|\downarrow\rangle - |\downarrow\rangle|\uparrow\rangle\big). \tag{VIII.13}$$

No entanto, ainda que não possamos 'identificar' qual elétron tem o spin UP e qual tem o spin DOWN na direção escolhida, há uma propriedade relacional que os distingue, a saber, '*x tem o spin oposto a y*'.

É claro que um elétron não tem spin oposto a ele mesmo, logo a relação é irreflexiva, e se x (um dos elétrons) tem spin oposto a y (o outro elétron), então y tem spin oposto a x, ou seja, a relação é simétrica. Isso seria tudo o que se poderia dizer da distinção dos elétrons, não havendo qualquer propriedade *monádica* que os diferencie.[49]

Por outro lado, Muller, em [162], fala de uma categoria de objetos que ele classifica estarem 'entre indiscerníveis e indivíduos', que ele chama de *relacionais*, que seriam "objetos que podem ser discernidos somente por relações e não por propriedades." Veremos agora que essas propostas não se mantêm se assumirmos que a matemática envolvida é algo como a teoria ZF (ZFC, ZFA ou qualquer outra teoria que incorpore a teoria tradicional da identidade). Seguiremos a exposição feita por T. Bigaj em seu livro [13].

Seja L uma linguagem de primeira ordem e $\mathfrak{A}$ uma interpretação com domínio D.[50] Isso posto, definimos:

1. Os objetos $a, b \in D$ são *absolutamente indiscerníveis*, $A(a, b)$, se e somente se existe uma fórmula aberta $\varphi(x)$ com uma só variável livre tal que $\mathfrak{A} \models \varphi(a)$, mas $\mathfrak{A} \not\models \varphi(b)$.

2. Os objetos $a, b \in D$ são *relacionalmente indiscerníveis*, $R(a, b)$, se e somente se existe uma fórmula aberta $\varphi(x, y)$ em duas variáveis livres, tal que $\mathfrak{A} \models \varphi(a, b)$ mas $\mathfrak{A} \not\models \varphi(b, a)$. Observe que isso requer que a e b sejam discerníveis.

3. Os objetos $a, b \in D$ são *fracamente indiscerníveis*, $W(a, b)$, se e somente se existe uma fórmula $\varphi(x, y)$ em duas variáveis livres tal que $\mathfrak{A} \models \varphi(a, b)$ mas $\mathfrak{A} \not\models \varphi(b, a)$ e ainda $\mathfrak{A} \not\models \varphi(a, a)$ e $\mathfrak{A} \not\models \varphi(b, b)$. Novamente, observamos que para tando a e b devem ser discerníveis a princípio.[51]

Em seu livro, Bigaj prova que $A(a, b) \rightarrow R(a, b) \rightarrow W(a, b)$, o é bastante evidente. Mas ele afirma que as recíprocas não valem. Para justificar, ele recorre a grafos, baseando-se no seguinte argumento. Tome um grafo não rotulado como o abaixo:[52]

O argumento de Bigaj é que esses grafos justificam que

> "há casos em que há objetos que são fracamente mas não relacionalmente discerníveis (e, portanto, não são absolutamente discerníveis) e casos de objetos que são relacionalmente discerníveis, mas que não são absolutamente discerníveis. Exemplos desses casos são usualmente tomados na forma de grafos, onde os vértices representam os objetos e as linhas que os conectam representam relações binárias." [13, p.81]

[49] Uma propriedade monádica pode ser vista como uma fórmula com uma única variável livre.

[50] Os autores nunca deixam claro porque assumem linguagens de primeira ordem uma vez que é sabido que elas não dão conta das teorias físicas, exceto se estivermos buscando os seus modelos, como discutido no capítulo II .

[51] Essa observação, junto com a do item anterior, mostram que os autores assumem a discernibilidade dos objetos mesmo antes de colocarem os seus critérios de discernibilidade; como se diz em inglês existe uma "begging the question" aqui.

[52] Nos grafos rotulados, dão-se nomes aos vértices, e nos rotulados indicam-se de que vértice vai-se para que vértice.

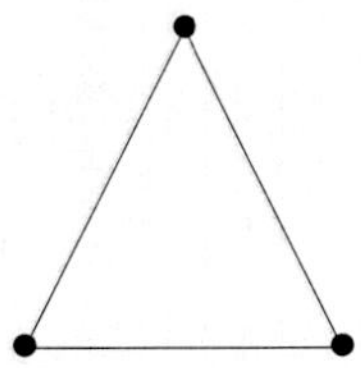

Figura VIII.2: Um grafo não rotulado e não orientado.

Esse exemplo é completamente equivocado. Para vermos isso basta que recorramos à definição matemática de grafo, em especial de grafo não rotulado. Tomando um livro padrão sobre o assunto, como o de Bondy e Murty [19], encontramos a seguinte definição (adaptando-se a notação): um grafo é uma tripla ordenada da forma $\mathcal{G} = \langle V, E, \psi \rangle$ (portanto, um *conjunto*) onde V é o *conjunto* dos vértices, E é o *conjunto* dos lados e ψ é uma função de incidência, que associa um par não ordenado $\{u, v\}$, cujos elementos não são necessariamente distintos a cada lado $e \in E$. O par $\{u, v\}$ é escrito como 'uv' e dizemos que o lado junta os vértices u e v. Um isomorfismo entre dois grafos $\mathcal{G} = \langle V, E, \psi \rangle$ e $\mathcal{G}' = \langle V', E', \psi' \rangle$ é um par ordenado (θ, φ) de funções $\theta : V \to V'$ e $\varphi : E \to E'$ e pomos que $\psi(e) = uv$ se e somente se $\psi'(\varphi(e)) = \theta(u)\theta(v)$. É simples provar que um isomorfismo é uma relação de equivalência, e então toma-se qualquer representante de uma classe de equivalência para ser um grafo não rotulado.

Como vemos, grafos são conjuntos e já sabemos que nas teorias usuais de conjuntos qualquer objeto pode ser discernido absolutamente (por exemplo, pela sua identidade) de qualquer outro.[53] Em outras palavras, mesmo que nos grafos não rotulados ignoremos os nomes dados aos vértices, eles continuam sendo conjuntos e, portanto, identificáveis como indivíduos, sendo discerníveis absolutamente. Podemos ignorar as identidades dos vértices, mas não podemos dizer que elas não existem.

Em resumo, o argumento dos mencionados filósofos não funciona no escopo da lógica e da matemática clássicas. Por isso, a importância de mencionar qual é o arcabouço lógico e matemático que se está utilizando pode se afigurar imprescindível.

VIII.5 Conclusão

Note o leitor que jamais dissemos que os sistemas quânticos são isso ou aquilo. Não sabemos. Tudo o que temos são as teorias que tratam deles, que são objetos nomológicos, como você certamente já sabe. Ademais, não há uma teoria só que trate do 'micromundo'; elas são várias e discrepantes com relação à natureza das entidades fundamentais, isso quando permitem que se infira algo a seu respeito.

Normalmente, associamos uma *interpretação* a uma formulação da teoria. É claro que temos liberdade para fazer isso, mas também parece evidente que seja qual for a interpretação que elijamos, ela deve ser condizente com alguma *visão* do que nos diz o formalismo sobre o domínio em investigação, ou seja, deve ser calcada em alguma metafísica. É nesse ponto que nossa concepção deve ser percebida como diferente das usuais: segundo pensamos, a mecânica quântica, seja ela qual for, não escapa de considerar que as entidades quânticas, em situações relevantes, as quais deveriam ser consideradas como *absolutamente* indiscerníveis. É patente que podemos *modelar* isso na lógica e na matemática usuais, como evidenciamos anteriormente, por exemplo, confinando sua descrição a uma estrutura deformável ou então adotando-se o 'truque' feito

[53] Recorde que a idendidade de um objeto a foi definida como sendo a propriedade $I_a(x) := x \in \{a\}$.

na mecânica bohmiana, comentado na página 128. Salientamos, em diversas partes do que vimos antes, que isso constitui um truque e que deveríamos buscar um modo logicamente adequado para fundamentar a não-individualidade e a indistinguibilidade, uma vez que as aceitemos.

Mas, como se forma essa metafísica de não indivíduos? Certamente, hoje, ela não pode mais vir 'da poltrona' (*harmchair metaphysics*), formulada por alguém que 'simplesmente pensa' o mundo; ainda que a reflexão seja absolutamente fundamental, é preciso adotar uma visão algo naturalista e olhar para as nossas melhores teorias.[54] Fazendo isso é que, respeitando as estatísticas, a importância do Postulado da Indistinguibilidade e outros tantos experimentos que, segundo pensamos, atestam que levar a sério a noção de indistinguibilidade é algo importante, e assim chegamos à nossa metafísica de não-indivíduos. Nessa visão, é assumida a concepção de que a noção de indistinguibilidade é fundamental; não basta 'fazer' as entidades se portarem como indistinguíveis: elas *têm que ser* indistinguíveis (em certas circunstâncias). Uma discussão ampla da importância desse conceito é posta em [10]. Nesse livro, são apresentados vários 'fatos' tipicamente quânticos que não podem ser obtidos sem que se considere a *absoluta* indiscernibilidade dos sistemas envolvidos; o assunto é por demais extenso e técnico para ser aqui recuperado, mas fica a indicação da referência para o leitor interessado.

Tudo isso nos faz conjecturar que a visão metafísica de que as entidades quânticas portam-se filosoficamente melhor quando são concebidas como não-indivíduos, é algo a ser considerado seriamente. Heinz Post, de quem já falamos várias vezes, apregoava que, na física quântica, a não-individualidade (devido à distinção que fazemos, seria melhor dizer a 'não-identidade') deve ser atribuída desde o princípio (*right from the start*) [179]. O físico Frank Wilczek, laureado com o Nobel, também afirma que "na microfísica, necessitamos de uniformidade de um modo forte: indistinguibilidade absoluta." [232]

Ora, é patente pelos argumentos apresentados que obedecendo os ditames da lógica e da matemática usuais, não se pode ter 'indistinguibilidade absoluta'. Se isso é para ser suposto, devemos então buscar uma lógica e uma matemática compatíveis com essa suposição, e é isso o que faremos no capítulo seguinte.

ADENDO: Podemos rebater o argumento de Muller e Saunders de outro modo, tal como exposto em [123]. O seu argumento pode ser resumido do seguinte modo, introduzindo alguma terminologia, em parte coincidente com a vista acima. Chamaremos de 'A' o princípio que diz não ser possível duas entidades serem discerníveis por propriedades monádicas apenas. Ou seja, dados a e b, existe P monádico tal que $P(a)$ mas $\neg P(b)$. Seja PII o Princípio da Identidade dos Indiscerníveis, R o princípio que diz que duas entidades são discerníveis por relações somente e W aquele que assegura que as entidades são discernidas por relações irreflexivas e simétricas apenas. Temos então que

1. $A \rightarrow PII$ (definição do PII)

2. $R \rightarrow PII$ (idem)

3. $W \rightarrow R$ das definições vistas

4. $A \rightarrow W$ (Muller e Saunders assumem que coisas discerníveis absolutamente são sempre fracamente discerníveis [161, p.529])

[54] Grosso modo, o 'naturalismo' visa aproximar a filosofia da ciência propriamente dita, evitando especulações demasiadas que não se acerquem daquilo que apregoam as disciplinas científicas; o leitor pode procurar o verbete 'Naturalism' da Stanford Encyclopedia of Philosophy para um apanhado geral.

5. $A \to R$ (de (3), (4) e da lógica proposicional)

6. $PII \leftrightarrow A \vee R$ (definição)

7. $PII \leftrightarrow R$ (de (5), (6) e da lógica proposicional)

8. $\neg(PII \to A)$ (ou, como os autores dizem, "A não é necessária para o PII")

9. $PII \wedge \neg A$ (de (8), i.e., relações são suficientes para o PII)

Vemos então os nossos autores afirmando que as partículas quânticas como os elétrons de um átomo de Hélio são apenas fracamente discerníveis, ou seja, dizem eles,

> "A principal conclusão do presente artigo é a de que partículas elementares similares tornam a seguinte possibilidade lógica em uma atualidade física: elas são distinguíveis de modo não absoluto."

No entanto, como já tivemos oportunidade de observar, dentro do escopo de uma teoria como ZFC (ou ZFA), todo objeto pode ser discernido absolutamente de qualquer outro, assim o seu argumento colapsa. Ou seja, *não podemos* ter a conclusão posta no item 9 acima, qual seja, que temos o PII mas não discernibilidade absoluta, uma vez que nesses contextos, A é sempre verdadeira.

Capítulo IX

A Matemática da Não-individualidade: Quase-Conjuntos

[Devido à mecânica quântica] deveríamos considerar a possibilidade de desenvolver uma linguagem totalmente nova para falar sobre o infinito.

Yuri I. Manin

A teoria de conjuntos é denominada de *teoria do infinito*. Mas, como vimos, as teorias 'clássicas' de conjuntos são teorias de indivíduos, de entidades dotadas de identidade que podem ser discernidas umas das outras em qualquer situação. Se há impossibilidade em alguns casos, isso se deve ao fato de que 'algo está faltando' momentaneamente, mas a teoria, seja ela qual for, provê esse algo. Não falta nada.

A mecânica quântica, no entanto, como vimos, nos sugere fortemente que existem entidades que não podem ser discernidas umas das outras *de forma alguma*. E isso não seria meramente uma falta ou falha 'epistemológica', mas seria devido à própria natureza das entidades quânticas. Vamos aceitar essa premissa, fazendo coro a vários cientistas, de quem destacamos algumas citações. Por exemplo, M. L. Dalla Chiara e G. Toraldo di Francia afirmam o seguinte [49]:

> "Considere os elétrons de um átomo. Geralmente sabemos perfeitamente bem quantos elétrons há, mas não podemos dizer qual é qual. É costumeiro falar do 'conjunto' dos elétrons do átomo. Mas será que eles realmente formam um conjunto? Certamente não em um sentido clássico. Como podemos verificar que as coleções de elétrons que são encontrados nos átomos satisfazem, digamos, os axiomas de Zermelo-Fraenkel sem que sejamos capazes de distinguir um elemento de outro?"

Yuri I. Manin (1937–) é um dos mais importantes físicos-matemáticos da atualidade, sendo sem dúvida uma autoridade. O contexto da referência ao seu nome vem de uma história. Em 1974, a American Mathematical Society apoiou a realização de um congresso visando analisar os impactos e consequências dos 23 Problemas da Matemática listados por Hilbert em 1900.[1] Hilbert apresentou uma lista do que ele acreditava ser uma espécie de legado da matemática do século XIX para o século que estava iniciando. No simpósio de 1974, a herança de Hilbert foi considerada e uma nova lista de problemas matemáticos foi proposta.

O primeiro problema foi proposto por Manin, e solicitava o desenvolvimento de uma nova teoria de 'conjuntos' (as aspas são dele) para tratar dos indiscerníveis em mecânica quântica. Disse ele:

> "Deveríamos considerar a possibilidade de desenvolver uma linguagem totalmente nova para falar do infinito [a teoria de conjuntos é conhecida como 'teoria do infinito'].
>
> (...)
>
> Eu gostaria de enfatizar que ela [a teoria 'usual' de conjuntos] é uma extrapolação da física usual, na qual podemos distinguir coisas, contá-las, colocá-las em uma certa ordem, etc. A nova física quântica tem nos mostrado modelos de entidades com um comportamento completamente diferente. Mesmo 'conjuntos' de fótons em uma caixa refletora [*looking-glass box*], ou de elétrons em uma peça de níquel, são muito menos Cantorianos do que o 'conjunto' de grãos de areia. Em geral, uma 'infinidade física' altamente probabilística parece ser consideravelmente mais complicada e interessante do que uma simples quantidade de coisas."[149]

A citação acima mostra claramente que Manin não vê uma coleção de objetos quânticos como um *conjunto* no sentido 'Cantoriano', ou seja, na acepção da teoria usual de conjuntos. Em um outro artigo intitulado 'Georg Cantor e sua herança', Manin volta a falar do mesmo assunto, argumentando que a física quântica nos apresenta situações que "estão longe de [poder] serem consideradas conjuntos de coisas" (*It is far cry from a set of things*) [148, p.52]. Mais especificamente, diz ele que

> "O nascimento da física quântica mudou radicalmente nossas noções acerca das relações entre a realidade, suas descrições teóricas e nossas percepções. Ela tornou claro que a famosa definição de conjunto de Cantor [ele cita a definição] representa somente uma visão mental distilada do mundo material como consistindo de coisas duas a duas distintas residindo no espaço. (...)
>
> Uma vez que essa visão foi mostrada ser apenas uma aproximação para a incomparavelmente mais sofisticada descrição quântica, os conjuntos perderam suas raízes diretas com a realidade. De fato, os conjuntos estruturados da matemática moderna que são efetivamente usados na física moderna não são conjuntos de coisas ...

Com efeito, nas teorias usuais de conjuntos, os conjuntos são coleções de coisas distintas umas das outras. A teoria de quase-conjuntos oferece uma solução para o Problema de Manin.

IX.1 Preliminares da formulação

Como este é um livro introdutório, pode-se supor que o leitor possa ser um estudante em início de carreira e que necessite de explicações. Aliás, sempre necessitamos de explicações. Então veja: temos uma concepção

[1]Isso foi no segundo Congresso Internacional de Matemáticos. Sua conferência foi reproduzida em [23], mas somente dez dos problemas são mencionados.

metafísica em nossa mente, a de que podem haver entidades, coisas, objetos, 'absolutamente' indiscerníveis, tais que, mesmo que sejam vários, não podem ser distinguidos *de modo algum*. A questão não é a de que meramente possa haver uma característica que não possa ser atribuída a um deles e não aos demais; isso pode ocorrer, como no caso dos elementos de um BEC, um condensado bosônico. Mas podemos ter também a situação em que um elemento possa ter uma propriedade distintiva, mas que não possamos saber *qual* é esse elemento dentre os que estamos considerando. É o caso dos elétrons de um átomo de Hélio, como já sabemos. Portanto, há algo a mais em nossa metafísica além do partilhamento de propriedades; nossas entidades *não permitem* que se lhes atribua uma identidade, ainda que tenham (ou possam ter) propriedades distintivas.

A teoria que apresentamos a seguir atende esses requisitos; considera entidades básicas de dois tipos, os m-átomos e os M-átomos. Aos segundos, a noção de identidade usual se aplica, de forma que eles se comportam como os objetos tratados pela matemática usual. Mas os primeiros são distintos disso. Assumimos que, ainda que possam haver diferenças entre eles (elétrons são distintos de prótons e de neutrons), podem ser *absolutamente* indiscerníveis, mas mesmo assim, contrariamente à lógica tradicional, podem formar coleções com mais de um deles: uma dessas coleções, que são denominadas de *quase-conjuntos*, pode ter um cardinal maior do que um e mesmo assim seus elementos podem ser indiscerníveis.

Os M-átomos funcionam como os átomos de ZFA; se nos restringirmos a eles e às suas coleções (conjuntos), bem como ao conjunto vazio e a tudo o que pode ser construído a partir dele, obtemos a teoria usual de conjuntos, com átomos (se assumirmos os M-átomos) ou 'pura', na qual há somente conjuntos. Mas, admitindo m-átomos, tudo muda. Primeiramente, é importante mencionar que a nossa teoria não postula a existência quer de M-átomos, quer de m-átomos, mas é feita de tal modo que a sua existência é compatível com a teoria. Para os m-átomos, a noção usual de identidade (dada pela teoria da identidade da lógica clássica e da matemática padrão) não se aplica. Para as demais entidades, ela vigora como de hábito. Há uma relação básica (primitiva) de indistinguibilidade, simbolizada por '$\equiv$', que vale para todas as entidades, quer dizer, pode ser aplicada a quaisquer entidades a e b, indicando, caso $a \equiv b$, que a e b são indistinguíveis. Para aquelas entidades para as quais a identidade vigora, $a \equiv b$ é o mesmo que $a = b$, mas para m-átomos, somente a primeira expressão faz sentido.

A teoria ainda postula que um quase-conjunto, que é uma coleção de objetos que podem ser m-átomos, M-átomos ou coleções obtidas a partir deles, pode ter um cardinal, que é o seu *quase-cardinal*, e o quase-cardinal de x é denotado $qc(x)$. Apresentaremos os detalhes da teoria primeiro, e depois uma discussão filosófica sobre ela.

IX.2 Sobre a teoria

O 'núcleo' da teoria de quase-conjuntos, que denotaremos por '$\mathfrak{Q}$', é a teoria de conjuntos ZFA. Ela incorpora essa segunda teoria quando algumas restrições são feitas, de modo que todos os teoremas de ZFA são também teoremas de $\mathfrak{Q}$.

Envolvendo ZFA, pode-se erigir em $\mathfrak{Q}$ toda a matemática que se pode admitir em ZFA. A novidade está em que, além dos átomos de ZFA, que são os M-átomos, a teoria incorpora um segundo tipo de átomos, os m-átomos, que têm como interpretação pretendida as entidades quânticas, mas podem admitir outras interpretações. A teoria faz com que esses átomos (e os 'quase-conjuntos' que os têm como elementos) possam ser indiscerníveis sem que resultem ser o mesmo átomo ou quase-conjunto, como aconteceria em um ambiente 'clássico'. Ou seja, a teoria proporciona uma separação importante entre as noções de *identidade* e *indistinguibilidade*, as quais são feitas equivalentes na lógica clássica. A importância dessa separação será evidenciada abaixo, mas antecipa-se a fundamentalidade da noção de indiscernibilidade em física quântica e a problemática que há na tentativa de vinculá-la à identidade.

Os m-átomos são concebidos de modo que, para eles, a teoria usual da identidade da lógica clássica não vale, de sorte que '$x = y$' não é uma fórmula (expressão bem-formada) se x ou y denotam m-átomos. Consequentemente, podemos ter duas entidades partilhando todas as duas propriedades, o que escrevemos assim: '$\forall F(F(x) \to F(y))$', expressão que é um dos lados da Lei de Leibniz e que expressa a indiscernibilidade, sem que isso acarrete que $x = y$.[2] Em outros termos, podemos ter entidades indiscerníveis sem que sejam a mesma entidade, como acarretaria a lógica clássica. A indiscernibilidade de duas entidades é expressa por meio de uma símbolo binário primitivo, '$\equiv$', tal que '$x \equiv y$' é lido '*x é indiscernível (ou indistinguível) de y*'. A relação que $\equiv$ representa tem as propriedades de uma relação de equivalência (reflexiva, simétrica e transitiva), mas não obedece irrestritamente a substitutividade, diferenciando-se assim da relação comum de identidade. Em particular, se temos que $x \in y$ e se $w \equiv x$, isso não implica que $w \in y$. A relação usual de pertinência '$\in$' é também um predicado binário primitivo. Com esse movimento, a teoria de quase-conjuntos realiza o que foi proposto por Heinz Post, que na discussão sobre as entidades quânticas, como já vimos, requereu que "a não-individualidade deve ser introduzida desde o início"[179] (veja [79] para uma ampla discussão).

Conjuntos são quase-conjuntos particulares, mais precisamente, são aqueles quase-conjuntos em cujo fecho transitivo não figuram m-átomos, e correspondem exatamente aos conjuntos de ZFA, ou de ZFC se eliminarmos também os M-átomos.[3] Usamos um predicado unário Z de forma que $Z(x)$ diz que x é um conjunto, ou seja, é 'construído' na parte da teoria que ignora os m-átomos. Finalmente, há um símbolo funcional unário, qc, expressa a *quase-cardinalidade* de um quase-conjunto; os quase-cardinais são cardinais em sentido habitual, porém podemos contar com quase-conjuntos de m-átomos indistinguíveis que têm um quase-cardinal mas não um ordinal associado, o que não acontece nas teorias usuais de conjuntos na presença do Axioma da Escolha: dado *qualquer* conjunto, ele tem um (único) cardinal e um (único) ordinal, assim os seus elementos podem sempre ser distinguidos pela ordem implicada pela existência do ordinal (o Axioma da Escolha é equivalente ao Princípio da Boa Ordem, que diz que todo conjunto pode ser bem ordenado. Portanto, ainda que possamos falar na 'quantidade de elementos' de um quase-conjunto por meio de seu quase-cardinal, esses elementos não poderão ser ordenados ou 'contados' pelos procedimentos usuais (por meio de bijeções), uma vez que não podem ser (nessas situações) discernidos uns dos outros. No entanto, os m-átomos podem ser de diferentes 'tipos' ou 'espécies' e dois m-átomos de diferentes espécies podem ser discernidos escrevendo-se '$\neg(x \equiv y)$', ou '$x \not\equiv y$', mas não haverá sentido em se dizer que eles são

[2] Na linguagem de segunda ordem, onde se pode quantificar propriedades, relações e funções sobre os indivíduos, a Lei de Leibniz é formulada do seguinte modo: $x = y := \forall F(F(x) \leftrightarrow F(y))$, onde F é uma variável para propriedades de indivíduos e x e y são variáveis individuais. A condição suficiente ($\rightarrow$) é o Princípio da Indiscernibilidade dos Idênticos, enquanto que a condição necessária ($\leftarrow$) é o nosso conhecido PII.

[3] Para facilitar a leitura, lembramos que o fecho transitivo de um conjunto é um conjunto cujos elementos são os elementos do conjunto dado, bem como os elementos desses seus elementos, os elementos desses outros, e assim por diante; chamando, como é comum, de '$TC(x)$' o **fecho transitivo** de x (*transitive closure*), a definição é a seguinte: $TC(x) := x \cup (\bigcup x) \cup (\bigcup \bigcup x) \cup \ldots$. Veja [64, p.178].

diferentes, uma vez que não podemos usar a noção de identidade (ou de diferença) de modo significativo entre eles.

Um dos problemas mais intrincados com a teoria de quase-conjuntos é o da atribuição de um quase-cardinal a uma dessas coleções (veja a seção IX.7). Para tomarmos o caso mais emblemático, pensemos em um quase-conjunto A cujos elementos são m-átomos indiscerníveis. Suponha que o quase-cardinal de A é 4. Para 'contar' seus elementos, a teoria usual de conjuntos (ZFA) constrói uma bijeção $f : 4 \longrightarrow A$, sendo '4' o ordinal de von Neumann $4 = \{0, 1, 2, 3\}$, que é também um cardinal (os números naturais são os ordinais finitos e são também os cardinais finitos). Mas se os elementos de A são indiscerníveis, o que seriam $f(0)$, $f(1)$, $f(2)$ e $f(3)$? É claro que não podemos especificar tais coisas pois não podemos discernir os elementos de A. Ou seja, 'contar' em $\mathfrak{Q}$ não pode ser entendido do modo usual.

Lembramos que situações como essa não são estranhas à ciência. Em química, por exemplo, quando estudamos a distribuição eletrônica dos elétrons em um átomo, *determinamos* a quantidade de elétrons em cada um dos níveis de energia do átomo *sem* identificar os elétrons e *sem individualizá-los*. A quantidade de elétrons em cada um dos níveis é dado pelos números quânticos que são originados pelas soluções da equação de Schrödinger correspondente, e o que se obtém são *quantidades* apenas: 2 para o primeiro nível de energia (o nível $1s^2$), 8 para o segundo nível ($2s^2\ 2p^6$), e assim por diante [144, Cap.10]. A teoria de quase-conjuntos captura essa ideia, que não pode ser mapeada em uma teoria de conjuntos padrão.[4]

Um pouco mais sobre a física. A ideia intuitiva que temos e que aprendemos na escola é a de que existem certos 'orbitais' e que os elétrons dos átomos vão preenchendo (de baixo pra cima) esses orbitais à medida em que o número de elétrons vai aumentando. Assim, temos algo como a figura abaixo, extraída de [144, p.453]:

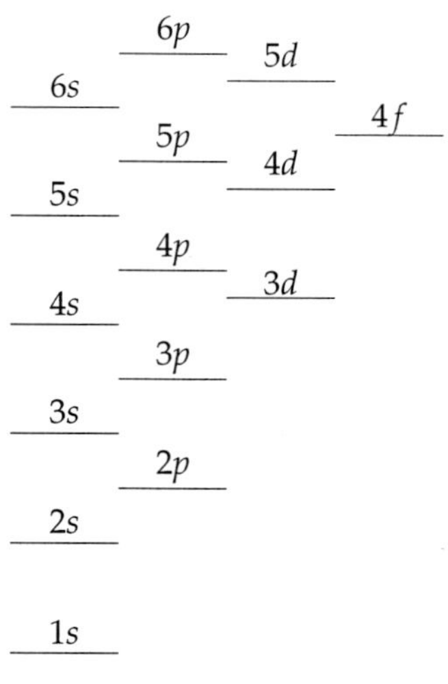

Figura IX.1: Esquema dos níveis de valência para um átomo neutro. Temos a impressão de que os níveis de energia são como salas de aula vazias esperando os alunos (o seu preenchimento com elétrons), mas essa imagem é equivocada, como mostra o texto.

No entanto, como esse mesmo autor salienta,

[4] O fato da química (na verdade, a mecânica quântica) ser alicerçada na matemática padrão e, portanto, em uma teoria usual de conjuntos, não afasta o problema da contagem. Se admitirmos que os elétrons de um átomo formam um *conjunto* (digamos, de ZFA), eles terão que ser discerníveis, mas não é isso o que a física apregoa. Infelizmente, os cientistas não estão ocupados com essas coisas.

> Uma palavra de alerta a respeito da interpretação da Fig. 10.21 [nossa Figura IX.1] e a ideia de elétrons 'alimentando' os orbitais faz-se necessária. Enquanto é útil descrever átomos qualitativamente dizendo que há elétrons 'em' certos orbitais, e enquanto é algumas vezes útil pensar nos átomos sendo construídos 'colocando-se' elétrons em um conjunto de orbitais vagos, essa linguagem não deve ser considerada literalmente. Os orbitais de um átomo não são um conjunto permanente de 'caixas' colocadas rigidamente em uma escala de energia como a Fig. 10.21 [IX.1] pode parecer sugerir. Quando dizemos que um elétron está 'em um orbital' estamos dizendo unicamente que um elétron está se comportando de uma certa maneira, e nesse sentido um orbital existe fisicamente somente se um elétron 'está nele'. Além do mais, cada átomo e íon tem um único conjunto de níveis de energia determinado pela sua carga nuclear e pelo número de elétrons. Consequentemente, a energia associada com um dado orbital depende de outros orbitais estarem ocupados, e não é a mesma para todos os átomos. Então o padrão de energia dos orbitais mostrados na Fig. 10.21 [IX.1], ainda que útil, tem unicamente um significado qualitativo.

O 'comportando-se de uma certa maneira' da citação acima significa que os elétrons podem formar coleções, por exemplo, quando orbitais estão preenchidos, mas não há qualquer possibilidade de individualização dos elétrons; eles não podem ser discernidos uns dos outros, apesar de não poderem ter todos os números quânticos em comum (Princípio de Exclusão de Pauli). Tudo leva a crer que estamos na presença de entidades de uma natureza ontológica completamente nova, fora de qualquer analogia que possamos tentar fazer com os objetos que nos cercam ou com as entidades lidadas pela física clássica.

IX.3 A teoria $\mathfrak{Q}$

A linguagem de $\mathfrak{Q}$ é formada pela seguinte categoria de símbolos não lógicos: três predicados unários m, M e Z (m-átomos, M-átomos e conjuntos), dois predicados binários $\equiv$ e $\in$ (indistinguibilidade e pertinência) e um símbolo funcional unário, qc (quase-cardinalidade). Se $x, y, z, \ldots$ denotam as variáveis individuais, os termos da linguagem são essas variáveis e as expressões da forma $qc(x)$. As fórmulas atômicas são do tipo $m(x), M(x), Z(x), x \equiv y$ e $x \in y$. As demais fórmulas são obtidas de modo usual.

Repare que poderíamos agir como fizemos com ZFA, usando uma linguagem polissortida, com um grupo de variáveis para m-átomos, outro para M-átomos e outro ainda para conjuntos. Mas os predicados apresentados cumprem o papel da distinção e nesse caso fica mais fácil de apresentar a teoria.

As seguintes definições introduzem alguns conceitos úteis:

1. $Q(x) := \neg m(x) \wedge \neg M(x)$

2. $x =_E y := (M(x) \wedge M(y) \wedge \forall_Q z(x \in z \leftrightarrow y \in z)) \vee (Q(x) \wedge Q(y) \wedge \forall z(z \in x \leftrightarrow z \in y))$

3. $E(x) := \forall y(y \in x \to Q(y))$

4. $\mathscr{P}(x) := Q(x) \wedge \forall y(y \in x \to m(y)) \wedge \forall y \forall z(y \in x \wedge z \in x \to y \equiv z)$

5. $\mathscr{D}(x) := M(x) \vee Z(x)$

A primeira afirma que um quase-conjunto é algo que não é nem um m-átomo e nem um M-átomo. A segunda introduz a *identidade extensional* que vale unicamente para M-átomos e quase-conjuntos; repare que é exatamente a identidade em ZFA, e não se aplica a m-átomos. Note que o quantificador universal está relativizado a quase-conjuntos, e não a conjuntos somente. Isso se deve ao fato de que queremos que, quando x e y denotam coisas idênticas, isso seja atestado pelo fato de, sendo M-átomos, pertencerem a todos os conjuntos *e* a todos os quase-conjuntos, não deixando margem para qualquer 'identidade relativa' a conjuntos somente. A terceira definição é uma abreviação útil; fala de quase-conjuntos cujos elementos são unicamente quase-conjuntos, e a quarta introduz os quase-conjuntos *puros*, que têm como elementos unicamente m-átomos indiscerníveis. Finalmente, (5) introduz um predicado para podermos falar unicamente de M-átomos e de conjuntos, *Dinge* na terminologia de Zermelo.[5]

Uma imagem intuitiva do *universo de quase-conjuntos* é dada pela Figura IX.2 seguinte.

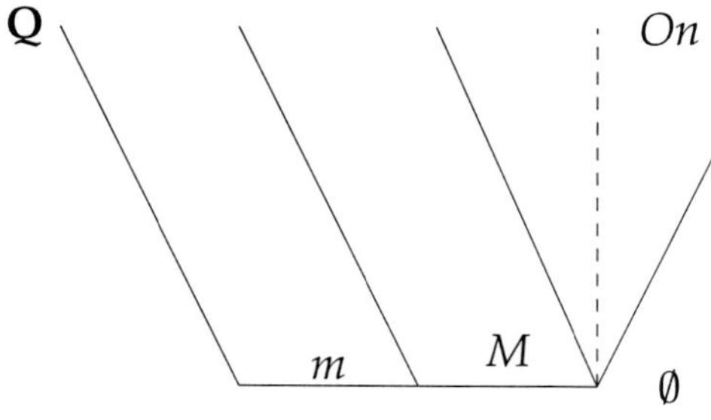

Figura IX.2: O universo **Q** de quase-conjuntos é definido por recursão transfinita; a parte 'clássica' desconsidera m e é um modelo de ZFA. Se eliminarmos ainda o conjunto M, obtemos uma cópia de ZFC 'pura'. On representa a classe dos ordinais.

O universo **Q** é construído *recursivamente* (recursão transfinita) sobre a classe On dos ordinais. Essa construção é exemplificada na seção seguinte. A ideia é que, partindo dos m-átomos, dos M-átomos e do conjunto vazio (que estão no 'chão' da estrutura), vamos obtendo quase-conjuntos tendo essas coisas como elementos, depois quase-conjuntos de quase-conjuntos dessas coisas, etc., tudo mediante as operações de tomar o conjunto potência do que se tinha antes e de uniões. Quanto mais se 'sobe' nessa hierarquia, mais complexo fica o quase-conjunto. Damos um exemplo em ZFA para facilitar a intuição. Sejam a, b átomos distintos. Podemos formar (pelo axioma do par) os conjuntos $\{a\}$ e $\{a, b\}$. Depois desses, podemos formar o conjunto $\{\{a\}, \{a, b\}\}$, que é definido como sendo o par ordenado $\langle a, b\rangle$. Podemos agora formar conjuntos de pares ordenados, que serão as relações binárias, e assim por diante. A hierarquia é indexada pelos ordinais: $Q_0, Q_1, \ldots, Q_\alpha, \ldots$. Os postulados de $\mathfrak{Q}$ são aqueles da lógica clássica de primeira ordem sem igualdade, mais os seguintes postulados específicos.

Axioma 1. $\forall x \neg(m(x) \wedge M(x))$

Ou seja, nada é simultaneamente um m-átomo e um M-átomo.

[5]Zermelo era alemão e é natural que usasse a sua língua natal. Nessa língua, *Ding* (plural *Dinge*) pode ser traduzido por 'coisa', mas ele se referia aos *objetos* de um domínio assumido existir, que é o mesmo de ZFA. Assim, *Ding* significa uma 'coisa' desse domínio, ou seja, um átomo (no caso, um M-átomo) ou um conjunto (um x que obedece o predicado Z.

Axioma 2. *Este axioma é a conjunção das seguintes cláusulas:*

(a) $\forall x \forall y(m(x) \wedge y \equiv x \rightarrow m(y))$

(b) $\forall x \forall y(M(x) \wedge y \equiv x \rightarrow M(y))$

Em palavras, aquilo que é indiscernível de um m-átomo é um m-átomo e o mesmo se dá com respeito aos M-átomos.

Para o próximo axioma, usaremos **quantificadores relativizados**: se F é um predicado e α é uma fórmula, escrevemos $\exists_F x\alpha$ para designar $\exists x(F(x) \wedge \alpha)$ e $\forall_F x\alpha$ para abreviar $\forall x(F(x) \rightarrow \alpha)$. Ademais, escrevemos ainda coisas como $\forall_{F,G} x\alpha$ para indicar $\forall x(F(x) \vee G(x) \rightarrow \alpha)$ e $\exists_{F,G} x\alpha$ para $\exists x((F(x) \vee G(x)) \wedge \alpha)$

Axioma 3. *Temos o seguinte com respeito à relação de indiscernibilidade e à identidade extensional:*

(a) $\forall x(x \equiv x)$

(b) $\forall x \forall y(x \equiv y \rightarrow y \equiv x)$

(c) $\forall x \forall y \forall z(x \equiv y \wedge y \equiv z \rightarrow x \equiv z)$

(d) $\forall x \forall y(x =_E y \rightarrow (\alpha(x) \rightarrow \alpha(y)))$, sendo $\alpha(x)$ uma fórmula na qual x figura livre e $\alpha(y)$ é obtida da anterior pela substituição de y no lugar de x em algumas ocorrências livres desta.

(e) $\forall x \forall y(x =_E y \rightarrow x \equiv y)$

(f) $\forall_{\mathscr{D}} x \forall_{\mathscr{D}} y(x \equiv y \rightarrow x =_E y)$

Nota-se que a recíproca de (e) não vale para m-átomos. O item (f) diz que essa recíproca vale para M-átomos e para conjuntos. Portanto, levando-se em conta (a), que para M-átomos e conjuntos se torna $\forall_{M,Z} x(x =_E x)$ e (d), concluímos que a igualdade (ou identidade) extensional tem as mesmas propriedades da igualdade em ZFA.

É fácil verificar que os postulados (Axiomas 3a,d,f) acarretam que, para os *Dinge*, valem os postulados da identidade da lógica elementar (reflexividade e substitutividade).

Axioma 4. $\forall x(\forall y(y \in x \rightarrow \mathscr{D}(y)) \leftrightarrow Z(x))$

Axioma 5. $\exists_Q x \forall y(y \notin x)$

Axioma 6. *Também é dado por duas cláusulas:*

(a) $\forall_Z x \forall_Z y \forall_{\mathscr{D}} z(z \in x \leftrightarrow z \in y) \rightarrow x =_E y)$

(b) $\forall_M x \forall_M y \forall_Z z(x \in z \leftrightarrow y \in z) \rightarrow x =_E y)$

Como a lógica subjacente a $\mathfrak{Q}$ é, com exceção da igualdade, a lógica clássica, podemos raciocinar do seguinte modo. Suponha que x seja um quase-conjunto que não tenha elementos (cuja existência podemos derivar do Esquema da Separação, como faremos abaixo, assim tornando o Axioma 5 redundante). Então resulta do Axioma 4 que esse quase-conjunto é um conjunto.[6] A sua unicidade resulta como teorema, como veremos, pois para os *Dinge* vale o axioma da extensionalidade de ZFA, que é precisamente o Axioma 6.

O Axioma 6 é importante. Ele assegura que os elementos de um quase-conjunto forem 'objetos clássicos' (*Dinge*), então o quase-conjunto é um conjunto. Mas note que para que isso aconteça os elementos de x também não podem ter m-átomos como elementos, nem os elementos de seus elementos, e assim por diante, pois senão não seriam *Dinge*. Assim, esse axioma garante o que afirmamos informalmente acima: para que um quase-conjunto seja um conjunto, o seu fecho transitivo não pode conter m-átomos.

Axioma 7. *Seja $\alpha(x)$ uma fórmula na qual x figura livre. Então postulamos que*

$$\forall_Q z \exists_Q y \forall x(x \in y \leftrightarrow x \in z \wedge \alpha(x)).$$

Trata-se do Esquema da Separação para $\mathfrak{Q}$. Reservaremos a notação usual da teoria comum de conjuntos, $A = \{x \in y : \alpha(x)\}$, para *conjuntos* em $\mathfrak{Q}$, mas o caso geral será denotado assim:

$$[x \in z : \alpha(x)],$$

usando-se '[' e ']' ao invés de chaves.

Se '$x \neq x$' é $\alpha(x)$, aplicando o esquema da Separação, sendo z um *conjunto* qualquer (disso resulta que a identidade e a diferença fazem sentido para os seus elementos), resulta que existirá um y que não tem elementos e que, como vimos acima, é um conjunto e é único. Ele será denotado, como é usual, por '$\emptyset$'.

Axioma 8.

$$\forall_Q x(E(x) \rightarrow \exists_Q y(\forall z(z \in y \leftrightarrow \exists w(z \in w \wedge w \in x)))$$

Trata-se obviamente do axioma da união; o quase-conjunto postulado existir é denotado por '$\bigcup x$'.

Note agora o seguinte. No esquema da separação, tome $\alpha(x)$ como $x \equiv y \vee x \equiv v$. Resulta que obtemos um quase-conjunto que tem u e v como elementos, ainda que possivelmente esses não sejam os seus únicos elementos. Na verdade, pode haver 'outros' indiscerníveis de x ou de y; denotaremos esse quase-conjunto do seguinte modo:

$$[u, v]_z,$$

e se $x \equiv y$, por

$$[u]_z.$$

Esse último é o quase-conjunto dos indiscerníveis de u que pertencem a z e é chamado de *unitário fraco* de u relativo a z. É como se estivéssemos falando de um quase-conjunto $[e^-]_{Na}$ formado pelos 11 elétrons de um átomo de Sódio, ou então, no caso anterior, dos elétrons e dos prótons desse átomo, $[e^-, p]_{Na}$. A figura IX.3 pretende ajudar a esclarecer esses conceitos.

Se tomarmos, como comum, $x \subseteq y$ como abreviação de $\forall z(z \in x \rightarrow z \in y)$, temos:

[6] Se x é tal que para todo y tem-se que $y \notin x$, vem que a primeira sentença do bi-condicional em (Axioma 4) é verdadeira, pois o seu antecedente é falso, resultando que $Z(x)$ deve ser o caso.

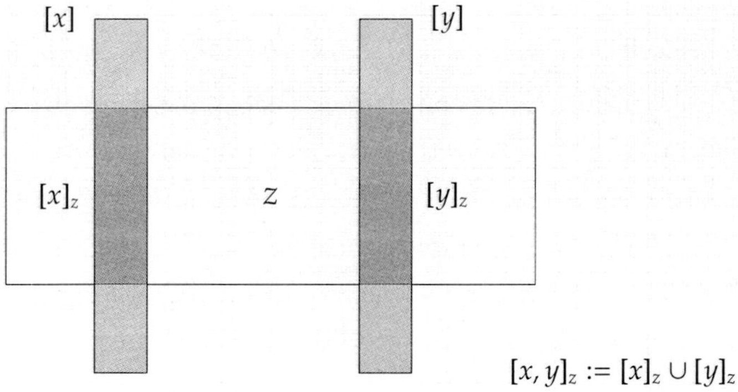

Figura IX.3: $[x]$ é a q-classe de todos os indiscerníveis de x e $[y]$ é a q-classe de todos os indiscerníveis de y; $[x]_z$ é o quase-conjunto dos indiscerníveis de x que pertencem a z e algo similar vale quanto a $[y]_z$. O 'par' $[x, y]_z$ dos indiscerníveis de x ou de y que pertencem a z não tem necessariamente só *dois* elementos (ou seja, pode ser que $qc([x, y]_z > 2)$.

Axioma 9.

$$\forall_Q x \exists_Q y \forall z (z \in y \leftrightarrow z \subseteq x).$$

Esse quase-conjunto é denotado por $\mathcal{P}(x)$. Consideremos agora o quase-conjunto $[u]_z$ como acima, bem como $\mathcal{P}([u]_z)$. Pomos então o seguinte conceito. Se $[u]_z$ como acima, ou seja, o quase-conjunto de todos os indiscerníveis de u que pertencem a z. Seja S_u o quase-conjunto de todos os subquase-conjuntos de $[u]_z$ que têm u como elemento, e seja $\bigcap S_u := \bigcap_{t \in S_u} t$ a interseção de S_u.

Não podemos garantir que $\bigcap S_u$ tenha um só elemento; a intuição diz que sim, mas devemos por enquanto colocá-la sob judice. No entanto, quando falarmos mais abaixo dos quase-cardinais, postularemos que dado um quase-conjunto com quase-cardinal λ, existe um seu subquase-conjunto com quase-cardinal μ para todo $\mu \leq \lambda$. Assim, se o quase-cardinal de $[x]_z$ é maior ou igual a 1, haverá (pelo menos) um subquase-conjunto de $\bigcap S_u$ com quase-cardinal 1, que denotamos por $[\![u]\!]_z$ e chamamos de **unitário forte** de u relativo a z.

Algumas propriedades do unitário forte são as seguintes (outras podem ser vistas em [79, §7.2.5], [227]. Sejam z um quase-conjunto e $x \in z$. Então,

(1) *Se $x \in [\![u]\!]_z$, então $x \equiv u$. Note no entanto que não podemos afirmar que $x = u$ porque a identidade não pode ser usada com m-átomos.*

(2) *Se $x \in z$, então $[\![x]\!]_z \subseteq z$*

O conceito de unitário forte é importante, pois permite que possamos falar de *um quantum* assim-e-assim sem que precisemos identificá-lo. Mas observe-se que isso é diferente de dizermos 'um número real' sem dizer qual é ele. O fato é que nesse último caso *podemos*, se quisermos, identificar o tal número real por um nome e distingui-lo de qualquer outro, o que não acontece com os quanta. Voltaremos a esse ponto mais à frente.

Axiomas como os do infinito e da regularidade podem ser assumidos aqui sem nenhum problema, já que dizem respeito a *conjuntos* sendo, portanto, os mesmos que os de ZFA. São nossos axiomas 10 e 11.

Quando se fala em 'par ordenado', essencial para que possamos definir relações e funções, há aqui um problema dada a possível indiscernibilidade dos m-átomos. Em princípio, procedemos como usual, falando de um 'par ordenado' ao estilo de Wiener-Kuratowski, a saber, para quaisquer x e y em z, pomos

$$\langle x, y\rangle_z := [[x]_z, [x, y]_z]_{\mathcal{P}(z)}$$

Ou seja, trata-se da coleção (quase-conjunto) dos indiscerníveis de x e dos indiscerníveis de y; claro está que se $x \equiv y$, então $\langle x, x\rangle_z$ equivale a $[x]_z$.

Funções e relações não podem ser definidos como usual devido à possível indiscernibilidade dos m-átomos. Por isso, algo mais geral para cada caso.

Uma quase-relação entre os quase-conjuntos A e B é um quase-conjunto de pares da forma $\langle x, y\rangle_{A\cup B}$ com $x \in A$ e $y \in B$. A definição pode ser estendida para quase-relações n-árias.

Seja R uma quase-relação entre A e B como na definição precedente. Uma quase-função f de A em B é uma quase-relação R que cumpre o seguinte:[7]

$$(\forall x \in A)(\exists y \in)(\langle x, y\rangle_{A\cup B} \in f \wedge \langle x', y'\rangle_{A\cup B} \in f \wedge x' \equiv x \to y' \equiv y)$$

Isso indica que indiscerníveis de A são levados em indiscerníveis de B. Se só há *Dinge* envolvidos, a indiscernibilidade se torna a identidade e a definição colapsa na de função em sentido usual. Em analogia ao que se faz nas teorias usuais de conjuntos, podemos definir quase-injeções, quase-sobrejeções e quase-bijeções, como mostrado em [79]. Informalmente, podemos dar uma ideia do que acontece com essas definições.

Uma q-função associa indistinguíveis a indistinguíveis.

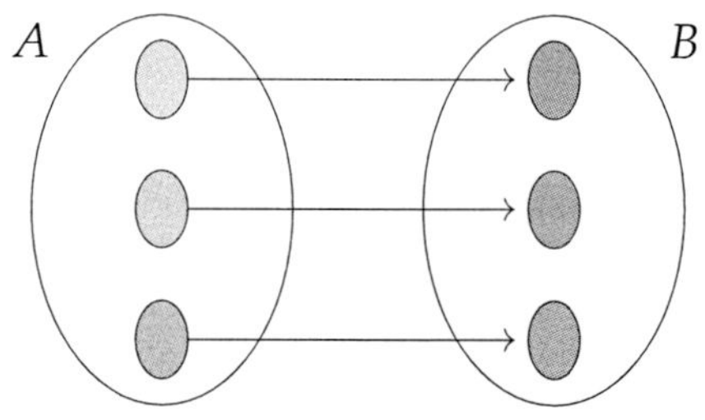

Figura IX.4: Uma q-função. Elementos indiscerníveis do primeiro qset são levados em elementos indiscerníveis do segundo.

Uma quase-injeção (q-injeção) pode ser entendida com a figura IX.5. Em uma q-injeção, qsets *discerníveis* não podem ser associados a um 'mesmo' qset de elementos indistinguíveis, como indicam as cores diferentes.

IX.3.1 O axioma das quase-escolhas

Axioma 10 (Quase-escolha). *Uma versão do axioma da escolha pode ser apresentada como segue.*

$$\begin{aligned}\forall_Q x(E(x) \wedge \forall y \forall z(y \in x \wedge z \in x \wedge y \neq \emptyset \wedge z \neq \emptyset \to y \cap z =_E \emptyset)\\ \to \exists_Q u \forall y \forall v(y \in x \wedge v \in y\\ \to \exists_Q w(w \subseteq [v]_y \wedge qc(w) = 1 \wedge w \cap y \equiv w \cap u)))\end{aligned}$$

[7]Daqui em diante, para facilitar a notação, escreveremos $(\forall x \in A)\alpha$ para $\forall x(x \in A \to \alpha)$, e algo semelhante será usado para o quantificador existencial.

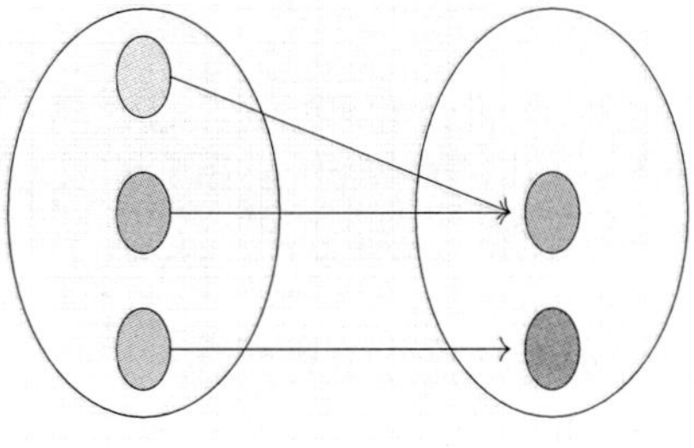

Figura IX.5: Em uma q-injeção, o que mostra a figura *não* pode acontecer.

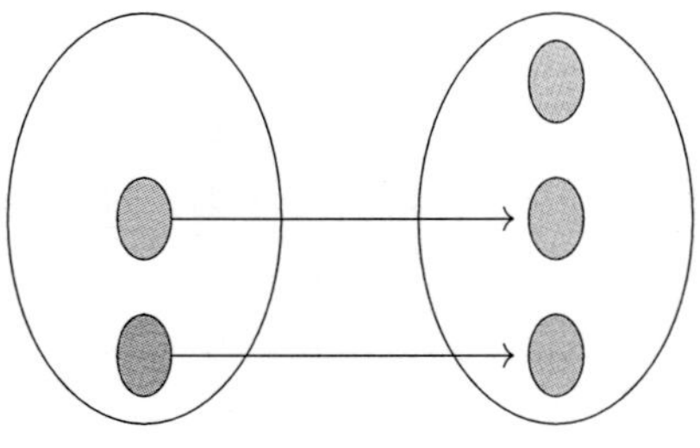

Figura IX.6: Em uma q-sobrejeção, *isso* não pode acontecer.

O que esse axioma está dizendo? Suponha que temos um quase-conjunto x cujos elementos são todos quase-conjuntos ('$E(x)$') não vazios e disjuntos, que é o que está dizendo tudo aquilo escrito antes da primeira implicação. Então existe um quase-conjunto u tal que, dado um elemento qualquer $v \in y$ (com $y \in x$), existe um subquase-conjunto w de indiscerníveis de v (em y) com quase-cardinal 1 e cuja interseção com u é indiscernível de sua interseção com y, ou seja, ele toma *um* indiscernível de v em y para formar u. Assim, podemos dizer que existe uma *quase-função escolha* agindo sobre x que toma um elemento indiscernível de um elemento de cada um de seus elementos para formar um novo quase-conjunto.

A figura IX.8 abaixo tenta ajudar a compreensão do axioma.

Restam agora os axiomas para quase-cardinais. Como mencionado antes, há um grande problema aqui já mencionado antes. Nas teorias usuais de conjuntos, como ZFC, um cardinal é um ordinal especial, a saber, é um ordinal que não é ordem-isomorfo a nenhum ordinal menor do que ele. Ou seja, um cardinal é um ordinal, e isso envolve a distinção dos elementos do conjunto, posto que um ordinal é um conjunto bem ordenado. Mas aqui não queremos isso, pois desejamos atribuir um cardinal a uma coleção (quase-conjunto) sem que tenhamos que impingir um ordinal ao mesmo tempo. Uma solução seria aplicar o 'truque de Scott', devido ao matemático americano Dana Scott. O 'truque' é o seguinte.

Iniciamos com o chamado Princípio de Hume, que diz que sendo A e B dois conjuntos e se $|A|$ e $|B|$ indicam seus cardinais, escrevamos '$A \approx B$'para dizer que eles são equinumerosos (equipotentes), ou seja,

$$|A| = |B| \text{ se e só se } A \approx B. \tag{IX.1}$$

Lembremos que a definição de Frege e Russell de cardinal estabelece que o cardinal de um conjunto é a classe de todos os conjuntos equinumerosos a ele, como já sabemos. Por exemplo, '2' é a classe de todas as duplas. O problema é que isso origina uma classe própria e não um conjunto (de ZFC por exemplo). Levando isso em conta, Scott encontrou um modo de caracterizar um conjunto em ZF (que é ZFC sem o

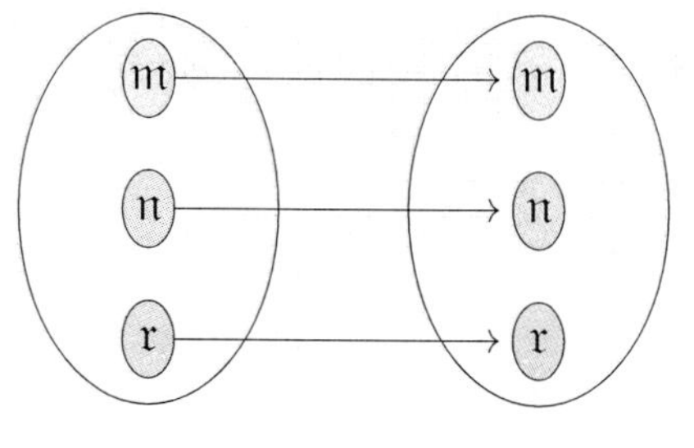

Figura IX.7: Uma q-bijeção relaciona a mesma quantidade (dada pela igualdade dos quase-cardinais, indicados pelas letras góticas) de elementos indistinguíveis à mesma quantidade de elementos indistinguíveis. Por exemplo, *duas* moléculas de ácido sulfúrico, vistas como qsets, são indistinguíveis e não iguais. Assim, podemos escrever $H_2SO_4 \equiv H_2SO_4$, mas nunca $H_2SO_4 = H_2SO_4$, o que indiaria que temos uma só molécula.

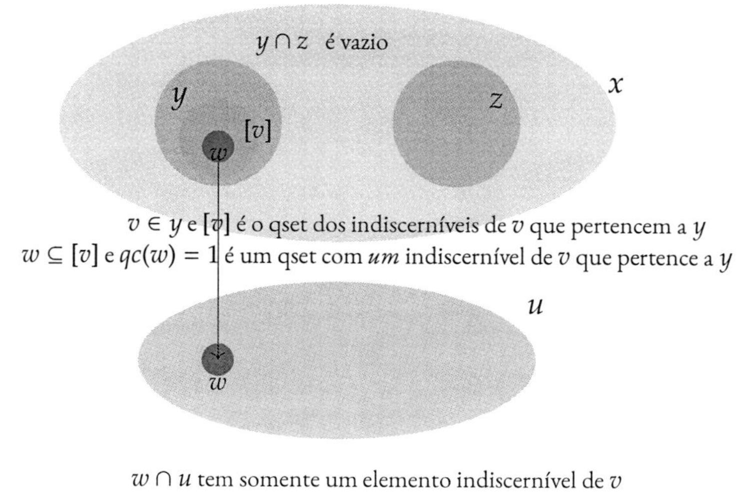

Figura IX.8: A ideia intuitiva de como o axioma das quase-escolhas funciona. De uma família de qsets disjuntos e não vazios, 'escolhemos' um elemento indiscernível de algum elemento de cada um dos membros da família.

Axioma da Escolha, pois esse axioma não é necessário para essa construção, mas fazendo uso do Axioma da Regularidade) que se passa por uma classe própria mas que ainda é um conjunto de ZF. Como ele fez isso? Ele notou que para qualquer conjunto A da hierarquia cumulativa de von Neumann há um menor ordinal α tal que $A \in V_{\alpha+1}$. Esse α é chamado de *rank* do conjunto A, e por assim dizer, mede a sua 'complexidade', o 'quão alto' ele está na hierarquia cumulativa. Então Scott tomou o conjunto (que de fato é um conjunto) de todos os conjuntos em $V_{\alpha+1}$ que são equinumerosos a A para ser o cardinal de A. Isso independe do Axioma da Escolha e então mesmo conjuntos que não são bem ordenados podem ter um cardinal.

Mas isso não funciona aqui, pois introduz os ordinais pela porta dos fundos, uma vez que o conceito de *rank* baseia-se no de ordinais. Como proceder então para podermos dizer que um qset pode ter um cardinal? A solução que encontramos foi a de considerar o conceito de quase-cardinal como primitivo, coincidindo com o de cardinal quando estivermos lidando com *conjuntos*; na seção IX.7 abaixo voltamos a falar dos cardinais dos qsets). É certo mencionar que a mesma ideia foi feita independentemente por Dalla Chiara e Toraldo di Francia em sua teoria de *qua-conjuntos*.[8] Os axiomas de quase-cardinais e suas justificativas são

[8]Uma comparação entre essa teoria e a teoria de quase-conjuntos é feita em [48].

os seguintes, onde assumimos que os seguintes conceitos são definidos na parte correspondente a ZFA que está embutida em $\mathfrak{Q}$: $Cd(x)$ diz que x é um cardinal, $card(x)$ indica o cardinal de x, e lembremos que $qc(x)$ representa o quase-cardinal de x, que suporemos sempre finito no caso de haver m-átomos.[9]

Axioma 11.

$$\forall_Q x(\exists_Z y(y = qc(x)) \to \exists! y(Cd(y) \wedge \\ y = qc(x) \wedge (Z(x) \to y = card(x)))$$

O que diz esse axioma? Em palavras, se x é um quase-conjunto que tem um quase-cardinal,[10] então esse quase-cardinal é um cardinal e se x for um conjunto, então esse quase-cardinal é seu (único) cardinal em sentido usual. Mesmo se considerarmos *Dinge* (objetos 'clássicos') que estão em ZFA, podemos tratar os quase-cardinais como conjuntos dessa teoria e usar a igualdade usual '=' para eles. É o que faremos doravante.

Axioma 12.

$$\forall_Q x(x \neq \emptyset \to qc(x) \neq 0)$$

.

Se um quase-conjunto tem um quase-cardinal, então seu quase-cardinal não é zero se o quase-conjunto não for o conjunto vazio. Como o quase-conjunto vazio é um conjunto, advém que seu quase-cardinal é zero.

Axioma 13.

$$\forall_Q x(\exists_Z \alpha(\alpha = qc(x)) \to \forall \beta(\beta \leq \alpha \to \exists_Q z(z \subseteq x \wedge qc(z) = \beta)))$$

Se x tem quase-cardinal α, então para qualquer cardinal $\beta \leq \alpha$, existe um subquase-conjunto de x com o tal quase-cardinal. Isso faz com que se supusermos os 11 elétrons de um átomo de lítio como formando um quase-conjunto, possamos pensar em subquase-conjuntos com quase-cardinais de 0 até 11.

Nos axiomas remanecentes, quando nos referirmos ao quase-cardinal de um quase-conjunto, assumiremos que ele existe.

Axioma 14.

$$\forall_Q x \forall_Q y(y \subseteq x \to qc(y) \leq qc(x))$$

Axioma 15.

$$\forall_Q x \forall_Q y(Fin(x) \wedge x \subset y \to qc(x) < qc(y))$$

Onde $Fin(x)$ diz que o quase-cardinal de x é um número natural.

---

[9]Aparentemente, para tudo o que importa à física, basta uma quantidade finita de objetos físicos. Os axiomas para q-cardinais de quase-conjuntos infinitos tem que ser adaptada'ver [130].

[10]Como veremos, na física quântica nem sempre se pode atribuir uma quantidade definida de elementos a um sistema.

Axioma 16 (Q18).

$$\forall_Q x \forall_Q y(\forall w(w \notin x \vee w \notin y) \rightarrow qc(x \cup y) = qc(x) + qc(y))$$

Axioma 17.

$$\forall_Q x(qc(\mathcal{P}(x)) = 2^{qc(x)})$$

Repare que nesse axioma podemos usar a igualdade de ZFA posto que os quase-cardinais são *Dinge* pelo axioma Q13.

IX.3.2 Quase-cardinais: modo alternativo

Apresentamos aqui um modo alternativo de se levar em conta os quase-cardinais dos quase-conjuntos sem que seja preciso tomar o conceito como primitivo. Isso funciona pelo menos para quase-cardinais finitos (números naturais). A ideia se baseia em usar a aritmética (que aqui denotaremos por AP, para 'Aritmética de Peano' de primeira ou de segunda ordem) *em paralelo* à teoria de quase-conjuntos. Isso é semelhante ao que se faz quando, na teoria dos espaços vetoriais, usamos a teoria dos *corpos* 'em paralelo', ou seja, assumindo que os escalares são elementos de um corpo, sem que precisemos axiomatizar essa teoria quando da apresentação dos espaços vetoriais. Aqui, para evitar confusão, vamos denotar os números naturais *pegos de AP* com símbolos como $\hat{0}, \hat{1}, \hat{2}, \ldots, \hat{n}, \hat{m}, \ldots$. Importante notar que esses números naturais *não estão* sendo tomados de $\mathfrak{Q}$, mas de AP, assim eles não estão comprometidos com ordinais.

Podemos então postular o seguinte, onde escrevemos $qc(x, \hat{n})$ para indicar que o quase-conjunto x tem quase-cardinal $\hat{n}$:

Axiomas para quase-cardinais finitos [11]

1. $\forall x \forall \hat{n}(qc(x, \hat{n}) \rightarrow Q(x))$, ou seja, aquilo que tem um q-cardinal é um q-conjunto.

2. $\forall x(qc(x, \hat{0}) \leftrightarrow x =_E \emptyset$, isso é, somente o conjunto vazio tem q-cardinal zero e reciprocamente.

3. $\forall x \forall y(qc(x, \hat{n}) \wedge y =_E [\![w]\!]_z \wedge x \cap y =_E \emptyset \rightarrow qc(x \cup y, \widehat{n+1})$, isso é, se o q-cardinal de x é $\hat{n}$ e se y é um unitário forte disjunto de x, então o q-cardinal de x unido com y soma uma unidade ao q-cardinal de x. O axioma foi simplificado evitando-se introduzir cláusulas sobre a existência de z e w cumprindo o que requer o axioma. Esse procedimento vai ser usado doravante.

4. $\forall x(qc(x, \hat{1}) \rightarrow x =_E [\![w]\!]_z)$

5. $\forall x \forall \hat{n}(qc(x, \widehat{n+1}) \rightarrow \exists y(y \in \mathcal{P}(x) \wedge x \setminus y =_E [\![w]\!]_z))$

Com essa estratégia, podemos operar com os q-cardinais sem a preocupação de que estejamos introduzindo ordinais de alguma forma, logo completamente *sem* identificar os elementos dos quase-conjuntos.

[11] Esses axiomas são semelhantes aos apresentados por E. Wajch em [227], mas essa autora não os usa da forma como estamos fazendo aqui, ou seja, 'capturados' de AP.

IX.3.3 O Axioma da Extensionalidade Fraca

O próximo axioma é chamado de Axioma da Extensionalidade Fraca e complementa o axioma da extensionalidade visto acima que se aplica unicamente a *Dinge*. Aqui, temos um correspondente que vale para quase-conjuntos que contenham m-átomos em seu 'fecho transitivo', e se reduz ao anterior se os m-átomos forem eliminados. Para melhor formulá-lo, necessitamos de dois conceitos extra, dados da seguinte maneira:

(i) $Sim(x, y) := \forall z \forall w(z \in x \wedge w \in y \rightarrow z \equiv w)$

(ii) $Qsim(x, y) := Sim(x, y) \wedge qc(x) = qc(y)$.

(iii) $x/\equiv\ := [y \in x : y \equiv x]_Z$

A primeira condição diz que dois quase-conjuntos x e y são *simétricos* se os seus elementos são indiscerníveis, enquanto que a segunda diz que eles são simétricos e de mesma quase-cardinalidade. A terceira introduz o quase-conjunto quociente de x pela ralação de indistinguibilidade.

A figura a seguir tenta fornecer algo acerca da intuição desse axioma:

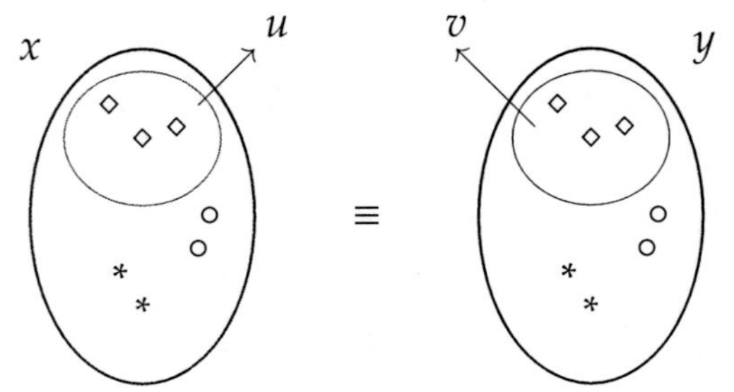

Figura IX.9: Quase-conjuntos indistinguíveis têm 'a mesma quantidade' de elementos do mesmo tipo. Por exemplo, '$H_2O \equiv H_2O$'.

O axioma é formulado do modo seguinte:

Axioma 18 (Extensionalidade Fraca).

$$\begin{aligned} &\forall_Q x \forall_Q y((\forall z(z \in x/\equiv\ \rightarrow \exists t(t \in y/\equiv\ \wedge Qsim(z, t)))) \\ &\wedge \forall t(t \in y/\equiv\ \rightarrow \exists z(z \in x/\equiv\ \wedge \wedge Qsim(t, z))) \rightarrow x \equiv y) \end{aligned} \tag{IX.2}$$

Em palavras, dois quase-conjuntos são indiscerníveis quando contêm 'a mesma quantidade' (expressa por meio de quase-cardinais) de elementos do 'mesmo tipo'. Por exemplo, podemos considerar duas moléculas de ácido sulfúrico como indiscerníveis escrevendo '$H_2SO_4 \equiv H_2SO_4$', o que não faz delas a mesma molécula, o que aconteceria se usássemos a igualdade.

A definição de quase-função vista antes motiva a seguinte definição; seja $\alpha(x, y)$ uma fórmula na qual as variáveis x e y figuram livres. Se para cada x houver um y tal que $\alpha(x, y)$ valha e se sempre que $x' \equiv x$ for tal que existe y' tal que $\alpha(x', y')$ implique que $y' \equiv y$, dizemos que α define uma condição quase-funcional.

Axioma 19 (Substituição). *Se $\alpha(x, y)$ é uma condição quase-funcional, seja q um quase-conjunto relativamente ao qual x faz referência, ou seja, x 'percorre' q. Então a coleção de todos os y tais que $\alpha(x, y)$ vigore forma um quase-conjunto p. Em símbolos,*

$$(\forall_Q q)(\forall x \in q)\Big((\exists y)\alpha(x, y) \rightarrow (\forall z \in q)(z \equiv x$$
$$\rightarrow (\exists w)(w \equiv y)\alpha(z, w)) \rightarrow \exists_Q p(\forall y \in p) \rightarrow (\exists x \in q)\alpha(x, y)\Big)$$

Um teorema importante que reflete o fato de que se em quase-conjunto 'substituirmos' um elemento que a ele pertence por um que lhe seja indiscernível, em um certo sentido 'nada acontece'. Lembre do que dissemos acima sobre a ionização de um átomo neutro de helio; o próximo teorema reflete esse fato, mas antes necessitamos de um lema.

Sejam x e y quase-conjuntos tais que x é finito, ou seja, $qc(x) \in \mathbb{N}$. Então $y \subseteq t$ acarreta $qc(x - y) = qc(x) - qc(y)$. A demonstração é simples. Por definição, $t \in x - y$ se e somente se $t \in x \wedge t \notin y$. Então $(x - y) \cap y = \emptyset$. Portanto, pelo axioma Q19, $qc((x - y) \cup y) = qc(x - y) + qc(y)$, a qual, uma vez que $y \subseteq x$ e que $(x - y) \cup y = x$, implica que $qc(x - y) = qc(x) - qc(y)$. ▮

Seja t um quase-conjunto e seja z um m-átomo em t. Admita que $x \subset [z]_t$ mas que não contém todos os elementos de t que são indiscerníveis de z. Seja ainda w um elemento de t que é indiscernível de z mas que não pertence a x. Então estabelece-se que

$$(x - [\![z]\!]_t) \cup [\![w]\!]_t \equiv x$$

Repare o que esse resultado está dizendo com uma analogia com um caso em ZFA; suponha que t é um conjunto, que $z \in t$ e então $x = [z]_t$ será o conjunto unitário de z, $\{z\}$. Se $w \in t$, então $(x - \{z\}) \cup \{w\} = x$ se e somente se $w = z$, ou seja, a igualdade é reservada se e somente se trocarmos um elemento de t 'por ele mesmo', já que na teoria usual de conjuntos, um objeto só é indiscernível dele próprio, o que não acontece em $\mathfrak{Q}$, onde podemos ter coleções de indiscerníveis com quase-cardinal maior do que a unidade.

A demonstração pode ser feita do seguinte modo. Caso 1: o único elemento de $[\![z]\!]_t$ não pertence a x. Então $x - [\![z]\!]_t = x$. Seja w tal que seu único elemento pertence a x (por exemplo, ele pode ser z). Então $(x - [\![z]\!]_t) \cup [\![w]\!]_t = x$, e temos o teorema. Caso 2: o único elemento de $[\![z]\!]_t$ pertence a x. Então $qc(x - [\![z]\!]_t) = qc(x) - 1$ pelo lema anterior. Seja $[\![w]\!]_t$ tal que seu único elemento é w, logo $(x - [\![z]\!]_t) \cup [\![w]\!]_t = \emptyset$. Portanto, pelo axioma Q19, $qc(x - [\![z]\!]_t) = qc(x)$. Logo, pela extensionalidade fraca, segue o resultado. ▮

IX.4 Identidade de *m*-átomos

Alguém poderia argumentar que podemos definir identidade para os m-átomos na teoria de quase-conjuntos. É claro que podemos. O modo mais fácil seria admitir que a identidade vale para todos os objetos, eliminando a restrição que fizemos, dizendo que ela não vale para os m-átomos. Por exemplo, sem mudar nada na teoria, simplesmente assumamos que a identidade extensional '$=_E$' pode ser aplicada também para os m-átomos, colocando $x =_E y := \forall_Q z(x \in z \leftrightarrow y \in z)$, o que tornaria a teoria essencialmente equivalente a ZFA, só que com dois tipos de átomos.

Uma definição alternativa pode ser conseguida a partir do conceito de unitário forte. Defina $x \circ y :=$ $\exists z(qc(z) =_E 1 \wedge x \in z \wedge y \in z)$. Claramente, se o quase-conjunto z tem quase-cardinal 1, ele não pode conter elementos 'distintos'.

O problema com essas definições é que elas contrastam com a metafísica dos não-indivíduos. Façamos uma analogia para entender isso. Nos anos 1930, o lógico A. Heyting apresentou um sistema de lógica proposicional com a intenção de capturar as ideias principais da filosofia do intuicionismo de L. E. J. Brouwer. O sistema, que mais tarde ficou conhecido como 'sistema BH', para 'Brouwer-Heyting', recusa a aplicação universal do Princípio do Terceiro Excluído.[12] Ora, poderia perguntar você, por que tal restrição? Por que não deixar que essa lei, básica na lógica clássica, valha para todas as situações? O mesmo poderia ser dito quanto às chamadas *lógicas paraconsistentes*, que violam o Princípio da Não Contradição. Ora, porque não assumir esse princípio, que Aristóteles considerava 'o mais seguro de todos os princípios'? A resposta é a mesma: *não se quer* que esses princípios valham universalmente nessas lógicas. Da mesma forma, no nosso caso desejamos manter uma metafísica de não-indivíduos, entendidos como entidades para as quais a noção usual de identidade não se aplica; assim, *não queremos* definir a identidade para m-átomos.

IX.5 Consistência relativa

Podemos mostrar facilmente de que forma ZFA pode ser obtida em $\mathfrak{Q}$, conforme afirmado acima. Basta que definamos uma *tradução* da linguagem de ZFA na linguagem de $\mathfrak{Q}$ de modo que as traduções dos axiomas de ZFA possam ser demonstrados como teoremas de $\mathfrak{Q}$. Não faremos os detalhes aqui, mas apenas mostramos a tradução. Suponha que na linguagem de ZFA haja um predicado unário C para 'conjuntos', e que tenhamos ainda $\in$ como símbolo não lógico.

Chamemos de α uma fórmula da linguagem de ZFA e de α^* a sua tradução para a linguagem de $\mathfrak{Q}$, dada pelas seguintes cláusulas:

1. se α é $C(x)$, então α^* é $Z(x)$

2. se α é $\neg C(x)$, então α^* é $M(x)$

3. se α é $x = y$, então α^* é

$$(M(x) \wedge M(y) \wedge x =_E y) \vee (Z(x) \wedge Z(y) \wedge x =_E y)$$

4. se α é $\neg\beta$, então α^* é $\neg\beta^*$

5. se α é $\alpha \to \beta$, então α^* é $\alpha^* \to \beta^*$

6. se α é $\forall x\beta$, então α^* é $\forall x(M(x) \vee Z(x) \to \beta)$

Essas cláusulas asseguram as traduções de $\alpha \vee \beta$, $\alpha \wedge \beta$ e $\exists x\alpha$. O trabalho braçal é agora mostrar que os axiomas de ZFA, assim vertidos, tornam-se teoremas de $\mathfrak{Q}$. Vem então a pergunta óbvia: é possível demonstrar a recíproca, ou seja, que $\mathfrak{Q}$ pode ser 'mergulhada' em ZFA? A resposta é afirmativa, e será delineada a

[12] Formalmente, sendo α uma fórmula, o princípio estabelece que temos $\alpha \vee \neg\alpha$. Sobre a lógica intuicionista, ver [159].

seguir, mostrando que a estrutura obtida será tal que, em seu interior, podemos simular a indiscernibilidade (a estrutura não é *rígida*). Face a esse resultado, vem a inevitável questão filosófica: para que então irmos para $\mathfrak{Q}$ se ZFA dá conta do que pretendemos considerar acerca dos objetos quânticos? A resposta é exatamente que ZFA não é assim tão boa para expressar a suposição de que os objetos quânticos são não-indivíduos. Em outras palavras, ainda que se possa fazer uma matemática adequada para a física quântica dentro de uma estrutura não rígida, na qual a indiscernibilidade possa ser representada, ZFA não expressa a metafísica correspondente, segundo a qual os objetos quânticos *são* não-indivíduos e não entidades 'mascaradas' de não-indivíduos. Essa é a principal vantagem de $\mathfrak{Q}$, e para a qual ela foi construída.

Não é necessário que trabalhemos em ZFA; ZFC é suficiente. Mostraremos de que modo podemos definir uma tradução da linguagem de $\mathfrak{Q}$ na linguagem de ZFC de modo que os axiomas de $\mathfrak{Q}$, uma vez traduzidos, sejam teoremas de ZFC. Sejam m e M conjuntos com $m \cap M = \emptyset$, e seja $\sim$ uma relação de equivalência sobre m, e denotemos por $C_1, C_2, \ldots$ as classes de equivalência correspondentes. Designamos por D_x à classe à qual x pertence, $x \in m$. Designemos agora por $\hat{x}$ o seguinte conjunto: $\hat{x} = \langle x, C_c \rangle$, formado por um elemento e pela classe de equivalência à qual ele pertence. Seja agora $\hat{m}$ o conjunto de todos esses pares $\langle x, C_x \rangle$. Para M como acima, definamos $X = \hat{m} \cup M$, e não haverá perda de generalidade se supusermos que $\hat{m}$ e M têm o mesmo *rank*. Sobre um tal X, erigimos agora por recursão transfinita sobre On a seguinte hierarquia de conjuntos; veja a figura IX.10

$$Q_0 := X$$

$$Q_1 := X \cup \mathcal{P}(X)$$

$$\vdots$$

$$Q_\lambda := \bigcup_{\beta<\lambda} Q_\beta \textit{ se } \lambda \textit{ é um ordinal limite}$$

$$\mathbf{Q}^V := \bigcup_{\alpha\in On} Q_\alpha$$

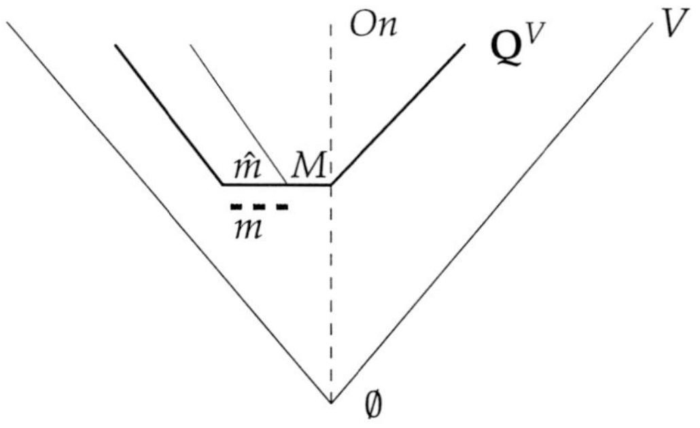

Figura IX.10: Uma cópia do universo $\mathbf{Q}$ em um modelo de ZFC (chamada de $\mathbf{Q}^V$). Repare que o conjunto m (linha pontilhada horizontal) não faz parte da estrutura, que inicia 'acima' de seu *rank*. Desse modo, não podemos considerar a identidade de seus elementos enquanto estivermos 'dentro' da estrutura $\mathbf{Q}^V$.

Repare em uma coisa importante: a hierarquia inicia com X, cujos elementos são os de $\hat{m}$ ou de M. Assim, os elementos de m *ficam fora* da hierarquia, consequentemente, nada 'dentro' do universo $\mathbf{Q}$ pode ser dito sobre os elementos de m, em particular que eles são discerníveis.[13] Porém, como elementos de um modelo para ZFC no qual essa hierarquia está sendo construída, eles são *indivíduos*, entidades que podem sempre ser discernidas de outras. No entanto, 'dentro' da estrutura construída, eles parecem ser indiscerníveis. O que faremos será definir uma tradução da linguagem de $\mathfrak{Q}$ para a linguagem de ZFC considerando essa hierarquia e mostraremos (na verdade, aqui somente afirmaremos) que ela é um modelo para a teoria de quase-conjuntos.

Para tornar a definição mais acessível, vamos admitir uma outra hierarquia, agora construída a partir da coleção M somente, a qual chamaremos de $\mathbf{Q}^M$, a qual conterá os átomos usuais e os 'conjuntos clássicos'.

Definimos

$$Q_0^M := M$$

$$Q_1^M := M \cup \mathcal{P}(M)$$

$$\vdots$$

$$Q_\lambda^M := \bigcup_{\beta<\lambda} Q_\beta^M \text{ se } \lambda \text{ é um ordinal limite}$$

$$\mathbf{Q}^M := \bigcup_{\alpha\in On} Q_\alpha^M$$

Uma tradução de $\mathfrak{Q}$ para ZFC pode ser estabelecida da seguinte forma. Seja α uma fórmula atômica da linguagem de $\mathfrak{Q}$ e seja α^* a sua tradução para a linguagem de ZFC, definida como segue:

1. *se* α *é* $m(x)$, *então* α^* *é* $x \in \hat{m}$

2. *se* α *é* $M(x)$, *então* α^* *é* $x \in M$

3. *se* α *é* $Z(x)$, *então* α^* *é tal que* x *pertence a algum conjunto em* $\mathbf{Q}^M$ *(cuja formulação 'formal' evitamos aqui).*

4. *se* α *é* $x \equiv y$, *então* α^* *é* $x = y$

5. *se* α *é* $x \in y$, *então* α^* *é* $x \in y$

As demais fórmulas são traduzidas de modo usual. Ao termo $qc(x)$, *associamos a expressão* $card(x)$, *que designa o cardinal do elemento correspondente a* x.

É fácil ver, ainda que tedioso, que todas as sentenças da linguagem de $\mathfrak{Q}$ se transformam em sentenças de ZFC sobre conjuntos, e que os axiomas de $\mathfrak{Q}$, assim traduzidos, são teoremas de ZFC. Mas o mais interessante é que a estrutura $\mathbf{Q}$ não é rígida, ou seja, admite outros automorfismos além da função identidade, mas a demonstração desse fato está além do que pretendem estas notas. O fato intuitivo é que para constatarmos que todos os automorfismos do modelo V de ZFC são triviais (coincidem com a função identidade), nos valemos do fato de que se h é um automorfismo e $x \in V$, então $h(y) = y$ para todo $y \in x$. Assim,

[13] Tecnicamente, como já explicado antes, dizemos que os elementos de m têm *rank* menor do que os elementos da hierarquia construída; o *rank* de um conjunto, lembremos mais uma vez, mede algo como a sua posição na hierarquia: quanto mais 'complicado' for o conjunto, maior é o seu rank (que é um ordinal). Assim, os elementos de um conjunto têm ranks menores do que o conjunto (na hipótese de valer o Axioma da Regularidade).

$h(x) = \{h(y) : y \in x\} = \{y : y \in x\} = x$ e, por $\in$-indução, mostramos que h é trivial.[14] Mas veja; agora, uma vez que os elementos de $\hat{m}$ podem estar em uma relação de equivalência $\sim$, não necessitamos exigir que $h(y) = y$, bastando $h(y) \sim y$ para o caso desses elementos. Assim, um elemento de $\hat{m}$ não necessita ser levado nele mesmo, bastando que seja levado em um 'indistinguível' dele. O procedimento é parecido com a construção de *modelos de permutação* em ZFA, onde toda permutação de átomos conduz a um automorfismo de todo o universo.

Observação Uma observação é importante quanto ao resultado obtido (de que a consistência de ZFA implica a de $\mathfrak{Q}$). Pode parecer que é possível estender a estrutura que é modelo de $\mathfrak{Q}$ em ZFA a uma estrutura rígida desde que acrescentemos de algum modo as identidades dos elementos de $\hat{m}$, por exemplo, acrescentando o conjunto m à estrutura. Mas isso seria falsear a ideia dos elementos de $\hat{m}$ serem indiscerníveis e consistiria meramente em algo formal. Um análogo seria dizer que podemos 'tornar' a lógica intuicionista de Brouwer-Heyting na lógica clássica meramente acrescentando o Princípio do Terceiro Excluído. Formalmente, isso estaria certo, mas seria totalmente contrário ao 'espírito construtivo' intuicionista. A lógica intuicionista, para expressar o que é pretendido, não pode prescindir da *semântica intuicionista*, bem descrita no livro de Heyting [98, Cap. VII]. Da mesma forma, o resultado apresentado acima meramente mostra a força expressiva da teoria usual de conjuntos, na qual podemos expressar 'praticamente tudo', ainda que muitas vezes, como seria o caso, deturpando a ideia principal daquilo que está sendo representado. No caso específico dos quase-conjuntos, acrescentar o conjunto m à estrutura que (e ZFA) modela $\mathfrak{Q}$ poria abaixo a interpretação pretendida de que os m-átomos são entidades destituídas de identidade. Aliás, já vimos antes na seção IX.4 que podemos definir uma 'identidade' (de mais de um modo, diga-se de passagem) para os m-átomos, mas isso contraria o que se quer com a teoria $\mathfrak{Q}$. Que isso fique bem claro: na elaboração de um sistema lógico ou matemático, colocamos como noções, princípios e postulados aquilo que nos interessa para descrever o sistema, e não 'aquilo que for possível'. Com efeito, porque não introduzir um axioma dizendo que existem cardinais inacessíveis em ZF? A razão é que se fizermos isso não teremos mais ZF, mas uma outra teoria.[15] O mesmo se aplica no caso anterior.

IX.6 Quase-classes

Pense em uma teoria como ZFC. Seus axiomas determinam que tipos de objetos são os conjuntos, que a bem do rigor deveríamos chamar de 'ZFC-conjuntos', uma vez que essa classe pode (e de fato é o que acontece) diferir do que sejam 'conjuntos' em outras teorias.[16] Do ponto de vista de ZFC, coleções como o conjunto de Russell, ou o conjunto de todos os grupos, ou de todos os espaços vetoriais, etc. não podem ser

[14] A $\in$-indução generaliza a indução comum e pode ser assim descrita: se $\varphi(x)$ é uma fórmula tal que $\varphi(x)$ se segue do fato de que $\varphi(y)$ para todo $y \in x$, então concluímos que φ vale para todos os conjuntos ou, em símbolos,

$$\forall x((\forall y \in x)\varphi(y) \rightarrow \varphi(x)) \rightarrow \forall z\varphi(z).$$

[15] Um cardinal inacessível é algo que não pode ser obtido em uma teoria como ZF ou ZFC, suposta consistente. Se adicionarmos um tal postulado, obtemos uma teoria extremamente forte na qual podemos provar inclusive a consistência de ZFC [195, p.353].

[16] Por exemplo, nas *teorias paraconsistentes de conjuntos*, o 'conjunto de Russell' $\mathcal{R} = \{x : x \notin x\}$ é um 'conjunto', mas ele *não existe* (como 'conjunto') em ZFC, suposta consistente.

concebidos como 'elementos da teoria'. São denominados de *classes próprias*. Na teoria NBG, o conceito primitivo é o de *classe*, e os conjuntos (que correspondem aos de ZFC) são aquelas classes que pertencem a outras classes; as que não pertencem a nenhuma classe são, sem surpresa, as classes próprias.

NBG admite que haja classes cujos elementos também sejam classes; para alguns, como von Neumann, pode-se quantificar sobre classes de classes, ao passo de que para Quine e Levy, quantifica-se unicamente sobre conjuntos, ainda que classes de classes existam (ver [120, §9.3]). Em teorias 'mais fortes', no entanto, como o sistema KM (Kelley-Morse), pode-se quantificar sobre classes de classes. Esse sistema é tal que nele podemos encontrar um modelo de ZFC, provando assim a consistência dessa teoria.

Podemos estender a teoria $\mathfrak{Q}$ de modo a acomodar o que denominaremos de *quase-classes*. Falando informalmente, uma quase-classe é simplesmente a extensão de um predicado; se $\varphi(x)$ é um tal predicado, sendo x uma variável que nele figura livre, então podemos escrever a quase-classe como $[x : \varphi(x)]$, e temos que

$$y \in [x : \varphi(x)] \text{ se e somente se } \varphi(y). \tag{IX.3}$$

Adaptando os axiomas de NBG, chegamos a uma teoria de quase-classes cujos elementos são quase-conjuntos. Mas seria possível ir além? Matematicamente sim, ainda que não saibamos de uma aplicação 'física' para isso; podemos imitar o sistema de Ackermann e formar quase-classes de quase-classes acrescentanto postulados adequados a uma adaptação 'quase-conjuntista' de **ARC**, que podemos chamar de **QRC**, mas não desenvolveremos essa teoria aqui. Cabe ressaltar no entando o trabalho de Eliza Wajch em quase-classes e quase-cardinais [227].

IX.7 Contagem

Como já dito antes, um dos pontos centrais da teoria de quase-conjuntos é a atribuição de um quase-cardinal a um qset. Como esse é um ponto crucial e geralmente mal entendido, cabe fazer aqui mais algumas observações. Na nossa formulação, o conceito de quase-cardinal é primitivo, e os axiomas que regem essa noção foram apresentados acima. Mas qual seria o problema?

Primeiramente, note que não dizemos que todo qset tem um q-cardinal, como é deixado claro no axioma [Q13]. Isso se deve ao fato de que se a teoria for utilizada em física quântica, podemos estar interessados em considerar os chamados processos de *criação* e de *aniquilação* de partículas, momento em que uma coleção dessas entidades pode não ter um cardinal bem determinado (como visto no capítulo X). Na mecânica quântica ortodoxa (não relativista), no entanto, o número de sistemas é sempre constante em cada caso, e em situações como essa o q-cardinal pode existir.

Filósofos da física como Mauro Dorato, Matteus Morganti, Benjamin Jantzen, por exemplo,[17] sustentam que uma vez que uma coleção de objetos tenha um cardinal, esses objetos têm que ser dotados de identidade, em particular devendo ser discerníveis uns dos outros. Isso é facilmente explicado dentro de um contexto 'clássico', ou seja, em uma teoria de conjuntos padrão, mesmo que adotemos o truque de Scott. Para sermos claros, vamos repetir aqui um raciocínio já exposto antes. Suponha que temos os dedos de uma de nossas mãos e que desejamos contá-los. O que fazemos? Bom, devemos aprender com Patrick Suppes que "não

[17]Ver [58], [107, 106].

podemos simplesmente pegar um número em nossas mãos e 'aplicá-lo' a um objeto físico" [214]. Ele desenvolveu com colaboradores um imenso trabalho sobre a Teoria da Mensuração para dar conta de, dito de modo resumido, mas como ele mesmo se expressa, *atribuir números às coisas*. Para tanto, certas *álgebras* têm que ser desenvolvidas, de modo a se provar que essas 'estruturas que captam um conjunto de fenômenos' são isomorfas a certas estruturas numéricas (ver [214]). Em nosso caso, isso é feito de modo extremamente simplificado do seguinte modo.

Matematicamente, formamos um *conjunto* representando os nossos dedos, digamos $D = \{a, b, c, d, e\}$, sendo que esses elementos são todos *distintos* (são elementos de um *conjunto*). A seguir, mostramos que há uma *bijeção* entre esse conjunto e algum segmento inicial do conjunto ordenado dos números naturais $\omega = \{0, 1, 2, 3, 4, 5, 6, \ldots\}$, no caso, com $5 = \{0, 1, 2, 3, 4\}$, usando-se o conceito de ordinal no sentido de von Neumann. Todo número natural é um ordinal e é um cardinal; assim, '5' é também um cardinal. A bijeção pode ser a seguinte (há várias delas, como se constata facilmente); uma $f : 5 \longrightarrow \{a, b, c, d, e\}$ pode ser definida por:

$$f(0) = a$$
$$f(1) = b$$
$$f(2) = c$$
$$f(3) = d$$
$$f(4) = e$$

Uma vez constatada a existência de uma tal bijeção, dizemos que o conjunto D tem cinco elementos. Note que, para definirmos a bijeção f, necessitamos discernir entre os elementos de D e é precisamente nisso que repousa o argumento dos filósofos mencionados.

Na física quântica, no entanto, podemos ter coleções com uma certa quantidade de elementos sem que possamos formar um 'conjunto' de elementos discerníveis uns dos outros, como já deve ter ficado claro. Assim, uma dessas coleções teria um cardinal mesmo que seus elementos sejam indiscerníveis. É o que acontece em geral, mas o 'processo de contagem' é diferente. Por exemplo, já vimos anteriormente que na química quântica não se vai 'preenchendo' os orbitais de um átomo pegando elétrons de algum lugar e paulatinamente *colocando* esses elétrons nos orbitais por meio de algo que simule uma bijeção como f acima, o que exigiria que discernníssemos os elétrons uns dos outros. Não é isso o que acontece. Os elétrons 'aparecem' nos orbitais em função da carga nuclear do átomo, como se viu na citação já feita de Bruce Mahan. Essa carga de energia fornece os *números quânticos* e é em função deles que sabemos quantos elétrons 'cabem' em cada nível de energia. Por exemplo, já sabemos que em um átomo de sódio (Na), temos a seguinte distribuição eletrônica: $1s^2\ 2s^2\ 2p^6\ 3s^1$. Nada de ir colocando os elétrons um a um como na contagem dos nossos dedos; as quantidades 'aparecem' sem que se estabeleça algo como 'primeiro este, depois aquele', etc. Os autores mencionados, portanto, se equivocam em supor que nos portamos na física quântica como se estivéssemos na matemática clássica, onde as coisas são distinguíveis. A teoria de quase-conjuntos mostra precisamente que o caso da física quântica pode ser levado em consideração *sem que se precise discernir* os elementos de um qset.

Para corroborar o que dissemos, valemo-nos do que disseram Graciela Domenech e Federico Holik em [55], mas em outro contexto relacionado ao modo segundo o qual podemos saber que um átomo de He (Hélio) tem dois elétrons sem ter que atribuir-lhes uma identidade:

> Coloque um átomo [de He] em uma câmara de nuvens e use radiação para ionizar o átomo. Poderíamos observar traços de um íon e de um elétron, e é óbvio que o traçado do elétron representa um sistema de uma partícula, mas não podemos indagar sobre a identidade do elétron (uma vez que ele simplesmente não tem identidade), mas a contagem do processo não depende disso. A única coisa que importa é que estejamos seguros de que o traço é devido ao estado de um elétron singular, e para esse propósito, a identidade do elétron não importa. Se ionizamos o átomo novamente, veremos o traço de um novo elétron (de carga 2e) e um novo traçado. Qual elétron é responsável por esse segundo traço? Essa pergunta está mal definida, mas ela ainda não importa. Mas a contagem dessas etapas pode se encerrar, uma vez que não podemos mais extrair elétrons. O processo termina em duas etapas, e assim dizemos que um átomo de hélio tem dois elétrons.

É importante ressaltar que o 'não importa' quer dizer 'não é possível' (atribuir uma identidade ao elétron), pois se isso fosse assim, ele poderia ser identificado mais tarde como sendo *aquele* elétron, e não há como isso possa ser feito. Aliás, trabalhos recentes nos fundamentos da física quântica têm mostrado que não é conveniente nomear as entidades quânticas. Por exemplo, Wang e colegas, bem como Compagno et al. [228], [32] mostram que (pelo menos para os resultados que obtêm) tratar os sistemas quânticos como destituídos de rótulos, logo de identificação, é conveniente. Saliente-se que uma tal abordagem já foi feita há algum tempo por G. Domenech, F. Holik, L. Kniznik e por este autor em [57, 56] usando-se a teoria de quase-conjuntos, como mostramos antes (ver também [10]).

Aliás, há vários resultados em física quântica que são obtidos via experimentos, logo dificilmente refutáveis, que necessitam da indistinguibilidade das entidades para que ocorram; muito disso é apresentado em [10].[18] Aparentemente, os filósofos que creem que a existência de um cardinal acarreta na discernibilidade das entidades, bem como aqueles que sustentam que a identidade é um conceito que não pode ser ignorado, parecem que não estão ao par desses novos desenvolvimentos.

Nesse sentido, contestamos também fortemente a afirmativa de que

> A filosofia quântica, uma doença peculiar do século XX, é responsável pela maioria da praga confusa nos fundamentos da física quântica. Quando essa filosofia é deixada de lado, chega-se naturalmente à mecânica bohmiana, que é o que emerge da equação de Schrödinger para um sistema não relativístico de partículas quando insistimos que 'partículas' significa simplesmente 'partículas'. [60]

Os autores escreveram mais tarde um livro com o mesmo título, "Física Quântica sem Filosofia Quântica" [59] no qual defendem a mesma tese. Isso daria uma boa discussão, mas não é aqui o espaço para isso, ainda que a subseção seguinte forneça uma ideia de como a mecânica bohmiana trata a indiscernibilidade ; o interessado pode consultar o já mencionado [10] onde restrições à mecânica bohmiana são mencionadas, e onde se enfatiza o papel preponderante da noção de indistinguibilidade, que leva não à mecânica de Bohm (muito pelo contrário), mas a uma abordagem que considera as 'partículas' como não-indivíduos (cf. o capítulo a seguir).

[18] Cabe mencionar que mesmo na física clássica a exigência da absoluta indistinguibilidade já aparece, como no caso do Paradoxo de Gibbs; ver [10].

Porém, o mais importante é o papel conceitual da teoria $\mathfrak{Q}$ já mencionado antes; ela mostra que uma metafísica (e uma ontologia) diferente da clássica é possível, uma metafísica que aceita que os objetos quânticos são não-indivíduos e que a discussão filosófica sobre essa disciplina é realmente fundamental [129]. Vejamos esse ponto com algum detalhe; para mais detalhes sobre a utilização de $\mathfrak{Q}$ nesse contexto, peço que observem [79] e [10], e toda a bibliografia lá indicada.

IX.8 Descrições definidas quânticas

Na matemática usual, dependendo do que se assuma, podem haver 'coisas', como números ou relações, que não podem ser identificados. Vamos a um exemplo.

Assumindo o Axioma da Escolha, resulta que *todo conjunto pode ser bem ordenado*. Esse é o Axioma da Boa Ordem e é na verdade equivalente ao Axioma da Escolha. Seja X um conjunto. Uma *boa ordem* sobre X é uma relação binária R sobre X relativamente à qual todo subconjunto não vazio de X tem um menor elemento. Seja $Y \subseteq X$ não vazio. O menor elemento de Y (que se prova ser único) é um elemento $m \in Y$ tal que, para todo $z \in Y$ se tem que mRz, ou seja, m é 'menor' que qualquer z de Y relativamente à boa ordem. O conjunto $\mathbb{R}$ dos números reais, portanto, pode ser bem ordenado.[19]

Ora, é um resultado célebre (um metateorema) que uma boa ordem R sobre $\mathbb{R}$ não pode ser definida por uma fórmula da linguagem de ZFC. Em outras palavras, em algo típico do Axioma da Escolha, temos uma entidade que pode ser descrita pela linguagem mas não pode ser identificada ('exibida'); ela simplesmente 'existe'. O mesmo se dará, portanto, com os menores elementos dos subconjuntos não vazios de X. No entanto, podemos *nomear* um tal elemento, digamos chamando-o de 'Chico'. Ele tem um *nome*, mas não temos como saber que número real é o Chico. Ele é apresentado unicamente por uma 'descrição definida', uma frase que, no linguajar de B. Russell, expressa o artigo definido 'o' ou 'a' em expressões da forma 'o (a) assim e assim' [197]; veja também [127]. Na abordagem de Russell, essa entidade deve existir e ser única.

Sendo α uma fórmula (digamos, da linguagem de ZFC), Russell escrevia

$$\imath x \alpha(x) \tag{IX.4}$$

para designar *o único* x que satisfaz α, se tal entidade existir; se não existir tal elemento ou se houver mais do que um, a expressão torna-se destituída de significado.[20] O símbolo '$\imath$' é o *descritor* e em Lógica é dito ser um v.b.t.o., sigla para *variable binding term operator*, ou seja, um operador que 'liga' uma variável a uma fórmula formando um termo. Lembre que um *termo* é uma expressão da linguagem que denota um elemento do domínio da interpretação. A expressão $\imath x \alpha(x)$, portanto, é um termo denotando o único objeto do domínio que satisfaz α.

As descrições definidas são úteis para que possamos indicar objetos (indivíduos, pois estamos na lógica clássica) únicos que cumprem alguma coisa. Mas será que para isso precisamos acrescentar esse novo operador à linguagem? Sim, isso pode ser feito, como indicado abaixo, mas não é necessário; Russell descobriu

---

[19] Aliás, haverá uma infinidade de boas-ordens sobre $\mathbb{R}$

[20] O outro símbolo de descrição é o das *descrições indefinidas*, que formalizam o artigo indefinido 'um' (ou 'uma'), representado pelo símbolo 'ε', dito 'ε' de Hilbert, uma vez que foi Hilbert quem o utilizou pela primeira vez. Nesse caso, uma expressão como $\varepsilon x \alpha(x)$ indica 'um(a) objeto que satisfaz α', e nesse caso pode haver mais do que um objeto. Veja [94, loc.cit.].

um modo de *eliminar* as descrições definidas, substituindo-as por expressões (fórmulas) da linguagem considerada, assim que não necessitamos de novos símbolos.[21]

Digamos que o único objeto que satisfaz α satisfaça uma outra fórmula β. Então, Russell escreve $\beta(\imath x\alpha(x))$ para indicar esse fato. O que ele faz é substituir essa expressão pela seguinte:

$$\exists x(\alpha(x) \wedge \forall y(\alpha(y) \rightarrow y = x) \wedge \beta(x)). \tag{IX.5}$$

Em palavras, existe alguma coisa que cumpre α, essa coisa é única (se houver outra ela é igual àquela) e essa coisa satisfaz β. Assim, por exemplo, se β diz que x é menor do que 10 e se α representa 'o menor elemento do conjunto não vazio $Y \subseteq \mathbb{R}$ relativamente à boa ordem R', a sentença $\beta(\imath x\alpha(x))$ significa que o menor elemento de Y é menor do que 10.

Vê-se que a eliminação da descrição definida faz uso essencial da identidade, bem como os axiomas desse conceito o fazem.[22]

Na física quântica, também fazemos uso de expressões que se assemelham às descrições definidas, como 'o (único) elétron na camada de valência (a mais externa) de um átomo neutro de sódio'. Essa expressão é bem formada, tem sentido preciso e indica um objeto único, a saber, *aquele* elétron que está no terceiro nível de energia de um átomo Na. Claro que poderíamos usar o descritor para representar linguisticamente esse objeto, mas poderíamos eliminar essa descrição definida como fez Russell se adotarmos a metafísica da não-individualidade? Parece que não. Como agir então? Nossa resposta consiste em introduzir um novo tipo de descrição, a *descrição (definida) quântica*, que simbolizaremos por $\imath_q$.[23]

Vamos usar novamente o nosso exemplo de um átomo neutro de sódio (Na), cuja decomposição eletrônica é $1s^2\ 2s^2\ 2p^6\ 3s^1$. Ele tem um elétron na camada mais externa, que corresponde ao terceiro nível de energia. O elétron em questão é caracterizado pelos seus números quânticos, que são os seguintes: $n = 3$, $\ell = 0, m = 0, s = \pm 1/2$. Esses valores caracterizam precisamente o elétron na camada de valência, mas não fazem dele um indivíduo, como se poderia pensar em princípio.[24] O que importa é que podemos descrevê-lo por uma descrição da forma 'o elétron da camada de valência de um átomo neutro de sódio'. É claro que isso vale para todos os elétrons na dita camada de *qualquer* átomo de sódio, mas supomos que estamos falando de um determinado átomo, assim a descrição faz sentido.

Pois bem, usemos a teoria de quase-conjuntos, primeiramente imaginando que os elétrons do átomo formam um quase-conjunto com q-cardinal 11. Apliquemos agora o Esquema da Separação com a fórmula que corresponde à descrição acima ('o elétron da camada de valência de um átomo neutro de sódio'), que supomos pode ser formalizada adequadamente por uma fórmula que vamos chamar de β. O que obtemos?

---

[21] A apresentação de uma lógica com o descritor pode ser vista em [94, §1.7].

[22] Axiomaticamente, tomamos uma linguagem de primeira ordem e acrescentamos mais um símbolo primitivo '$\imath$', impondo que se x é uma variável individual e α uma fórmula, então a expressão $\imath x\alpha(x)$ é um termo. Os axiomas são os seguintes, cf. [34, p.138]:

1. $\imath x\alpha(x) = \imath y\alpha(y)$
2. $\forall x(\alpha(x) \leftrightarrow \beta(x)) \rightarrow \imath x\alpha(x) = \imath x\beta(x)$
3. $\exists! x\alpha(x) \rightarrow \forall x(x = \imath x\alpha(x) \leftrightarrow \alpha(x))$

[23] O que vem a seguir baseia-se em [118].

[24] A razão é que, se eliminarmos esse elétron por um processo de ionização, obtendo um íon de sódio (Na^+) com 10 elétrons $1s^2\ 2s^2\ 2p^6$, *nunca mais* identificaremos em outro contexto o elétron que foi expulso, uma condição necessária para algo ser um indivíduo, conforme nossa definição.

A resposta é direta: um quase-conjunto com *um* elemento (um unitário forte, portanto), contendo como elemento um dos onze elétrons, mas não temos como dizer qual deles é, e isso se deve à indistinguibilidade dos elétrons. Aqueles de camadas energéticas distintas têm números quânticos distintos, mas não sabemos *qual é qual*: não dá para apontar para um elétron e dizer que *aquele* é o elétron que tem os números quânticos mencionados antes.

Se supusermos que $\alpha(x)$ representa a sentença 'um elétron de um átomo neutro de sódio que está na sua camada de valência' e tendo em vista que há somente um elétron nessas condições, temos a seguinte *descrição definida quântica*:

$$\imath_q x\alpha(x) := \exists x(x \in \mathrm{Na} \wedge (n = 3 \wedge \ell = 0 \wedge m = 0 \wedge s = \pm 1/2)),$$

subentendendo-se que os números quânticos se referem a x.

Insistindo: essa 'descrição definida' especifica um único objeto que preenche as condições exigidas mas ele não pode ser identificado devido ao fato de que, na nossa interpretação, os elétrons carecem de identidade. Por outro lado, a descrição dada também não pode ser eliminada do jeito proposto por Russell, exatamente em virtude da identidade não valer para esses objetos.

Podemos então tentar introduzir $\imath_q$ axiomaticamente: acrescentamos esse operador na linguagem da teoria de quase-conjuntos, fazendo a convenção de que se ele for aplicado a uma variável livre em uma fórmula obtemos um termo, e acrescentamos os seguintes axiomas:

1. $\imath_q x\alpha(x) \equiv \imath_q y\alpha(y)$

2. $\forall x(\alpha(x) \leftrightarrow \beta(x)) \rightarrow \imath_q\alpha(x) \equiv \imath_q\beta(x)$

Repare que o interessante seria acrescentar um terceiro axioma imitando o terceiro axioma da descrição definida 'clássica' mencionado em uma nota anterior, a saber, algo como

$$\exists y(y =_E [\![x]\!]_z) \wedge \alpha(y)) \rightarrow \forall x(x \equiv \imath_q x\alpha(x) \leftrightarrow \alpha(x)),$$

mas isso corresponderia a reintroduzir a Substitutividade da Indiscernibilidade, o que tornaria essa noção essencialmente equivalente à igualdade clássica, uma vez que qualquer elemento que fosse indiscernível de algo que satisfaz α também satisfaria α, e sabemos que isso não vale para, por exemplo, α sendo $x \in w$ para algum quase-conjunto w.

Repare que o caso quântico exige algo como uma descrição *definida*, e não uma indefinida. De fato, quando nos referimos ao único elétron da camada mais energética de Na, estamos falando *daquele* elétron e não 'de um deles', que poderia ser um qualquer.

Um estudo detalhado das descrições definidas quânticas e em geral dos modos de encontrar como dizer que uma só coisa cumpre uma certa condição, mas sem que se possa identificar essa coisa, está ainda por ser feito. Repare, mais uma vez, que o que acontece na matemática usual *é diferente* disso; nesse caso, o menor elemento de um subconjunto não vazio de $\mathbb{R}$ *tem identidade*, ainda que não saibamos que elemento é ele, distintamente das 'coisas' quânticas.

IX.9 Topologia quântica

Anteriormente, referimo-nos ao fato de que uma topologia 'legitimamente quântica' não deveria ser Hausdorff. Lembramos que 'ser Hausdorff', ou uma topologia 'T_2', em palavras simples significa que, dados dois pontos quaisquer p e q do espaço, existem bolas abertas P e Q disjuntas mas cada uma contendo um dos pontos.

Em termos 'lógicos', um conjunto pode ser visto como a extensão de uma propriedade (a extensão de um predicado é o conjunto dos objetos que têm a propriedade descrita pelo predicado), logo, a existência de P e de Q como conjuntos disjuntos (sem elemento em comum) aponta para o fato de que os objetos denotados por p e q seriam discerníveis ou, de modo mais contundente, *diferentes*. Ora, já vimos que no 'mundo quântico' podemos estar tratando de entidades cujo estado é um estado emaranhado e em tal situação *não é possível* 'separar as entidades' pelos seus estados. Isso sugere que em um 'espaço quântico', a topologia não deveria ser Hausdorff.

A busca por uma topologia desse tipo é ainda um problema em aberto, mas a ideia parece ser bastante razoável.

IX.10 Exercício

Encontre na literatura como seria possível formular uma linguagem envolvendo o 'ε' de Hilbert. Introduza o símbolo na linguagem, indique como ele ajuda a formar termos e ache os axiomas correspondentes. Sugestões: [115], [34], [94], além da WEB, com certeza.

Capítulo X

Quase-conjuntos e mecânica quântica

> Na microfísica, a característica mais marcante do ponto de vista semântico é que não há nomes próprios.
>
> M. L. Dalla Chiara e G. Toraldo di Francia [49]

Para mostrarmos de que modo a teoria de quase-conjuntos pode ser usada em um contexto físico, o melhor é apresentarmos uma forma de esquematizar a mecânica quântica com os recursos da teoria $\mathfrak{Q}$. Os detalhes podem ser vistos nos trabalhos de Federico Holik (da Universidade de La Plata) e Graciela Domenech (da Universidade de Buenos Aires), posteriormente com a colaboração deste autor e de Laura Kniznik (da Universidade de Buenos Aires) [57], [56].

Já sabemos que na mecânica quântica usual os estados puros de um sistema físico são descritos por vetores de um espaço de Hilbert separável e que os estados de sistemas contendo muitas 'partículas' são descritos por vetores de um espaço de Hilbert que é o produto tensorial dos espaços dos estados de cada um dos sistemas. Se as partículas são indiscerníveis, um *postulado de simetrização* diz que os estados disponíveis são unicamente os estados *simétricos* e os *antisimétricos* (que espelham as estatísticas BE e FD respectivamente). Isso é feito porque, para nos referirmos às partículas, não temos outro jeito que não nomeá-las como $p_1, p_2, \ldots$ e então impomos esse princípio para fazer com que esses rótulos não sirvam para discerni-las; trata-se de um truque matemático muito eficiente.

Esse procedimento de primeiro identificar as partículas pelos seus rótulos e depois mascará-las pela simetrização pode ser criticado, e seria mais adequado de um ponto de vista fundacional se pudéssemos trabalhar com essas entidades sem supor inicialmente a sua individualidade; isso foi aventado por exemplo por M. Redhead e Paul Teller em [188, 187], e mais tarde no livro de Teller [219].

Deve-se perceber que é isso o que acontece com a distribuição eletrônica dos elétrons em um átomo. Os *números quânticos* n, ℓ, $_\ell$, m_s são obtidos através da solução da equação de Schrödinger. O Princípio de Exclusão de Pauli diz que nunca dois elétrons (ou férmions em geral) podem ter os mesmos números quânticos. Assim, para um dado n (número quântico principal, que define o número de estados disponíveis), tem-se que $\ell = 0, 1, \ldots, n-1$, $-\ell \leq m_\ell \leq l$ e $m_s = \pm 1/2$. Com esses valores, determina-se quantos elétrons 'cabem' em cada nível (orbital), mas *sem* individualizá-los.[1]

Assim, devemos evitar que os índices ou rótulos que dermos sirvam para individualizar as partículas; ideia intuitiva é simples. Em um espaço de Fock adequado, que é um tipo especial de espaço de Hilbert (veja abaixo), as entidades supostamente não são 'nomeadas', como se verá abaixo, de modo que (pelo menos é o que se diz) podemos alcançar um formalismo livre de rótulos individualizadores. No entanto, como teremos a chance de mostrar, isso não é bem assim; parodiando Michael Redhead, podemos dizer que *o sorriso dos nomes próprios ainda está presente*.[2]

Para contornar essa objeção, apresentamos uma formulação alternativa fazendo uso da teoria $\mathfrak{Q}$, na qual a indiscernibilidade, como vimos, pode ser considerada *ab initio*. Como nessa teoria efetivamente não há rótulos para m-átomos indiscerníveis, ela se afigura adequada para essa fundamentação que se deseja alcançar, livre de nomes próprios. Porém, antes de usarmos a teoria de quase-conjuntos, é conveniente que vejamos, ainda em um 'ambiente clássico' (como ZFC), como se define um *espaço de Fock*, para depois retornarmos ao tema.

X.1 Espaços de Fock

Vanos supor que nossa teoria matemátca é ZFC (ou em NBG, ou em KM); átomos não são necessários aqui. Iniciaremos indicando os pontos principais que conduzem ao formalismo dos espaços de Fock. Denotaremos por $v, w, \ldots$, com ou sem índices, os vetores dos espaços considerados. Como não é comum encontrar um tal desenvolvimento em textos em português, veremos este exemplo com algum detalhe.

Consideraremos o caso de n bósons indistinguíveis. O caso de férmions será tratado no decorrer do texto. Seja H um espaço de Hilbert cujos vetores representam estados de sistemas de uma só partícula e seja $\{v_i\}$, $i = 1, 2, 3, \ldots$ uma base ortonormal para H na qual os v_i são autovetores de algum operador autoadjunto $\hat{A}$ sobre H. Essa simples consideração já demanda algum cuidado. Com efeito, admitimos por simplicidade que H admite uma base discreta (é dito *separável*). Espaços de Hilbert não separáveis não teriam 'estado do vácuo' e neles não se poderiam definir 'operadores número de ocupação' no sentido que se verá abaixo [219].[3] Além disso, cabe alertar que a base escolhida depende do operador $\hat{A}$, o que nos fará ter cuidado com o significado intuitivo dos 'números de ocupação' tais como definidos na sequência.

Chamemos de H^n o espaço de Hilbert que é produto tensorial de H por si próprio n vezes, ou seja,

$$H^n := \bigotimes_{i=1}^{n} H_i. \tag{X.1}$$

Os vetores desse espaço representarão os estados do sistema de n partículas indistinguíveis que se está considerando. Mais uma observação acerca das sutilezas envolvidas: repare o leitor que, dizendo isso, de certo modo estamos comprometendo os conceitos que estamos veiculando com uma interpretação pretendida,

[1] Veja os detalhes em [144].

[2] Ele se referia ao fato de que nas teorias quânticas de campos, que unem a mecânica quântica 'ortodoxa' com a relatividade restrita, sendo *campos* as entidades ontologicamente básicas, o "sorriso das partículas" ainda permanece, resquícios da mecânica quântica ortodoxa [185]. Claramente ele fazia menção ao gato de Cheshire, de Alice no País das Maravilhas; ver [79, p.383].

[3] Um espaço de Hilbert é separável quando admite uma base ortonormal enumerável.

pois nada na descrição da teoria implica essa interpretação. A rigor, o sistema proposto poderia ter outros modelos, além daquele tipicamente 'quântico'. Porém, continuemos como de hábito.

Como se está tomando o *mesmo* espaço n vezes, uma outra hipótese está implícita, a saber, a de que assume-se que um certo conjunto de 'variáveis dinâmicas', que descrevem o comportamento de uma única partícula, pode ser usado para um sistema contendo n partículas indistinguíveis. Essa simplificação se deve, segundo os especialistas, ao fato de que a solução da equação de Schrödinger para n partículas que interagem (mesmo para $n = 3$) ser de extrema dificuldade.[4]

Um vetor típico de H^n pode ser escrito $v_1 \otimes \cdots \otimes v_n$. Tendo em vista que todos os sistemas físicos que se considera são descritos ou por vetores simétricos ou por antisimétricos, consideraremos prioritariamente dois subespaços de H^n, denotados por H^n_σ e H^n_τ, ditos *subespaço simétricos* e *subespaço antisimétrico* respectivamente, definidos como segue. Para cada $i = 1, 2, \ldots$, introduzimos uma aplicação $\sigma^n : H^n \longrightarrow H^n$ tal que

$$\sigma^n(v_1 \otimes \cdots \otimes v_n) := (1/n!) \sum_P P(v_1 \otimes \cdots \otimes v_n) \tag{X.2}$$

na qual P é um elemento do grupo de permutações de H^n. Por exemplo, $\sigma^2(v_1 \otimes v_2) = (1/2)(v_1 \otimes v_2 + v_2 \otimes v_1)$, enquanto que $\sigma^3(v_1 \otimes v_2 \otimes v_3) = (1/6)(v_1 \otimes v_2 \otimes v_3 + v_1 \otimes v_3 \otimes v_2 + v_2 \otimes v_1 \otimes v_3 + v_2 \otimes v_3 \otimes v_1 + v_3 \otimes v_1 \otimes v_2 + v_3 \otimes v_2 \otimes v_1)$. O fator 1/n! garante a idempotência de σ^n, o que é necessário para que ele seja um operador de projeção. Com efeito, se não houvesse tal fator, então (para $n = 2$), $\sigma^2(v_1 \otimes v_1) = 2(v_1 \otimes v_1)$, enquanto que $\sigma^2(\sigma^2(v_1 \otimes v_1)) = 4(v_1 \otimes v_1) \neq \sigma(v_1 \otimes v_1)$ e assim por diante. Isso posto, o subespaço simétrico de H^n é definido por

$$H^n_\sigma := \{\sigma^n(v) : v \in H^n\}. \tag{X.3}$$

Pode-se provar que σ^n é um operador projeção sobre H^n e comuta com todos os observáveis do sistema de n bósons indistinguíveis [108, p.280], [85, p.115].

O caso de férmions pode ser tratado de modo similar definindo-se funções $\tau^n : H^n \longrightarrow H^n$ tais que

$$\tau^n(v_1 \otimes \cdots \otimes v_n) := (1/n!) \sum_P s^p P(v_1 \otimes \cdots \otimes v_n), \tag{X.4}$$

sendo s^p a *assinatura* de P, isto é, s^p é +1 se P é par e -1 se P ímpar [70, p.386]. Por exemplo, $\tau^2(v_1 \otimes v_2) = (1/2)(v_1 \otimes v_2 - v_2 \otimes v_1)$, enquanto que $\tau^3(v_1 \otimes v_2 \otimes v_3) = (1/6)(v_1 \otimes v_2 \otimes v_3 - v_1 \otimes v_3 \otimes v_2 - v_2 \otimes v_1 \otimes v_3 + v_2 \otimes v_3 \otimes v_1 + v_3 \otimes v_1 \otimes v_2 - v_3 \otimes v_2 \otimes v_1)$.

Então, em analogia com o caso simétrico, definimos o subespaço antisimétrico de H^n_τ por

$$H^n_\tau := \{\tau^n(v) : v \in H^n\}. \tag{X.5}$$

Não se pretende supor que o número de *quanta* (partículas) seja fixo; assim, é conveniente que os estados do sistema sejam considerados como dados por vetores no espaço de Hilbert seguinte, o *espaço de Fock*, denotado por $\mathcal{F}$, que é o espaço das teorias quânticas de campos. Tal espaço é a soma direta dos espaços de Hilbert definidos acima, para n arbitrário. Mais especificamente,

$$\mathcal{F} := \bigoplus_{n=0}^{\infty} H^n. \tag{X.6}$$

[4] A equação de Schrödinger descreve a dinâmica do sistema.

Aqui, H^0 é um espaço de Hilbert unidimensional, dito espaço dos *estados de vácuo* [108, p.282]. Algumas vezes toma-se o espaço complexo C para representá-lo [85, p.115]. Pela definição acima, tem-se, portanto, que $H^0 = C, H^1 = H, H^2 = H \otimes H$, e assim sucessivamente.

As operações básicas de $\mathcal{F}$ são as seguintes, definidas para todos vetores $v = (v_0, v_1, v_2, \ldots), w = (w_0, w_1, w_2, \ldots)$ em $\mathcal{F}$ e escalar k em C:

(a) Adição de vetores: $v + w := \sum_i (v_i + w_i)$

(b) Produto de vetor por escalar: $k.v := \sum_i k.v_i$

(c) Produto interno de vetores: $\langle v|w\rangle := \sum_i \langle v_i|w_i\rangle$.

A definição é tal que para qualquer $v \in \mathcal{F}$, $||v||^2$ é finito e tal que $||v|| = \sum_i ||v_i||$, sendo que todas as operações dos segundos membros são realizadas nos espaços H^n.

Observe-se que, escrevendo os vetores de $\mathcal{F}$ da forma $v = (v_0, v_1, v_2, \ldots)$, sendo $v_i \in H^i, i = 0, 1, 2, \ldots$ e sendo $H^0 = C$, v_0 denota o *estado com nenhum quanta*, v_1 denota o *estado com um quanta*, e assim por diante, mas não se especifica, por exemplo, *qual* quanta é descrito por v_1.[5] Consequentemente, o vetor $v_1 \otimes v_1 \otimes v_3$, que representa um estado com três *quanta*, dois deles no estado v_1 e os outros no estado v_3,[6] reaparece em $\mathcal{F}$ como $(0, 0, 0, v_1 \otimes v_1 \otimes v_3, 0, 0, \ldots)$, enquanto que um vetor $v_1 \otimes v_2$, caracterizando um sistema com dois *quanta*, é apresentado como $(0, 0, v_1 \otimes v_2, 0, 0, \ldots)$. Isso ainda mostra de modo imediato que vetores que caracterizam sistemas como números de *quanta* distintos são ortogonais (relativamente ao produto interno canônico). Além disso, vetores como $v = (0, 0, v_1 \otimes v_2, 0, \ldots)$ e $w = (0, 0, v_2 \otimes v_1, 0, \ldots)$ em H^2 são distintos quando $v_1 \neq v_2$. No entanto, se tomarmos o subespaço simétrico H^2_σ, então apesar de nem v e nem w serem vetores de H^2_σ, ambos são 'projetados' sobre o mesmo vetor $(0, 0, (1/2)(v_1 \otimes v_2 + v_2 \otimes v_1), 0, \ldots)$, e a necessária distinção anteriormente feita por força da linguagem usada 'desaparece'. Caso similar ocorre no caso antisimétrico.

O formalismo dos espaços de Fock distingue ainda entre dois tipos básicos de vetores, os quais correspondem a bósons e a férmions. Com efeito, suponha que $v \in H$, isto é, v representa o estado de um sistema com *uma* partícula. (Insistimos em que, dizendo isso, estamos dando ao vetor uma interpretação, ainda que informal.) Se $(0, 0, v \otimes v, 0, \ldots) \in \mathcal{F}$ denota um estado de um sistema com *duas* partículas, ambas no mesmo estado v, então usando-se os vetores $\sigma^2(v \otimes v) \in H^2_\sigma$ e $\tau^2(v \otimes v) \in H^2_\tau$, obtemos os seguintes vetores em $\mathcal{F}$: $(0, 0, v \otimes v, 0, \ldots)$ e $(0, 0, (1/2)(v \otimes v - v \otimes v, 0, 0, \ldots) = (0, 0, \ldots)$. Desse modo, observando o caso antisimétrico, podemos dizer que na verdade não dispomos de uma situação na qual duas partículas antisimétricas possam 'estar no mesmo estado'. Esse resultado expressa o Princípio de Exclusão de Pauli [85, p.116].

Podemos então definir os subespaços *simétrico* e *antisimétrico* de $\mathcal{H}$ como segue:[7]

$$\mathcal{F}^\sigma := \bigoplus_{n=0}^{\infty} H^n_\sigma, \tag{X.7}$$

[5]Percebe-se que as 'interpretações pretendidas' desses vetores são *coleções* de 'quanta'. Essa constatação será importante à frente, pois almejamos considerar a sua indistinguibilidade.

[6]Este modo de 'ler' o vetor está sujeito a algumas restrições, que mencionaremos à frente.

[7]Alternativamente, esses espaços podem ser escritos assim, sendo ω o conjunto dos números naturais: $\mathcal{F}^\sigma = \{v \in \mathcal{F} : (\exists w \in \mathcal{F})(\exists n \in \omega)(v = \sigma^n(w))\}$ e $\mathcal{F}^\tau = \{v \in \mathcal{F} : (\exists w \in \mathcal{F}(\exists n \in \omega)(v = \tau^n(w)))\}$.

e

$$\mathcal{F}^{\tau} := \bigoplus_{n=0}^{\infty} H^{n}_{\tau}. \tag{X.8}$$

A restrição de estados possíveis a simétricos e antisimétricos leva a uma restrição dos operadores que representam os observáveis físicos. No entanto, alguns autores apresentaram uma alternativa de se restringir não os operadores,[8] mas os estados físicos que são acessíveis ao sistema, que por sua vez acarretaria uma restrição nos operadores. Do nosso ponto de vista, uma ou outra alternativa pode ser considerada. O que resulta é que considerando-se apenas estados simétricos e antisimétricos, estaremos aceitando implicitamente um Postulado da Indistinguibilidade que, grosso modo, assevera que permutações de partículas não têm efeitos observáveis.[9] Em outras palavras, aceitar unicamente estados simétricos e antisimétricos é um modo de 'eliminar' a individualidade das entidades básicas em consideração. Mas, mesmo assim, ainda se está admitindo que elas suportam 'rótulos conceituais', uma vez que continuamos tendo em mente uma interpretação intuitiva quando nos referirmos a coisas como 'partículas *(quanta)* no estado v'. Essa maneira de falar deve ainda ser eliminada. Enfatizemos isso: anteriormente, exemplificamos com o caso de que os vetores $v = (0, 0, v_1 \otimes v_2, 0, \ldots)$ e $w = (0, 0, v_2 \otimes v_1, 0, \ldots)$ em H^2 são distintos (se $v_1 \neq v_2$), devendo representar sistemas físicos distintos. Isso implica uma 'individuação' dos *quanta*, motivo pelo qual opta-se por considerar apenas estados simétricos e antisimétricos. Este ponto será retomado à frente. Na sequência, apresentaremos um espaço de Fock cujos vetores, supõe-se, são livres desse problema.

Antes de irmos em frente, um alerta. Em geral, fala-se de 'partículas', sem que no entanto se queira fazer qualquer analogia com 'corpúsculos' ou coisas desse tipo. A antiga imagem de uma *partícula* já não existe na física atual, que encerra o que se pode chamar de uma 'ontologia de campos', o caráter 'partícula' aparecendo (por exemplo, quando um feixe de tais entidades deixa marcas em um aparato) como certas manifestações desses campos. Este tema é complexo e importante, mas sua análise é longa e deve ser precedida de ampla discussão, que não será aqui mencionada. Isso porém não nos impede de compreender alguns dos fatos mais básicos envolvendo esses conceitos, ainda que tenhamos que usar uma linguagem inadequada fora do formalismo matemático. No capítulo 6 de [67], é mostrada a 'metamorfose' do conceito de partícula, desde a física clássica até a moderna física de partículas (Modelo Standard).

X.2 Números de Ocupação

Se $\{v_i\}$ é uma base ortonormal para H, então $\{v_{i_1} \otimes \cdots \otimes v_{i_n}\}$ é uma base ortonormal para H^n, mas as projeções desses vetores no subespaço H^n_σ, isto é, os vetores $\sigma^n(v_{i_1} \otimes \cdots \otimes v_{i_n})$ não são necessariamente unitários, ainda que sejam ortogonais entre si. Caso similar ocorre com o subespaço dos vetores antisimétricos [108, p.281]. A procura por um fator de normalização sugerirá uma notação alternativa que é muito útil, uma vez que ela nos 'livrará' do compromisso com entidades 'rotuláveis'.

Inicialmente, tomemos o vetor $v = v_{i_1} \otimes \cdots \otimes v_{i_n}$, e definamos funções n_v, ditas *funções números de ocupação*, as quais associam a cada número natural i o número $n_v(i)$ de índices, dentre $i_1, \ldots, i_n$, que são iguais a i. Escreveremos muitas vezes n_i ao invés de $n_v(i)$, deixando implícito o vetor v. Por exemplo, se nossa

---

[8] Ver os artigos de Redhead e Teller na Bibliografia.

[9] Esse postulado aparece de várias formas, e sua discussão não será vista aqui além do que já foi dito na seção III.1; para detalhes, acompanhar [79]. Dito de forma não muito rigorosa, isso significa que o 'valor esperado' da medida de qualquer observável é o mesmo antes ou depois de uma permutação das partículas.

base original é $\{v_1, v_2, v_3\}$, então para $v = v_2 \otimes v_2 \otimes v_3$, temos $n_1 = 0, n_2 = 2$ e $n_3 = 1$, enquanto que para $v = v_1 \otimes v_1 \otimes v_3$, temos $n_1 = 2, n_2 = 0$ e $n_3 = 1$.

Cada um desses *números de ocupação* n_i é relacionado a um 'estado puro' $v_i \in H$. Isto é, n_i (de fato, $n_v(i)$) é o número de ocupação do i-ésimo autovalor do operador $\hat{A}$ no estado v, sendo $v = v_1 \otimes \cdots \otimes v_n$ um vetor da base de H^n. O vetor que caracteriza um sistema de n *quanta* pode então ser escrito fazendo-se referência aos particulares números n_i, $i = 1, 2, \ldots$, e ao número total n do seguinte modo:

$$|n\rangle = |n_1 n_2 \ldots\rangle. \tag{X.9}$$

Esta notação (devida a Dirac) é adequada por vários motivos, mas merece alguma atenção. Com efeito, poderíamos ser tentados a pensar em $|n\rangle$ como o estado de uma coleção de n partículas, estando n_i delas no estado puro v_i, $i = 1, 2, \ldots, n$. No entanto, deve-se observar que para chegar ao espaço de Fock, iniciamos supondo um operador autoadjunto $\hat{A}$, cujos autovalores são (por exemplo) $a_1, a_2, \ldots$, os quais se usa, *a la* Dirac, para rotular os autovetores correspondentes: $|a_1\rangle, |a_2\rangle \ldots$. Desse modo, $|n_1 n_2 \ldots\rangle$ estaria representando o estado de um sistema com n_1 *quanta* com autovalor a_1, n_2 *quanta* com autovalor a_2, e assim por diante [219, cap.3]. O estado de um sistema com n *quanta* seria então escrito $|n_1 n_2 \ldots n_k\rangle$, sendo n_i *quanta* no estado $|a_i\rangle, i = 1, 2, \ldots, k$, com $\sigma n_i = n$. Deste modo, os números de ocupação agem como se estivessem fornecendo o número de *quanta* em cada estado. Porém, como alerta van Fraassen [70, p.444], poderíamos ter admitido um outro operador $\hat{B}$ ao invés de $\hat{A}$ para formar o espaço de Fock e, mais ainda, um tal $\hat{B}$ poderia não comutar com $\hat{A}$ (isso significa que não poderiam ser 'medidos' simultaneamente). Obviamente que $\hat{B}$ originaria uma outra base para H e então apesar de que poderíamos chegar a um espaço $\mathcal{F}$ como base distinta, e consequentemente os autovetores correspondentes também não seriam necessariamente iguais aos originais, dando origem a uma confusão na interpretação dos números de ocupação.

Ademais, poderíamos ter admitido que a coleção de partículas é descrita por um vetor que representa uma 'superposição de estados'. Por exemplo, suponha que um sistema de duas partículas está no estado $v_1 \otimes v_2 + v_2 \otimes v_1$ (a menos de um fator de normalização). Então, apesar de os números de ocupação serem $n_1 = n_2 = 1$, não se pode dizer que uma delas está no estado v_1 e que a outra está no estado v_2: *ambas estão em ambos os estados*,[10] e esse é um dos pressupostos mais fundamentais da física quântica. Como diz van Fraassen, "nós definitivamente não podemos pensar no vetor $|n_1 n_2 \ldots\rangle$ como descrevendo o estado de um sistema de uma coleção de partículas com n_1 delas no estado v_1, e assim por diante" [70, p.441]. Tal observação impõe restrições à pretensão de se usar o formalismo dos espaços de Fock para se poder falar unicamente da 'quantidade' de partículas, sem nomeá-las individualmente.

De qualquer modo, neste formalismo pode-se derivar o que se segue:[11]

(i) Para cada v, $n_1 + \cdots + n_n = n$

(ii) $\sum^n(v) = \sum^n(v')$ se e somente se $n_v(i) = n_{v'}(i)$ para todo $i = 1, 2, \ldots, n$. Situação análoga vale no caso antisimerico: $\tau^n(v) = \tau^n(v')$ se e somente se $n_v(i) = n_{v'}(i)$ para todo i.

---

[10] Esse palavreado é um abuso de linguagem; um sistema não pode estar em mais de um estado de uma só vez. Essa é o que Schrödinger chamou de 'a' novidade quântica, os estados de superposição, e que Dirac dizia que não podemos descrevê-los usando a física clássica. Insistimos que quando o estado do sistema é descrito por uma superposição de estados, o sistema *não está* em todos esses estados simultaneamente, mas na *superposição* deles, o que não é a mesma coisa, apesar do que normalmente se diz.

[11] Por exemplo como em [108, p.281], [70, p.437].

(iii)

$$\left\| \sum^{n}(v) \right\|^2 = \frac{n_1!n_2!\ldots}{n!}.$$

No caso antisimétrico, temos: $\| \tau^n(v) \|^2 = 1/n!$

O ítem (iii) provê o modo pelo qual podemos normalizar os vetores $\sigma^n(v_{i_1} \otimes \cdots \otimes v_{i_n})$ tanto no estado simétrico quanto no estado antisimétrico. Desse modo, podemos escrever os vetores ortonormais que formam as bases para os espaços de Fock simétrico e antisimétrico fazendo referência unicamente aos números de ocupação do seguinte modo:[12]

$$|n_1 n_2 \ldots\rangle := \sqrt{\frac{n_1!n_2!\ldots}{n!}} \sum_P P(v_1 \otimes \cdots \otimes v_n) \tag{X.10}$$

e, para o caso antisimétrico,

$$|n_1 n_2 \ldots\rangle := (\sqrt{n!})^{-1} \sum_P s^p P(v_1 \otimes \cdots \otimes v_n). \tag{X.11}$$

Nesta notação, o estado do vácuo é escrito $|0, 0, \ldots\rangle$, abreviado por $|0\rangle$.

X.2.1 Os operadores Número de Ocupação

Seja $v \in \mathcal{F}$. Introduziremos uma classe de operadores $N_i^v, i = 1, 2, \ldots$, ditos *operadores número de ocupação*, definindo-os em conexão com o vetor v do seguinte modo:

$$N_i^v |n_1 n_2 \ldots n_i \ldots\rangle := n_i |n_1 n_2 \ldots n_i \ldots\rangle. \tag{X.12}$$

Em outras palavras, os autovalores são precisamente os números de ocupação correspondentes ao índice do operador.[13] Como é usual, eliminaremos os índices superiores e escreveremos simplesmente N_i para denotar tais operadores, mas lembremos que eles dependem do vetor escolhido v.

Um postulado fundamental diz que os operadores N_i formam um 'conjunto completo' de operadores autoadjuntos que comutam para o sistema físico em consideração. Intuitivamente, isso significa que se os números de ocupação n_i são obtidos 'medindo-se' os observáveis representados por tais operadores (i.e., resolvem-se as suas equações em autovalores), então o estado do sistema como um todo está determinado [154, p.509], [134, p.215]

Em outras palavras, se fôssemos 'ler' o resultado acima, esquecendo a observação anteriormente feita acerca do cuidado que se deve ter a respeito dos estados de superposição, diríamos, como é comum nos textos de física, que 'tudo o que precisamos e podemos saber' para descrever o estado de um sistema físico composto de n partículas é a quantidade delas em cada estado particular, os quais constituem o sistema todo. Essa leitura, no entanto, não é implicada pelo formalismo matemático, sendo mais uma interpretação intuitiva do postulado que assevera que os operadores número de ocupação constituem um sistema completo de variáveis dinâmicas.

[12] Ver também o volume 3 de [134, p.215].

[13] A existência de tais operadores pode ser provada como em van Fraassen [70, p.439].

X.2.2 Os operadores de Criação e de Aniquilação

Uma outra classe interessante de operadores que pode ser introduzida sobre $\mathcal{F}$ é a que contém os operadores de *criação* e de *aniquilação*. Em síntese, eles agem sobre os números de ocupação n_i transformando-os em $n_i + 1$ ou em $n_i - 1$. Importante é que tais operadores não agem sobre as coordenadas das partículas, ou seja, sobre *elas* como indivíduos. Esse fato importante é uma das vantagens dessa abordagem, e foi o motivo pelo qual Schrödinger optou pelo formalismo dos espaços de Fock; seu célebre exemplo para explicar a natureza das estatísticas quânticas, envolvendo três estudantes, Tom, Dick e Harry, para os quais se deve distribuir dois brindes, ficou famoso, e por meio desse exemplo ele pretendeu indicar a necessidade de uma mudança de ontologia, na qual a ênfase deixa de ser nos *quanta* para se dar atenção aos *estados*; as partículas deixam de ser os sujeitos das construções gramaticais para se tornarem os predicados.[14]

Assim, em vez de falarmos que 'a partícula 1 está no estado $|\alpha\rangle$ (de um espaço de Hilbert)', devemos dizer 'o estado v (de um espaço de Fock) está n_i vezes excitado', sendo n_i um número de ocupação.

Como alerta Teller, esses operadores não podem ser entendidos como 'criando' ou 'aniquilando' partículas, mas aumentando ou diminuindo em uma unidade o nível de excitação das oscilações que constituem o campo, e são essas oscilações que são chamados *quanta*, ou 'partículas' [220].

De modo mais preciso, os operadores *criação* e de *aniquilação*, denotados respectivamente por $a_i^\dagger$ e a_i, $i = 1, 2, \ldots$ podem ser definidos do seguinte modo:

$$a_i^\dagger |n_1 n_2 \ldots n_i \ldots\rangle := \sqrt{n_i + 1}\, |n_1 n_2 \ldots (n_i + 1) \ldots\rangle \tag{X.13}$$

$$a_i |n_1 n_2 \ldots n_i \ldots\rangle := \sqrt{n_i}\, |n_1 n_2 \ldots (n_i - 1) \ldots\rangle \tag{X.14}$$

Sem muita dificuldade, verifica-se o seguinte (estes ítens serão importantes na seção seguinte):

(I) $a_i^\dagger a_i = N_i$, portanto $a_i^\dagger a_i$ é hermitiano.

(II) $a_i a_i^\dagger = N_i + I^\sigma$, sendo I^σ o operador identidade sobre $\mathcal{F}^\sigma$.

Então, estabelecem-se as seguintes *relações de comutação* e de *anticomutação* [154, p.513]:

Relações de comutação

$$\begin{cases} a_i a_i^\dagger - a_i^\dagger a_i = I^\sigma & \\ a_i^\dagger a_j^\dagger - a_j^\dagger a_i^\dagger = 0 & \text{para} \quad i \neq j \\ a_i a_j - a_j a_i = 0 & \text{para} \quad i \neq j \end{cases}$$

Para férmions, relações interessantes podem ser obtidas usando-se o sinal '+', sendo I^τ o operador identidade sobre $\mathcal{F}^\tau$:

[14] O exemplo de Schrödinger foi visto na seção III.1.

Relações de anticomutação

$$\begin{cases} a_i a_i^\dagger + a_i^\dagger a_i = I^\tau \\ a_i^\dagger a_j^\dagger + a_j^\dagger a_i^\dagger = 0 \quad \text{para} \quad i \neq j \\ a_i a_j + a_j a_i = 0 \quad \text{para} \quad i \neq j \end{cases}$$

Da segunda dessas relações, se tomarmos $i = j$, resulta $a_i^\dagger a_i^\dagger = 0$, uma vez mais o Princípio de Pauli. Aplicando-se reiteradas vezes os operadores de criação, pode-se obter qualquer vetor $|n_1 n_2 \ldots\rangle$ a partir do estado do vácuo. Por exemplo,

(a) $|1, 0, \ldots\rangle = a_1^\dagger |0, 0, \ldots\rangle$

(b) $|2, 0, \ldots\rangle = \frac{1}{\sqrt{2}} a_1^\dagger |1, 0, \ldots\rangle$

(c) $|2, 1, 0, \ldots\rangle = a_2^\dagger |2, 0, 0, \ldots\rangle$

(d) $|2, 2, 0, \ldots\rangle = \frac{1}{\sqrt{2}} a_2^\dagger |2, 1, 0, \ldots\rangle$,

e assim por diante. Em outras palavras, qualquer vetor $|n_1, n_2, n_3, \ldots\rangle$ pode ser escrito

$$|n_1, n_2, n_3, \ldots\rangle = \prod_i (\sqrt{n_i!})^{-1} a_1^\dagger \ldots a_1^\dagger a_2^\dagger \ldots a_2^\dagger \ldots |0\rangle, \tag{X.15}$$

sendo que há n_i ocorrências de $a_i^\dagger$ no segundo membro.

Pode-se mostrar que os operadores de criação e os de aniquilação (de mesmo índice) são conjugados hermitianos uns dos outros. Basta, portanto, que se considere uma dessas classes (isso tem interesse para o ponto de vista axiomático). Ademais, outros operadores importantes podem ser definidos a partir dos operadores de criação e de aniquilação, como o hamiltoniano. Pode-se ainda expressar a equação de Schrödinger por meio de tais operadores, além de se obter todos os detalhes da teoria quântica vista sob o ponto de vista da teoria dos espaços de Fock. Isso no entanto não será feito aqui, uma vez que não tencionamos *desenvolver* a teoria, mas tão somente apontar seus princípios básicos.[15]

Podemos agora chamar de uma *estrutura de Fock* o seguinte par ordenado, que vai constituir uma classe de modelos para um predicado conjuntista:

$$\mathfrak{F} := \langle \mathcal{F}, a_i^\dagger \rangle_{i \in I}, \tag{X.16}$$

sendo:

(a) $\mathcal{F}$ é um espaço de Fock obtido como acima. Seus elementos serão denotados $|n_1 n_2 \ldots n_k\rangle$, $k = 1, 2, \ldots$, já feitas todas as restrições quanto à notação.

(b) Os $a_i^\dagger$, com $i \in I$ são operadores hermitianos sobre $\mathcal{F}$ que obedecem as relações de comutação acima mencionadas.

[15] Pode-se, no entanto, consultar as seções 62 e 63 de [134] ou a seção 7.4 de [150].

Uma estrutura de Fock é algo como uma estrutura matemática adequada para a mecânica quântica axiomatizada por meio da teoria dos espaços de Fock [219], [188].[16] Nesse formalismo, pode-se agora introduzir os observáveis do sistema em termos dos operadores de criação e de aniquilação (esses definidos a partir dos anteriores), em particular os operadores número de ocupação, os quais podem ser escritos $N^i = a_i^\dagger a_i$ para todo i, como indicado acima.[17]

Note, portanto, que a abordagem via espaços de Fock inicia com um estado fundamental $|0\rangle$, o *estado do vácuo* que é um autovetor de um *operador número de ocupação* $N_k = a_k^\dagger a_k$ sendo '0' o correspondente autovalor, $a_k^\dagger$ e a_k os operadores de *criação* e de *aniquilação* do tipo k, os quais satisfazem as relações de comutação e de anticomutação respectivamente. Uma base para o espaço de Fock $\mathcal{F}$ é obtida pela aplicação sucessiva do operador de criação ao estado do vácuo. Ademais, todos os operadores e funções de onda (vetores de estado) podem ser escritos em termos dos operadores de criação e de aniquilação.

Esse desejo de que haja uma desvinculação dos rótulos atribuídos aos sistemas quânticos não vem sem consequências. Estando em uma teoria como ZFC, sabemos de antemão que isso não é possível, uma vez que, pelo menos em princípio, qualquer entidade nesse ambiente pode ser identificada de algum modo. O que o formalismo dos espaços de Fock consegue é encontrar um ambiente (em ZFC) no qual os rótulos não desempenhem papel significativo, mas eles não são elimináveis na teoria de conjuntos como um todo. Ademais, quando se assumiu para início de conversa um espaço de Hilbert, isso já dizia que havia algum sistema físico em vista, ou seja, já havia uma identificação prévia. A escolha habilidosa de se tomar o mesmo espaço repetidas vezes para se formar os produtos tensoriais mascara essa identificação, nos dando a impressão de que as entidades quânticas não podem ser identificadas. Mas não esqueçamos que estamos em um ambiente 'clássico' como ZFC, de sorte que, independentemente do modo como as caracterizemos, as entidades ainda são indivíduos. Em resumo, a abordagem é extremamente interessante e eficaz, mas falaciosa. Um modo adequado de se proceder é utilizar a teoria de quase-conjuntos, como veremos a seguir.

É precisamente essa desvinculação com os rótulos identificadores que a teoria $\mathfrak{Q}$ permite obter, e nos trabalhos mencionados desenvolvem-se espaços de Fock para estados simétricos e antisimétricos, mostrando que podemos desenvolver a mecânica quântica sem que seja necessário postular simetrias dos estados, simetrias essas que 'saem naturalmente' quando se leva em conta a indiscernibilidade *ab initio*. Os postulados adotados determinam, no sentido visto anteriormente, um predicado formulado na linguagem da teoria $\mathfrak{Q}$, podendo então ser denominado de *predicado quase-conjuntista* para a MQ.

X.3 Entra a teoria $\mathfrak{Q}$

Veremos agora de que modo podemos *realmente* dispensar quaisquer rótulos aos sistemas quânticos (que continuaremos chamando de 'partículas' com todo o abuso de linguagem que isso implica). Esta seção, na qual os detalhes serão omitidos, é baseada em [55], [57], [56]. Trataremos dos $\mathfrak{Q}$-espaços.

Para inciar, analisemos como a mecânica quântica lida com um sistema de dois sistemas quânticos indiscerníveis com o propósito de motivar a construção a ser feita (na verdade, apenas esboçada).[18] O formalismo

[16]O leitor deve notar que se trata de um predicado conjuntista, criado na linguagem de uma teoria 'usual' de conjuntos, como ZFC.

[17]Para detalhes, ver [134, pp.218ff], [150].

[18]Além dos trabalhos mencionados no parágrafo anterior, veja também o capítulo 9 de [79] e a discussão em [10], onde se acentua a necessidade de que a indiscernibilidade deve ser levada a sério.

da teoria diz que aos dois sistemas são atribuídos espaços de Hilbert separáveis $\mathcal{H}_1$ e $\mathcal{H}_2$ (sobre o mesmo corpo dos complexos), e que os estados do sistema composto são descritos por vetores do produto tensorial $\mathcal{H}_1 \otimes \mathcal{H}_2$, cujos vetores são denotados por $|\psi\rangle_1 \otimes |\psi\rangle_2$, que muitas vezes escreveremos simplesmente $|\psi_1\rangle\, |\psi\rangle_2$ ou, mais simplificadamente ainda, $|\psi_1, \psi_2\rangle$. Se $\{|\psi\rangle_i\}$ é uma base de $\mathcal{H}_1$ e $\{|\varphi\rangle_j$ é uma base de $\mathcal{H}_2$, então $\{|\psi\rangle_1 \otimes |\varphi\rangle_j\}$ é uma base para $\mathcal{H}_1 \otimes \mathcal{H}_2$. O produto interno nesse espaço produto é definido por

$$\langle \psi \otimes \varphi | \psi' \otimes \varphi' \rangle := \langle \psi | \psi' \rangle_{\mathcal{H}_1} \langle \varphi_1 | \varphi' \rangle_{\mathcal{H}_2} \qquad \text{(X.17)}$$

sendo os produtos internos de cada espaço indicados no definiens (segundo membro) da igualdade.[19] Em geral omitiremos os subíndices, deixando o contexto explicitá-los. Lembremos ademais que o produto tensorial não é comutativo, o mesmo se dando para o produto escalar definido acima. Em virtude disso, alguma forma de simetrização tem que ser assumida, dizendo que se estamos tratando de sistemas indiscerníveis, assim que qualquer permutação de partículas indiscerníveis conduz ao mesmo resultado.

Nesse desenvolvimento, rotulamos os espaços como 'espaço da partícula 1' e 'espaço da partícula 2', dando-lhes, de alguma forma, uma distinção, que depois é mascarada pelos postulados de simetria. Na nossa abordagem, consideramos a máxima de Heinz Post de que a indiscernibilidade deve ser atribuída às partículas *right from the start*, ou seja, as partículas de mesma espécie devem ser assumidas indiscerníveis desde o princípio, e não 'feitas indiscerníveis' por meio de postulados de simetria, e para isso utilizamos os recursos da teoria de quase-conjuntos.

Vamos, portanto, assumir a teoria $\mathfrak{Q}$. Suponha que dispomos de um *conjunto* (discriminado por meio do predicado Z) $\epsilon =_E \{\epsilon_i\}$, com $i \in I$, sendo I um conjunto arbitrário de índices. Assumimos que os ϵ_i são autovalores de algum observável físico que nos está interessando considerar, como por exemplo, o observável que representa a energia do sistema, o hamiltoniano H, de modo que $H(|\psi_i\rangle) = \epsilon_i\, |\psi_i\rangle$. Suponha que $\mathscr{P}$ representa o quase-conjunto de todos os qsets puros (todos os elementos são m-átomos) finitos e seja $f : \epsilon \longrightarrow \mathscr{P}$ uma quase-função tal que se $\langle \epsilon_i, x\rangle \in f$ e $\langle \epsilon_j, y\rangle \in f$ e $i \neq j$, então $x \cap y =_E \emptyset$, e assumimos ainda que os quase-cardinais são finitos. Se $\langle \epsilon, x\rangle \in f$, dizemos que o nível energético ϵ tem número de ocupação $qc(x)$. Denotaremos por $\mathscr{F}$ o qset de todas essas funções f.

Essas quase-funções, que serão utilizadas para construirmos os estados quânticos, e isso será feito sem que necessitemos indexar os sistemas quânticos com rótulos (nomes). As q-funções serão escritas com a notação $f_{\epsilon_1, \epsilon_2, \ldots, \epsilon_m}$ e isso indicará que os níveis energéticos $\epsilon_1, \ldots, \epsilon_m$ estão ocupados. Se um mesmo ϵ_k aparece mais de uma vez nessa notação, isso significa que o nível energético ϵ_k tem o número de ocupação correspondente ao número de vezes que ele figura na notação feita; assim, $f_{\epsilon_1\epsilon_1\epsilon_1\epsilon_2\epsilon_2\epsilon_3}$ nos diz que o nível energético ϵ_1 tem número de ocupação 3, enquanto que ϵ_2 tem número de ocupação 2 e ϵ_3 tem número de ocupação 1. Com isso, a única referência que temos dos sistemas quânticos é aquela dada pelos números de ocupação, e não por quaisquer rótulos que nomeariam essas entidades, identificando-as. Ademais, com essa notação, qualquer permutação de partículas não interfere em nada. Por exemplo, $f_{\epsilon_1\epsilon_1\epsilon_1\epsilon_2\epsilon_2\epsilon_3}$ é um qset de pares ordenados (em $\mathfrak{Q}$) $\langle \epsilon_1, x\rangle$, $\langle \epsilon_2, y\rangle$, $\langle \epsilon_3, z\rangle$, com $qc(x) =_E 3$, $qc(y) =_E 2$ e $qc(z) =_E 1$. Obviamente, assumimos que para $n > 3$, temos $\langle \epsilon_n, \emptyset\rangle$.

[19] Um tipo comum de definição tem a forma '*definiendum* := *definiens*', sendo o 'definiendum' aquilo que está sendo definido e o 'definiens' aquilo que define, uma expressão da linguagem da teoria. Por exemplo, $A \subseteq B := \forall x(x \in A \longrightarrow x \in B)$ define a noção de subconjunto por meio de uma fórmula da linguagem da teoria (o definens).

A notação $f_{\epsilon_1 \ldots \epsilon_m}$ não faz menção à ordem dos índices, mas uma ordenação pode ser introduzida do seguinte modo. Para cada q-função $f \in \mathscr{F}$, seja $\mathbf{supp}(f) = \{\epsilon_1, \ldots, \epsilon_m\}$ o *suporte* de f, a saber, o qset (que na verdade é um conjunto em $\mathfrak{Q}$) formado pelos elementos ϵ_i que cumprem $\langle \epsilon_i, x \rangle \in f$, com $qc(x) \neq_E 0$. Seja $\langle o, f \rangle$ tal que

$$o : \mathbf{supp}(f) \to \{1, 2, \ldots, m\} \tag{X.18}$$

é uma q-função bijetiva. Cada uma dessas 'o' define uma ordenação em $\mathbf{supp}(f)$; se $f \in \mathscr{P}$ e $qc(\sup(f)) =_E m$, então haverá $m!$ ordens.

Seja $O\mathscr{F}$ o conjunto de todos os pares da forma $\langle o, f \rangle$. Então se dizemos que $f_{\epsilon_1 \ldots \epsilon_m} \in O\mathscr{F}$, estamos nos referindo a uma ordenação particular do conjunto $\{\epsilon_{i_1}, \ldots, \epsilon_{i_m}\}$. Como salientado em [57], é importante notar que esses índices não estão rotulando as partículas.

A estrutura de espaço vetorial pode ser introduzida como segue. Equipamos $O\mathscr{F}$ com as operações de adição de vetores (que serão as funções f) e produto de vetor por escalar, definidas como segue. Seja C a coleção (qset) de todos os pares ordenados $\langle f, \lambda \rangle$ com $f \in \mathscr{F}$ e $\lambda \in \mathbb{C}$ (o conjunto dos números complexos). Seja $C_0 \subseteq C$ tal que se $c \in C_0$, então $c(f) =_E 0$ para toda $f \in \mathscr{F}$ exceto para um número finito de q-funções. Então, em C_0 definimos as seguintes operações, sendo $\alpha, \beta\gamma \in C$, $c, c_1, c_2 \in C_0$:

$$\begin{aligned} (\alpha \cdot c)(f) &:= \alpha(c(f)) \\ (c_1 + c_2)(f) &:= c_1(f) + c_2(f). \end{aligned} \tag{X.19}$$

O leitor não deve confundir os dois sinais de adição na segunda equação: o primeiro é a soma de vetores que está sendo definida, enquanto que a segunda é a soma de números complexos. É imediato verificar que a estrutura $\langle C_0, +, \cdot \rangle$ é um espaço vetorial complexo (ou seja, modela os axiomas de espaço vetorial). A interpretação das q-funções $c \in C_0$ é a seguinte. Se $c \in C_0$ e $c \neq_E c_0$, então $f_1, \ldots, f_n$ são funções de C_0 tais que $c(f_i) \neq_E 0$; se $\{\lambda_i\}$ é uma coleção de números complexos tais que $c(f_i) =_E \lambda_i$, então c pode ser representada por $\lambda_1 f_1 + \ldots + \lambda_n f_n$. Informalmente, a q-função representa um estado puro que é uma superposição (combinação linear) de estados representados pelas q-funções f_i.

Produtos internos são necessários para que possamos exprimir as probabilidades, e isso vai nos dar a estrutura de espaço de Hilbert (desde que haja completude relativamente às normas advindas desses produtos internos). Para defini-los (teremos um para 'bósons' e outro para 'férmions'), mudaremos um pouco a notação para podermos enfatizar o papel desempenhado pelos índices. Sejam $f_{\epsilon_{i_1} \epsilon_{i_2} \ldots \epsilon_{i_n}}$ e $f_{\epsilon_{i'_1} \epsilon_{i'_2} \ldots \epsilon_{i'_n}}$ dois vetores e chamemos de p uma permutação dos índices dessas segundas q-funções, ou seja, se denotamos $i' = \langle i'_1, \ldots, i'_n \rangle$, então $pi' = \langle pi'_1, \ldots, pi'_n \rangle$ indica uma permutação dos índices. Definimos então (sendo δ_{ij} o delta de Kronecker) o produto interno para o caso de bósons:

$$f_{\epsilon_{i_1} \epsilon_{i_2} \ldots \epsilon_{i_n}} \circ f_{\epsilon_{i'_1} \epsilon_{i'_2} \ldots \epsilon_{i'_n}} := \delta_{nm} \sum_p \delta_{i_1 pi'_1} \ldots \delta_{i_n pi'_n} \tag{X.20}$$

E, para o caso de férmions,

$$f_{\epsilon_{i_1} \epsilon_{i_2} \ldots \epsilon_{i_n}} \bullet f_{\epsilon_{i'_1} \epsilon_{i'_2} \ldots \epsilon_{i'_n}} := \delta_{nm} \sum_p \sigma_p \delta_{i_1 pi'_1} \ldots \delta_{i_n pi'_n} \tag{X.21}$$

sendo

$$\sigma_p := \begin{cases} 1 & \text{se } p \text{ é par} \\ -1 & \text{se } p \text{ é ímpar} \end{cases}$$

De [56], extraímos a seguinte citação (adaptada):

> O resultado desse segundo produto é uma soma antisimétrica dos índices que aparecem nas q-funções. Para que o produto esteja bem definido, as q-funções devem pertencer a $O\mathscr{F}$, e uma vez que ele esteja definido sobre as q-funções que formam uma base [para o espaço vetorial que estamos considerando], podemos estendê-lo de um modo similar para bósons. Se o número de ocupação de um produto é maior do que 1, então o vetor terá norma nula, e nesse caso o produto interno desse vetor por qualquer outro dará zero, e então a probabilidade de se observar um sistema nesse estado se anula. Isso significa que podemos adicionar a qualquer estado físico uma combinação linear arbitrária de vetores de norma nula uma vez que eles não contribuem para o produto interno, que é uma quantidade significativa.
>
> Com essas ferramentas e usando a linguagem de $\mathfrak{Q}$, o formalismo da mecânica quântica pode ser totalmente reescrito, oferecendo uma resposta simples ao problema de se encontrar um formalismo que envolva a indiscernibilidade *right from the start*, sem que haja necessidade da introdução de postulados adicionais [postulados de simetria]. (...)

O desenvolvimento de uma teoria física está condicionado a vários fatores, como já salientamos. Um deles, a ser de novo enfatizado aqui, diz respeito à coadunação da teoria, ou de sua contraparte matemática, à metafísica adotada. No caso de adotarmos uma metafísica consoante com a existência de não-indivíduos, é estranho, para não falar equivocado, apelar à matemática e à lógica clássicas na formulação de teoria. Como vimos, essas bases implicam que todas as entidades consideradas são indivíduos dotados de identidade e tais que, pelo menos em princípio, podem ser discernidos de qualquer outro, o que *de fato* não acontece na física quântica, como a existência de condensados bosônicos mostra claramente.

Assim, nos parece que o desenvolvimento de uma mecânica quântica com base 'direta' em uma teoria de não-indivíduos se afigura relevante.

X.4 Exercícios

(1) Reflita sobre o argumento de que a teoria usual da identidade implica que qualquer objeto que a satisfaça é um indivíduo.

(2) Justifique o motivo pelo qual os objetos quânticos não seriam indivíduos. Coloque a sua opinião a respeito.

(3) No texto (ao final deste capítulo) é dito que tanto a teoria física quanto a sua contraparte matemática deve se coadunar com a metafísica adotada. O que você tem a dizer sobre isso?

(4) Em *Ensaio Sobre os Fundamentos da Lógica* [34, p.124], é dito que "a lógica não pode ser imposta a priori às sistematizações de nossas experiências". Comente essa frase.

(5) Com relação à questão anterior, é conveniente saber que há filósofos que sustentam que a lógica não é a priori, mas se assemelha a uma ciência empírica. O que você acha disso? Veja [7].

Capítulo XI

'Verdade' em Física

"Qualquer um que seja da verdade ouve a minha voz",
disse Jesus, ao que Pilatos respondeu "O que é a verdade?"

João 18: 37-38

A questão da verdade é uma das mais intrincadas da história da filosofia. A pergunta que Pilatos fez a Jesus, mencionada na citação da epígrafe, é considerada por alguns como fundamental.[1] Ainda que o tema merecesse uma discussão mais ampla, o que se pode no entanto encontrar na literatura,[2] falaremos de algo mais específico, qual seja, do que é ou *pode ser* o conceito de 'verdade' em Física.

A clássica *teoria da correspondência* afirma que uma sentença é 'verdadeira' se ela afirma algo que de fato é o caso. Assim, a sentença 'A neve é branca' é verdadeira nessa acepção porque a neve é de fato branca. No entanto, a sentença 'A velocidade da luz no vácuo é 299.792.458 metros por segundo' é verdadeira nesse sentido? Ora, podemos questionar a exata correspondência dessa afirmação com o que ocorre no mundo físico primeiramente devendo reconhecer que, literalmente, não existe aquilo que usualmente chamamos de *vácuo*, ou seja, uma região do espaço desprovida de matéria; há *radiação* em todo lugar (dependendo do observador),[3] e como pela teoria da relatividade energia e massa são praticamente a mesma coisa,[4] não há região do espaço sem algum tipo de radiação. A sentença, assumida como uma das mais fundamentais leis da Física, literalmente, é falsa. É isso o que Nancy Cartwright quer dizer quando afirma que as leis da

[1]Nietzsche, por exemplo, considerava Pilatos a única figura admirável no Novo Testamento, certamente pela pergunta que fez; facilmente se encontram referências a isso na web.

[2]Há realmente *muita* coisa disponível. O leitor pode se beneficiar da visão geral dada no verbete 'Truth' da Stanford Encyclopedia of Philosophy.

[3]Segundo a teoria geral da relatividade, uma região do espaço que um observador considera como vácuo pode conter partículas para um outro observador que esteja acelerado relativamente àquele. Uma introdução muito boa à relatividade especial é [215], além do célebre livro do próprio Einstein [61]; para a relatividade geral, recomendamos [193].

[4]Isso é um abuso de linguagem; a identificação está condicionada à equação $E = mc^2$, que estabelece a equivalência entre massa e energia.

física mentem, em seu célebre livro 'How the Laws of Physic Lie' [29], posto que essas leis não descrevem a realidade, mas situações idealizadas descritas em 'modelos' que elaboramos.[5]

Antecipamos a nossa opinião. Acreditamos que a ciência, e as disciplinas físicas em geral, buscam a verdade no sentido da teoria da correspondência. Em outras palavras, elas querem saber como o mundo é *mesmo*. No entanto, não chegamos a isso jamais, uma vez que é aparentemente impossível determinar a exata correspondência entre uma teoria e a 'realidade'. Tudo o que podemos alcançar é uma certa concordância (entre limites) com os fatos observados, e isso nos basta; como diz Bas van Fraassen, as teorias (somente) *salvam os fenômenos* [71]. Mas a pergunta básica é lícita: se a verdade como correspondência é um ideal apenas, o que há?

Iniciemos nossa discussão com uma situação colocada por M. L. Dalla Chiara e G.Toraldo di Francia relativamente à física clássica [50, cap.3]. Nesse campo, algumas hipóteses (sempre os postulados!) são assumidas, como a de que todas as propriedades que podem ser medidas acerca de algum objeto têm valores bem definidos em qualquer instante que considerarmos. Assim, dizem eles, tomemos a segunda lei de Newton, $\mathbf{F} = m\mathbf{a}$ (os negritos indicam noções vetoriais). Dado um objeto, devemos, portanto, poder avaliar a somatória das forças que agem sobre ele, a sua massa e a sua aceleração (tudo isso em um determinado instante de tempo, que ignoraremos por ora), e a igualdade indicada na equação deve valer. Mas, como esses autores salientam, as grandezas físicas são mensuradas dentro de um intervalo de valores, pois não há instrumentos absolutamente precisos que nos forneçam as medidas *exatas*. Isso ocorre quando você pesa algo: o valor obtido é algo da forma $p \pm \varepsilon$, onde p é o peso (massa $\times$ aceleração da gravidade) mais ou menos um certo 'erro' que as teorias subjacentes às da Física estimam. Ou seja, o peso do nosso 'algo' está compreendido em um intervalo $(p - \varepsilon, p + \varepsilon)$, e *qualquer* valor nesse intervalo pode ser aceito como sendo o peso da coisa que estamos pesando (ver a figura XI.1).[6]

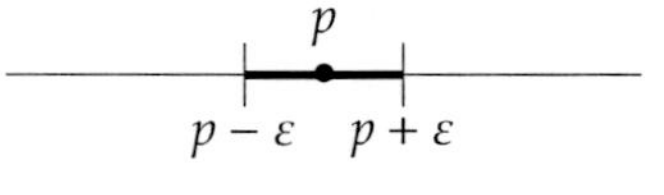

Figura XI.1: Intervalo no qual qualquer valor é aceito como medida do peso do nosso objeto, 'p' sendo o valor ideal.

Desse modo, haverá um intervalo desse tipo para a medida da força, um para a medida da massa e outro para a medida da aceleração. Ora, é perceptível que para nem todos os valores desses intervalos o produto da massa pela aceleração dá exatamente o que mediu para a força, mas para *certos* valores, dá exatamente isso. Assim, temos a inusitada situação na qual tanto $\mathbf{F} = m\mathbf{a}$ quanto $\mathbf{F} \neq m\mathbf{a}$ (desde que os valores estejam nos intervalos respectivos) devem ser aceitos, ainda que *não ambos* (o que evita a existência de qualquer contradição). Se isso é assim, como sustentar que a 'verdade' se coaduna com a teoria da correspondência?[7]

Que a teoria da correspondência não é adequada para as teorias físicas foi algo percebido há muito. Uma das teorias mais interessantes que foram propostas para dar conta dessas disciplinas é a da *quase-verdade*. No entanto, para entendê-la, é conveniente fazermos uma pequena revisão da versão tarskiana da verdade como correspondência para linguagens de primeira ordem.

[5]Note que essa posição é consoante com a que adotamos nos capítulos anteriores.

[6]Isso é o que se vê quando encontramos a medida de algo como sendo $d = 2,13 \pm 0,0003$ metros. A Teoria de Erros, ramo da Estatística, é fundamental em ciência.

[7]As lógicas paraclássicas, a serem vistas à frente, poderiam ser invocadas aqui.

XI.1 'Verdade' a la Tarski

Alfred Tarski (1901-1983) foi um matemático polonês/americano que deu contribuições fundamentais à Lógica e à Filosofia. Entre 1930 e 1936, ele apresentou, primeiramente em polonês e depois em alemão, trabalhos tratando de questões como o significado de se interpretar uma teoria ou uma linguagem, qual o sentido de se dizer que uma certa proposição é *verdadeira* segundo uma interpretação e também o que significaria dizer que uma proposição é *logicamente válida*.[8]

Com relação ao primeiro item, ele concluiu que deveríamos inicialmente determinar um *universo do discurso*, ou *domínio da interpretação* contendo os objetos dos quais desejamos falar, e depois deveríamos determinar os significados que os termos da teoria/linguagem assumiriam de acordo com a interpretação dada. Para vermos esse e os outros dois problemas por ele abordados, necessitamos de alguns conceitos lógicos.

Seja L uma linguagem elementar contendo em seu alfabeto básico uma coleção $x_1, x_2, \ldots$ variáveis individuais, outra de constantes individuais, $a_1, a_2, \ldots$, símbolos para predicados de aridade n, $P^n_1, P^n_2, \ldots$ e símbolos funcionais de aridade n, $f^n_1, f^n_2, \ldots$. Além disso, dispomos dos conectivos lógicos usuais ('$\neg$' e '$\longrightarrow$' como primitivos), o quantificador universal ('$\forall$') como primitivo, o símbolo de igualdade '$=$' e símbolos auxiliares, como parênteses e a vírgula. Usaremos $a, b, \ldots$, $P, Q, R, \ldots$ e $f, g, h, \ldots$ respectivamente como metavariáveis para os símbolos não lógicos (constantes individuais, símbolos para predicados e símbolos funcionais), deixando as aridades dadas pelo contexto. As variáveis individuais serão representadas por $x, y, z, \ldots$. As definições de termos e fórmulas são as comuns, que supomos conhecidas, assim como a dos demais conectivos proposicionais e do quantificador existencial. Recordamos (nunca é demais lembrar isso) que uma *linguagem elementar*, ou *linguagem de primeira ordem* aplica os quantificadores unicamente aos indivíduos do domínio da interpretação, e nunca sobre conjuntos de indivíduos, propriedades ou funções entre eles.

Uma *interpretação* para L é um par ordenado $\mathcal{I} = \langle \mathfrak{A}, \rho \rangle$, sendo $\mathfrak{A}$ uma *estrutura* da forma

$$\mathfrak{A} = \langle D, \{a^{\mathfrak{A}}\}, \{P^{\mathfrak{A}}\}, \{f^{\mathfrak{A}}\} \rangle, \tag{XI.1}$$

onde D é um conjunto não vazio (o domínio da interpretação), $\{a^{\mathfrak{A}}\}$ é um conjunto de elementos de D, $\{P^{\mathfrak{A}}\}$ é um conjunto de relações n-árias sobre D e $\{f^{\mathfrak{A}}\}$ é um conjunto de operações n-árias sobre D. ρ é chamada de *função denotação*, e é definida da seguinte maneira.

1. Para cada constante individual a, coloca-se $\rho(a) = a^{\mathfrak{A}}$ para alguma $a^{\mathfrak{A}}$ da estrutura.

2. Para cada símbolo funcional n-ário P, pomos $\rho(P) = P^{\mathfrak{A}}$ para alguma relação n-ária da estrutura. Importante salientar que todas essas relações são *totais*, ou seja, se R é uma relação binária (somente para exemplificar), então *para todo* $x \in D$ existe $y \in D$ tal que xRy ou $\neg xRy$, ou seja, a relação está definida para todos os pares de indivíduos do domínio (o conjunto dos x tais que xRy para algum y é chamado de *domínio* da relação, $Dom(R)$). Em uma relação total, portanto, o domínio é todo o D, e está determinado se um dado par de indivíduos pertence ou não à relação. Ressaltamos isso porque na definição de *quase-verdade* a ser vista abaixo, as relações poderão ser *parciais*, valendo para alguns pares apenas, ou seja, o domínio da relação pode ser um subconjunto próprio de D, abrindo-se a possibilidade

[8]Não nos referiremos ao trabalho original de Tarski, mas ao que dele resultou posteriormente.

de que, para certos pares de indivíduos, seja 'indeterminado' se eles pertencem ou não à relação [37, p.19]. Esse fato é distintivo na comparação dessas duas formas de se conceituar 'verdade'.

3. Para cada símbolo funcional n-ário f, tem-se que $\rho(f) = f^{\mathfrak{A}}$ para alguma função n-ária da estrutura.

4. Para o que queremos falar, é importante enfatizar a interpretação do símbolo de igualdade. A ele é associado o conjunto $\Delta_D := \{(n, n) : n \in D\}$, dito *diagonal* (ou *identidade*) de D.

Para que essa estrutura seja a de um *modelo* da nossa teoria, é preciso que os postulados da teoria que sejam *verdadeiros* nessa estrutura e já veremos o que isso significa. A outra observação importante é a de que 'tudo' é feito em uma teoria de conjuntos como ZFC, ou ZFA. Note que o par ordenado que define uma interpretação é um *conjunto*, o domínio é um conjunto, a função denotação é, como o nome sugere, uma função (logo um conjunto), e assim por diante. Em outras palavras, o conceito de verdade a la Tarski *depende* da teoria de conjuntos na qual é elaborado. Ademais, uma metateoria como essa também conta com um aparato lógico subjacente contendo conectivos, quantificadores e outros símbolos lógicos e específicos da teoria de conjuntos considerada. Veremos que em grande medida o conceito de 'verdade' depende dessa metateoria.

XI.2 Satisfatibilidade e verdade

Seja α uma fórmula de L e $\mathfrak{A}$ uma estrutura (ou interpretação) para essa linguagem (leve em conta que isso implica que a função denotação ρ acha-se, portanto, definida). Então α é **satisfatível** na estrutura, ou a estrutura **satisfaz** α, e escrevemos '$\mathfrak{A}$**sat**α', se alguma das cláusulas abaixo for cumprida, sendo os $t_j^{\mathfrak{A}}$ termos da linguagem (se nenhuma das cláusulas for cumprida, então α não é satisfatível na estrutura, o que indicamos por '$\mathfrak{A}$**nsat**α'):

1. Se α é $P^n(t_1, \ldots, t_n)$, então $\mathfrak{A}$**sat**α se e somente se $\langle t_1^{\mathfrak{A}}, \ldots, t_n^{\mathfrak{A}} \rangle \in P^{\mathfrak{A}}$ e dizemos que $\mathfrak{A}$**nsat**α em caso contrário.

2. Se α é $t_1 = t_2$, então $\mathfrak{A}$**sat**α se e somente se $\langle t_1^{\mathfrak{A}}, t_2^{\mathfrak{A}} \rangle \in \Delta_D$ e dizemos que $\mathfrak{A}$**nsat**α em caso contrário.

3. Se α é da forma $\neg\beta$, então $\mathfrak{A}$**sat**α se e somente se $\mathfrak{A}$**nsat**β.

4. Se α é da forma $\beta \longrightarrow \gamma$, então $\mathfrak{A}$**sat**α se e somente se $\mathfrak{A}$**nsat**β ou $\mathfrak{A}$**nsat**γ.

5. Se α é da forma $\forall x_i \alpha$, então $\mathfrak{A}$**sat**α se e somente se qualquer interpretação que difira da interpretação dada no máximo pelo que a função ρ atribui à variável x_i, seja tal que ela satisfaz a fórmula α. Uma tal interpretação diz-se uma x_i-**variante** da interpretação dada.

6. Cláusulas similares são feitas para fórmulas da forma $\beta \wedge \gamma$, $\beta \vee \gamma$ e $\exists x_i \alpha$. Para detalhes, consultar por exemplo [153, 190].

Dizemos que α é **verdadeira** (no sentido de Tarski) na estrutura $\mathfrak{A}$, e escrevemos

$$\mathfrak{A} \models \alpha \qquad \text{(XI.2)}$$

se e somente se α for satisfeita por toda interpretação de L em $\mathfrak{A}$.

'Verdade', portanto, é um atributo de fórmulas, e em particular de sentenças (fórmulas sem variáveis livres).[9] A noção definida acima tenciona capturar todas as instâncias do chamado **esquema T** abaixo, sendo $\ulcorner\alpha\urcorner$ alguma expressão que 'nomeie' a fórmula α:

Esquema T

$$\ulcorner\alpha\urcorner \text{ se e somente se } \alpha. \tag{XI.3}$$

Por exemplo, se ⌜A neve é branca⌝ é um nome para a sentença 'A neve é branca', o esquema T tem a seguinte instância;

$$\ulcorner\text{A neve é branca}\urcorner \text{ se e somente se a neve é branca.} \tag{XI.4}$$

Repare que na segunda aparição, a sentença 'A neve é branca' é *usada*, enquanto que na primeira ela é *mencionada*.

Uma fórmula (em particular, uma sentença) é **logicamente válida**, ou simplesmente **válida** se for verdadeira relativamente a qualquer interpretação. Importante observar duas coisas:

1. A noção de verdade depende do arcabouço matemático *onde* a definição é feita; repare que usamos os conceitos de 'função', de 'par ordenado', de 'estrutura', e assim por diante. Todos esses conceitos podem ser descritos em uma teoria de conjuntos, logo, a noção de verdade vista agora *depende* da noção de conjunto que se está considerando.

2. As estruturas nas quais o conceito é definido são estruturas **totais**, ou seja, as relações e funções n-árias são definidas para todos os elementos de seus universos. Isso quer dizer que se, por exemplo, P for um predicado unário e a denotar um elemento do domínio da interpretação, então $P(a)$ será verdadeira ou será falsa; não há 'suspensão de juízo', ou seja, situações em que *ficamos em dúvida se* $P(a)$ *é verdadeira ou falsa*.

Parece patente que a noção de verdade para as teorias físicas não pode se coadunar à verdade como correspondência e, em particular à verdade a la Tarski. Com efeito, inicialmente não teremos nunca uma estrutura que *capture* a realidade, mesmo em um domínio restrito. Teremos sempre que fazer restrições e simplificações: nossos *modelos* são idealizações. Para superar essa deficiência, um conceito mais fraco de *verdade parcial* ou *quase-verdade* foi proposto, que era inicialmente denominado de *verdade pragmática* pois pensava-se que capturava algumas das ideias dos filósofos pragmatistas, em especial Peirce e James.

Grosso modo, segundo os pragmatistas, ainda que haja discrepância entre eles, a noção de verdade está vinculada à de utilidade; uma sentença é *pragmaticamente verdadeira* (no sentido de William James), podemos dizer, se é útil acreditarmos nela.[10] Esssa noção foi transformada em um conceito matematicamente preciso de *quase-verdade* que visava expressar a ideia de que uma sentença é quase-verdadeira se 'tudo se passa' como se ela fosse verdadeira no sentido da teoria da correspondência, ou seja, a sentença 'salvaria as aparências'.

---

[9] Um excelente artigo de divulgação é o de Leon Henkin [96].

[10] O leitor pode consultar o verbete 'The Pragmatic Theory of Truth' da Stanford Encyclopedia of Philosophy.

XI.3 Quase-Verdade

Essa noção mais débil de 'verdade' foi desenvolvida a partir dos anos 1980 por Newton da Costa e outros, como Irene Mikenberg, Rolando Chuaqui, Otávio Bueno e Steven French. Mais tarde, essa noção foi analisada e ligeiramente adaptada por Coniglio e Silvestrini [33].

A 'quase-verdade' é uma espécie de 'verdade parcial', e depende da noção tarskiana vista antes. O elemento básico dessa visão é uma *estrutura parcial* $\mathfrak{A} = \langle D, R_i \rangle$, $i \in I$ sendo I um conjunto de índices, onde as relações R_i, cada uma de uma certa aridade n, são *parciais*, ou seja, podem haver n-uplas $(a_1, a_2, \ldots, a_n)$ de elementos do domínio para os quais é *indeterminado* se estão ou não em uma certa relação n-ária R. Lembre do que dissemos acima, a saber, de que na noção tarskiana não pode haver 'suspensão de juízo'; aqui pode.

Alternativamente, podemos dizer que uma relação é parcial se for da forma $R = \langle R_1, R_2, R_3 \rangle$ onde R_1 é o conjunto das n-uplas *que estão* em R, R_2 é o conjunto das que não estão em R e R_3 o daquelas onde se suspende no juízo sobre se estão ou não em R. Claro que se $R_3 = \emptyset$, a relação é *total*; relações parciais, portanto, são tais que $R_3 \neq \emptyset$.

Uma **estrutura pragmática simples** (e.p.s.) é algo da forma $\mathfrak{A} = \langle D, R_i, \mathcal{P} \rangle$, onde $\mathfrak{A} = \langle D, R_i \rangle$ é uma estrutura parcial e '$\mathcal{P}$' denota um conjunto de sentenças da linguagem que são assumidas serem verdadeiras no sentido de Tarski na estrutura parcial $\mathfrak{A}$.[11] Essas sentenças são subsidiárias para sedimentar a asserção de que alguma sentença α é *quase-verdadeira* na estrutura e.p.s. no seguinte sentido.

Primeiramente, estendemos e.p.s. a uma estrutura total $\mathfrak{B}$ fazendo com que R_3 seja vazia. Para isso necessitamos de um conjunto de hipóteses adicionais H e a extensão será possível se e somente se $H \cup \mathcal{P}$ for consistente [155]. Intuitivamente, as hipóteses que fizermos não podem contradizer aquilo que temos como 'verdadeiro', ou seja, as sentenças em $\mathcal{P}$. Uma tal estrutura $\mathfrak{B}$ estendida é dita ser uma estrutura $\mathfrak{A}$-*normal*.

Seja α uma sentença da linguagem escolhida.[12] Dizemos que α é *quase-verdadeira* na e.p.s. $\mathfrak{A}$ se e somente se α é verdadeira na estrutura $\mathfrak{B}$ no sentido de Tarski. Se isso acontece, escrevemos

$$\mathfrak{A} \models^{\mathfrak{B}} \alpha, \qquad \text{(XI.5)}$$

e '$\mathfrak{A} \not\models^{\mathfrak{B}} \alpha$' em caso contrário.

Um dos fatos interessantes sobre essa noção é que pode acontecer que tanto uma sentença α quanto a sua negação $\neg\alpha$ sejam quase-verdadeiras em uma e.p.s. $\mathfrak{A}$. Para que isso aconteça, basta que existam estruturas $\mathfrak{A}$-normais $\mathfrak{B}$ e $\mathfrak{B}'$ tais que α seja verdadeira em $\mathfrak{B}$ (logo $\neg\alpha$ é falsa nessa estrutura, e que $\neg\alpha$ seja verdadeira em $\mathfrak{B}'$ (onde α é falsa). Porém nunca teremos que *ambas* sejam quase-verdadeiras em qualquer e.p.s.[13]

XI.4 Afinal, o que é 'verdade' em física?

Sobre Bohr, Einstein disse o seguinte:

> "Ele expressa suas opiniões como alguém que está perpetuamente tateando, e nunca como alguém que acredita que detém a verdade definitiva."

[11] Usamos aqui a mesma notação '$\mathfrak{A}$' tanto para a estrutura parcial quanto para a e.p.s., mas certamente isso não trará incômodo.

[12] O leitor deve reparar que não estamos sendo rigorosos; para os detalhes, ver os trabalhos citados.

[13] Mais detalhes em [39].

Será que Bohr, ou qualquer outro, poderia estar de posse de alguma 'verdade definitiva'? O que isso pode significar? Lembremos que nem a lei aritmética '$1 + 1 = 2$' é uma 'verdade definitiva', uma vez que ela, por si só, não diz nada, dependendo do que significam os números '1' e '2', a adição '+' e a igualdade.[14] Claramente, isso é muito mais complicado nas ciências empíricas, notadamente se perseguirmos a verdade como correspondência. A própria 'verdade' de uma sentença como 'A neve é branca' depende de vários fatores, como a noção de 'brancura'. Uma porção de neve suja pode não ser branca, mas ainda é neve. Você poderia dizer que devemos qualificar, acrescentando que 'A neve limpa é branca'. Mas mesmo assim ficamos devendo um esclarecimento do significado de 'branca' (aparentemente sem muitos problemas) e 'limpa' para termos uma 'verdade definitiva'. Depois, sabemos que as cores 'não estão no mundo', mas em nosso cérebro que, se fosse formado de modo diferente pela evolução, poderia ter outra forma de percepção daquilo que chamamos de 'branco'. Percebe-se, se pensarmos um pouco, que não somente em física, mas em qualquer disciplina que se ocupe de algum modo com a 'realidade', ou seja, exceptuando-se as disciplinas formais (Lógica e Matemática) a caracterização do que seria 'verdade' é bastante problemática.

Mesmo na matemática e na lógica, não há consenso sobre a noção de verdade. Para alguns, 'verdade' significa 'demonstração'; é célebre o dito de Bourbaki, expresso na primeira frase de seu livro de Teoria de Conjuntos: "qui dit mathématique, dit démonstration." [20] A concepção bourbakista de matemática é puramente sintática, não se levando em conta questões semânticas; ver [120, p.77]. Quando consideram-se questões semânticas, ou interpretações, a noção que se usa é, via de regra, aquela no sentido de Tarski, que delineamos acima. Mas mesmo assim, como vimos, o que temos não é uma 'verdade' *tout court*, mas dependente da estrutura (interpretação) adotada e da metamatemática utilizada. Nada é simples em filosofia.

A principal razão dessa dificuldade consiste, na nossa opinião, no fato de que não sabemos ao certo em que consiste essa 'realidade' com a qual queremos interagir. Observe que, dentro do espectro eletromagnético, a luz visível ocupa uma faixa muito estreita, indicando aquilo que podemos enxergar; todo o resto tem que ser notado indiretamente. Da mesma forma, nossa capacidade cognitiva certamente é algo parecido, nos propiciando modos de formar apenas concepções parciais e muitas vezes vagas e imprecisas sobre a realidade; com certeza muito 'do que está aí' não é por nós percebido ou mesmo imaginado.

Isso indica que talvez devêssemos ser mais pragmáticos, optando por uma noção de verdade que nos permita, como disse van Fraassen, "salvar os fenômenos" [72, 71], ou seja, dar conta do que estamos 'observando' em nossos experimentos, e que vai funcionando até que tenhamos outros equipamentos ou que descubramos novos fatos que venham a contestar os anteriores: nada é definitivo em filosofia.

Levando em conta essas considerações, parece que a noção de quase-verdade se afigura mais adequada. Com efeito, ela parece ser mais afeita às ciências empíricas, mas a formulação usual de da Costa e outros, na nossa opinião, ainda necessita ser analisada mais detalhadamente.

---

[14]Por exemplo, definamos uma 'adição módulo 2' pela tabela seguinte. Vê-se que '$1 + 1 = 0$ (mod.2)':

+	0	1
0	0	1
1	1	0

XI.5 A quase-verdade em física quântica

Em 2000, Otávio Bueno publicou um artigo muito interessante intitulado 'quase-verdade na teoria de quase-conjuntos'. Adaptaremos seu trabalho a seguir, adotando uma versão bem mais simples; cremos que ela é suficiente para fornecer uma indicação aparentemente adequada para o que possa vir a ser uma noção de verdade em física quântica. Obviamente, estaremos pressupondo o conhecimento da teoria de quase-conjuntos.

Daqui para a frente, estaremos trabalhando na teoria $\mathfrak{Q}$. Seja D um quase-conjunto cujos elementos são m-átomos, para ficarmos com o caso mais emblemático. Devemos lembrar que D tem um quase-cardinal e que seus elementos podem satisfazer a relação de indiscernibilidade $\equiv$, mas que expressões envolvendo a identidade $=$ ou sua negação $\neq$ deixam de fazer sentido aqui. Seja ainda R uma relação binária sobre D, ou seja, um conjunto de 'pares ordenados' (no sentido da teoria de quase-conjuntos) de elementos de D. Na linguagem objeto, supomos que há unicamente um símbolo de predicados binário P que a interpretação associa a R. Como sabemos, a linguagem objeto $\mathcal{L}$ (que seria a linguagem da física quântica) não há constantes individuais, uma vez que os elementos de D (partículas elementares) carecem de nomes próprios. Unicamente descrições definidas podem ser usadas, ainda que com as reservas devidas em virtude da 'falta de identidade' (lembre da seção IX.8). Seja $\mathfrak{A} = \langle D, R \rangle$ uma estrutura (ou 'quase-estrutura') para a linguagem $\mathcal{L}$. Ao símbolo P, associamos a relação R. Assumiremos, como na definição vista de quase-verdade, que R pode ser vista como uma tripla ordenada (no sentido da teoria de quase-conjuntos) $R = \langle R_1, R_2, R_3 \rangle$, onde R_1 tem como elementos aqueles pares para os quais se sabe que P vale, R_2 conta dos pares para os quais P não vale e R_3 é formada por aqueles pares para os quais suspende-se o juízo sobre se P vigora ou não.

Mesmo que os elementos de D sejam indiscerníveis, na metalinguagem podemos considerar sequências $s = (s_1, s_2, \ldots)$ como de hábito, mesmo que não possamos discernir entre s_i e s_j. Sejam x e y as primeiras variáveis individuais da lista de variáveis individuais da linguagem $\mathcal{L}$.[15] Como podemos estabelecer que a estrutura $\mathfrak{A}$ **quase-satisfaz** a fórmula $P(x, y)$, ou seja,

$$\mathfrak{A} \models P(x, y) \, ? \qquad \text{(XI.6)}$$

Para chegarmos a isso, admitamos que para cada variável individual x_i exista um elemento $d_i \in D$ tal que $s(x_i) \equiv d_i$, sendo s uma quase-função 'interpretação', que chamaremos de uma *quase-sequência* em $\mathfrak{A}$. Isso significa que estamos associando a x_i algum elemento de um quase-conjunto de elementos indiscerníveis, sem especificar qual é esse elemento. Escrevemos $s \approx s'$ para indicar que as q-sequências s e s' concordam na interpretação de todas as variáveis individuais exceto, possivelmente quanto a x_j, isto é, se $i \neq j$, então $s(x_i) \equiv s'(x_i)$, e suspendemos o juízo em caso contrário.

Estabelecemos então a seguinte definição recursiva:

Definição XI.5.1 (Quase-satisfação). *Uma quase-sequência s **q-satisfaz** $P(x, y)$ se e somente se $\langle s(x), s(y) \rangle \in R_1 \cup R_2$; caso isso não aconteça, então s não q-satisfaz $P(x, y)$. As demais cláusulas são como as usuais.*[16]

Como disse Bueno em seu mencionado artigo (adaptando-se a notação),

[15] Ou seja, se a lista é $x_1, x_2, \ldots$, então x é x_1 e y é x_2.

[16] Veja-se [25] para mais detalhes.

> O ponto principal desta definição consiste, claro, na condição (1) [ou seja, na condição explicitada na definição acima], na qual entra a componente R_3 do quase-modelo [da estrutura $\mathfrak{A}$]. Observe que temos aqui uma definição de quase-satisfação, uma vez que estamos explicitamente levando em conta aquelas relações (a serem encontradas no componente R_3) sobre cujo 'status epistêmico' ainda não temos certeza. Dependendo de como tais relações são tratadas posteriormente (com o crescimento de nosso conhecimento sobre o domínio em questão, elas podem se tornar elementos de R_1 ou R_2), nossas reivindicações de quase-satisfação podem mudar. Por exemplo, se tais relações realmente se tornarem elementos de R_2, uma sequência que uma vez quase satisfez uma fórmula $P(x, y)$ não irá mais satisfazê-la.

Informalmente, o que acontece é o seguinte. Uma relação $R(x, y)$ é satisfeita em uma dada interpretação se existem x e y tais que $R(x, y)$ seja verdadeira relativamente a essa interpretação. Mas no caso em tela, x e y denotam elementos de quase-conjuntos de indiscerníveis, e assim estamos aceitando que R seja verdadeira independentemente de *quais* dentre indiscerníveis escolhamos. Isso no entanto deve ser considerado com cautela. Uma afirmativa acerca de um elétron pode não valer se o elétron fosse 'outro'. Por exemplo, o elétron que está na camada mais externa de um átomo de Sódio tem seus números quânticos e se nos referimos a ele podemos fazer isso por meio desses números, que não servem para qualquer outro elétron do átomo. No entanto, o elétron da camada mais externa não precisa ser um elétron específico; *qualquer* elétron serve, e aquele que estiver lá terá os tais números quânticos. Em outras palavras, os números quânticos não são características *daquele* elétron, mas *de um* elétron que está na camada mais externa; se ele for mudado (por exemplo por ionização), o 'novo' elétron assume seu papel adequadamente. Não há identidade.

Por isso, $R(x, y)$ pode ser verdadeira em uma estrutura mesmo se x ou y for 'trocado' por algum indiscernível. Desse modo, podemos abreviar tudo afirmando que, em física quântica, aquilo que é verdadeiro é mantido se as entidades envolvidas forem substituídas por indiscerníveis. A substituição por indiscerníveis, como diria Bas van Fraassen, *salva os fenômenos* [72].

XI.6 Exercícios

1. Complete o que foi dito acima na seção sobre a verdade ao estilo de Tarski, definindo *termos* e *fórmulas* para a linguagem elementar apresentada.

2. Faça um pequeno estudo sobre outras formas de 'verdade', como 'verdade como coerência', 'verdade pragmática', 'verdade como redundância' e outras. O verbete da Stanford Encyclopedia of Philosophy está muito bom.

3. Dada a linguagem L_{AP1}, defina 'termos' e 'fórmulas' de modo rigoroso.

4. Dada a interpretação apresentada para a linguagem de AP1, traduza cada um dos axiomas da aritmética elementar.

5. Verifique se a fórmula $x \otimes s(0) = ss(0)$ é satisfatível na estrutura que define o modelo padrão de AP1.

6. Mostre que $\forall x(x \otimes s(0) = ss(0))$ é falsa na estrutura que define o modelo padrão de AP1.

7. Aplicando a noção de verdade ao estilo de Tarski, mostre que $\exists x(x \otimes s(0) = ss(0))$ é verdadeira na estrutura que define o modelo padrão de AP1.

Capítulo XII

Lógica Quântica

> "O objetivo do presente artigo é descobrir a estrutura lógica que esperamos poder encontrar nas teorias físicas que, como no caso da mecânica quântica, não se conformam à lógica clássica."
>
> G. Birkhoff e J. von Neumann, 1936

A origem da *lógica quântica* ou, presentemente, *das* lógicas quânticas, remonta ao artigo de G. Birkhoff e J. von Neumann de 1936 [14], que segue algo já dito no célebre livro de von Neumann de 1932 [165]. Nesse artigo, os autores sugerem que a 'lógica da mecânica quântica' seria uma lógica não clássica. É interessante falar um pouco do assunto e remeter o leitor para leituras mais detalhadas.[1]

Quando se fala em 'lógica quântica' (LQ), pode-se pensar (aparentemente com razão) em um sistema lógico que fundamente a mecânica quântica, no sentido de prover os mecanismos dedutivos de inferência realizados nessa disciplina. Qual o sentido de tudo isso? Primeiramente, se olharmos um livro qualquer de mecânica quântica, constataremos que nada se afirma sobre a lógica subjacente ser distinta da clássica. Aliás, quase que na totalidade das vezes, praticamente nada (ou realmente nada) é dito acerca da lógica ou da matemática utilizadas nessa disciplina, sendo essas coisas pressupostas informalmente, sendo simplesmente *usadas*. Se conhecermos algo de lógica, poderemos no entanto, nos convencer de que, na medida em que a mecânica quântica utiliza uma lógica (e obviamente ela utiliza), essa parece ser aquela que denominamos de *clássica*, e a matemática utilizada parece ser a *tradicional*, calcada na lógica clássica e, se quisermos dizer do que se trata com alguma precisão, podemos nos referir àquela matemática que pode ser erigida em uma teoria usual de conjuntos como a teoria Zermelo-Fraenkel com o Axioma da Escolha (ZFC). Como então se pode falar que a lógica da mecânica quântica seria não clássica? A ideia de uma lógica baseada na mecânica quântica aparece no livro de von Neumann de 1932 [165], quando ele diz que "[c]omo pode ser notado, a relação entre as propriedades de um sistema físico de um lado, e as das projeções de outro, torna possível um tipo de cálculo lógico com esses." (op.cit., p. 253).[2] Esse 'cálculo com projeções' (que são certos tipos

[1] Excelentes apanhados sobre o surgimento de desenvolvimentos da lógica quântica podem ser vistos em [184, 191, 105].
[2] Ver também [105, Cap.8].

de operadores sobre os espaços relevantes, como veremos) é o que fornece o argumento para se pretender sustentar que a lógica correspondente não seria a clássica, mas teria a mesma estrutura de uma *geometria projetiva abstrata*, para copiar as palavras de Birkhoff e von Neumann; veremos essa estrutura em detalhes nos capítulos seguintes). Porém, foi somente com o artigo que von Neumann escreveu com G. Birkhoff, publicado em 1936 [14], que veio a constatação de que o formalismo da mecânica quântica (introduzido por von Neumann em 1932) permite destacar uma lógica distinta da clássica, que foi depois denominada de 'lógica quântica'. Hoje, por 'lógica quântica' entende-se um ramo da lógica que trata de sistemas que se originam a partir dessa base, havendo uma grande variedade de tais sistemas mas, mesmo após esses desenvolvimentos, é discutível se a mecânica quântica realmente demanda um novo tipo de lógica, como teremos oportunidade de considerar oportunamente [47], [65].

Em seu artigo, Birkhoff e von Neumann mostram que uma das propriedades básicas de uma álgebra de Boole, a distributividade da conjunção em relação à disjunção, não pode vigorar no domínio quântico. Como a álgebra de Boole corresponde à contraparte algébrica da lógica proposicional clássica, não valendo a distributividade, a mecânica quântica demandaria uma lógica distinta. Seu argumento é similar ao seguinte. A teoria quântica diz que há propriedades que não podem ser medidas simultaneamente, uma delas sendo o spin em direções distintas. Também diz que, se medirmos o spin de um sistema em uma determinada direção, há somente duas possibilidades de resultado, que os físicos denominam de 'UP' e 'DOWN', que representaremos por 'U' e 'D' respectivamente. Assim, suponha que temos um sistema σ e duas direções de spin, que denotaremos por x e z, e que medimos o spin na direção z, obtendo um 'UP'. Quanto à direção x, que não pode ser medida, temos uma das duas alternativas, assim, podemos aceitar que

$$\sigma_z(U) \wedge \big(\sigma_x(U) \vee \sigma_x(D)\big). \qquad \text{(XII.1)}$$

Aplicando a lei distributiva, obtemos

$$\big(\sigma_z(U) \wedge \sigma_x(U)\big) \vee \big(\sigma_z(U) \wedge \sigma_x(D)\big), \qquad \text{(XII.2)}$$

mas nenhuma das duas formadoras da disjunção pode acontecer porque os spins não podem ser medidos em duas direções diferentes. Assim, a lei distributiva deve ser refutada. No algebrismo da lógica quântica, a propriedade de distributividade dará lugar a uma outra, mais fraca, denominada de *orto-modularidade*, como veremos.

O artigo, no entanto, não teve a repercussão devida de imediato. À época (década de 30), os lógicos estavam dando mais atenção à lógica clássica; era tempo dos teoremas da completude da lógica elementar (Gödel, 1930), dos teoremas de incompletude (Gödel, 1931), do conceito de verdade de Tarski (1936), da indecidibilidade da lógica elementar (Church, 1936), dos trabalhos de Turing, etc., todos de fantásticas consequências. Foi somente por volta do final dos anos 1950 e início dos anos 60 que uma maior atenção foi dada à 'lógica quântica', assim dando-se início ao desenvolvimento desse novo campo da lógica. Para entendermos o que propunham Birkhoff e von Neumann, iniciaremos com alguns conceitos algébricos básicos, que serão vistos a partir da seção seguinte. Em resumo, veremos neste capítulo em que sentido se diz que a 'lógica da mecânica quântica' (não-relativista) é distinta da lógica clássica, a ao final discutiremos algumas das implicações filosóficas desse estudo, em especial contrastando as 'lógicas quânticas' com o que se poderia denominar de 'lógica *da* mecânica quântica'.

No entanto, há várias questões que necessitam ser esclarecidas antes de qualquer discussão adicional. Inicialmente, fixemos que, exceto se dito explicitamente o contrário, por 'lógica' entenderemos 'lógica dedutiva', e não vamos discutir aqui o que seriam lógicas que não sejam dedutivas.[3] Mesmo assim, não é exatamente preciso o que significa 'lógica clássica', e consequentemente, o que se entende por 'lógica não-cássica' torna-se também algo meio vago. Grosso modo, uma lógica fornece um mecanismo de inferência.[4] Isso implica em fornecer uma noção de dedução de um objeto, denominado de *fórmula*, a partir de uma coleção de fórmulas. Usualmente, uma lógica é apresentada pela especificação de uma sintaxe para uma linguagem formal, uma semântica para essa linguagem e um 'mecanismo de dedução', que fornece a noção de dedução ou *prova* nessa lógica.[5] As linguagens formais usuais são definidas recursivamente, o que significa dizer que o conjunto de suas fórmulas, ou expressões bem formadas de sua linguagem determina uma coleção de entidades linguísticas obtidas a partir de um alfabeto básico, geralmente enumerável, ou seja, o conjunto de seus símbolos primitivos admite uma correspondência um a um com o conjunto dos números naturais, e as fórmulas são obtidas de acordo com certas regras gramaticais que estabelecem as regras básicas da linguagem, que se elabora com base nesses símbolos e regras gramaticais. A noção de dedução que chamaremos de *usual* é dada abaixo. Uma lógica pode então ser caracterizada quando selecionamos uma coleção de fórmulas para serem seus *axiomas* e uma coleção de *regras de inferência*, que permitem que passemos de coleções de fórmulas (eventualmente, uma coleção vazia) para fórmulas, que se dizem *deduzidas* pelas regras de inferência utilizadas, na lógica em questão, das fórmulas assumidas, que são denominadas de *premissas* da dedução. Os axiomas (ou esquemas de axiomas—isso ficará claro abaixo) e as regras de inferência constituem o que denominamos de *postulados* da lógica em uso. Partimos então do conjunto de postulados da lógica, ou seja, de seus axiomas (ou esquemas de axiomas) e suas regras de inferência. Dada uma coleção de fórmulas Γ e uma fórmula α, dizemos que α é dedutível a partir de Γ (ou melhor, das fórmulas de Γ) na lógica em questão, e escrevemos $\Gamma \vdash \alpha$, se existe uma coleção finita de fórmulas $\beta_1, \beta_2, \ldots, \beta_n$ tal que: (i) β_n é α, (ii) cada β_i $(1 \leq i \leq n-1)$ é um axioma da lógica em questão, ou pertence a Γ, ou é consequência de fórmulas anteriores da sequência por uma das regras de inferência da lógica. Assim, uma dedução é uma coleção finita de fórmulas.

XII.1 Análise lógica

A mecânica quântica, seja ela qual for, ortodoxa ou relativista, bohmiana ou não, é uma teoria física, trazendo consigo todos os possíveis questionamentos acerca de se uma proposição *realmente* se conforma ao domínio em investigação, podendo haver dúvidas quanto a isso. É importante salientar que a lógica usual, chamada de 'clássica', é uma extrapolação de uma visão metafísica do mundo, que poderia ser descrito por meio de afirmações que se pode estabelecer, pelo menos em princípio, como 'verdadeiras' ou 'falsas', não podendo ser ambas as coisas e *tendo* que ser uma delas. Na física, por outro lado, devemos ceder à dúvida; vejam o que disse M. L. Dalla Chiara quanto a isso. Após explicar de que forma os subespaços fechados de um espaço de Hilbert formam um reticulado ortomodular (cf. abaixo), cada um desses subespaços representando uma

[3] Lógicas *indutivas* foram propostas por vários autores, mas deixaremos esse assunto ao encargo do leitor interessado. Ver por exemplo [102].

[4] Cabe no entanto discernir 'lógica' como indicando um sistema lógico e 'lógica' como um campo da investigação. Nesta segunda acepção, a disciplina 'lógica' está longe de ser algo como 'estudo de inferências', ou 'formas de raciocínio'; para constatar isto, basta que o leitor consulte a *Mathematics Subject Classification*, item 03, 'Mathematical Logic and Foundations', `http://www.ams.org/mathscinet/msc/msc2010.html` para constatar que o campo da lógica atual vai muito além do estudo de inferências ou de formas válidas de raciocínio.

[5] Deixamos de lado os aspectos *pragmáticos* da lógica, que envolvem o uso dos sistemas lógicos em geral.

proposição quântica, ela salienta que um vetor de estado ψ não necessariamente pertence a um subespaço W ou ao seu complemento ortogonal $W^{\perp}$, de forma que em geral não se pode afirmar que uma proposição P seja verdadeira ou seja falsa, ou seja, que a negação de P seja verdadeira. O que acontece é que ψ permite unicamente atribuir uma probabilidade; quando essa probabilidade é 1, dizemos que P é 'verdadeira' para o sistema no estado ψ, e que é 'falsa' se a probabilidade é zero. Assim, diz a autora,

> "Tudo isso dá origem a uma situação lógica na qual a 'não-verdade de uma proposição' não coincide com a 'verdade da negação da proposição'. Há três possíveis *estados de verdade: verdadeiro, falso e indeterminado*. Em outras palavras, temos uma violação da lei metateórica do *tertium non datur*, [ou Princípio do Terceiro Excluído] (de acordo com a qual qualquer proposição é verdadeira ou é falsa).[6] A despeito disso, a proposição 'ou P ou não-P' é sempre verdadeira na lógica quântica para toda P (em outras palavras, o *tertium non datur* teórico vale!)"[45, p.429]

Ou seja, a lei do terceiro excluído vale *metateoricamente*. Isso reforça o que já vimos quando analisamos o experimento das duas fendas, a saber, que a verdade de uma disjunção $P \vee Q$ não implica que necessariamente pelo menos uma das proposições componentes seja verdadeira, isto é, podemos ter $P \vee Q$ verdadeira mesmo se nenhuma delas seja verdadeira. Essas *anomalias lógicas* aparecem por todo lugar na física quântica (esse termo é empregado pela autora citada).

Para vermos com um pouco mais de detalhe as discrepâncias que há entre a lógica clássica e o que se assume na física quântica, tomemos em consideração algumas das noções básicas que fundamentam os alicerces de qualquer disciplina científica: os conectivos lógicos, os quantificadores, a noção de identidade e a noção de conjunto. Veremos agora, de um modo sucinto, que todas essas noções, tomadas do ponto de vista da lógica e da matemática clássicas, podem ser ditos serem violados no domínio quântico.

XII.1.1 Conectivos proposicionais

A *disjunção* clássica é problemática na lógica quântica. Com efeito, se '$\vee$' designa a disjunção clássica e se α e β são fórmulas quaisquer, temos o seguinte fato: $\alpha \vee \beta$ é verdadeira se e somente se pelo menos uma dentre α e β for verdadeira. Mas isso não ocorre no contexto quântico, onde $\alpha \vee \beta$ pode ser verdadeira sem que qualquer das componentes o seja.

Um exemplo padrão vem do experimento das duas fendas. Imagine que obtivemos como resultado um padrão de interferências. Isso quer dizer que ambas as fendas estavam abertas e que não foi utilizado qualquer dispositivo que permitisse saber por qual fenda a partícula passou. Assim, uma vez que se obteve um padrão de interferência, sabe-se que são falsas as afirmativas seguintes

(1) a partícula passou pela fenda A; se soubéssemos isso, não teríamos obtido o padrão de interferência.

(2) a partícula passou pela fenda B; pelo mesmo motivo, se soubéssemos isso, não teríamos obtido o padrão de interferência.

[6] [Esse princípio, assim como os demais da lógica clássica – identidade, não contradição, dupla negação, composicionalidade, Lei de Peirce, etc — têm diversas formulações não equivalentes. No caso do princípio em tela, uma delas diz que 'dadas duas proposições (sentenças), uma das quais sendo a negação da outra, então uma delas é verdadeira'; resultará que a outra terá que ser falsa.]

(3) a partícula passou pelas duas fendas. Ora, isso não é admissível em se tratando de 'partículas'.

(4) a partícula não passou por nenhuma das fendas. Mas se esse fosse o caso, não teríamos detectado nada no anteparo.

Isso mostra que $\alpha \vee \beta$ é verdadeiro mas nem α, nem β e nem $\alpha \wedge \beta$ são verdadeiras. Para detalhes, ver [2].

Do ponto de vista algébrico, constatamos que na álgebra dos subespaços fechados de um espaço de Hilbert, a negação é vista como o complemento ortogonal. Assim, apesar de que (para W um subespaço do espaço de Hilbert considerado) tenhamos que $W \oplus W^{\perp} = \mathcal{H}$, não necessariamente um vetor de $\mathcal{H}$ está em W ou em $W^{\perp}$, como visto em XII.4. Consequentemente, a operação '$\sqcup$' (espaço gerado pela união) não se comporta como a disjunção na lógica clássica.[7]

Quanto à *conjunção*, a situação é a que segue. Na lógica clássica, uma conjunção $A \wedge B$ é verdadeira se e somente se ambas A e B forem verdadeiras. Ademais, uma das características fundamentais dessa noção é a *adjunção*: dadas duas proposições quaisquer A e B, *sempre se pode formar* a sua conjunção $A \wedge B$, ou seja, '$A \wedge B$' é uma fórmula (expressão bem formada) para quaisquer A e B. No entanto, no contexto quântico, há proposições *incompatíveis*, como já sabemos, que não podem ser avaliadas simultaneamente, como a posição e o momento de uma partícula, que devido ao Princípio de Incerteza, são tais que quanto mais sabemos sobre uma delas, menos sabemos sobre a outra. Assim, a 'conjunção quântica' também não se comporta como no ambiente clássico.

No capítulo seguinte veremos uma situação em que nem sempre de α e de β podemos obter $\alpha \wedge \beta$, com isso violando uma das leis básicas da conjunção clássica.

A *negação* na lógica quântica é outra noção que diverge da negação da lógica clássica. Essa é *excludente*: tendo A, não podemos ter a sua negação $\neg A$ e reciprocamente. Na lógica quântica, a noção de negação é dada pela complementação ortogonal $A^{\perp}$, que já sabemos dos espaços de Hilbert não se comporta como uma exclusão (veremos suas características algébricas na seção seguinte). Com efeito, recordando o que já dissemos, se W é um subespaço de um adequado espaço de Hilbert $\mathcal{H}$ e se $W^{\perp}$ é o seu complemento ortogonal,[8] se um vetor que designa o estado de um sistema quântico *não está* em W (ou em $W^{\perp}$) isso não implica que esteja em $W^{\perp}$ (respectivamente, em W). Com efeito, o vetor pode pertencer a qualquer outro subespaço que não seja a interseção desses dois. Isso mostra que a 'negação quântica' diverge da negação na lógica clássica; na lógica quântica *podemos não ter nem uma e nem a outra*, sendo casos típicos os sistemas emaranhados, como o famoso gato de Schrödinger e o dispositivo que contém o material radioativo que, se emitir alguma radiação, mata o gato. Ou seja, como já insistimos antes, o gato *não está vivo e nem morto* e, mais ainda *não está vivo e morto*.

A *implicação* é mais problemática ainda. Uma das características da *implicação material* $A \to B$ da lógica clássica é que ela é equivalente à disjunção $\neg A \vee B$, a qual pode ser denominada de 'implicação de Filo': $A \to B \leftrightarrow \neg A \vee B$,[9] que no contexto da lógica quântica é usualmente denotada por '$A \to_0 B$' por razões a serem vistas à frente (essa implicação não é adequada, tendo sido definidas outras, como veremos) – ver a seção XII.7.

---

[7]Uma análise mais detalhada pode ser vista em [2, 125].

[8]Os subespaços fechados (toda sequência de Cauchy de vetores do subespaço converge para um vetor ainda no subespaço) representam as 'proposições' quânticas.

[9]Filo de Mégara, filósofo da antiguidade grega, dizia que 'Se A então B' é verdadeira se A for falsa ou se B for verdadeira [114, p.128].

XII.1.2 Quantificação

A quantificação tem que ser também qualificada no domínio quântico. Ainda que, como veremos na seção seguinte, a maior parte dos desenvolvimentos em lógica quântica fique restrita ao nível proposicional, a quantificação é fundamental. Com efeito, *queremos* assertar coisas como 'existe um elétron na camada de valência de um átomo de sódio', ou 'é falso que todos os férmions possam estar em um mesmo estado'. Há no entanto algumas dificuldades.

Em primeiro lugar, é necessário resgatar o modo de se entender os quantificadores na lógica clássica. Ainda que haja diferentes modos de concebê-los ('objectualmente', ou 'substitutivamente', dentre outras formas), o que se tem é que o domínio de uma interpretação para uma linguagem 'clássica' é um conjunto de indivíduos distintos uns dos outros. Se dizemos que a sentença $\exists x\alpha(x)$ é verdadeira, entendemos isso como expressando que existe pelo menos um indivíduo no domínio que cumpre o que estabelece a fórmula α, e se dizemos que $\forall x\alpha(x)$ é o caso, então todos os indivíduos do domínio satisfazem α.

Na matemática clássica, como já sabemos, não há indiscerníveis.[10] Mas, na mecânica quântica há essas coisas. Suponha então que A designa uma coleção de objetos 'absolutamente' indiscerníveis (não vamos chamar A de *conjunto* por motivos óbvios), ou seja, são tais que 'nada' pode discerni-los. Um exemplo é o de um condensado bosônico, quando bósons estão em um mesmo estado quântico, partilhando todas as suas propriedades. Em uma situação como essa, como podemos falar que 'existe um elemento assim e assim' sem que isso acarrete que 'todos eles são assim e assim', uma vez que não se pode discernir uns dos outros? Trata-se de uma questão importante e de resposta delicada.

Por exemplo, consideremos a disposição eletrônica de um átomo de sódio: $1s^2\ 2s^2\ 2p^6\ 3s^1$. A teoria nos diz que existe *um* elétron no nível mais externo de energia, mas não podemos apontá-lo ostensivamente, dizendo 'é esse'; um elétron não é algo identificável como uma maçã ou uma pequena bolinha. Assim, a sentença '$\exists x$(x é um elétron de um átomo de sódio que está no nível mais externo de energia)' é perfeitamente bem formulada e dotada de sentido. Ainda mais, é perfeitamente inteligível que *nem todos* os elétrons do átomo estão na referida camada de valência. Assim, $\exists x\alpha(x)$ não implica $\forall x\alpha(x)$. Como explicar isso? A física (mais propriamente, a química) faz isso informalmente mediante a descrição de como a energia em cada nível é distribuída, mas podemos licitamente requerer alguma explicação 'lógica'. Para isso, necessitamos primeiramente poder falar de indiscerníveis e depois de suas propriedades, o que pode ser feito com o recurso dos quase-conjuntos. Vejamos como isso pode ser feito explorando esse nosso exemplo.

É bem verdade que os elétrons, sendo férmions, não podem partilhar todos os números quânticos, ou estarem no mesmo estado; isso se deve à sua obediência ao Princípio de Exclusão. Os dois elétrons do nível '1s', por exemplo, diferem quanto ao spin: em uma dada direção, um deles tem spin UP e o outro tem spin DOWN. O problema é que não podemos identificar qual deles tem qual valor: essa questão simplesmente é sem sentido. Mesmo no nível '2p', onde há seis elétrons, eles estão divididos em subníveis com dois deles em cada um, e o mesmo se dá para cada par em relação ao seu spin. Mesmo elétrons de níveis diferentes, que apresentam níveis energéticos distintos, não podem ser discernidos como 'esse', 'aquele', 'aquele outro'.

[10]No entanto, um leitor atento pode encontrar conceitos como 'indiscerníveis de Ramsey' ou 'indiscerníveis de Silver', dentre outros 'indiscerníveis', em um livro de teoria de conjuntos como [110], mas trata-se de outra coisa: *esses* indiscerníveis formam conjuntos linearmente ordenados, sendo indivíduos *distintos* uns dos outros. A 'indiscernibilidade' aparece porque certas propriedades dessas sequências não mudam se os elementos forem permutados por outros.

Tudo é feito dentro do *modelo* que elaboramos para descrever essas coisas, a física quântica. Mas vamos aos quase-conjuntos, falando apenas de m-átomos e de seus quase-conjuntos.

Sabemos que, dado um m-átomo qualquer x e um quase-conjunto q, podemos considerar o *unitário forte* de x cujo elemento pertence a q, que denotamos $[\![x]\!]_q$. Esse quase-conjunto contém *um* indiscernível de x que pertence a q. Se formularmos então uma sentença como '$\exists y(y \in [\![x]\!]_q$ e y satisfaz a propriedade P', estaremos nos referindo a *um* indiscernível de x que obedece P (que poderia expressar que o elétron pertence à camada de valência do átomo de sódio), mas não podemos *identificar* esse elemento, dizendo 'é esse aqui'. A teoria foi construída justamente para permitir uma tal construção. Ademais, se P é instanciada por apenas uma entidade, como a pertinência ao nível mais externo do átomo de sódio requer, não há sentido em se afirmar que 'consequentemente, todos os indiscerníveis de y também obedecem P'. Em outras palavras, a quantificação no domínio quântico também deve ser vista de modo distinto daquela típica da lógica clássica.[11]

XII.1.3 Identidade

O conceito 'clássico' de identidade, tratado pela lógica clássica, já foi abordado anteriormente. Vimos que há fortes razões para a afirmativa de que a *teoria tradicional da identidade* (TTI) dessa lógica e da correspondente teoria de conjuntos (ZFC, ZFA ou outra) não se conforma às entidades quânticas em virtude de fatos como o de que, se TTI estiver vigorando, quaisquer suas coisas são *diferentes*, apresentando alguma propriedade distintiva, o que não ocorre no domínio quântico. Em virtude disso, deixaremos de explorar esse item aqui.

XII.1.4 A noção de conjunto

O mesmo ocorre com a noção de conjunto, cuja violação pela teoria quântica também será omitida nesta seção. Lembrando a razão básica, um conjunto 'clássico' é uma coleção de objetos distintos uns dos outros. Logo, coleções de *quanta* indiscerníveis não podem ser considerados como formando conjuntos nesse sentido, como já vimos antes.

O que é interessante é constatar que, apesar de todos esses 'desvios' da lógica clássica, os físicos continuam a utilizá-la. Talvez isso se deva ao seu pragmatismo e a um tipo de instrumentalismo; se algo está funcionando (como a matemática e a lógica clássicas), por que mexer nele? Como salientou Steven Weinberg (1933-2021), Nobel em 1979, "é agonizante alguém ter que interromper o seu trabalho [na física] para ler sobre alguma outra disciplina [a filosofia], ainda que os cientistas façam isso quando necessário" [229, cap.7]. No entanto, como já deve ter ficado claro, em qualquer discussão *sobre* as teorias, essas questões devem ser consideradas. Com efeito, não é da alçada do filósofo da física obter *resultados físicos*, ou 'fazer avançar a física', mas cabe a ele *esclarecer*, *questionar* todos os princípios sobre os quais se pautam uma teoria física, e isso tem a sua relevância.

No restante do capítulo, exploraremos a parte algébrica das chamadas lógicas quânticas e ao final falaremos de sistemas axiomáticos que visam corresponder a esses algebrismos. Várias noções necessitam ser

[11] Essa forma de expressão foi designada de 'descrição definida quântica' em [118], com referência à teoria das descrições de B. Russell. Ver também [126] para um estudo mais detalhado dos quantificadores no domínio quântico e [127] para a teoria de Russell.

introduzidas, de modo que o que vem a seguir pode ser considerado como um complemento ao capítulo sobre os alicerces matemáticos da teoria quântica.

XII.2 Algebrismo

A maneira usual de se introduzir as chamadas 'lógicas quânticas' é por meio da Álgebra. Grosso modo, uma *lógica quântica* nada mais é do que o estudo de certos tipos de reticulados (uma certa estrutura algébrica que será apresentada abaixo) associados à teoria quântica. Presentemente, essa área da Lógica tem se dirigido para a computação quântica e para a teoria da informação quântica. Nesta seção, daremos as bases matemáticas para uma introdução à essa área, mas não a exploraremos em demasia, o que exigiria um texto exclusivo. Para o leitor interessado, recomendamos [47, 216, 65, 191, 105].

Comecemos com a noção de um *conjunto parcialmente ordenado*, ou **poset** (para 'partially ordered set'). Seja A um conjunto. Uma *relação binária* sobre A é simplesmente um subconjunto de $A \times A$; em outros termos, é uma coleção de pares ordenados de elementos de A. Denotando a relação por '$\leq$', escrevemos '$a \leq b$' para indicar que o par ordenado (a, b) está na relação '$\leq$'. Essa notação é usual, mas enfatizamos que '$\leq$' pode assumir vários papéis, como os exemplos abaixo mostram.

Definição XII.2.1 (Conjunto Parcialmente Ordenado, *Poset*). *Um conjunto parcialmente ordenado ou* ***poset*** *é um par $\mathscr{P} = \langle A, \leq \rangle$ onde $A \neq \emptyset$ e '$\leq$' é uma relação binária sobre A que obedece (os quantificadores percorrem A):*

(i) $\forall x(x \leq x)$ *(reflexividade)*

(ii) $\forall x \forall y(x \leq y \wedge y \leq x \rightarrow x = y)$ *(antissimetria)*

(iii) $\forall x \forall y \forall z(x \leq y \wedge y \leq z \rightarrow x \leq z)$ *(transitividade)*

Por exemplo, o par formado pelo conjunto dos números reais e pela relação de ordem 'menor ou igual' entre reais é um conjunto parcialmente ordenado. Da mesma forma, se X é um conjunto qualquer, o par formado pelo conjunto potência de X (o conjunto dos subconjuntos de X) e pela relação de inclusão de conjuntos ($\subseteq$) é também um conjunto parcialmente ordenado (repare que, nesse exemplo, '$\leq$' é escrita '$\subseteq$').

Em vez de dizermos que o par $\langle A, \leq \rangle$ é um conjunto parcialmente ordenado, dizemos que A é parcialmente ordenado pela relação $\leq$.

Considere o conjunto $A = \{a, b, c, d, e, f, g, h\}$ munido da operação $\leq$ definida pela Figura XII.1, dita *diagrama de Hasse* do poset. Nela, deve-se entender que os elementos mais abaixo estão relacionados àqueles mais acima que podem ser alcançados pelas linhas que os ligam (andando somente para cima), e que cada elemento é suposto estar relacionado com ele mesmo, para garantir a reflexividade. Assim, $a \leq d$, bem como $b \leq h$, mas a e b não estão relacionados (o que justifica o nome 'parcial' dado a esse tipo de relação, já que nem todos os elementos do conjunto necessitam estar relacionados entre si). É fácil ver que A é parcialmente ordenado por essa ordem.

Definição XII.2.2 (Limitantes). *Seja $\mathscr{P} = \langle A, \leq \rangle$ um poset e seja $X \subseteq A$. Um elemento $s \in A$ é um* ***limite superior*** *de X (limitante superior, cota superior, extremo superior) se $x \leq s$ para todo $x \in X$. Analogamente, um elemento $m \in A$ é um* ***limite inferior*** *(limitante inferior, cota inferior, extremo inferior) se $m \leq x$ para todo $x \in X$.*

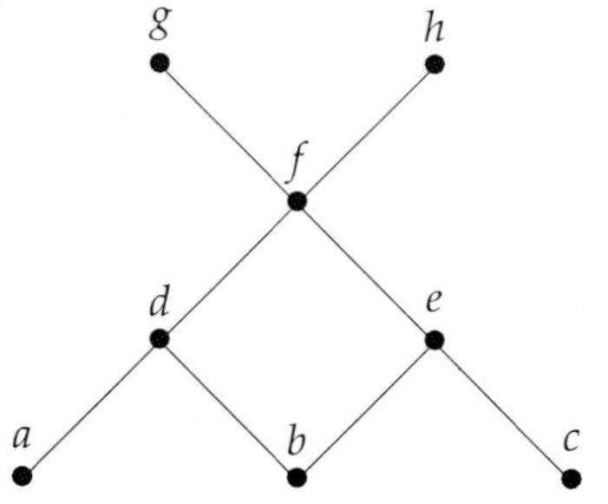

Figura XII.1: Diagrama de Hasse de um poset.

Os limites superiores e inferiores, se existirem, podem não pertencer a X e podem não ser únicos. Por exemplo, na Figura XII.1, $a \leq d$ e que $b \leq d$, bem como $a \leq f$ e $b \leq f$. Assim, tanto d quanto f (assim como g e h) são limites superiores de $X = \{a, b\}$. Da mesma forma, tome agora $X = \{f, h\}$. É fácil ver que há vários limites inferiores para este conjunto, como a, b, c, d, e.

Definição XII.2.3 (Supremo e Ínfimo). *Suponha que $X \subseteq A$ tenha limite(s) superior(es). Ao menor deles (na ordem $\leq$ do poset considerado) denomina-se* ***supremo*** *de X, e escreve-se '$\sup(X)$'. Da mesma forma, se X admite limite(s) inferior(es), ao maior deles denomina-se* ***ínfimo*** *de X, e escreve-se '$\inf(X)$'.*

Novamente, $\sup$ e $\inf$ podem não pertencer a X. Para captar o sentido mais intuitivo desta definição, pensemos no conjunto dos números reais, representados pela reta real da Figura abaixo, munido da ordem usual $\leq$ entre números reais. Seja B o intervalo fechado $[a, b]$, com $a < b$.[12]

Figura XII.2: Um exemplo envolvendo um intervalo $[a, b]$ de números reais. Os extremos poderiam não pertencer ao intervalo.

Qualquer elemento a_i com $a_i < a$ é um limite inferior de B, e qualquer elemento b_j com $b < b_j$ é um limite superior de B. O ínfimo de B é a, e o supremo é b. Neste caso, ambos pertencem ao conjunto B pois o intervalo é fechado. Se tomássemos, por exemplo, o intervalo semiaberto $(a, b]$, então os supremo e ínfimo ainda existiriam e seriam os mesmos elementos, mas neste caso unicamente o supremo pertenceria a B.

Teorema XII.2.1 (Unicidade). *Supremo e ínfimo, quando existem, são únicos.*

Demonstração. Faremos a demonstração para o supremo por redução ao absurdo. Suponha que s e s' sejam supremos do conjunto B (conforme definição precedente). Então, para todo $x \in B$, tem-se que $x \leq s$ e $x \leq s'$. Em particular, $s \leq s'$ e também $s' \leq s$. Assim, pela antissimetria da relação $\leq$, concluímos que $s = s'$. Portanto, não há mais de um supremo. ▌

NOTAÇÃO. Quando o conjunto B possui somente dois elementos a e b, escreve-se '$a \sqcap b$' para o ínfimo e '$a \sqcup b$' para o supremo.

Por exemplo, considere o conjunto dos números naturais, $\mathbb{N}$, parcialmente ordenado pela ordem usual $\leq$. Então $3 \sqcap 5 = 3$ e $3 \sqcup 5 = 5$. Por outro lado, se consideramos o conjunto dos subconjuntos de $X = \{1, 2, 3\}$

[12] Em um poset, podemos definir a *ordem estrita* $<$ assim: $a < b := a \leq b \wedge a \neq b$.

munido da ordem parcial $\sqsubseteq$ (inclusão de conjuntos), então $\{1\} \sqcap \{1,3\} = \{1\}, \{1\} \sqcup \{1,3\} = \{1,3\}$. Perceba que neste último caso, as operações $\sqcap$ e $\sqcup$ coincidem com $\cap$ e $\cup$ respectivamente.

Definição XII.2.4 (Reticulado). *Um **reticulado** é um poset $\mathcal{R} = \langle A, \leq \rangle$ tal que qualquer subconjunto com dois elementos possui supremo e ínfimo. Um reticulado é **completo** se qualquer subconjunto tiver supremo e ínfimo.*

O poset do exemplo dado pela Figura XII.1 não é um reticulado; com efeito, $\{g, h\}$ não tem supremo, e $\{a, b\}$ não tem ínfimo. O diagrama de Hasse abaixo ilustra um reticulado, como é fácil perceber.

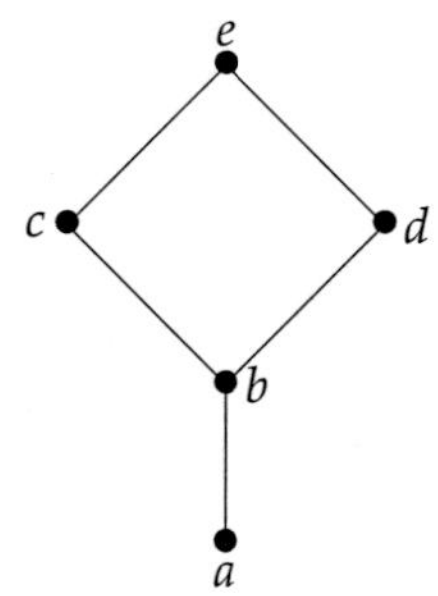

Figura XII.3: Um reticulado com cinco elementos.

É fácil mostrar que em um reticulado, tem-se que se $a \leq b$, então $a \sqcup b = b$ e $a \sqcap b = a$ (exercício abaixo). Isso nos permite olhar um reticulado como uma estrutura algébrica. Basta tomarmos um conjunto não vazio A e duas operações binárias sobre A, que denotaremos '$\sqcup$' e '$\sqcap$', satisfazendo como postulados as condições dos itens 1, 2 e 3 do exercício XII.5 (item 9) abaixo. Definimos então uma relação de ordem como acima, a saber, $a \leq b$ se e somente se $a \sqcup b = b$, ou, alternativamente, se e somente se $a \sqcap b = a$. Mais precisamente, temos a seguinte definição alternativa (e equivalente à dada acima):

Definição XII.2.5 (Reticulado). *um **reticulado** é uma 3-upla ordenada $\mathcal{R} = \langle A, \sqcap, \sqcup \rangle$, onde: (1) A é um conjunto não vazio; (2) $\sqcap$ e $\sqcup$ operações binárias sobre A, satisfazendo os postulados seguintes, para todos a, b e a de A: (i) as operações são associativas e comutativas, e (ii) vale a absorção.*

Vê-se, portanto que um reticulado pode ser definido tanto como uma estrutura de ordem $\mathcal{R} = \langle A, \leq \rangle$ quanto como uma estrutura algébrica $\mathcal{R} = \langle A, \sqcap, \sqcup \rangle$.[13] Se partirmos da definição de reticulado como uma estrutura algébrica, a relação de ordem pode ser definida como acima, ou seja, $a \leq b := a \sqcup b = b$, ou $a \leq b := a \sqcap b = a$.

Definição XII.2.6 (Maior e Menor elementos). *Seja $\mathscr{P} = \langle A, \leq \rangle$ um poset (em particular, um reticulado). Se existe um elemento $\mathbf{1} \in A$ tal que $x \leq \mathbf{1}$ para todo $x \in A$, então $\mathbf{1}$ é dito ser o **maior elemento** do poset. Analogamente, se existe um elemento $\mathbf{0} \in A$ tal que $\mathbf{0} \leq x$ para todo $x \in A$, então $\mathbf{0}$ é dito ser o **menor elemento** do poset.*

Definição XII.2.7 (Reticulado Limitado). *Um reticulado com maior e menor elementos é dito **limitado**.*

[13]Uma estrutura 'de ordem' tem alguma relação de ordem como sua relação básica, enquanto que uma estrutura 'algébrica' envolve outras relações e/ou operações sobre os elementos de seu domínio.

Quando existem, o maior e o menor elementos são únicos. A demonstração é simples usando redução ao absurdo: assuma que m e m' são maiores elementos, assim, para todo x, $x \leq m$ e $x \leq m'$. Logo, em particular, $m \leq m'$ e $m' \leq m$. Portanto, pela antissimetria da relação $\leq$, segue-se que $m = m'$. Um raciocínio análogo pode ser feito para o menor elemento.

O maior (menor) elemento de um conjunto ordenado, quando existe, é também chamado de **elemento maximal** (**elemento minimal**) ou de **máximo** (**mínimo**).

Definição XII.2.8 (Reticulado completo). *Seja $\mathcal{R} = \langle A, \leq \rangle$ um reticulado. Ele é **completo** se para todo $B \subseteq A$, o supremo de B e o ínfimo de B existem. O reticulado é dito ser σ-**completo** se qualquer subconjunto contável de A tiver supremo e ínfimo.*

É fácil verificar que todo reticulado finito é completo. Introduziremos agora uma operação importante, '$\perp$', que funcionará como uma espécie de negação, chamada de **involução**, ou **complemento generalizado**, da seguinte forma.

Definição XII.2.9 (Reticulado Limitado Involutivo). *Um **reticulado limitado involutivo** é um reticulado limitado $\mathcal{R} = \langle A, \leq, ^\perp, \mathbf{0}, \mathbf{1} \rangle$, sendo $^\perp$ uma operação unária sobre A (ou seja, é uma função de A em A) que satisfaz as seguintes condições:*

(i) $a = a^{\perp^\perp}$ *dupla negação*

(ii) $a \leq b \rightarrow b^\perp \leq a^\perp$ *contraposição*

*O elemento $a^\perp$ é chamado de **complemento** de a.*

Teorema XII.2.2 (Unicidade do complemento). *O complemento de a, quando existe, é único.*

Demonstração *Por absurdo, suponha que $a^\perp$ e $b^\perp$ sejam ambos complementos de a. Assim, por (i) da definição precedente, $a^{\perp\perp} = b^{\perp\perp} = a$. Logo (como $m = n$ implica sempre $m \leq n$), temos que $a^{\perp\perp} \leq b^{\perp\perp}$, donde (por (i) e (ii) da definição precedente) (1) $b^\perp \leq a^\perp$. Mas, por motivos semelhantes (como $m = n$ implica sempre $n \leq m$), temos que $b^{\perp\perp} \leq a^{\perp\perp}$, donde (novamente, por (i) e (ii) da definição precedente) (2) $a^\perp \leq b^\perp$. Das desigualdades (1) e (2), pela antissimetria da relação $\leq$, obtemos $a^\perp = b^\perp$.* ∎

Teorema XII.2.3. *Em um reticulado limitado involutivo $\mathcal{R}$, a condição (ii) da definição de reticulado limitado involutivo é equivalente a cada uma das igualdades abaixo, ditas **Leis de De Morgan**:*

(DM-1) $(a \sqcup b)^\perp = a^\perp \sqcap b^\perp$

(DM-2) $(a \sqcap b)^\perp = a^\perp \sqcup b^\perp$

Exemplo XII.2.1 (Reticulado geométrico). *Seja $\mathcal{V}$ um espaço vetorial com produto interno.*[14] *Para cada subespaço W, define-se o **complemento ortogonal** de $\mathcal{W}$ como sendo o subespaço $\mathcal{W}^\perp$ de todos os vetores de $\mathcal{V}$ que são ortogonais aos vetores de $\mathcal{W}$. Demonstra-se que o conjunto dos subespaços de $\mathcal{V}$ é um reticulado, sendo a ordem definida como a inclusão conjuntista, e a operação $^\perp$ é uma involução. O conjunto dos subespaços de $\mathcal{V}$ ordenado pela inclusão de conjuntos é denominado de **reticulado projetivo** associado a $\mathcal{V}$.*

[14] Os espaços vetoriais com produto interno são muitas vezes denominados de *pré-espaços de Hilbert*.

Definição XII.2.10 (Ortogonalidade). *Seja $\mathcal{R}$ um reticulado limitado involutivo. Um elemento $a \in A$ é* ***ortogonal*** *a um elemento $b \in A$ se e somente se $a \leq b^{\perp}$. Nesse caso, escrevemos '$a \perp b$'. Um subconjunto $B \subseteq A$ é um conjunto de elementos dois a dois ortogonais se $a \perp b$ para todos $a, b \in B$ com $a \neq b$. Um conjunto maximal de elementos dois a dois ortogonais é um subconjunto de A que é formado por elementos dois a dois ortogonais e que não está contido em nenhum outro dessa mesma natureza.*

Teorema XII.2.4. *Os seguintes fatos valem para a relação '$\perp$':*

(i) $\perp$ *é simétrica*

(ii) $\mathbf{0} \perp \mathbf{0}$

Demonstração *De (i): suponha que $a \perp b$. Então $a \leq b^{\perp}$. Mas então $b^{\perp\perp} \leq a^{\perp}$, ou seja, $b \leq a^{\perp}$, isto é, $b \perp a$. Quanto a (ii), sabemos que $a \leq \mathbf{1}$ para todo $a \in A$. Então $a \leq \mathbf{0}^{\perp}$ pois $\mathbf{0}^{\perp} = \mathbf{1}$, como é fácil constatar. Assim, $\mathbf{0} \leq \mathbf{0}^{\perp}$, ou seja, $\mathbf{0} \perp \mathbf{0}$.* ∎

Definição XII.2.11 (Orto-reticulado). *Seja $\mathcal{R}$ um reticulado limitado involutivo $\mathcal{R} = \langle A, \leq, ^{\perp}, \mathbf{0}, \mathbf{1} \rangle$. Então $\mathcal{R}$ é um* ***orto-reticulado*** *se, para todo $a \in A$, tivermos que*

(i) $a \sqcap a^{\perp} = \mathbf{0}$ *(não-contradição)*

(ii) $a \sqcup a^{\perp} = \mathbf{1}$ *(terceiro excluído)*

(iii) $a^{\perp\perp} = a$ *(dupla negação)*

(iv) *se $a \leq b$, então $b^{\perp} \leq a^{\perp}$* *(contrapositiva)*

Definição XII.2.12 (Conjunto maximal). *Um conjunto de objetos dois a dois ortogonais ($a \perp b$) que não é subconjunto de nenhum conjunto de objetos dois a dois ortogonais é dito ser um subconjunto* ***maximal*** *de objetos.*

Observação Devido às definições e teoremas acima, podemos interpretar $\leq$ e $^{\perp}$ como uma relação de implicação e uma operação de negação respectivamente. Essa observação é importante; a complementação é tomada como negação nas lógicas quânticas e isso vai acarretar que nessas lógicas a negação não se comporta como a negação da lógica clássica, como veremos mais à frente. Como consequência, veremos que é errado afirmar que o famoso gato de Schrödinger está vivo **e** morto antes de verificarmos o seu estado, ou que uma partícula pode estar em dois lugares ao mesmo tempo.

Definição XII.2.13 (Incompatibilidade e Acessibilidade). *Quando $a \perp b$, dizemos que a e b são* ***logicamente incompatíveis****, e quando $a \not\perp b$, dizemos que a e b são* ***acessíveis*** *(um ao outro).*

Como em [47, pp.12ss], se considerarmos $\leq$ e $^{\perp}$ como espécies de implicação e negação, como sugerido antes, podemos introduzir o conceito de **objetos inconsistentes** dizendo que se tratam de objetos que 'implicam sua própria negação', ou seja, objetos a tais que $a \perp a$. Tais objetos resultam do fato de que $a \leq a^{\perp}$. Objetos inconsistentes não são necessariamente ortogonais uns aos outros, pois pode-se encontrar exemplos de reticulados limitados involutivos nos quais existem objetos satisfazendo $a \perp a$ e $b \perp b$, mas que $a \not\perp b$ [47]. Um reticulado limitado involutivo que não possui elementos inconsistentes é denominado de **reticulado de Kleene**, ou **regular** (op.cit., p.12).

Um reticulado limitado involutivo pode não ser um orto-reticulado. Tanto neste caso como no dos reticulados de Kleene, pode haver violação das leis indicadas acima, a saber, as leis da contradição e do terceiro excluído. Dalla Chiara, Giuntini e Greechie (loc.cit.) interpretam este fato como indicando que "contradições não são necessariamente falsas, enquanto que a disjunção entre uma proposição e sua negação não é necessariamente verdadeira". Desse modo, dizem eles, os reticulados de Kleene fornecem uma ferramenta matemática útil para tratar de situações ambíguas (*fuzzy*), que aparecem no contexto da física quântica que leva em conta essas situações (que não trataremos aqui).

Com efeito, um fato importante, usado no desenvolvimento das lógicas quânticas denominadas de *unsharp* vem da violação de pelo menos uma das leis da definição XII.2.11. No caso de violação da não-contradição, definem-se as **lógicas quânticas paraconsistentes**, e as **lógicas quânticas de Brouwer-Zadeh** no caso de não valer o terceiro excluído. Essa denominação tem a ver com a natureza das lógicas paraconsistentes por um lado e da matemática fuzzy e da lógica intuicionista por outro. No entanto, não adentraremos a essa discussão neste texto (o leitor pode consultar [47], [30]).

Definição XII.2.14 (Ortocomplementação). *A involução $^\perp$ em um orto-reticulado é denominada de **orto-complemento**.*

O reticulado G_{12} da figura abaixo é um orto-reticulado, como o leitor pode comprovar por inspeção.

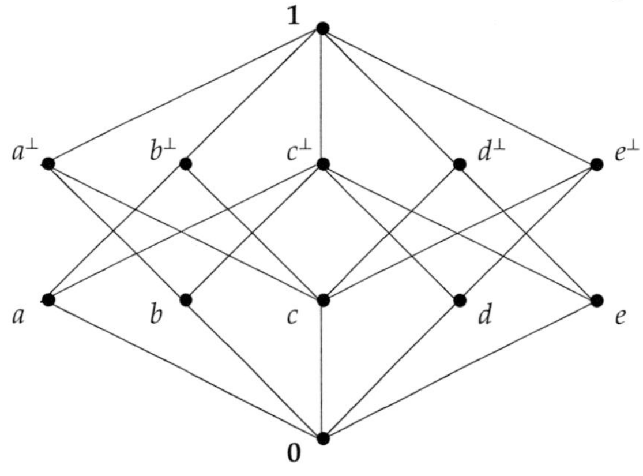

Figura XII.4: O reticulado G_{12}

Para algumas das definições que seguem, é conveniente considerar um reticulado como uma estrutura algébrica.

Definição XII.2.15 (Reticulado distributivo). *Um reticulado*

$$\mathcal{R} = \langle A, \sqcap, \sqcup, ^\perp, \mathbf{0}, \mathbf{1} \rangle$$

*é **distributivo** se para todos $a, b, c \in A$, tivermos que*

(i) $a \sqcap (b \sqcup c) = (a \sqcap b) \sqcup (a \sqcap c)$

(ii) $a \sqcup (b \sqcap c) = (a \sqcup b) \sqcap (a \sqcup c)$

Um reticulado distributivo é também denominado de *reticulado de De Morgan* por alguns autores [47]. O reticulado G_{12} não é distributivo, como pode ser facilmente comprovado.

Definição XII.2.16 (Reticulado booleano, ou álgebra de Boole). *Um* ***reticulado booleano, álgebra de Boole*** *ou um* ***orto-reticulado distributivo****, é um orto-reticulado que é distributivo.*

Assim, uma **álgebra de Boole** pode ser vista como uma estrutura

$$\mathfrak{B} = \langle B, \sqcap, \sqcup, {}^{\perp}, \mathbf{0}, \mathbf{1} \rangle \qquad \text{(XII.3)}$$

satisfazendo:

(i) $a \sqcap b = b \sqcap a, \quad a \sqcup b = b \sqcup a$ (leis comutativas)

(ii) $a \sqcap (b \sqcap c) = (a \sqcap b) \sqcap c, \quad a \sqcup (b \sqcup c) = (a \sqcup b) \sqcup c$ (leis associativas)

(iii) $a \sqcup (a \sqcap b) = a \quad a \sqcap (a \sqcup b) = a$ (leis de absorção)

(iv) $a \sqcap a^{\perp} = \mathbf{0}, \quad a \sqcup a^{\perp} = \mathbf{1}$ (complementos)

Um exemplo importante de uma álgebra de Boole é o do conjunto dos subconjuntos de um conjunto dado, munido das operações de união e de interseção de conjuntos, da operação de complemento relativamente ao conjunto dado e sendo o conjunto vazio e o próprio conjunto seus ínfimo e supremo respectivamente. Em outras palavras, sendo X um conjunto qualquer, então

$$\mathcal{R} = \langle \mathcal{P}(X), \cap, \cup, {}^{-}, \emptyset, X \rangle \qquad \text{(XII.4)}$$

é uma álgebra de Boole.

Exemplo XII.2.2. *(O leitor que não conhece espaços topológicos pode desconsiderar este exemplo) Seja* $\mathcal{T} = \langle X, \tau \rangle$ *um espaço topológico tal que* $\hat{x}$ *denota o fecho de* $x \subseteq X$ *e* x^o *denota o interior de* x*. Um conjunto* $x \subseteq X$ *é uma aberto regular se* $x = (\hat{x})^o$ *(ou seja,* x *é um aberto 'sem buracos'). Denotando por* $Re(X)$ *o conjunto de todos os abertos regulares de* X*, definimos sobre este conjunto as operações seguintes, para todos* u *e* v *em* $Re(X)$*:* $u \sqcup v := (\widehat{u \cup v})^o$*,* $u \sqcap v := u \cap v$*,* $u^* := X - \hat{u}$*. Isto posto, consideramos ainda* $0 := \emptyset$ *e* $1 := X$*. Basta agora comprovar que* $Re(X)$ *é uma álgebra de Boole completa, o que pode ser feito como exercício.*

Exemplo XII.2.3 (A álgebra '**2**'). *Um caso particularmente relevante é o da álgebra de Boole '**2**', que é definida do seguinte modo. O domínio é o conjnto* $\{0, 1\}$*,* $\sqcap$ *e* $\sqcup$ *são definidas como* $x \sqcap y := \inf\{x, y\}$ *e* $x \sqcup y := \sup\{x, y\}$ *respectivamente. Ademais,* $\bar{0} = 1$ *e* $\bar{1} = 0$*. A denominação se deve ao fato de que, em teoria dos conjuntos, usualmente se define o número natural '2' como sendo o conjunto* $\{0, 1\} = \{\emptyset, \{\emptyset\}\}$*, conforme a definição de von Neumann. Essa álgebra ainda permite definir o que se chama de* ***função característica*** *de um conjunto. Seja* A *um conjunto e seja* X *subconjunto de* A*. A função característica de* X*, denotada* χ_X *é uma função* $\chi_X : A \to 2$ *(sendo* $2 = \{0, 1\}$*) tal que*

$$\chi_X(x) := \begin{cases} 0 & se\ x \notin X \\ 1 & se\ x \in X \end{cases} \qquad \text{(XII.5)}$$

Exemplo XII.2.4. *Vejamos um exemplo em física. Na axiomatização feita por W. Noll para a mecânica do contínuo [225, cap. 1], Noll toma um conjunto* Ω *de 'corpos' (físicos) e uma ordem parcial '*$\prec$*' sobre* Ω*. Se* $a \prec b$*, diz-se que o corpo* a *é* ***parte*** *de* b*. Definindo então '0' como aquele corpo que é parte de todo corpo e '*∞*' como o corpo do qual todo corpo é parte (admitidos existirem), seja* $\hat{\Omega} := \Omega \cup \{0, \infty\}$*. Pondo* $a \sqcap b := \inf\{a, b\}$

e $a \sqcup b := \sup\{a, b\}$, *é fácil ver que a estrutura resultante é uma álgebra de Boole. Aliás, os seis primeiros axiomas de Noll (na versão de Truesdell) são precisamente aqueles que dotam o conjunto* $\hat{\Omega}$ *de uma estrutura de álgebra de Boole.*

Outras álgebras de Boole relevantes aparecerão oportunamente, em especial, daremos atenção à chamada *álgebra de Lindenbaum* da lógica proposicional clássica e à *álgebra da mecânica clássica*.

A partir da estrutura da definição (XII.2.16), podemos recuperar a vista anteriormente definindo uma relação de ordem parcial como

$$a \leq b := a \sqcap b = a \text{ ou } a \leq b := a \sqcup b = b. \tag{XII.6}$$

Definição XII.2.17 (Reticulado ortomodular). *Um orto-reticulado*

$$\mathcal{R} = \langle A, \sqcap, \sqcup, ^{\perp}, \mathbf{0}, \mathbf{1} \rangle$$

é ***ortomodular*** *se, para todos* $a, b \in A$, *tivermos que*

(i) $a \perp b \rightarrow a \sqcup b \in A$

(ii) $a \leq b \rightarrow b = a \sqcup (a \sqcup b^{\perp})^{\perp}$, *ou* $a \leq b \rightarrow b = a \sqcup (b \sqcap a^{\perp})$

Definição XII.2.18 (Modularidade). *Seja* $\mathcal{R} = \langle A, \sqcap, \sqcup \rangle$ *um reticulado. Um par de elementos* $\langle a, b \rangle$ *pertencentes a* A, *tal que* $a \leq b$, *é* ***modular*** *se e somente se, para todo* $c \in A$, *temos que* $a \sqcup (b \sqcap c) = (a \sqcup b) \sqcap (a \sqcup c)$. *Um reticulado é modular se quaisquer dois de seus elementos formam um par modular.*

Facilmente se vê que todo reticulado distributivo é modular.

Definição XII.2.19 (Identidade Ortomodular). *Denomina-se de* ***identidade ortomodular*** *a seguinte implicação:*

$$a \leq b \rightarrow b = a \sqcup (b \sqcap a^{\perp}). \tag{XII.7}$$

A distributividade implica a modularidade, e em particular a ortomodularidade. Assim, como sugerido acima, todo reticulado distributivo é ortomodular. A recíproca, no entanto, não é verdadeira, como constataremos em breve com um exemplo importante, o do 'reticulado da mecânica quântica'.

Definição XII.2.20 (Átomos). *Seja* $\mathcal{R} = \langle A, \sqcap, \sqcup, \mathbf{0}, \mathbf{1} \rangle$ *um reticulado limitado. Um elemento* $a \in A$ *é um* ***átomo*** *se ele 'cobre'* $\mathbf{0}$, *ou seja, se* $a \neq \mathbf{0}$ *e para todo* $b \in A$, *se* $b \leq a$, *então* $b = \mathbf{0}$ *ou* $a = b$.

Ou seja, os átomos são os elementos não nulos que estão 'imediatamente acima' do ínfimo. Por exemplo, no reticulado da figura (XII.1), como $a = \mathbf{0}$, b é o único átomo. Já no reticulado G_{12} (figura XII.4), são átomos a, b, c, d e e.

Pode-se demonstrar que nenhum reticulado finito (cujo domínio A seja um conjunto finito) é modular. Por isso, no caso infinito, em geral utiliza-se um relaxamento da noção de modularidade, permitindo somente a *quase-modularidade*, dada pela definição seguinte:

Definição XII.2.21 (Quase-modularidade). *Um reticulado ortocomplementado é* ***quase-modular*** *se e somente se, para todos* $a, b, c \in A$, *tem-se que*

$$b \leq a \wedge c \leq a^{\perp} \rightarrow a \sqcap (b \sqcup c) \leq b \sqcup (a \sqcap c). \tag{XII.8}$$

A coleção dos subespaços de um espaço de Hilbert, como teremos oportunidade de verificar, tem esta propriedade, que equivalentemente pode ser escrita das seguintes formas:

$$b \leq a \wedge c \leq a^{\perp} \to a \sqcap (b \sqcup c) \leq b,$$

$$a \leq b \wedge a^{\perp} \leq c \to a \sqcup (b \sqcap c) \leq b.$$

Teorema XII.2.5. *Em um reticulado adequado (álgebra de Boole), a distributividade implica a modularidade, que implica a quase-modularidade.*

Definição XII.2.22 (Reticulado atômico). *Um reticulado* $\mathcal{R} = \langle A, \sqcap, \sqcup, \mathbf{0}, \mathbf{1} \rangle$ *é* ***atômico*** *se para qualquer* $b \in A - \{\mathbf{0}\}$ *existe um átomo* a *tal que* $b \leq a$.

É fácil constatar que todo reticulado limitado finito é atômico. No entando, se tomarmos $A = [0, 1]$ (o intervalo fechado de números reais) munido da ordem usual entre números reais, que se constata é um reticulado limitado, não possui átomos. Você saberia justificar essa afirmativa?

Damos a seguir uma definição alternativa de reticulado ortomodular, que é equivalente à anterior.

Definição XII.2.23 (Reticulado ortomodular). *Um reticulado* $\mathcal{L} = \langle L, \sqcap, \sqcup, ^{\perp}, \mathbf{0}, \mathbf{1} \rangle$ *é* ***ortomodular*** *se;*

1. *definindo* $a \leq b := a = a \sqcap b$ *ou* $a \leq b := b = a \sqcup b$,

2. *é um reticulado limitado, contendo* $\mathbf{0}$ *e* $\mathbf{1}$,

3. *é complementado, isto é, todo elemento* $a \in L$ *é tal que existe* $a^{\perp}$ *tal que (i)* $a \sqcup a^{\perp} = \mathbf{1}$, *(ii)* $a \sqcap a^{\perp} = \mathbf{0}$, *(iii)* $a \leq b \to b^{\perp} \leq a^{\perp}$ *e*

4. *vale a* ***lei da ortomodularidade*** *vista acima, ou seja, para todos* $a, b \in L$, *temos que*

$$a \leq b \to b = a \sqcup (b \sqcap a^{\perp}). \tag{XII.9}$$

O caso emblemático de um reticulado ortomodular de interesse aqui é o formado por todos os subespaços fechados de um espaço de Hilbert separável,[15] munido das operações de interseção de subespaços (que faz o papel de '$\sqcap$'), tomar o espaço gerado (para '$\sqcup$'), o complemento ortogonal e a noção de subespaço para '$\leq$'. O subespaço trivial (contendo unicamente o vetor nulo) desempenha o papel de '$\mathbf{0}$' e o espaço todo o de '$\mathbf{1}$'. Veremos isso com mais detalhes à frente.

Definição XII.2.24 (Reticulado ortomodular atômico). *Seja* $\mathcal{R}$ *um reticulado ortomodular. Então* $\mathcal{R}$ *é* ***atômico*** *se todo elemento* $b \in A$ *puder ser representado como o supremo de um conjunto de átomos, ou seja, existe uma coleção* $\{b_i\}$ *de átomos tal que* $a = \bigsqcup\{b_i\}$.

Por exemplo, o reticulado G_{12} é atômico. Pode-se constatar que $a^{\perp} = a \sqcup b$, $b^{\perp} = a \sqcup c$, $\mathbf{1} = a \sqcup e$, etc.

Definição XII.2.25 (Propriedade de cobertura). *Um reticulado* $\mathcal{R}$ ***satisfaz a propriedade de cobertura*** *se para todos* $a, b \in A$, *se* a *cobre* $a \sqcap b$, *então* $a \sqcup b$ *cobre* b.

[15]'Separável' significa que o espaço admite uma base ortonormal contável (finita ou enumerável). Esses são os espaços de interesse na mecânica quântica. Repare que todo espaço de Hilbert finito é separável.

Lembremos que a noção de um elemento *cobrir* outro foi dada na definição (XII.2.20). Ou seja, b cobre a se $a \leq b$ e se para todo $c \in A$, se $a \leq c \leq b$, então $a = c$ ou $c = b$. Isso é, intuitivamente, não há elementos distintos de a e de b entre eles (podendo haver, no entanto, elementos entre um deles e o ínfimo dos dois). Assim, não podem haver elementos distintos de a e de $a \sqcap b$ entre eles, e se isso acontece, o mesmo se dá entre b e $a \sqcup b$. Veja a figura abaixo.

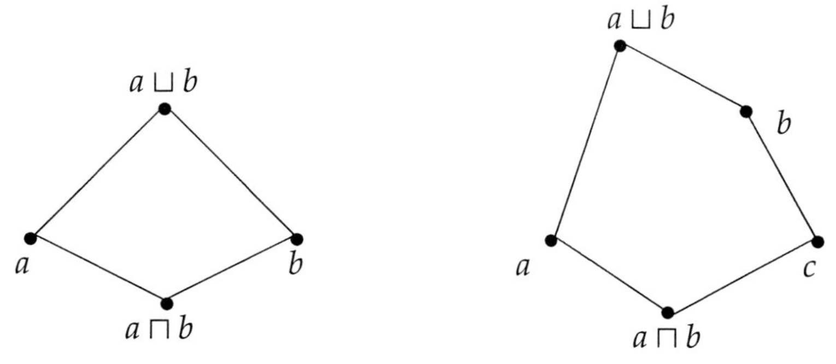

Figura XII.5: Duas situações em que a cobre $a \sqcap b$ e $a \sqcup b$ cobre b. Mas note que a não cobre b porque $a \nleq b$.

Um conceito importante na física quântica é o dado na definição seguinte, que capta uma versão algébrica de 'compatibilidade'. Nessa disciplina, dois observáveis são *compatíveis*, intuitivamente falando, quando podem ser 'medidos simultaneamente'. Na física clássica, todos os observáveis são compatíveis, mas na física quântica isso não acontece, como indicam os célebres exemplos dos observáveis posição e momento, como indicam as célebres relações de indeterminação de Heisenberg.

Definição XII.2.26 (Compatibilidade). *Seja $\mathcal{R}$ um reticulado ortomodular. Se $a, b \in A$, dizemos que a é* ***compatível*** *com b se $a = (a \sqcap b^{\perp}) \sqcup (a \sqcap b)$.*

Por exemplo, no reticulado G_{12}, a é compatível com b, mas não com d. Como exercício, verifique que outros elementos são compatíveis entre si. Por exemplo, no reticulado G_{12} os elementos c e $c^{\perp}$ são compatíveis com quaisquer outros elementos. Trate de justificar essa afirmativa.

Teorema XII.2.6. *Os seguintes fatos valem para a relação de compatibilidade:*

(i) *A relação de compatibilidade é simétrica.*

(ii) *Se $\mathcal{R}$ é uma álgebra de Boole, qualquer elemento é compatível com qualquer elemento.*

A importância do conceito de compatibilidade para a física quântica vem do fato de que a noção concorda com a de compatibilidade entre observáveis no formalismo da mecânica quântica [47, p.16, p.66]. Observáveis 'compatíveis' podem ser mensurados ao mesmo tempo, ou seja, em uma determinada situação, podemos obter os valores de ambos. Por exemplo, suponha que temos um sistema composto de dois elétrons e que desejamos medir a propriedade 'spin' dos elétrons, que denominamos de a e b em duas direções distintas, x e z, mediante dois aparatos diferentes. Podemos encontrar experimentos que façam isso e nos deem os valores dos spins dessas partículas nas direções escolhidas 'ao mesmo tempo' (supondo que realizamos os experimentos simultaneamente). Mas a situação se complica se quisermos fazer isso em outras situações (quando os autoestados de um não são autoestados do outro, em um sentido a ser explicado). Nesse caso, não podemos obter ambos os resultados de medida, e os observáveis são ditos serem **não compatíveis**.

Exemplos célebres de observáveis não compatíveis são a **posição** e o **momento** de uma partícula em um instante de tempo. Outros observáveis não compatíveis de nosso interesse são aqueles que determinam os valores do spin de uma entidade quântica em duas direções distintas. Isto é relevante: *não se pode medir ao mesmo tempo o spin de um sistema quântico em duas direções distintas.*

O PRINCÍPIO DE INCERTEZA Deve-se a W. Heisenberg (1901-1976), Nobel em Física (1932), a formulação do Princípio de Incerteza, ou Princípio de Indeterminação. Ainda que esse princípio se aplique a outros observáveis (como energia e tempo), ele assegura, no exemplo mais difundido, que não podemos conhecer a posição e o momento (pense na 'velocidade') de uma partícula com perfeita acurácia em um mesmo determinado instante de tempo: à medida em que conhecemos mais sobre um deles, conhecemos menos sobre o outro. Designando por Δx e por Δp os 'desvio-padrões' da posição e do momento respectivamente,[16] então temos que

$$\Delta x \Delta p \geq \frac{\hbar}{2} \qquad \text{(XII.10)}$$

onde $\hbar$ é a *constante reduzida* de Planck, introduzida por Dirac, sendo

$$\hbar = \frac{h}{2\pi}. \qquad \text{(XII.11)}$$

A validade do Princípio de Incerteza é uma das características fundamentais da teoria quântica. O fato que disso resulta é que temos observáveis **incompatíveis**, o que não acontece na física clássica, na qual sempre podemos (pelo menos em princípio) conhecer os valores de qualquer observável a qualquer tempo; se não podemos fazer isso, trata-se de alguma limitação que podemos denominar de *epistemológica*. Aliás, a noção de *probabilidade* entra na física clássica desse jeito, para expressar a nossa ignorância sobre fatos que são, em princípio, bem determinados.

Mas devemos ir mais além nos conceitos matemáticos.

Definição XII.2.27 (Irredutibilidade). *Um reticulado ortomodular é* ***irredutível*** *se os únicos elementos compatíveis com todos os elementos são* **0** *e* **1**. *Um reticulado que não é irredutível é* ***redutível***.

Reticulados ortomodulares redutíveis podem ser escritos como produtos cartesianos de reticulados ortomodulares 'menores', definindo-se adequadamente as operações sobre o produto cartesiano [47, pp.16-7]. Um exemplo é o seguinte: seja $\mathcal{B}$ um reticulado ortomodular cuja ordem é $\leq$. Para cada $b \in B$ (B é o domínio de $\mathcal{B}$), defina-se $[0, a] := \{b \in B : 0 \leq b \leq a\}$. Pode-se então definir uma ordem e uma complementação sobre $[0, a]$ da seguinte forma, de modo que, para cada a, o intervalo $[0, a]$ seja um reticulado ortomodular: para $m, n \in [0, a]$, seja $m \leq_a n$ se e somente se $m \leq n$ em $\mathcal{B}$, isto é, $\leq_a$ é a ordem induzida de $\leq$. O complemento $m^{\perp_a}$ de $m \in [0, a]$ é $m^{\perp_a} := m^{\perp} \sqcap a$ em $\mathcal{B}$. Mostra-se então que $\mathcal{B}$ é isomorfo a $[0, a] \times [0, a^{\perp}]$. (A noção de isomorfismo é dada abaixo, mas intuitivamente significa que os objetos isomorfos têm, como o nome indica, 'a mesma forma' do ponto de vista matemático, diferindo unicamente quanto à natureza de seus elementos e operações).

[16] Vê-se a importância da estatística para a física quântica; o desvio-padrão de uma certa quantidade estima o quanto ela se 'desvia' de um valor tomado como sendo a sua *média*. Os detalhes não importam tanto aqui, exceto se você quiser saber mais, o que é sempre aconselhável.

Definição XII.2.28 (Isomorfismo). *Sejam* $\mathcal{R} = \langle A, \sqcap, \sqcup \rangle$ *e* $\mathcal{R}' = \langle A', \sqcap', \sqcup' \rangle$ *dois reticulados. Um* ***homomorfismo*** *entre* $\mathcal{R}$ *e* $\mathcal{R}'$ *é uma função* $h : A \mapsto A'$ *tal que* $h(a \sqcap b) = h(a) \sqcap' h(b)$ *e* $h(a \sqcup b) = h(a) \sqcup' h(b)$. *Se* h *for bijetiva, é dita ser um* ***isomorfismo*** *entre os reticulados (será consequentemente inversível). Um isomorfismo de um reticulado nele mesmo é chamado de* ***automorfismo***.

Se os reticulados tiverem outros elementos, como $\mathcal{R} = \langle A, \sqcap, \sqcup, ^{\perp}, 0, 1 \rangle$ e $\mathcal{R}' = \langle A', \sqcap', \sqcup', ^{\perp'}, 0', 1' \rangle$, requer-se ainda que $h(0) = 0$, $h(1) = 1'$ e $h(a^{\perp}) = (h(a))^{\perp'}$. Com relação à ordem, resulta que $a \leq b$ se e somente se $h(a) \leq' h(b)$.

RESUMO: O leitor deve atentar para dois conceitos-chave no desenvolvimento anterior, ambos relacionados com a física, como veremos nas seções seguintes. O primeiro é o de álgebra de Boole, que está associado à álgebra das proposições da mecânica clássica (em um sentido que veremos), e o outro é relacionado ao formalismo da mecânica quântica não relativista, cuja álgebra de proposições é (como veremos) um reticulado atômico, irredutível, ortomodular e completo, satisfazendo a propriedade de cobertura.

XII.3 A ÁLGEBRA DA MECÂNICA CLÁSSICA

Na mecânica clássica (MC), o estado de um sistema físico é determinado pela sua posição e momento em um dado instante de tempo. As coordenadas espaciais em $\mathbb{R}^3$ são usualmente designadas por (q_1, q_2, q_3) e as coordenadas de momento por (p_1, p_2, p_3). Portanto, em cada instante t, temos uma 6-upla

$$(\vec{q}, \vec{p}) = (q_1, q_2, q_3, p_1, p_2, p_3). \tag{XII.12}$$

O conjunto de todas essas 6-uplas de um dado objeto físico forma o *espaço de fases* do sistema. Mais detalhadamente, o *espaço de fases* (ou de *estados*) de um sistema físico é algo que permite representar cada um dos 'estados possíveis' do objeto físico; cada estado é representado por um *ponto* em tal espaço. Na MC, o espaço de fases consiste de todos os possíveis valores da *posição* e do *momento* do objeto, logo, um ponto em $\mathbb{R}^6$.

Essas funções (tanto as qs quanto as ps) são funções de t e são consideradas contínuas enquanto t percorre um intervalo de tempo. Isso faz com que suas *posições* descrevam uma *trajetória* no espaço tridimensional. Cada objeto físico tem a sua trajetória e assume-se a validade de um **Princípio de Impenetrabilidade** que diz que duas trajetórias nunca se cruzam em um mesmo ponto a um mesmo tempo. Ou seja, os objetos físicos 'clássicos' são *impenetráveis*. As equações que regem o movimento de um corpo físico podem ser escritas de diversas maneiras, presentemente dando-se destaque às *equações de Hamilton* que o leitor pode encontrar facilmente.

Há formulações equivalentes, a começar com a Newtoniana e depois com a Lagrangiana, além da Hamiltoniana e a de Hamilton-Jacobi. Cada uma delas é usada de acordo com a conveniência do físico.

Porém, aqui, estamos interessados em outra coisa. Considere um conjunto não vazio X do espaço de configurações. Podemos associar a esse conjunto uma certa *propriedade* P que a cada ponto (elemento) de $x \in X$ associa um número real $P(x) \in B$, onde B é um subconjunto de números reais. Esse número real é considerado como sendo o *valor da medida* da propriedade P quando o sistema (o objeto físico) está no ponto $x \in X$. Podemos construir uma álgebra de tais propriedades; por abuso de linguagem, identificamos a propriedade P com o conjunto X, e definimos as operações $\sqcap$, $\sqcup$ entre propriedades como sendo a interseção de conjuntos e a união de conjuntos respectivamente. Isso significa que $P \sqcap Q$ corresponde à medida simultânea das propriedades P e Q, enquanto que $P \sqcup Q$ representa a medida de uma delas pelo menos. Tomamos ainda $\mathbf{0}$ como sendo o conjunto vazio e $\mathbf{1}$ como todo o espaço, obtendo, como é simples comprovar, uma álgebra de Boole.

Algumas características associadas à física clássica, e à mecânica clássica em particular, são as seguintes, algumas das quais já vistas antes (mas isso não importa; o relevante é você lembrar delas):

1. Em um dado instante de tempo, *todas* as propriedades de um sistema físico têm valores bem determinados. Qualquer desconhecimento desses valores é um problema epistemológico. Essa crença deveria permanecer inclusive na mecânica quântica, pelo menos na opinião de Einstein, e é uma das fontes de suas diferenças com a interpretação padrão, associada a Bohr.

2. Os valores das medidas nunca são valores *exatos* pois não há instrumentos de medida absolutamente precisos; sempre se fica com um intervalo aceitável, algo como a massa de um elétron, que é $m = 9.1093837015 \times 10^{-31}$ Kg com uma incerteza de 3×10^{-10}.[17] Isso faz com que tenhamos que repensar o conceito de 'verdade' em física, como veremos no capítulo XI.

3. Os objetos físicos clássicos são supostos serem *indivíduos* no sentido já visto antes, em particular obedecendo à teoria da identidade da lógica clássica. Nunca há dois objetos físicos perfeitamente similares; se são dois, alguma diferença entre eles existe. Leibniz vive no mundo clássico.

4. Como a álgebra das 'proposições' (ou 'propriedades') clássicas é uma Álgebra de Boole e como a álgebra da lógica proposicional clássica também é uma Álgebra de Boole, costuma-se dizer que *a lógica da mecânica (ou da física) clássica* é a lógica clássica.

5. A física clássica é *determinista*; através das equações do movimento (ou seja, da *dinâmica*), dadas condições iniciais adequadas (valores de posição e momento em um certo instante de tempo t_0), podemos determinar o estado do sistema em qualquer outro instante de tempo t, anterior ou posterior a t_0.

Na física quântica a situação é bem diferente, como veremos a seguir.

XII.4 O reticulado da mecânica quântica

Na física quântica, em especial na mecânica quântica não relativista, os estados de um sistema físico são descritos de maneira completamente diferente do caso clássico visto antes. Na formulação padrão devida a von Neumann, a cada sistema físico associamos um espaço de Hilbert, e os vetores não nulos designam *estados puros* do sistema. Isso significa que um tal estado congrega toda a informação que se pode ter sobre o sistema em um dado instante; não há mais o que descobrir. Há no entanto outro tipo de estado, aquele dado pelas *misturas*, que representam estados nos quais não se tem informação completa sobre o sistema.

Acontece que a 'álgebra' dos subespaços de um espaço de Hilbert, com as operações como as definidas abaixo, não é uma álgebra de Boole, mas tem um outro tipo de estrutura, um **reticulado ortomodular**. Vejamos alguns dos detalhes disso para que entendamos a razão de se clamar que a 'lógica da mecânica quântica' não é a lógica clássica.

[17] Você pode conferir no site Massa do elétron.

Seja $\mathcal{H}$ um espaço de Hilbert complexo e separável e chamemos de $\mathcal{F}(\mathcal{H})$ a coleção de todos os subespaços *fechados* de $\mathcal{H}$ (ou seja, os subespaços que também são espaços de Hilbert). Sobre essa coleção, definamos as seguintes operações, para $U, W \in \mathcal{F}(\mathcal{H})$:

$U \sqcap W := U \cap W$ (interseção de subespaços)

$U \sqcup U := [U \cup W]$ (subespaço gerado pela união)

$U' := U^{\perp}$ (complemento ortogonal)

$\mathbf{0} := \{O\}$ (subespaço trivial)

$\mathbf{1} := \mathcal{H}$

É fácil notar, ainda que tedioso, que a estrutura abaixo é um reticulado ortomodular que não é distributivo:

$$\mathcal{R}_{MQ} = \langle \mathcal{F}(\mathcal{H}), \sqcap, \sqcup, ', \mathbf{0}, \mathbf{1} \rangle. \quad \text{(XII.13)}$$

A relação de ordem parcial $\leq$ é a inclusão de subespaços.

XII.5 Exercícios

1. Verifique se a figura XII.3 representa um reticulado completo. Repare que ele tem cinco elementos. Assim, você deve verificar se todos os 32 subconjuntos têm supremo e ínfimo.

2. Verifique que em um reticulado $\mathcal{R} = \langle A, \leq \rangle$, vale o seguinte, para todos $a, b, c \in A$:

   1. $a \sqcup b = b \sqcup a\,; a \sqcap b = b \sqcap a$ (comutatividade)
   2. $a \sqcup (b \sqcup c) = (a \sqcup b) \sqcup c\,; (a \sqcap b) \sqcap c = (a \sqcap b) \sqcap c$ (associatividade)
   3. $a \sqcup (a \sqcap b) = a\,; a \sqcap (a \sqcup b) = a$ (absorção)
   4. $a \sqcap a = a\,; a \sqcap a = a$ (idempotência)
   5. Se $a \leq b$, então $a \sqcup b = b$ e $a \sqcap b = a$.

Solução: Para o primeiro item, basta saber que, devido ao Axioma a Extensionalidade quando dois conjuntos têm os mesmos elementos, eles são iguais, assim $\{a, b\} = \{b, a\}$. Consequentemente, $a \sqcup b = b \sqcup a$, devido à unicidade do supremo. De modo semelhante, provamos que $a \sqcap b = b \sqcap a$. Os demais itens são deixados como exercício. ∎

3. No reticulado G_{12}, identifique alguns conjuntos maximais.

4. Procure argumentos (uma demonstração seria indicada) para comprovar que toda álgebra de Boole é um reticulado ortomodular, mas que a recíproca não vale em geral. Da mesma forma, convença-se de que todo orto-reticulado é ortomodular, mas que a recíproca nem sempre é verificada.

5. Verifique que a estrutura XII.15 é uma álgebra de Boole.

6. Comprove que a coleção dos subespaços fechados de um espaço de Hilbert separável (simplesmente assuma que ele é separável, ou seja, que tem uma base ortonormal enumerável), munido das operações indicadas no texto é um reticulado ortomodular mas não uma álgebra de Boole.

7. Constate que os reticulados 'lanterna chinesa' e '**6**', dados pelos diagramas a seguir, são ortomodulares, o mesmo se dando com G12:

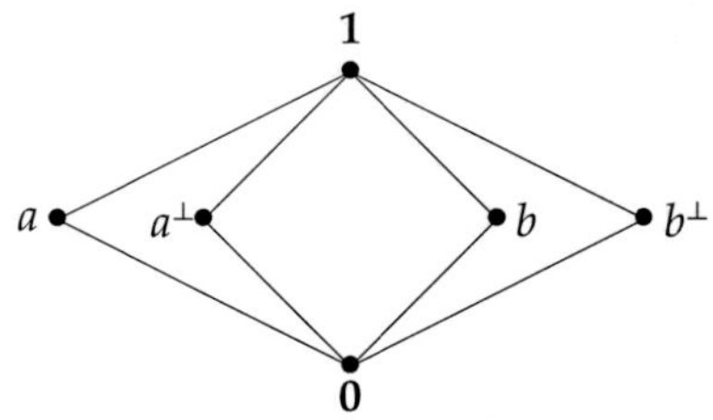

Figura XII.6: Lanterna chinesa

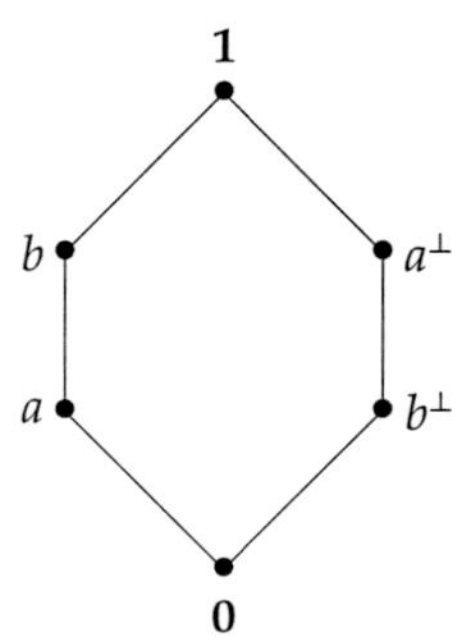

Figura XII.7: O reticulado '**6**'.

XII.6 Álgebras de Lindenbaum

De um certo ponto de vista, a lógica proposicional clássica funciona assim: temos uma álgebra de Boole e queremos encontrar um sistema de axiomas e regras que tenha essa álgebra como correspondente, ou como *álgebra de Lindenbaum*, ou de *Lindenbaum-Tarski*. Isto é conseguido pelos axiomas usuais da lógica proposicional clássica. É simples ver como estabelecer esse resultado.

Seja $\mathcal{P}$ o conjunto de todas as proposições (fórmulas) da lógica proposicional clássica. Defina-se sobre esse conjunto a seguinte relação '$\sim$', que facilmente se demonstra ser uma relação de equivalência, para α e β proposições quaisquer:

$$\alpha \sim \beta := \alpha \leftrightarrow \beta. \tag{XII.14}$$

Sobre o conjunto quociente $\mathcal{P}/\sim$, sendo $[\alpha]_\sim$ e $[\beta]_\sim$ classes de equivalência, definimos

1. $[\alpha]_\sim \sqcap [\beta]_\sim := [\alpha \wedge \beta]_\sim$

2. $\overline{[\alpha]_\sim} := [\neg\alpha]_\sim$

3. $[\alpha]_\sim \sqcup [\beta]_\sim := [\alpha \vee \beta]_\sim$

4. $\mathbf{0} := [\alpha \wedge \neg\alpha]_\sim$ (a classe de todas as contradições)

5. $\mathbf{1} := [\alpha \vee \neg\alpha]_\sim$ (a classe de todas as tautologias)

É simples convencer-se que a estrutura

$$\mathcal{L} = \langle \mathcal{P}/\!\sim, \sqcap, \sqcup, ^{-}, \mathbf{0}, \mathbf{1} \rangle \tag{XII.15}$$

é uma álgebra de Boole, dita *álgebra de Lindenbaum* da lógica proposicional clássica.

Agora vamos fazer o contrário, partindo da lógica: dada uma lógica L, procuramos uma relação de equivalência $\sim$ que possa ser definida sobre o conjunto de suas fórmulas de forma que possamos definir as operações necessárias para caracterizar a estrutura algébrica (álgebra de Lindenbaum) de L. Não é para todas as lógicas que isto é possível de ser feito; para os sistemas paraconsistentes $\mathscr{C}_n$ de da Costa, por exemplo, demonstra-se que não existe uma tal relação de equivalência [42]. Para a lógica intuicionista, no entanto, podemos encontrar uma relação desse tipo, definida exatamente da mesma forma que acima, somente que para as fórmulas dessa lógica [156, p.65]. No entanto, a estrutura correspondente não é uma álgebra de Boole, mas uma *álgebra de Heyting*, que é um tipo particular de reticulado, mas cuja definição não será dada aqui.

No caso de uma típica 'lógica quântica', a estrutura algébrica, como sabemos, é um reticulado ortomodular.

Nas lógicas quânticas, e em especial a que nos interessa aqui, a **lógica quântica ortomodular (OQL)**,[18] temos que considear com cuidado o **problema da implicação**. Seguimos Dalla Chiara e Giuntini nisso [46].[19] Segundo esses autores, um conectivo binário '$\longrightarrow$' é uma **implicação** se obedecer às seguintes duas condições, para qualquer fórmula α:

($\longrightarrow$-1) $\alpha \longrightarrow \alpha$ (identidade)

($\longrightarrow$-2) se α é verdadeira para alguma interpretação e se $\alpha \longrightarrow \beta$, então β é também verdadeira para essa mesma interpretação. (Modus Ponens)

Eles demonstram então o seguinte teorema:

Teorema XII.6.1. *Uma condição suficiente para que um conectivo $\longrightarrow$ seja uma implicação é que para qualquer interpretação $\mathscr{V} = \langle \mathcal{B}, v \rangle$, se tenha que $\mathscr{V} \models \alpha \longrightarrow \beta$ se e somente se $v(\alpha) \leq v(\beta)$.*

Suponha então que temos uma interpretação cujo domínio é o reticulado '**6**'. Claramente se vê que podemos ter $v(\neg\alpha \vee \beta) = 1$ sem que se tenha $v(\alpha) \leq v(\beta)$, bastando tomar α como a (logo, $\neg\alpha$ será $a^\perp$) e β como b. Teremos então que $v(a^\perp \sqcup b) = 1$, mas $v(a^\perp) \nleq v()$. Isso mostra que o condicional de Filo $\alpha \longrightarrow \beta := \neg\alpha \vee \beta$ não é uma implicação no contexto quântico.

Os lógicos quânticos demonstraram que há somente cinco condicionais que satisfazem a condição requerida, a saber aqueles apontados abaixo.

[18] Preferimos usar a notação em inglês '**OQL**)', de *orthomodular quantum logic* porque ficará mais fácil para o leitor interessado encontrar mais referências na literatura.

[19] Ver também [47, §8.3].

XII.7 Axiomas para uma lógica proposicional quântica

Podemos então indagar quais seriam os axiomas de uma lógica que tenha um reticulado ortomodular como álgebra de Lindenbaum, e achamos várias respostas. Essa questão foi respondida pela primeira vez em 1967 pelo lógico polonês Jerzy Kotas [116]. Mostraremos abaixo, somente por curiosidadde, uma formulação mais recente devida a Mladen Pavičić [170].

Se α, β e γ são fórmulas, $\vdash$ é o símbolo de dedução, $\Rightarrow$ e & são sinais metalinguísticos de implicação e de conjunção respectivamente, temos então a seguinte axiomática, mas tomando-se o cuidado de observar que '$\rightharpoonup$' *não é* a implicação de Filo, mas qualquer uma das cinco ($\to_i, i = 1, \ldots, 5$) definidas logo depois de darmos a axiomática (usamos o símbolo '$\rightharpoonup$' para enfatizar isso):

Axiomas de uma lógica quântica

1. $\alpha \rightharpoonup \alpha$

2. $\alpha \rightleftharpoons \neg\neg\alpha$

3. $\alpha \rightharpoonup \alpha \vee \beta$

4. $\beta \rightharpoonup \alpha \vee \beta$

5. $\beta \rightharpoonup \alpha \vee \neg\alpha$

Regras de inferência

(R1) $\vdash \alpha \rightharpoonup \beta \;\&\; \vdash \beta \rightharpoonup \gamma \;\Rightarrow\; \vdash \alpha \rightharpoonup \gamma$

(R2) $\vdash \alpha \rightharpoonup \beta \Rightarrow \vdash \neg\beta \rightharpoonup \neg\alpha$

(R3) $\vdash \alpha \rightharpoonup \gamma \;\&\; \vdash \beta \rightharpoonup \gamma \Rightarrow \vdash \alpha \vee \beta \rightharpoonup \gamma$

(R4) $\vdash \beta \vee \neg\beta \rightharpoonup \alpha \Leftrightarrow \vdash \alpha$

Como se vê, o sistema é bem artificial e de difícil compreensão intuitiva. Aqui aparece mais uma vez a máxima de que a matemática é como um piloto automático de uma grande aeronave viajando à noite durante uma tempestade: nossa 'intuição' não permite saber para onde estamos indo, mas o piloto automático nos garante a rota certa. O mesmo se dá aqui; apesar de artificial, o sistema cumpre o prometido, como demonstrado por esses autores.

Relativamente às implicações, temos as seguintes, sendo que qualquer delas exceto $\to_0$ pode ser usada nos axiomas e regras acima, cada uma com o nome de quem a introduziu ou alguma outra referência:

0. $\alpha \to_0 \beta := \neg\alpha \vee \beta$ — Filo

1. $\alpha \to_1 \beta := \neg\alpha \vee (\alpha \wedge \beta)$ — Sasaki/Mittelstaedt

2. $\alpha \to_2 \beta := \neg\beta \to_1 \neg\alpha$ — Dishkant

3. $\alpha \to_3 \beta := (\neg\alpha \wedge \neg\beta) \vee (\neg\alpha \vee \beta) \vee ((\neg\alpha \vee \beta) \wedge \alpha)$ — Kalmbach

4. $\alpha \rightarrow_4 \beta := \neg\beta \rightarrow_3 \neg\alpha$ non-tollens

5. $\alpha \rightarrow_5 \beta := (\alpha \wedge \beta) \vee (\neg\alpha \wedge \beta) \vee (\neg\alpha \wedge \neg\beta)$ relevância

Levando em conta qualquer desses condicionais, verifica-se que algumas leis da lógica clássica deixam de valer, como as seguintes [47, p.167]:

1. $\alpha \rightarrow (\beta \rightarrow \alpha)$ Uma explicação para isso pode ser a seguinte. Suponha que medimos α, depois β e depois α novamente. Nada na física quântica garante que a segunda medição de α dará o mesmo resultado da primeira medição. Isso acontece com o spin por exemplo, como detalhado quando vimos o experimento Stern-Gerlach.

2. $(\alpha \rightarrow (\beta \rightarrow \gamma)) \rightarrow ((\alpha \rightarrow \beta) \rightarrow (\alpha \rightarrow \gamma))$

3. $(\alpha \rightarrow \beta) \rightarrow ((\alpha \rightarrow \gamma) \rightarrow (\beta \rightarrow \gamma))$

4. $(\alpha \wedge \beta \rightarrow \gamma) \rightarrow (\alpha \rightarrow (\alpha \rightarrow \gamma) \rightarrow (\beta \rightarrow \gamma))$

5. $(\alpha \rightarrow (\beta \rightarrow \gamma)) \rightarrow ((\beta \rightarrow (\alpha \rightarrow \gamma))$

A lógica proposicional quântica apresentada acima, ou qualquer outra que o leitor encontrar na literatura mencionada, padecerá de uma coisa fundamental: intuitividade. De fato, é difícil perceber a intuição por trás dos postulados e das regras de inferência, da mesma forma que formamos facilmente uma intuição a respeito dos axiomas e regras do cálculo proposicional clássico. Essas lógicas quânticas são dispositivos formais que têm a finalidade de oferecer um aparato lógico que tem um reticulado ortomodular como contraparte algébrica, mas fica difícil fundamentar intuitivmente a física quântica sobre sua base.

Uma outra formulação pode, quem sabe, ajudar em algo. Vejamos.

XII.7.1 Uma outra formalização

Uma formulação alternativa de uma lógica proposicional quântica é a apresentada inicialmente por M. L. Dalla Chiara na forma de dedução natural (por meio de regras de inferência apenas) [46, 47]. Apresentaremos a seguir uma versão simplificada do sistema apresentado em [30, 46].

Seja L uma linguagem elementar cujas fórmulas são representadas por letras gregas minúsculas; letras gregas maiúsculas representam conjuntos de fórmulas; '$\Rightarrow$' é um símbolo metalinguístico para a implicação.

Na Dedução Natural, usualmente escrevemos as regras na forma

$$\frac{\alpha_1, \ldots, \alpha_n}{\alpha}$$

a parte superior contendo as 'premissas' da regra e a parte de baixo a sua 'conclusão'. Aqui, no entanto, escrevemos algumas das regras na forma

$$\alpha_1, \ldots, \alpha_n \Rightarrow \alpha,$$

enquanto outras ficam na forma (também) usual '$\alpha_1, \ldots, \alpha_n \vdash \alpha$'. Expressões como '$\Gamma, \alpha$' denotam '$\Gamma \cup \{\alpha\}$'.

São as seguintes as regras para a nossa versão do sistema que os autores chamam de '**OL**' (orthomodular logic):

(OL1) $\Gamma, \alpha \vdash \alpha$ autodedutibilidade

(OL2) $\Gamma \vdash \alpha;\ \Delta, \alpha \vdash \beta \Rightarrow \Gamma \cup \Delta \vdash \beta$ transitividade

(OL3) $\Gamma, \alpha \wedge \beta \vdash \alpha$ $\wedge$-eliminação

(OL4) $\Gamma, \alpha \wedge \beta \vdash \beta$ $\wedge$-eliminação

(OL5) $\Gamma \vdash \alpha; \Gamma \vdash \beta \Rightarrow \Gamma \vdash \alpha \wedge \beta$ $\wedge$-introdução

(OL6) $\Gamma, \alpha, \beta \vdash \gamma \Rightarrow \Gamma, \alpha \wedge \beta \vdash \gamma$ $\wedge$-introdução

(OL7) $\alpha \vdash \beta; \alpha \vdash \neg\beta \Rightarrow \neg\alpha$ Redução ao absurdo intuicionista[20]

(OL8) $\Gamma, \neg\neg\alpha \vdash \alpha$ dupla negação forte

(OL9) $\Gamma, \alpha \vdash \neg\neg\alpha$ dupla negação fraca

(OL10) $\Gamma, \alpha \wedge \neg\alpha \vdash \beta$ Lei da Explosão, ou Lei de Scotus

(OL11) $\alpha \vdash \beta \Rightarrow \neg\beta \vdash \neg\alpha$ contrapositiva

Um axioma adicional de ortomodularidade constrói a lógica **OQL** (*orthomodular quantum logic*):

(OQL) $\alpha \wedge \neg(\alpha \wedge \neg(\alpha \wedge \beta)) \vdash \beta$ ortomodularidade

As noções sintáticas de **consequência sintática** ($\Gamma \vdash \alpha$), **teorema** (α tal que $\emptyset \vdash \alpha$, que se escreve $\vdash \alpha$), **consistência** e outros são introduzidos sem dificuldade (Exercício).

Definição XII.7.1 (Valoração algébrica). *Seja L a linguagem de uma **OL**. Uma **valoração algébrica** para L é um par ordenado $\mathcal{V} = \langle \mathcal{B}, v \rangle$ onde $\mathcal{B} = \langle B, \sqcap, \sqcup, ^{\perp}, \mathbf{0}, \mathbf{1} \rangle$ é um orto-reticulado (definição XII.2.11) e v é uma função que a cada fórmula de L associa um elemento de B obedecendo as seguintes cláusulas:*

(i) $v(\neg\alpha) = (v(\alpha))^{\perp}$

(ii) $v(\alpha \wedge \beta) = v(\alpha) \sqcap v(\beta)$

Definição XII.7.2 (Verdade e validade lógica). *Seja $\mathcal{V} = \langle \mathcal{B}, v \rangle$ uma valoração para L e seja α uma fórmula de L. Dizemos que α é **verdadeira** para essa valoração, e escrevemos '$\mathcal{V} \models \alpha$', se e somente se $v(\alpha) = \mathbf{1}$. A formula α é **logicamente válida** se for verdadeira relativamente a qualquer valoração, e nesse caso escrevemos simplesmente '$\models \alpha$'.*

Os autores supramencionados introduzem a noção de *modelo canônico* e relativamente a essa semântica, ambos os sistemas resultam corretos e completos.

É claro que um sistema proposicional como qualquer desses não é suficiente para a mecânica quântica, pois necessitamos ao menos da quantificação –e de uma teoria de conjuntos. Nos trabalhos mencionados [46, 47], os autores comentam sobre extensões das lógicas quânticas a uma lógica elementar de predicados e

[20] A redução ao absurdo *clássica* é diferente, e pode ser assim enunciada: $\neg\alpha \vdash \beta; \neg\alpha \vdash \neg\beta \Rightarrow \alpha$, ou seja, iniciamos com a negação de α.

a teorias de conjuntos, mas não adentraremos a essas questões aqui, restringindo-nos ao que dissemos sobre quase-conjuntos.

Aqui está uma lista de teoremas da lógica proposicional clássica que não valem na **OQL**, nessa ou em qualquer outra formulação:

1. $\alpha \to (\beta \to \alpha)$
2. $(\alpha \to (\beta \to \gamma)) \to ((\alpha \to \beta) \to (\alpha \to \gamma))$
3. $(\alpha \to \beta) \to ((\beta \to \gamma) \to (\alpha \to \gamma))$
4. $(\alpha \wedge \beta \to \gamma) \to (\alpha \to (\beta \to \gamma))$
5. $(\alpha \to (\beta \to \gamma)) \to (\beta \to (\alpha \to \gamma))$
6. Temos ainda que $\alpha \to \gamma \not\models \alpha \wedge \beta \to \gamma$ (não monotonicidade fraca)

Há muito o que dizer sobre as lógicas quânticas e as nossas referências servem como ponto de partida. O assunto continua atual, ainda que a literatura recente a respeito tenha se voltado mais ao estudo da informação quântica e dos computadores quânticos do que os fundamentos lógicos da física quântica propriamente ditos. A internet é repleta de referências atualizadas.

XII.8 Exercícios

1. Verifique que levando-se em conta o condicional de Filo, todas as seis implicações definidas no texto são equivalentes (você pode fazer isso usando tabelas de verdade).

2. Comprove que as fórmulas 1-5 acima são realmente falsas nos reticulados ortomodulares apresentados no texto, como a Lanterna Chinesa e o reticulado '6'.
Solução. Verifiquemos a primeira, $\alpha \to (\beta \to \alpha)$ e a Lanterna Chinesa. Para que tenhamos a validação dessa fórmula, transformamo-la para a seguinte, na linguagem algébrica, usando a implicação Sasaki-Mittelstaedt $\alpha \to_1 \beta := \neg\alpha \vee (\alpha \wedge \beta)$, a fórmula fica $\neg\alpha \vee (\alpha \wedge (\neg\beta \vee (\beta \wedge \alpha)))$, que na notação algébrica corresponde a $a^\perp \sqcup (a \sqcap (b^\perp \sqcup (b \sqcap a)))$, que equivale a '$a^\perp$' e não a '$\mathbf{1}$' como era de se esperar. Repare que se você usar a implicação 'clássica' de Filo, obterá $\mathbf{1}$.

3. Faça um estudo mais detalhado mostrando de que forma a física quântica parece questionar cada uma das noções seguintes:

   (1) a conjunção clássica

   (2) a disjunção clássica

   (3) a negação clássica

   (4) a quantificação clássica

   (5) a identidade clássica

   (6) a noção clássica de conjunto

(7) a falta de sentido em haver *designadores rígidos*. Veja [49]

(8) a semântica usual. Veja idem.

(9) a distinção usual entre *intensões* e *extensões* de conceitos.

(10) o Princípio da Identidade dos Indiscerníveis.

Capítulo XIII

Complementaridade e Lógica

"Uma elucidação completa de um assunto pode requerer pontos de vista diversos que desafiam uma única descrição."

Niels Bohr

O conceito de 'complementaridade' foi introduzido na mecânica quântica por Niels Bohr em sua famosa 'Como Lecture', em 1927, embora as ideias básicas remontem a 1925 [17, 18].[1] As consequências de sua visão foram fundamentais, particularmente para o desenvolvimento da interpretação de Copenhague da mecânica quântica e constitui, como é amplamente reconhecido na literatura, uma das contribuições mais fundamentais para o desenvolvimento da teoria quântica.[2]

A intuição subjacente à noção de complementaridade nos sugere que proposições complementares (no domínio quântico) não podem ser observadas ou mensuradas simultaneamente. Como disseram Einstein e Infeld em 1938,

> "O que é a luz, realmente? É ela uma onda ou uma cascata de fótons? Parece não haver modo de formar uma descrição consistente do fenômeno da luz com a escolha de uma das duas linguagens. (...) Parece que às vezes devemos usar uma das duas linguagens e às vezes ambas. Estamos diante de um novo tipo de dificuldade. Temos duas imagens contraditórias da realidade; separadamente nenhum deles explica completamente os fenômenos da luz, mas juntos elas o fazem." [62, p.278]

Essa parece ser a ideia fundamental: necessitamos de ambas as descrições para o entendimento de um certo fenômeno, mas eles não podem ser considerados simultaneamente sob o risco de obtermos uma contradição.

Alguns exemplos são os seguintes.

Posição e momento de uma partícula. O Princípio de Incerteza de Heisenberg diz que, sendo $\Delta(p)$ a incerteza da posição (mais rigorosamente, o 'desvio-padrão', que á uma espécie de medida da variação

---

[1]Nesse ano (1927), realizou-se em Como, cidade italiana, uma das principais conferências sobre a física quântica. Bohr voltou a falar desse assunto em Bruxelas, no mesmo ano, na quinta Conferência Solvay; ver [105].

[2]Este capítulo é uma adequação de [41, 40].

de uma certa quantidade) e $\Delta(q)$ a do momento, então $\Delta(p)\Delta(q) \geq \hbar/2$, onde $\hbar$ é a *constante reduzida de Planck* (introduzida por Dirac), sendo $\hbar = h/(2\pi)$, onde h é a constante de Planck. Isso significa que quanto mais diminuímos uma das incertezas, maior se torna a outra.

A incerteza se dá também com outros *pares conjugados de observáveis*, como energia e tempo, chegando-se a outra relação de incerteza $\Delta(E)\Delta(t) \geq \hbar/2$.

A dualidade onda-partícula. O 'comportamento dual' da luz e da matéria em geral é outro exemplo ao qual usualmente se recorre. Falemos da luz. No experimento das duas fendas, dependendo do que façamos, a luz terá um comportamento que se assemelha ao de partículas ou de ondas. É ela uma coisa ou a outra? Nenhuma delas, mas para entender isso, necessitamos levar em conta ambas as descrições, que no entanto não podem ser realizadas simultaneamente.

Os escritos de Bohr, no entanto, reconhecidamente não deixam claro o que ele queria dizer *exatamente* com esse conceito, e muitas foram as tentativas, realizadas por vários físicos associados a ele, de esclarecer essa noção e mesmo de descrever a sua 'lógica'; Max Jammer conta essa estória em [105, cap.4]. Nesta seção falaremos sobre esse conceito e traremos algumas dessas dificuldades. Falaremos de uma *lógica da complementaridade* proposta da filósofa francesa Paulette Destouches-Février (1914-2013) de uma outra lógica tratando do conceito.

XIII.1 Bohr e a complementaridade

J. Kalckar, o editor do volume 6 de *Bohr's Collected Works* [18, pp. 26-27], sugeriu que a primeira referência à noção de complementaridade pode ser encontrada em um manuscrito escrito por Bohr em 10 de julho de 1927, onde lemos que

> "... a teoria [a mecânica quântica] exibia uma dualidade quando se considerava, por um lado, a princípio da superposição e, por outro lado, a conservação de energia e impulso (...) Aspectos complementares da experiência que não podem ser unificados em uma imagem espaço-temporal baseada em teorias clássicas." (cf. *ibid.*, pp. 26-27; ver também [38, 41])

Grosso modo, a ideia envolve algo no seguinte sentido: complementaridade significaria a possibilidade de unificar aspectos que não podem ser reunidos a partir perspectiva 'clássica'. Kalckar também evita a visão reivindicada por alguns escritores que sustentam que Bohr foi motivado por fontes fora da física, como as leituras de Kierkegaard ou do filósofo dinamarquês H. Höffding, que ele conheceu bem porque era amigo de seu pai e frequentava a sua casa. Segundo Kalckar, as próprias origens de tal ideia vieram da própria física e, para reforçar sua opinião, ele lembra as palavras de L. Rosenfeld, que também nos interessa aqui:

> "A concepção de Bohr de complementaridade em mecânica quântica não é a expressão de uma 'específica posição filosófica', mas uma *parte inerente da teoria* que tem a mesma validade que seu aspecto formal e é dela inseparável." (*apud ibid.*, p. 28, itálico nosso).

Deve-se notar que parece haver uma discrepância entre Rosenfeld e Bohr no que diz respeito ao modo de entender a complementaridade. Essa diferença pode justificar a recusa de Bohr em aceitar que outros como von Weizsäcker, que havia descrito 'a lógica da complementaridade', como veremos a seguir. Aparentemente,

Bohr via suas ideias sobre complementaridade como parte de um princípio epistemológico mais geral, que poderia nos guiar não apenas na física (de onde realmente vieram as ideias), mas em qualquer outro campo da ciência; como ele disse,

> "... as lições dadas pelos recentes desenvolvimentos da física a respeito da necessidade de uma extensão constante do quadro de conceitos apropriados para a classificação de novas experiências nos leva a uma atitude epistemológica geral que pode nos ajudar a evitar aparentes dificuldades conceituais igualmente em outros campos da ciência." [17].

Em outras palavras, podemos dizer que, de acordo com Bohr, a complementaridade pode ser vista como uma espécie de princípio metodológico regulador. Por outro lado, existem posições sustentadas por pessoas como Rosenfeld (e von Weizsäcker), que veem tais ideias como parte da própria teoria física. Qual é a diferença?

A diferença está no que consideramos como um princípio metateórico da ciência e o que deve ser considerado como um princípio de uma teoria científica particular (digamos, axiomatizada). O primeiro pode ser visto como um metaprincípio, enquanto o último é algo a ser 'internalizado' dentro da linguagem objeto da própria teoria. Notar essa diferença é de particular importância porque, como veremos a seguir, a própria ideia de complementaridade se assemelha à da existência de contradições, porém está longe disso; mantendo-o como princípio de significação (*meaning principle*), parece mais fácil entender como isso pode nos ajudar a aceitar que

> "[os] tipos de informação aparentemente incompatíveis sobre o comportamento do objeto sob exame, que obtemos por diferentes arranjos experimentais, claramente não podem ser colocados em conexão uns com os outros da maneira usual, mas podem ser tomados como igualmente essenciais para um relato exaustivo de toda a experiência, podendo ser considerados como 'complementares' um do outro." [17].

Acreditamos que 'ideias complementares' podem ser vistas de ambas as perspectivas, isso é, como um princípio regulador geral do significado e também como uma lei que pode ser internalizada na linguagem da teoria. Como veremos, embora parecendo que proposições complementares acarretem contradições (mas ver uma maneira melhor especificando-os abaixo), o conceito de proposições complementares pode ser colocado dentro de uma certa linguagem objeto (mantendo-o assim como uma 'parte inerente da teoria', como Rosenfeld sugeriu) sem o risco de banalizar ('trivializar') toda a teoria.[3] Isso nos permitirá discutir também o papel desempenhado pela lógica no contexto da ciências físicas, em especial da teoria quântica.

Começamos descrevendo primeiramente as principais características relacionadas com a ideia de complementaridade. Notamos que não há concordância entre historiadores e filósofos (e mesmo entre físicos) sobre o significado preciso do Princípio da Complementaridade (doravante 'PC'), o que torna a análise bastante problemática [11], [104], [105]. Mesmo assim, após revisitarmos algumas das principais referências feitas pelo próprio Bohr e por vários de seus comentaristas, chegaremos a uma caracterização de 'proposições complementares' de um ponto de vista estritamente lógico (ou seja, conforme definido em uma linguagem formal adequada). A partir daí, esboçaremos as principais características de uma lógica de tais proposições,

[3]Recordemos que no âmbito da lógica clássica, a existência de proposições contraditórias trivializa a teoria.

evidenciando que se trata de uma espécie de lógica paraconsistente, denominada de *lógica paraclássica* (ver [43]). Insistimos, não vemos proposições complementares como contraditórias uma da outra.[4]

A complementaridade, para nós, abrange também princípios metateóricos que impõem algumas limitações às teorias. Tais princípios 'reguladores' podem ser 'complementares' de modo a, como dizia Bohr, não poderem ser considerados em conjunto, mas sendo relevantes para um melhor entendimento do fenômeno. A complementaridade, nesse sentido, desempenha o papel de uma espécie de regra normativa.

Em segundo lugar, insistimos que a relevância desse tipo de estudo não é meramente histórica e nem um exercício de lógica. Além de apontar para a necessidade de uma distinção filosófica entre princípios normativos gerais e leis físicas estritas, acreditamos que essa discussão tem um profundo significado filosófico também por mostrar algumas das relações que existem entre certas lógicas não clássicas e as ciências empíricas, em particular a física. É claro que, embora não aprofundemos os detalhes históricos sobre a complementaridade, mencionamos algumas das principais referências encontradas na literatura, esperamos deixar clara a ideia geral subjacente ao conceito, que é parcialmente motivado pela própria maneira de Bohr em aceitar tanto as imagens dos sistemas quânticos como partículas quanto como ondas. Acreditamos que a compreensão de um amplo campo do conhecimento, como a física quântica, pode ganhar muito se aceitarmos uma visão pluralista segundo a qual existem várias e eventualmente não equivalentes formas de olhar para ele (talvez algumas delas baseadas em lógicas não clássicas), cada uma sendo adequada de sua perspectiva particular, e mostrando detalhes que não podem ser vistos de outros pontos de vista, analogamente aos diferentes desenhos de um engenheiro em geometria descritiva, à la Monge, de um determinado objeto.[5]

Nesta seção, deixamos claro em que sentido entendemos a palavra 'complementaridade'. As citações extraídas de Bohr e de outros importantes comentadores visam reforçar nosso ponto de vista, embora saibamos, é claro, que algumas citações isoladas não podem fornecer evidências para o entendimento completo dos conceitos, especialmente no que diz respeito ao presente (e difícil) caso. Ainda assim, esperamos poder convencer o leitor de que a complementaridade pode ser interpretada como um princípio mais geral relacionado à 'incompatibilidade' em algum sentido (o 'sentido' será explicado nas próximas seções) do que a uma espécie de impossibilidade de 'medição simultânea'.

No que diz respeito a esse ponto, notamos que encontramos Bohr falando sobre conceitos complementares que não podem ser usados ao mesmo tempo (como vemos em vários de seus trabalhos listados em nossas referências [18, p.369]). Embora essa maneira de falar deva ser vista apenas como uma maneira de falar, pois representa situações que, segundo o próprio Bohr, exigem uma análise específica, como ele diz, "[é] preciso ter muito cuidado, portanto, em analisar quais conceitos realmente fundamentam as limitações" (ibid., p. 370). Na verdade, existem várias maneiras de olhar para a complementaridade. Pauli, por exemplo, afirmou que "[se] o uso de um conceito clássico exclui outro, chamamos ambos os conceitos (...) de complementares (um ao outro), seguindo Bohr" [167, p. 7], citado em [Cushing, 1994, p. 33]). A propó-

---

[4]A 'contraditoriedade' é a característica principal da negação na lógica clássica; se α é uma proposição e $\neg\alpha$ a sua negação, uma delas implica a negação da outra; elas não podem ser ambas verdadeiras sob um mesmo aspecto (Princípio da Não Contradição), e em cada circunstância uma delas deve ser verdadeira (Princípio do Terceiro Excluído).

[5]Gaspard Monge (1746-1818), matemático francês, foi o criador da 'geometria descritiva', ramo da matemática que descreve matematicamente as técnicas de desenho geométrico, muito usada na engenharia. Um exemplo típico de um conceito dessa geometria é a ideia de *épura*, na qual o engenheiro representa um objeto sob vários pontos de vista (visões de topo, de lado e de frente), dando assim uma mais ampla ideia do que se trata. Em filosofia, o perspectivismo pode ser associado às ideias de Ortega y Gasset (1883-1955) – o verbete sobre ele na Stanford Encyclopedia of Philosophy é uma boa referência inicial. O leitor pode ver também [119].

sito, J. Cushing também enfatizou sua própria visão, ao dizer que "[w] qualquer que seja a rota histórica, Bohr chegou a uma doutrina de imagens clássicas mutuamente exclusivas, incompatíveis, mas necessárias, nas quais qualquer aplicação, enfatizando uma classe de conceitos deve excluir a outra" (op. cit., pp.34-5). Essa ideia de proposições complementares como 'excludentes' entre si (o que parece significar algo como 'incompatibilidade') é reforçada pelo próprio Bohr em diversas passagens, como as seguintes:

> "A existência de diferentes aspectos da descrição de um sistema físico, aparentemente incompatíveis, mas ambos necessários para uma descrição completa do sistema. Em particular, a dualidade onda-partícula." (*apud* [77, p. 370])
>
> "O fenômeno pelo qual, no domínio atômico, os objetos exibem as propriedades de partículas e ondas, que na física macroscópica clássica são categorias mutuamente exclusivas."(ibid., pp. 371-2)
>
> "A própria natureza da teoria quântica nos obriga a considerar a coordenação espaço-tempo e a reivindicação de causalidade, cuja união caracteriza as teorias clássicas, como características complementares, mas exclusivas da descrição, simbolizando a idealização da observação e definição, respectivamente." (em seu "The Quantum Postulate and the Recent Development of Atomic Theory", p.566, reimpresso em [18, pp.109-136])
>
> "Os tipos aparentemente incompatíveis de informação sobre o comportamento do objeto sob exame que obtemos por diferentes arranjos experimentais não podem claramente ser relacionados uns com os outros da maneira usual, mas podem, igualmente essenciais para uma explicação exaustiva de todas as experiências, sejam consideradas 'complementares' umas às outras". [17, p. 291]; [199, p. 31])
>
> "Informações sobre o comportamento de um objeto atômico obtidas sob condições experimentais definidas podem, no entanto, de acordo com uma terminologia frequentemente usada em física atômica, ser adequadamente caracterizadas como *complementares* a qualquer informação sobre o mesmo objeto obtidas por algum outro arranjo experimental excluindo o cumprimento das primeiras condições. Embora tais tipos de informação não possam ser combinados em uma única imagem por meio de conceitos comuns, eles representam, de fato, aspectos igualmente essenciais de qualquer conhecimento do objeto em questão que pode ser obtido neste domínio". ([16, p. 26], *apud* [199, p. 31]).

E. Scheibe diz que

> "...aquilo que aqui se diz ser 'complementar', também se diz 'aparentemente incompatível', mas a referência dificilmente pode ser a esses conceitos clássicos, quantidades ou aspectos cuja combinação foi anteriormente afirmada como característica das teorias clássicas. Pois 'aparentemente incompatível' certamente significa incompatível apenas em considerações clássicas." [199, p.31]

Em outras palavras, é perfeitamente razoável considerar aspectos complementares como incompatíveis, no sentido de que sua combinação em uma única descrição pode trazer dificuldades. Mas em uma teoria baseada na lógica padrão, a conjunção de duas teses também é uma tese; em outras palavras, se α e β são ambos teses ou teoremas de uma teoria (fundada na lógica clássica), então $\alpha \wedge \beta$ também é uma tese (ou um teorema) dessa teoria. Isso é o que intuitivamente queremos dizer quando afirmamos que, com base na lógica clássica, uma proposição 'verdadeira' não pode 'excluir' outra proposição 'verdadeira'. Nesse sentido, o mundo quântico é bastante distinto do 'clássico', pois, embora proposições complementares devam ser consideradas aceitáveis, sua conjunção parece não ser.

Assim, um modo de se assumir a existência de proposições complementares é restringir a regra da adjunção, ou seja, que de α e de β sempre inferimos $\alpha \wedge \beta$. Mas antes disso, vamos fazer algumas observações adicionais sobre a complementaridade.

Como é bem sabido, Bohr e outros como P. Jordan e F. Gonseth sugeriram que a complementaridade poderia ser útil não apenas na física, mas também em outras áreas, em particular na biologia e no estudo de culturas primitivas (ver [105, pp. 87ff], onde ainda outros campos de aplicação, como a psicologia, são mencionados). Embora essas aplicações possam ser interessantes, elas estão fora do escopo deste artigo. Ainda dentro da física, cabe lembrar que em 1994 Englert et al. argumentaram que a complementaridade não é simplesmente uma consequência das relações de incerteza, como defendem aqueles que acreditam que "duas variáveis complementares, como posição e momento, não podem ser medidas simultaneamente para menos do que um limite fundamental de precisão", mas que

> "(...) a incerteza não é a única força de complementaridade. Concebemos e analisamos experimentos reais e mentais que contornam a relação de incerteza, com o efeito de 'enganar' os objetos quânticos em estudo. No entanto, os resultados sempre revelam que a natureza se protege contra tais intrusões – a complementaridade permanece intacta mesmo quando a relação de incerteza não desempenha nenhum papel. Concluímos que a complementaridade é mais profunda do que foi apreciado: é mais geral e mais fundamental para a mecânica quântica do que a regra da incerteza." [66]

Se Englert et al. estão certos, então parece que a lógica paraclássica que descreveremos abaixo pode, de fato, ser útil. Alguns experimentos desenvolvidos na década de 1990 no Instituto Weizmann em Israel indicaram que o Princípio da Complementaridade foi verificado também para férmions (elétrons) [24]. Por meio de dispositivos de nanotecnologia criados em escalas de baixa temperatura, os cientistas desenvolveram técnicas de medição que lhes permitiram mostrar que, em um determinado experimento de duas fendas, o comportamento semelhante a uma onda ocorre quando os possíveis caminhos que uma partícula pode seguir permanecem indiscerníveis, e que um comportamento semelhante a uma partícula ocorre quando um detector 'qual caminho' é introduzido, determinando o caminho real percorrido pelo elétron. Esses experimentos recentes mostram que as antigas intuições e alguns *Gedankenexperimente* (experiências de pensamento) realizados por Bohr e outros estavam na direção certa, sustentando assim a posição de Bohr de que a complementaridade é de fato um traço característico da matéria. Portanto, acomodar essa ideia dentro de uma descrição formal da física é de fato uma tarefa importante.

Uma 'prova experimental' do princípio de Bohr foi dada em 2001 na Áustria, onde O. Nairz e outros relataram que o princípio da incerteza de Heisenberg, que está intimamente relacionado à complementaridade, foi comprovado para um objeto maciço, uma molécula de fulereno C_{70} a uma temperatura de 900 K. Ao justificar seu trabalho, eles disseram que " aqui estão boas razões para acreditar que a complementaridade e a relação de incerteza serão válidas para um objeto suficientemente bem isolado do mundo físico e que essas propriedades quânticas são geralmente apenas escondidas por ruído técnico para objetos grandes. Portanto, é interessante ver até que ponto esse fenômeno da mecânica quântica pode ser estendido experimentalmente ao domínio macroscópico" [164].

Isso aparentemente abre caminho para a aceitação da validade da complementaridade também no mundo macroscópico. A análise dessas aplicações deve interessar não apenas aos físicos e outros cientistas, mas também aos filósofos. Acreditamos que as intuições de Bohr de que a complementaridade é um fenômeno geral e merece dos filósofos um exame cuidadoso.

Na seção seguinte, voltaremos à lógica.

XIII.2 Uma lógica da complementaridade

Nesta seção apresentamos um modo de conceituar 'proposições complementares' de um modo que é possível apresentar uma lógica na qual tais proposições possam ser 'ambas verdadeiras' sem que acarretem qualquer contradição. Iniciemos com a definição a seguir, na qual '$\vdash$' indica a dedução na lógica proposicional clássica (ficaremos nesse nível apenas) e admitimos que temos uma linguagem formal adequada, na qual α, β, etc. denotam proposições.

Definição XIII.2.1 (Proposições complementares). *Dizemos que α e β são* ***complementares*** *se existe uma proposição γ tal que $\alpha \vdash \gamma$ e $\beta \vdash \neg\gamma$.*

De acordo com essa definição, na lógica proposicional clássica quaisquer duas proposições contraditórias são complementares. Ainda de acordo com a lógica clássica, dadas α e β quaisquer, sempre se pode formar a sua conjunção $\alpha \wedge \beta$, resultando que, se essas duas proposições forem complementares, então $\alpha \wedge \beta \vdash \gamma \wedge \neg\gamma$, ou seja, delas derivamos uma contradição, tornando *trivial* qualquer sistema que estejamos baseando nessa lógica.[6]

Mas, obviamente, não é isso o que queremos; nosso desejo é podermos contar com proposições complementares *sem* que delas se derive uma contradição. Para isso, vamos modificar a noção de dedução, introduzindo a **dedução paraclássica**, representada por '$\vdash_P$', da seguinte forma ('$\vdash$' continua tendo o mesmo sentido dado acima); a linguagem é ainda a da lógica proposicional clássica:

Definição XIII.2.2 (Dedução paraclássica). *Seja Γ um conjunto de fórmulas (proposições). Dizemos que a proposição α é* ***deduzida paraclassicamente*** *de Γ, e indicamos isso por $\Gamma \vdash_P \alpha$' se e somente se:*

1. *Se $\alpha \in \Gamma$, então $\Gamma \vdash_P \alpha$*

2. *Existe um subconjunto $\Delta \subseteq \Gamma$ que é consistente 'classicamente', ou seja, não existe β tal que $\Delta \vdash \beta$ e $\Delta \vdash \neg\beta$ –isto é, de Δ não derivamos 'classicamente' uma contradição– tal que $\Delta \vdash \alpha$.*

As primeiras cláusulas são bastante evidentes, preservando na lógica paraclássica as tautologias clássicas (os teoremas clássicos).[7] A terceira é mais interessante. A proposição α é dedutível paraclassicamente de Γ se e somente se for dedutível classicamente de algum subconjunto *consistente* (classicamente) de Γ.

[6]Insistamos nisso: na lógica clássica e na maioria dos sistemas lógicos, como a lógica intuicionista, vale a Regra da Explosão, ou Princípio de Scotus, uma das formulações sendo '$\neg\gamma \to (\gamma \to \delta)$', que equivale a '$\neg\gamma \wedge \gamma \to \delta$', isto é, de uma contradição 'qualquer coisa' (qualquer fórmula δ) pode ser derivada. Um sistema desse tipo é dito ser *trivial*.

[7]Como a lógica proposicional clássica é **completa**, falar em teoremas ou em tautologias é a mesma coisa.

Como qualquer conjunto de proposições que contenha duas proposições contraditórias como elementos não é consistente classicamente, jamais derivaremos paraclassicamente uma contradição de tal conjunto. Assim, podemos ter uma coleção de hipóteses dentre as quais estão duas proposições contraditórias, mas essas hipóteses não acarretam paraclassicamente qualquer inconsistência. Insistamos: seja $\Gamma = \{\ldots, \alpha, \ldots, \neg\alpha, \ldots\}$ um conjunto de fórmulas entre as quais estão duas contraditórias. Na lógica clássica, se γ é uma fórmula qualquer, então $\Gamma \vdash \gamma$, e isso vale em particular se γ for $\alpha \wedge \neg\alpha$. Porém não podemos ter $\Gamma \vdash_P \alpha \wedge \neg\alpha$ porque não há subconjunto *consistente* de Γ do qual se deduza a contradição.

Desse modo, em particular podemos ter proposições complementares no sentido da definição XIII.2.1 como hipóteses sem que delas se derive uma contradição, devido ao fato de que como na lógica clássica teríamos $\Gamma, \alpha \wedge \beta \vdash \gamma \wedge \neg\gamma$, o mesmo não ocorre com a dedução paraclássica. Isso, na nossa opinião, expressa bem o que (achamos que) Bohr tinha em mente. Porém, algo relevante deve ser considerado. Na lógica clássica, quando falamos que temos uma contradição, significa que dispomos de uma fórmula α tal que tanto ela como a sua negação $\neg\alpha$ são teoremas, e então (devido à propriedade adjuntiva), temos $\alpha \wedge \neg\alpha$ como teorema. Mas isso supõe que a negação seja a negação 'clássica', e não estamos certos de que quando falamos em negação em física quântica, a negação seja essa; aliás, como constatamos em outro local, a *negação quântica* é distinta da clássica.

Por exemplo, se adotarmos uma lógica paraclássica para as nossas deduções em física quântica, podemos ter proposições como 'o sistema físico é uma partícula' (ou melhor, *comporta-se* como uma partícula) e 'o sistema físico é uma onda', sem que disso tenhamos qualquer inconsistência. Apesar de que 'ser partícula' e 'ser onda' não possam ser consideradas em conjunto, ambas 'existem' e são significativas, além de importantes para que conheçamos o que está ocorrendo.

Repare que a linguagem da lógica paraclássica é a da lógica proposicional clássica e seus axiomas são os desse sistema; o que muda é a noção de dedução.[8]

O estudo dessa lógica ainda demanda uma extensão à lógica elementar e a uma teoria de conjuntos, o que não será feito aqui. Na verdade, deve-se notar que sintaticamente nada muda com relação à linguagem e aos postulados, que poderiam ser os de ZFC ou ZFA. Apenas a noção de dedução é alterada, e seria isso a ser explorado. Ademais, seria muito interessante, dado o que foi dito acima, encontrar um modo de usá-la de fato em mecânica quântica, mostrando que as deduções que interessam saem sempre de conjuntos consistentes (no sentido da lógica clássica) de fórmulas. O leitor interessado pode consultar mais desenvolvimentos em [41, 207].

Para mais detalhes dessa 'lógica paraclássica da complementaridade', ver [38, 41].

XIII.3 Paulette Février e a lógica da complementaridade

Dentre as sugestões para o uso de lógicas não clássicas na física, lembramos aquelas que dizem respeito às lógicas trivaloradas. Os casos mais conhecidos são as de H. Reichenbach e P. Destouches-Février, embora a lógica de Février não seja estritamente uma lógica de três valores, uma vez que as tabelas de verdade para os conectivos não são funções do produto cartesiano de valores de verdade para o conjunto de valores de

[8] Isso mostra como uma lógica pode ser vista como um par ordenado $\ell = \langle \mathcal{F}, \vdash \rangle$ onde $\mathcal{F}$ é uma coleção de objetos denominados de *fórmulas* e $\vdash$ é uma noção de dedução. Ver [12].

verdade. Abaixo, fazemos algumas observações sobre sua lógica de 'complementaridade', apresentamos uma reconstrução dela como uma lógica trivalorada e, posteriormente, apresentamos uma versão paraconsistente dessa lógica, justificando as razões para tanto. Esta parte do texto baseia-se em [40].

Uma maneira alternativa de lidar com a noção de complementaridade foi apresentada pela filósofa francesa Paulette Destouches-Février (1914-2013), que fez uso de uma lógica a três valores de verdade. Seu sistema é bem interessante e pouco conhecido, valendo que seja apresentado mesmo que somente em linhas gerais, ainda que tenha recebido uma crítica forte por parte de J. C. C. McKinsey e P. Suppes [151] pela imprecisão envolvida.[9] Isso, no entanto, não invalida a exposição de suas ideias básicas.

Já vimos acima que o conceito de 'complementaridade' foi introduzido na mecânica quântica por Niels Bohr em sua famosa 'Como Lecture' em 1927 (veja-se [105]). Em particular, o uso de alguma lógica para explorar esse conceito foi considerado por alguns autores como C. von Weizsäcker e M. Strauss, que tentaram elucidar o princípio de Bohr de um ponto de vista lógico. Porém, seus desenvolvimentos nunca encontraram um acordo aceitável por parte da comunidade científica. Por exemplo, é bem conhecido que o próprio Bohr rejeitou a tentativa de von Weizsäcker de descrever logicamente seu princípio [105, p.90]. A proposta de Strauss de uma lógica na qual duas proposições, digamos A e B (que representam proposições complementares) podem ser ambas aceitas, mas não sua conjunção $A \wedge B$ foi considerada 'desaconselhável' por R. Carnap embora pareça merecerem atenção do ponto de vista atual.[10]

Em uma série de comunicações, que culminou na apresentação do livro *La Structure des Théories Physiques* 1951, P. Destouches-Février esboçou uma lógica proposicional para lidar com proposições complementares, denominada $L_{c,3}$. Suas principais motivações para desenvolver $L_{c,3}$ são as Relações de Incerteza (ou de 'Indeterminação') de Heisenberg, que segundo ela devem ser tomadas como princípios físicos básicos e não como consequências do formalismo matemático da teoria quântica.

A ideia central é que a composição (leia-se: a conjunção) de proposições complementares como as referentes à posição (q) e ao momento (p) de uma determinada partícula devem ser consideradas como proposições incomponíveis (*propositions incomposables*), cuja conjunção lógica não deveria ser realizada. Mas mesmo assim ela escreve '$p\&q$' para tal conjunção, e diz que ela tem que ter o valor lógico absolutamente falso, denotado por 'A'. Em outras palavras, mesmo tomando como certo que existem "*propositions incomposables*, pour lesquelles on ne peut jamais afirmar le produit logic" (*op.cit.*,p. 331), ela assumiu que a conjunção dessas proposições tem um terceiro valor verdadeiro, distinto de verdadeiro e falso, o *absolutamente falso*, que segundo ela indicaria que tal conjunção não poderia ser realizada em sentido estrito (isso mostra que seu sistema não está em conformidade com a lógica padrão de muitos valores).

Février usa um conectivo binário '&' para conjunção, mas na realidade é considerado como representando ambiguamente duas conjunções distintas: uma para as proposições 'composable' e outra para as 'incomposable', e ambas as conjunções são caracterizadas semanticamente por uma espécie de 'matrizes generalizadas', que veremos a seguir.[11] Talvez possamos motivar o uso desses conectivos seguindo Nagel 1937: se 'a_i' é definido como 'A coordenada q_i de uma partícula i tem valor q_{0_i}' e 'b_i', como 'A componente p_i

---

[9]Embora frequentemente mencionado na literatura, o sistema de Février nunca foi discutido em detalhes. Por exemplo, S. Haack [91] apenas menciona a lógica de Février, enquanto Jammer [105] a considera, mas sem discussão sobre a proposta do sistema teórico. Pensamos que isso se deve ao fato de que seu sistema nunca foi apresentado de forma sistematizada .

[10]Há várias áreas que se beneficiariam de lógicas desse tipo, chamadas de *não adjuntivas*, tendo em vista que chama-se de *adjunção* o princípio segundo o qual de A e de B pode-se inferir $A \wedge B$. A complementaridade é uma delas.

[11]Ela faz o mesmo com a disjunção '$\vee$', usando-a tanto para proposições componíveis quanto para as incomponíveis.

do momento da partícula i tem o valor p_{0_i}', então existem duas matrizes para caracterizar respectivamente o produto conjugado '$a_i \& b_i$' e os produtos não conjugados '$a_i \& a_k$', '$b_i \& b_k$' e '$a_i \& b_k$' para $i \neq k$ (essas matrizes são apresentadas abaixo). Assim, no fundo ela distingue (por alguma metaregra, não explicitada) entre proposições que podem e que não podem ser compostas, introduzindo conectivos (conjunções e disjunções) para ligá-las.

Interpretamos sua proposta distinguindo entre duas junções, '$\&_c$', que liga proposições componíveis, e '$\&_i$', usada para as incomponíveis (e fazemos algo análogo para as disjunções). Então, usando matrizes, podemos interpretar $L_{c,3}$ como uma lógica padrão de três valores (usaremos a mesma notação, $L_{c,3}$ para designar o sistema resultante). Ressaltamos que em nosso sistema sempre realizaremos conjunções. Para sermos mais precisos, adaptamos a terminologia de Février, tomando como base os seguintes conectivos $\&_c$ (primeira conjunção), $\&_i$ (segunda conjunção), $\triangleright$ (disjunção exclusiva), $\vee_c$ (primeira disjunção), $\vee_i$ (segunda disjunção), $\equiv$ (primeira equivalência), $\cong$ (segunda equivalência), $\longrightarrow$ (implicação), N (primeira negação) e $\sim$ (segunda negação), que são definidos pelas seguintes matrizes, cujo valor de verdade designado é 'T' (*op.cit.*,34-91):

$\&_c$	T	F	A
T	T	F	A
F	F	F	A
A	A	A	A

$\&_i$	T	F	A
T	A	A	A
F	A	A	A
A	A	A	A

$\triangleright$	T	F	A
T	A	T	T
F	T	A	F
A	T	F	A

$\vee_c$	T	F	A
T	T	F	T
F	T	F	F
A	T	F	A

$\vee_i$	T	F	A
T	A	T	T
F	T	A	F
A	T	F	A

$\equiv$	T	F	A
T	T	F	F
F	F	T	F
A	F	F	T

$\cong$	T	F	A
T	T	F	F
F	F	T	T
A	F	T	T

$\longrightarrow$	T	F	A
T	T	F	F
F	T	T	F
A	T	T	T

p	T	F	A
Np	F	T	A
$\sim p$	F	T	T

A noção de consequência semântica de um conjunto de fórmulas é a usual; se Γ designa um conjunto de fórmulas e α designa uma fórmula, então dizemos que α se segue semanticamente de Γ, e escrevemos $\Gamma \models \alpha$, se e somente se toda valoração que torna as fórmulas de Γ verdadeiras (ou seja, tenha um valor designado) faz o mesmo com α.

O problema (como já apontado por Nagel em sua revisão) é que Février não fornece nenhum critério para distinguir entre proposições que podem e que não podem ser compostas. Alguma metaregra deveria ser suposta. De qualquer forma, seguindo suas ideias, e aceitando que tal distinção possa ser feita (como apresentaremos seu sistema abaixo, aceitando que proposições conjugadas ou complementares sempre possam ser unidas pelos conectivos & e $\vee$), torna tal regra dispensável), as explicações intuitivas desses símbolos podem ser as seguintes. $\&_c$ é a conjunção de proposições que podem ser compostas ('propositions composable'), enquanto $\&_i$ é a conjunção de proposições complementares (cuja conjunção recebe o valor de verdade A, o *absolutamente falso* – 'faux absolu'). Assim, de acordo com a interpretação de Février, a consideração de duas proposições (complementares) como

$p :=$ "a componente de momento p_x tem um valor entre p_0 e $p_0 \pm \Delta p$ no tempo t."

$q :=$ "a componente de posição q_x tem um valor entre q_0 e $q_0 \pm \Delta q$ no tempo t."

estão sujeitas ao Princípio de Heisenberg e, portanto, a proposição $p\&_i q$ tem que ter valor de verdade A if Δp, e Δq, não satisfazem a desigualdade de Heisenberg, $\Delta p \Delta q \geq \hbar/2$. O conectivo $\rhd$ representa (como ela diz) uma generalização da disjunção exclusiva clássica; $p \rhd q$ é verdadeiro quando apenas p ou q forem verdadeiras, e será absolutamente falso quando as proposições (que podem ser compostas) têm o mesmo valor de verdade, sendo falso caso contrário.

Os conectivos $\vee_c$ e $\vee_i$ são as disjunções que ligam proposições que podem e que não podem ser compostas respectivamente. $\equiv$ tem a mesma motivação que tem o bi-condicional na lógica clássica, de modo que $p \equiv q$ é verdadeiro se e somente se ambos p e q têm o mesmo valor de verdade. Mas $\cong$ é um pouco diferente: $p \cong q$ é verdadeiro quando p e q são ambos verdadeiros ou ambos falsos, e é falso quando uma das proposições é verdadeira e a outra não é verdadeira, ou seja, F ou A. O tabela da implicação $\rightarrow$ generaliza a implicação material clássica.

Com respeito às negações, devido à caracterização semântica dos conectivos, resulta (como observado por Février) que a regra da Dupla Negação não vale para $\sim$, resultando que $N(p\&_x q)$ não é equivalente a $N\vee_x, Nq$, onde x é c ou i. O mesmo pode ser dito sobre $\sim (p\&_x q)$ e $\sim p\vee_x \sim q$. Outros resultados são dados pelos teoremas abaixo (provados pelas matrizes acima, tomando T como designado).

Observamos que nossa reconstrução da lógica de Février não está plenamente de acordo com seus pontos de vista, embora certamente reflita algumas de suas intuições sobre a lógica da mecânica quântica. Tomando a validade e a semântica conceitos definidos como de costume, temos os seguintes teoremas, onde as letras latinas representarão fórmulas e letras gregas maiúsculas representam conjuntos de fórmulas:

Teorema XIII.3.1. *Em $L_{c,3}$, temos que*

1. $\models p \rightarrow \sim\sim p$ — *um dos lados da dupla negação*
2. $\models p\&_i \sim p \rightarrow q$ — *regra da explosão*
3. $\models p\&_i Np \rightarrow q$ — *regra da explosão*
4. $\models \sim (p\&_c \sim p)$ — *não contradição de proposições componíveis para $\sim$*
5. $\models \sim (p\&_i Np)$
6. $\models \sim (p\&_c Np)$
7. $\models (p \rightarrow q) \rightarrow ((p \rightarrow \sim q) \rightarrow p)$
8. $\models p\vee_i \sim p$
9. $\models p \rightarrow (q \rightarrow p)$

10. $\models p\&_c q \rightarrow p$

11. $\models p\&_i q \rightarrow p$

12. *O Teorema da Dedução vale na seguinte forma: se* $\Gamma, p \models q$, *então* $\Gamma \models p \rightarrow q$

13. *A regra de Modus Ponens vale na forma semântica: se* p *e* $p \rightarrow q$ *são verdadeiras, então* q *é verdadeira.*

14. *Outras regras lícitas são:*

(a) $p, \sim p \vee_c q \models q$

(b) $\sim p, p \vee_i q \models q$

Demonstração: Use as tabelas anteriores. Por exemplo, no caso de $\models \sim (p\&_i Np)$, *temos:*

p	Np	$p\&_i Np$	$\sim (p\&_i Np)$
T	F	A	T
F	T	A	T
A	A	A	T

Por outro lado, temos muitas outras coisas que não são válidas em $L_{c,3}$, como aponta o seguinte teorema.

Teorema XIII.3.2. *Em* $L_{c,3}$ *não valem os seguintes esquemas:*

1. $\sim\sim p \rightarrow p$ *o outro lado da dupla negação*

2. $p\&_i \sim p, p\&_c \sim p, p\&_i Np, p\&_c Np$

3. $p\&_c \sim p \rightarrow q, p\&_c Np \rightarrow q$

4. $p \rightarrow (\sim p \rightarrow q), p \rightarrow (Np \rightarrow q)$

5. $N(p\&_c Np), N(p\&_i Np), N(p\&_i \sim p), N(p\&_c \sim p)$

6. $p \vee_i Np, p \vee_c \sim p, \vee_c Np$

7. $p \rightarrow\sim q) \rightarrow p, (\sim p \rightarrow q) \rightarrow p$

8. $(p \rightarrow q) \equiv (\sim p \vee_c q), (p \rightarrow q) \equiv (\sim q \rightarrow\sim p), (p \rightarrow q) \equiv (Nq \rightarrow Np)$

9. $(p \rightarrow q) \equiv (\sim q \rightarrow Np), (p \rightarrow q) \equiv (Nq \rightarrow\sim q), (p \rightarrow q) \equiv (\sim p \vee_i q)$

10. $(p \rightarrow q) \equiv (Np \vee_i q), (p \rightarrow q) \equiv (\sim p \vee_c q), (p \rightarrow q) \equiv (Np \vee_c q)$

Demonstração: Tomemos o primeiro caso. A tabela abaixo mostra que $\sim\sim p \rightarrow p$ *não assume unicamente o valor designado:*

p	$\sim p$	$\sim\sim p$	$\sim\sim p \to p$
T	F	T	T
F	T	F	T
A	T	F	F

Muito embora Février não ter desenvolvido sua lógica em detalhes, ela fez algumas observações interessantes sobre complementaridade com base em sua discussão informal. Como ela diz, mesmo que colapsemos os valores F e A, sua lógica não se reduz à lógica clássica. Assim, ela conclui, "dentro de uma teoria onde a complementaridade de Bohr é introduzida, é impossível usar a lógica clássica para o cálculo de proposições experimentais; é necessário usar uma lógica de complementaridade" (*op.cit.*, p. 40). Isto é expresso por meio do 'teorema de Février': *Numa teoria onde as proposições experimentais satisfazem uma condição complementar, é necessário usar uma lógica de complementaridade que é irredutível à lógica clássica.* (*loc. cit.*)

No entanto, Février não confina sua lógica a proposições experimentais. Falando em complementaridade e mecânica ondulatória, ela conclui que a lógica da complementaridade é necessária também para lidar com proposições teóricas que são deduzidas dentro de um esquema que inclui complementaridade, portanto sua lógica também é aplicável a proposições teóricas. De acordo com ela,

> "[...] a lógica da complementaridade não funciona mais apenas para os enunciados experimentais, mas também para os teóricos, assim impõe toda uma nova estrutura à mecânica ondulatória. Isso faz aparecer um outro aspecto da complementaridade de Bohr, mais profundo do que o revelado pelos raciocínios de Heisenberg sobre as mensurações, a saber, a complementaridade entre o aspecto corpuscular e o aspecto ondulatório. Desta vez não se trata mais de uma simples complementaridade de fato, mas uma complementaridade de direito, que deve fazer parte do próprio corpo da teoria, deixando de ser apenas uma limitação às possibilidades experimentais. (*ibid.*, pp. 44-5)

Sua crença de que a lógica da complementaridade é a lógica certa para uma teoria envolvendo proposições complementares a torna capaz de responder a algumas questões colocadas no seu livro, as quais mostram que ela se aproxima de F. Gonseth, quem sustentava que a lógica tem uma face empírica, de modo que os princípios da lógica devem expressar leis físicas gerais;[12] a primeira questão, perguntando se a lógica é universal e única, normativa e a priori, expressando as leis de uma razão pura e não expressando nenhum conteúdo de conhecimento, é respondida negativamente. O mesmo vale para a segunda questão, que pergunta se a lógica é arbitrária sob certas condições de coerência (consistência) e, portanto, não é uma espécie de tautologia, isto é, uma sintaxe independente de todo conhecimento. Mas a terceira pergunta foi respondida positivamente; a questão questiona se a lógica, em cada uma de suas aplicações, deve ser adaptada ao domínio do conhecimento em que será aplicada. Nesse caso, a lógica não seria nem a priori e independente de qualquer aplicação, nem uma sintaxe arbitrária: como ela diz,

> “"vemos que não existe uma lógica única e universal, normativa a priori, expressando as leis de uma razão pura, e independente de todo conhecimento [...] mas que é adaptada a cada do-

[12] Para Gonseth, a lógica é uma ciência natural como a física, que ele denominava de "física do objeto qualquer"(*la physique de l'object quelconque*) [88, cap. VIII].

mínio do conhecimento, em particular a cada teoria física e que, consequentemente, expressa um certo conteúdo de conhecimento"(*ibid.*, pág. 41)

A lógica clássica, ela diz, devido ao 'teorema de Février' acima, é adequada para a física clássica, incluindo a relatividade e "uma certa teoria de campos" (ibid.), sendo a lógica da complementaridade a lógica adequada para as teorias quânticas. É importante observar que se em $L_{c,3}$ chamamos uma proposição de *normal* se pode assumir apenas os valores de verdade T ou F, então a lógica proposicional das proposições normais é o cálculo proposicional clássico. Isso implica que, em certo sentido, a lógica clássica está contida em $L_{c,3}$ (claro, dessa forma podemos introduzir 'predicados normais' e outras coisas de modo a reconstruir a lógica clássica dentro do sistema de Février). Para isso, é preciso dar uma definição (metalógica) de proposição normal, predicado, etc., bem como caracterizar as proposições incomponíveis de Février.

Antes de esboçar uma forma de olhar para $L_{c,3}$ de um 'ponto de vista paraconsistente', vamos nos voltar para algumas críticas que foram feitas ao seu sistema e sua posição filosófica.

XIII.3.1 Críticas

Em 1954, McKinsey e Suppes fizeram uma resenha do livro de Février na qual apresentavam diversas críticas à ideia de empregar sua lógica na física e em particular ao seu 'teorema' mencionado acima, que diz que a física moderna exige uma lógica com mais do que dois valores de verdade. A resenha é importante não apenas por sua discussão das teses de Février, mas por apresentar ao leitor ideias interessantes relacionadas a uma discussão geral sobre a relação entre lógica e física.

Comecemos por recordar resumidamente alguns dos principais argumentos contra as ideias de Février. A primeira objeção diz respeito ao 'teorema' de Février acima, em conformidade com o qual a teoria quântica exigiria uma lógica tri-valorada. McKinsey e Suppes (em resumo, McK-S) não veem porque isso seria necessário, e segundo eles os argumentos de Février não são conclusivos; segundo eles, para basear uma teoria física em uma lógica não clássica, seria necessário apresentar tal campo como um sistema formal, e Février não faz isso. Eles ainda sugerem que, antes de completar tal "trabalho hercúleo", talvez fosse melhor obter uma axiomatização da teoria quântica no "sentido matemático comum", por meio de um predicado conjuntista (no sentido de Suppes), incorporado na teoria dos conjuntos padrão (portanto, usando a teoria clássica dos conjuntos), assim como eles próprios (com Sugar) fizeram com a mecânica de partículas clássica [213]. Claro, o uso da lógica clássica, embora mantenha a física com um aparato matemático adequado para expressar leis e resultados físicos, abre a porta para formidáveis problemas filosóficos que surgem em conexão com o uso da teoria dos conjuntos padrão na mecânica quântica, como temos argumentado.

Em outras palavras, acreditamos que os autores têm razão em que a especulação filosófica sobre os fundamentos lógicos de uma disciplina científica não deveriam parar nas especulações, mas deveriam *mostrar* de que forma o uso de lógicas não clássicas (se for essa a ideia a ser defendida) podem ser usadas nessa questão. Lembramos mais uma vez Saunders MacLane, que em 1940 disse que

> "Qualquer 'nova lógica' para a Física permanecerá infundada até que alguém produza uma tal lógica e a use em Física de algum modo que não seja possível para a lógica clássica."

É isso o que fazemos com a nossa ideia de que a metafísica que considera os objetos quânticos como não-indivíduos. Defendemos essa visão mas também mostramos uma lógica (a teoria de quase-conjuntos) que se presta para fundamentar a disciplina de acordo com esse ponto de vista.

XIII.4 Uma lógica paraconsistente da complementaridade

Iniciamos com um breve relato sobre a paraconsistência em geral. Na lógica clássica, bem como na maioria dos sistemas lógicos que se conhece, vale a seguinte Regra da Explosão (ou Regra de Scotus), na divulgada forma latina *ex falso sequitur quodlibet*, ou seja, 'de uma contradição tudo se segue':[13]

$$\alpha \to (\neg\alpha \to \beta) \tag{XIII.1}$$

Há várias outras formas de se enunciar esse princípio, como $\neg\alpha \to (\alpha \to \beta), \alpha \wedge \neg\alpha \to \beta$ por exemplo. O recado é que, na presença de duas proposições contraditórias (uma delas sendo a negação da outra), *tudo se segue*. Bem, isso deve ser qualificado; o 'tudo' se refere àquilo que pode ser expresso na linguagem da teoria em questão, logo, qualquer fórmula da linguagem da teoria. Isso faria com que não pudéssemos discernir entre o que (em alguma interpretação) gostaríamos de chamar de 'verdadeiro' ou de 'falso', pois seriam os teoremas aquilo que, em princípio, seriam as coisas verdadeiras. Mas, no caso, tudo o que fosse exprimível na linguagem seria um teorema e, portanto, 'verdadeiro'. Uma tal lógica, pelo que se sabe, dita ser *trivial*, seria aparentemente inútil.

No século XX (recomendamos o mencionado [**dotagomes2017**] para a história) desenvolveram-se sistemas lógicos que poderiam conter inconsistências (duas proposições contraditórias) sem que resultassem ser triviais (ou seja, sem que 'tudo' fosse um teorema). Tais são as *lógicas paraconsistentes*. No caso do conceito de complementaridade, se interpretarmos o dito de Bohr de que a consideração conjunta de proposições complementares poderia nos levar a uma situação envolvendo uma contradição, no escopo da lógica clássica (ou das demais lógicas que aceitam a mesma regra) teríamos um sério problema, o da trivialização da teoria física (uma vez posta 'logicamente', como requisitado por McKinsey e Suppes, como vimos acima). Sob essa ótica, devemos aceitar a complementaridade *sem* o risco da trivialização, e para isso alguma lógica paraconsistente poderia se afigurar pertinente.

Ainda em [40], os autores propõem uma versão paraconsistente da lógica da complementaridade de Février, a qual denominam de $L^p_{c,3}$, o 'p' indicando a 'paraconsistência'. Esboçaremos o sistema a seguir. A *lógica paraconsistente trivalente da complementaridade* tem a mesma linguagem da lógica $L_{c,3}$ e a mesma caracterização semântica, dada pelas tabelas anteriores, só que agora os valores designados são T e A, ou seja, temos a seguinte matriz:

$$M = \langle \{T, F, A\}, \{T, A\}, \&_c, \&_i, \vee_c, \vee_i, \rhd, \equiv, \cong, \to, N, \sim \rangle. \tag{XIII.2}$$

A noção de consequência semântica é o mesmo dado anteriormente, só que agora temos dois valores designados, T e A. Fica simples constatar que $p\&_i \sim p$ é uma tautologia de $L^p_{c,3}$, uma vez que assume sempre o valor designado A, mas que nem toda proposição é uma tautologia, como $p\&_c \sim p$ por exemplo. Assim, nossa lógica é paraconsistente mas não é trivial.

Em $L^p_{c,3}$, qualquer proposição recebe um dos valores de verdade, T, F ou A, logo o mesmo ocorre com $p\&_i q$ e com $p\&_c q$. Mas, quando p e q são complementares, podemos determinar que a primeira conjunção recebe sempre o valor 'falso absoluto', A, enquanto que a segunda obedece à tabela para $\&_c$. Assim, as duas

[13] O leitor pode se interessar pelo excelente livro de Gomes e D'Ottaviano [**dotagomes2017**], no qual fala-se muito desse assunto.

conjunções de proposições complementares podem ser sempre realizadas, o que lembra a abordagem de Hans Reichenbach [189], em cuja lógica quaisquer 'proposições quânticas' recebem algum valor-verdade. Isso se coaduna com o discurso usual da física, pois podemos falar significativamente tanto da posição quanto do momento de uma partícula quântica, apesar de que nem a posição e nem o momento podem ser medidos com precisão que fuja à determinação do Princípio de Incerteza.

Como conclusão, destacamos que estamos inclinados a concordar com algumas das observações de Février e de Gonseth, defendendo que a lógica aplicada tem uma contrapartida empírica. No entanto, temos algumas observações a fazer. Primeiro, levando em consideração nossa distinção entre lógica pura e aplicada, não é necessário eliminar os traços a priori da lógica. É claro que não estamos simplesmente endossando a posição de que existe apenas uma lógica e que ela é independente de qualquer campo de conhecimento. O que dizemos é que essa lógica pode ser estudada independentemente de qualquer aplicação, como um sistema matemático puro, portanto sendo a priori em certo sentido. Qualquer sistema lógico aplicado possui uma dimensão a priori e uma dimensão a posteriori. Por exemplo, poderíamos começar estudando o sistema de Février, que supostamente é motivado pela ciência empírica, verificando se ela pode ser axiomatizada, depois provar um teorema de completude relativamente a alguma semântica e assim por diante. De outro ponto de vista, a lógica lida com as estruturas subjacentes às inferência de domínios ou teorias particulares e, nesse sentido, um domínio como o quântico pode sugerir uma lógica diferente (ou seja, diferente da lógica clássica). Como exemplo, se aceitarmos a visão (avançada por E. Schrödinger, M. Born e outros) de que objetos quânticos são não-indivíduos, não tendo individualidade no sentido de que um é sempre indistinguível de qualquer outro de espécie semelhante, então parece que, ao olhar para o mundo quântico como constituído por entidades desse tipo, a lógica clássica (com seu Princípio da Identidade dos Indiscerníveis de Leibniz) e a matemática clássica (fundada sobre a própria noção de conjunto, isto é, coleções de objetos distinguíveis), devem ser revistos. Assim, diferentes 'perspectivas' de um domínio da ciência podem exigir aparatos lógicos distintos, que colocam um ponto de vista filosófico muito diferente do clássico.

A possibilidade de usar sistemas não clássicos não implica que a lógica clássica esteja errada, ou que (em particular) a teoria quântica necessite de outra lógica. Os físicos provavelmente continuarão a usar a lógica clássica (informal) no futuro próximo. Mas devemos perceber que outras formas de lógica podem nos ajudar na melhor compreensão de certas características de o mundo quântico, as quais não são facilmente tratadas por dispositivos clássicos, como mostram os conceitos de complementaridade e de não-individualidade.

Resumindo, pensamos que não existe apenas uma 'lógica verdadeira', pois sistemas lógicos distintos (assim como matemáticos e talvez até físicos) podem ser úteis para abordar diferentes aspectos de um amplo campo como a teoria quântica. Se forçarmos um pouco essa visão, embora não devamos desenvolver essa filosofia ponto sofístico aqui, poderíamos dizer que nossa posição filosófica pode ser chamado pluralista.

XIII.5 Exercícios

1. Mostre que a cláusula 1 da definição de proposições paraclássicas é dedutível da segunda delas.

2. Mostre que no sistema $L_{c,3}$ de Février, $p \rightarrow \sim Np$ não é válida, mas que $p \rightarrow N \sim p$ é válida. Podemos afirmar que o mesmo acontece em $L^{p}_{c,3}$? Justifique.

3. Pense um pouco e redija um pequeno ensaio criticando ou defendendo a ideia de que a lógica é a priori.

Bibliografia

[1] Amir D. Aczel. *Entanglement: The Greatest Mystery in Physics*. New York: Four Walls Eight Windows, 2001.

[2] Diederick Aerts, Ellie D'Hondt e Liane Gabora. "Why the disjunction in quantum logic is not classical". Em: *Foundations of Physics* 30.9 (2000), pp. 1473–1480.

[3] David Z. Albert. *Quantum Mechanics and Experience*. 2nd printing. Cambridge, MA e London: Harvard Un. Press, 1993.

[4] Jonas R. B. Arenhart. "Losing individuality, keeping identity". Em: *Distinguishing indistinguishabilities: Differences Between Classical and Quantum Regimes*. Ed. por José A. de Barros, Federico Holik e Décio Krause. Syhthese, 2023, forthcoming.

[5] Raony W. Arroyo e Jonas R. B Arenhart. "The powers of quantum mechanics: a metaphysical discussion of the "logos approach"". Em: *Foundations of Science* https://link.springer.com/article/10.1007/s10699-022-09837-1 (2022).

[6] Sunny Y. Auyang. *How is Quantum Field Theory Possible?* New York e Oxford: Oxford University Press, 1995.

[7] Guido Bacciagaluppi. "Is logic empirical?" Em: *PhilSci Archive* (2007), http://philsci–archive.pitt.edu/3380/.

[8] Jim Baggott. *Beyond Measure: Modern Physics, Philosophy and the Meaning of Quantum Theory*. Oxford: Oxford Un. Press, 2004.

[9] Ruth Barcan Marcus. *Modalities: Philosophical Essays*. Oxford: Oxford Un. Press, 1995.

[10] José A. de Barros, Federico Holik e Décio Krause. *Distinguishing indistinguishabilities: Differences Between Classical and Quantum Regimes*. Springer, forthcoming, 2023.

[11] Mara Beller. "The birth of Bohr's complementarity: the context and the dialogues". Em: *Studies in Hisory and Philosophy of Science* 23.1 (1992), pp. 147–180.

[12] Jean-Yves Béziau. "Recherches sur la logique abstraite: les logiques normales". Em: *Acta Universitatis Wratislaviensis* Logika 18.2023 (1998), pp. 105–114.

[13] Tomasz Bigaj. *Identity and Indiscernibility in Quantum Mechanics*. New Directions in the Philosophy of Science. Cham, Switzerland: Palgrave Macmillan, 2022.

[14] Garrett Birkhoff e John von Neumann. "The logic of quantum mechanics". Em: *Annals of Mathematics* 37.4 (1936), pp. 823–842.

[15] Max Black. "The identity of indiscernibles". Em: *Mind* 61 (1952), pp. 153–164.

[16] Niels Bohr. *Atomic Physics and Human Knowledge*. New York: John Wiley, 1958.

[17] Niels Bohr. "Causality and complementarity". Em: *Philosophy of Science* 4.3 (1937), pp. 289–298.

[18] Niels Bohr. *Collected Works of Niels Bohr, v.6*. Ed. por Jorgen Kalckar. Vol. 6. Amsterdam: North-Holland, 1985.

[19] J. A. Bondy e U. S. R. Murty. *Graph Theory*. Graduate Texts in Mathematics, v. 244. Springer, 2008.

[20] Nicolas Bourbaki. *Éléments de mathématique: Théorie des Ensembles, Fascicule de Résultats*. Paris: Hermann, 1958.

[21] Édouard Brézin. "The inescapable strangeness of the quantum world". Em: *The Quantum World*. Ed. por Bernard D'Espagnat e Hervé Zwirn. The Frontiers Collection. Springer, 2017, pp. 1–30.

[22] Jean Bricmont. *Making Sense of Quantum Mechanics*. Springer, 2016.

[23] Felix E. Browder, ed. *Proceedings of Symposia in Pure Mathematics: Mathematics Arising from Hilbert Problems*. Vol. V.1 and 2. Rhode Island: American Mathematical Society, 1976.

[24] E. Buch et al. "Dephasing in electron interference by a 'which-path' detector". Em: *Nature* 391 (1998), pp. 871–874.

[25] Otávio Bueno. "Quasi-truth in quasi-set theory". Em: *Synthese* 125 (2000), pp. 33–53.

[26] Allan Calder. "Constructive mathematics". Em: *Scientific American* October (1979), pp. 146–171.

[27] Georg Cantor. *Contributions to the Founding of the Theory of Transfinite Numbers*. New York: Dover Pu., 1955.

[28] Tian Yu Cao. *Conceptua Developments of 20th Century Field Theories*. Cambridge: Cambridge Un. Press, 1997.

[29] Nancy Cartwright. *How the Laws of Physics Lie*. Oxford: Oxford Un. Press, 1983.

[30] Gianoiero Cattaneo et al. "Quantium logic and nonclassical logics". Em: *Handbook of Quantum Logic and Quantum Structures: Quantum Logic*. Ed. por K. Engesser, D. M. Gabbay e D. Lehmann. Amsterdam: Elsevier, 2009, pp. 127–226.

[31] Morris R. Cohen e Ernest Nagel. *An Introduction to Logic and the Scientific Method*. London: Routledge e Kegan Paul, 1934.

[32] Giuseppe Compagno, Alessia Castellini e Rosario Lo Franco. "Dealing with indistinguishable particles and their entanglement". Em: *Philosophical Transactions of the Royal Society A* 376.2017.0317 (2018).

[33] Marcelo S. Coniglio e L. H. Silvestrini. "An alternative approach for quasi-truth". Em: *Logic Journal of the IGPL* 22.2 (2014), pp. 387–410.

[34] Newton C. A. da Costa. *Ensaio sobre os Fundamentos da Lógica*. São Paulo: HUCITEC-EdUSP, 1980.

[35] Newton C. A. da Costa. "Statement of purpose". Em: *The J. of Non-Classical Logic* 1.1 (1982), pp. i–v.

[36] Newton C. A. da Costa e José A. Baêta Segundo. "Axiomatic Theory of Distributions". 2021.

[37] Newton C. A. da Costa e Steven French. *Partial Truth: A Unitary Approach to Models and Scientific Reasoning*. Oxford: Oxford University Press, 2003.

[38] Newton C. A. da Costa e Décio Krause. "Complementarity and paraconsistency". Em: *Logic, Epistemology, and the Unity of Science*. Ed. por Shahid Rahman et al. Logic, Epistemology, and the Unity of Science, v.1. Kluwer Ac. Pu., 2004, pp. 557–568.

[39] Newton C. A. da Costa e Décio Krause. "Physics, inconsistency, and quasi-truth". Em: *Synthese* 191.13 (2014), pp. 3041–3055.

[40] Newton C. A. da Costa e Décio Krause. "Remarks on the applications of paraconsistent logic to physics". Em: *Filosofia, Ciência e História: Michel Paty e o Brasil, uma homenagem aos 40 anos de colaboração*. Ed. por Mauricio Pietrocola e Olival Freire Jr. São Paulo: FAPESP e Discurso Editorial, 2005, pp. 337–362.

[41] Newton C. A. da Costa e Décio Krause. "The logic of complementarity". Em: *The Age of Alternative Logics: Assessing Philosophy of Logic and Mathematics Today*. Ed. por J. van Benthem et al. Springer, 2006, pp. 103–120.

[42] Newton C. A. da Costa, Décio Krause e Otávio Bueno. "Paraconsistent logics and paraconsistency". Em: *Handbook of the Philosophy of Science, Vol.5: Philosophy of Logic*. Ed. por Dale Jacquette. Elsevier, 2007, pp. 791–912.

[43] Newton C. A. da Costa e Roberto Vernengo. "Sobre algunas lógicas paraclássicas y el análisis del razonamiento jurıdico". Em: *Doxa* 19 (1999), pp. 183–200.

[44] Maria Luisa Dalla Chiara. "Foreword to de Barros, Holik and Krause's Distinguishing Indistinguishabilities: Differences Between Classical and Quantum Regimes". Em: Springer, 2023.

[45] Maria Luisa Dalla Chiara. "Quantum logic". Em: *Handbook of Philosophical Logic, Vol. Ill*. Ed. por D. Gabbay e F. Guenthner. D. Reidel Publishing Company, 1986, pp. 427–469.

[46] Maria Luisa Dalla Chiara e Roberto Giuntini. "Quantum logics". Em: *Handbook of Philosophical Logic*. Ed. por D. M. Gabbay e Franz Guenthner. Vol. 6. Dordrecht: Kluwer Ac. Pu., 2002, pp. 129–228.

[47] Maria Luisa Dalla Chiara, Roberto Giuntini e Robert Greechie. *Reasoning in Quantum Theory: Sharp and Unsharp Quantum Logics*. Trends in Logic (Studia Logica Library) n.22. Dordrecht: Kluwer Ac. Pu., 2004.

[48] Maria Luisa Dalla Chiara, Roberto Giuntini e Décio Krause. "Quasiset theories for microobjects: a comparison". Em: *Interpreting Bodies: Classical and Quantum Objects in Modern Physics*. Ed. por Elena Castellani. Princeton: Princeton University Press, 1998, pp. 142–152.

[49] Maria Luisa Dalla Chiara e Giuliano Toraldo di Francia. "Individuals, kinds and names in physics". Em: *Bridging the Gap: Philosophy, Mathematics, and Physics*. Ed. por Giovanna Corsi, Maria Luisa Dalla Chiara e Gian Carlo Ghirardi. Boston Studies in the Philosophy of Science, 140. Kluwer Ac. Pu., 1993, pp. 261–284.

[50] Maria Luisa Dalla Chiara e Giuliano Toraldo di Francia. *Le Teorie Fisiche: Un'Analisi Formale*. Torino: Boringhieri, 1981.

[51] Luiz Davidovich. "Está a Fisica esgotada?" Em: *Revista FAPESP* 46.Setembro (1999), p. 5.

[52] Hans Dehmelt. "Autobiography". Em: *Nobel Prize Org. Web Page* (1989).

[53] Hans Dehmelt. "Experiment on the Structure of an Individual Elementary particle". Em: *Science* 247.4942 (1990), pp. 539–545.

[54] Paulette Destouches-Février. *La Structure des Théories Physiques*. Paris: Presses Universitaires de France, 1951.

[55] Graciela Domenech e Federico Holik. "A discussion on particle number and quantum indistinguishability". Em: *Foundations of Physics* 37.6 (2007), pp. 855–878.

[56] Graciela Domenech et al. "No labeling quantum mechanics of indiscernible particles". Em: *International J. Theoretical Physics* 49 (2010), pp. 3085–3091.

[57] Graziela Domenech, Federico Holik e Décio Krause. "Q-Spaces and the Foundations of Quantum Mechanics". Em: *Foundations of Physics* 38.11 (2008), pp. 969–994.

[58] Mario Dorato e M. Morganti. "Grades of individuality: a pluralistic view of identity in quantum mechanics and in the sciences". Em: *Philosophical Studies* 163.3 (2013), pp. 591–610.

[59] Detlef Durr, Sheldon Goldstein e Nino Zanghi. *Quantum Physics Without Quantum Philosophy*. Berlin e Heidelberg: Springer-Verlag, 2013.

[60] Detlef Durr, Sheldon Goldstein e Nino Zanghi. "Quantum physics without quantum philosophy". Em: *Studies in History and Philosophy of Modern Physics* 26.2 (1995), pp. 137–149.

[61] Albert Einstein. *Relativity: The Special and General Theory*. New York: Pi Press, 2005.

[62] Albert Einstein e Leopold Infeld. *The Evolution of Physics*. London: The Scientific Book Club, 1967.

[63] Herbert B. Enderton. *A Mathematical Introduction to Logic*. 2nd. Harcourt/Academic Press, 2001.

[64] Herbert B. Enderton. *Elements of Set Theory*. New York, San Francisco, London: Academic Press, 1977.

[65] K. Engesser, D. Gabbay e D. (eds.) Lehman. *Handbook of Quantum Logic and Quantum Structures: Quantum Logic*. Amsterdam: Elsevier, 2009.

[66] B. -G. Englert, M. O. Scully e H. Walther. "The duality in matter and light". Em: *Scientific American* 271.6 (1994), pp. 56–61.

[67] Brigitte Falkenburg. *Particle Metaphysics: A Critical Account of Subatomic Reality*. Berlin, Heidelberg, New York: Springer, 2007.

[68] RIchard P. Feynman. *Feynman Lectures on Physics*. 2013. URL: `https://www.feynmanlectures.caltech.edu`.

[69] Arthur Fine e Thomas A. Ryckman. "The Einstein-Podolsky-Rosen Argument in Quantum Theory". Em: *Stanford Encyclopedia of Philosophy* Summer Edition (2020).

[70] Bas van Fraassen. *Quantum Mechanicsv: An Empiricist View*. Oxford: Oxford Un. Press, 1991.

[71] Bas van Fraassen. *The Scientific Image*. Oxford Un. Press, 1980.

[72] Bas van Fraassen. "To Save the Phenomena". Em: *The Journal of Philosophy* 73.18 (1976), pp. 623–632.

[73] Abraham A. Fraenkel. "The notion of 'definite' and the independence of the axiom of choice". Em: *From Frege to Gödel: A Source Book in Mathematical Logic 1879-1931*. Ed. por Jean van Heijenoort. Harvard Un. Press, 1967, pp. 284–289.

[74] Augusto J. Franco de Oliveira. *Lógica e Aritmética*. Brasılia: Ed. Universidade de Brasılia, 1996.

[75] Gottlob Frege. "Sense and reference". Em: *The Philosophical Review* 57.3 (1948), pp. 209–230.

[76] Olival Freire Jr., ed. *The Oxford Handbook of the History of Quantum Interpretations*. Oxford: Oxford University Press, 2022.

[77] A. P. French e P. J. (eds.) Kennedy. *Niels Bohr, A Centenary Volume*. Cambridge, MA e London: Harvard Un. Press, 1985.

[78] R. M. French. "The Banach-Tarski theorem". Em: *The Mathematical Intelligencer* 10.4 (1988), pp. 21–28.

[79] Steven French e Décio Krause. *Identity in Physics: A Historical, Philosophical, and Formal Analysis*. Oxford: Oxford Un. Press, 2006.

[80] Steven French e Décio Krause. "Quantum vagueness". Em: *Erkenntnis* 59 (2003), pp. 97–124.

[81] Roman Frig e James Nguyen. *Modelling Nature: An Opinionated Introduction to Scientific Representation*. Synthese Library v.427. Springer, 2020.

[82] Roman Frigg. *Models and Theories: A Philosophical Inquiry*. London e New York: Routledge, 2023.

[83] Galileo Galilei. *Diálogo Sobre os Dois Máximos Sistemas do Mundo Ptolomaico e Copernicano*. Ed. por Pablo R. Mariconda. Editora 34/Associação Filosófica Scientiae Studia, 2011.

[84] Peter T. Geach. *Reference and Generality: An Examination of Some Medieval and Modern Theories*. Third Ed. Ithaca e London: Cornell Un. Press, 1980.

[85] Robert Geroch. *Mathematical Physics*. Chicago e London: The University of Chicago Press, 1985.

[86] Gian Carlo Ghirardi. *Sneaking a Look at God's Cards: Unreveling the Mysteries of Quantum Mechanics*. Princeton e Oxford: Princeton Un. Press, 2005.

[87] Nicolas Gisin. "Quantum nonlocality: hos does nature do it?" Em: *Science* 326 (dez. de 2009).

[88] Ferdinand Gonseth. *Les Mathématiques et la Realité: Essai sur la Méthode Axiomatique*. Librairie Scientifique et Technique, Original de 1936. Paris: Librairie Albert Blanchard, 1974.

[89] David J. Griffiths. *Mecânica Quântica*. 2a. ed. São Paulo: Pearson Prentice Hall, 2011.

[90] David J. Griffiths e Darrell F. Schroeter. *Introduction to Quantum Mechanics*. Third Ed. Cambridge University Press, 2018.

[91] Susan Haack. *Deviant Logic Fuzzy Logic: Beyond the Formalism*. Chicago e London: The University of Chicago Press, 1996.

[92] Susan Haack. *Philosophy of Logics*. Cambridge: Cambridge University Press, 1978.

[93] Rudolf Haag. *Local Quantum Physics: Fields, Particles, Algebras*. Berlin e Heidelberg: Springer-Verlag, 1996.

[94] William S. Hatcher. *The Logical Foundations of Mathematics*. Toronto: Pergamon Press, 1982.

[95] Werner Heisenberg. *Encounters With Einstein And Other Essays on People, Places, and Particles*. New Jersey: Princeton Un. Press, 1989.

[96] Leon Henkin. "Verdade e demonstrabilidade". Em: *Fiilosofia da Ciência*. Ed. por Sydney Morgenbesser. São Paulo: Cultrix, 1979, pp. 53–64.

[97] Thomas A. Heppenheimer. "A Positron Named Priscilla: Trapping and Manipulating Atoms". Em: ed. por Marcia et al. Bartusiak. National Ac. Press, 1994. Cap. A Positron Named Priscilla: Trapping and Manipulating Atoms, pp. 34–59.

[98] Arend Heyting. *Intuitionism: An Introduction*. Ed. por L. E. J. Brouwer, E. w. Beth e A. Heyting. Studies in Logic and the Foundations of Mathematics. Amsterdam e London: North Holland, 1971.

[99] Kenneth Hoffman e Ray Kunze. *Álgebra Linear*. 2a.ed. Rio de Janeiro: Livros Técnicos e Científicos S/A, 1979.

[100] Don Howard. "The Copenhagen interpretation". Em: *The Oxford Handbook of the History of Quantum Interpretations*. Ed. por Olival Freire Jr. Oxford University Press, 2022, pp. 521–542.

[101] Don Howard e Marco Giovanelli. "Einstein's philosophy of science". Em: *The Stanford Encyclopedia of Philosophy* Fall 2019 ed. (2019).

[102] James Howthorne. "Inductive logic". Em: *The Stanford Encyclopedia of Philosophy* Sprind Ed. (2021).

[103] David Hume. *Treatise on Human Understanding*. L.A. Selby-Bigge. Oxford University Press, 1985.

[104] Max Jammer. *The Conceptual Development of Quantum Mechanics*. International Series in Pure and Applied Physics. McGraw-Hill Book Co., 1966.

[105] Max Jammer. *The Philosophy Of Quantum Mechanics: The Interpretations Of Quantum Mechanics In Historical Perspective*. New York: Wiley e Sons, 1974.

[106] Benjamin C. Jantzen. "Entities without identity: a semantical dillema". Em: *Erkenntnis* 8 (2017), pp. 283–308.

[107] Benjamin C. Jantzen. "No two entities without identity". Em: *Synthese* 181 (2011), pp. 433–450.

[108] Joseph M. Jauch. *Foundations of Quantum Mechanics*. Boston: Addison Wesley, 1968.

[109] Thomas J. Jech. "About the axiom of choice". Em: *Handbook of Mathematical Logic*. Ed. por Jon Barwise. Studies in Logic and the Foundations of Mathematics, 90. North Holland, 1977, p. 345370.

[110] Thomas J. Jech. *Set Theory: The Third Millennium Edition, Revised and Expanded*. Springer Monographs in Mathematics. Berlin e Heidelberg: Springer-Verlag, 2003.

[111] Susan Kaack. *Deviant Logic: Some Philosophical Issues*. Cambridge: Cambridge Un. Press, 1974.

[112] Wolfgang Ketterle. "Experimental studies of Bose-Einstein condensation". Em: *Physics Today* (dez. de 1999), pp. 30–35.

[113] Félix Klein. *Matemática Elemental Desde un Punto de Vista Superior*. Vol. 2. Madrid: Biblioteca Matemática, 1931.

[114] William Kneale e Martha Kneale. *The Development of Logic*. Oxford: Oxford University Press, 1962.

[115] G. T. Kneebone. *Mathematical Logic and the Foundations of Mathematics: An Introductory Survey*. London: D. Van Nostrand, 1963.

[116] Jerzy Kotas. "An axiom system for modular logic". Em: *Studia Logica* XXI (1967), pp. 17–37.

[117] Décio Krause. *Álgebra Linear com um pouco de Mecânica Quântica*. Coleção Rumos da Epistemologia n.15. Florianópolis: NEL/UFSC, 2016.

[118] Décio Krause. "Descriptions in quantum mechanics". Em: *Logic Journal of the IGPL* 25.4 (2017), pp. 512–523.

[119] Décio Krause. "Essay on perspectivism in the philosophy of science". Em: *South American J. of Logic* 5.2 (2019), pp. 179–195.

[120] Décio Krause. *Fundamentos Axiomáticos das Disciplinas Científicas*. Vol. 3. Cadernos de Lógica e Filosofia. Londres: College Publications, 2022.

[121] Décio Krause. "Is Priscilla, the trapped positron, an individual? Quantum physics, the use of names, and individuation". Em: *Arbor* 187.747 (enero-febrero de 2011), pp. 61–66.

[122] Décio Krause. "Logic is mandatory, mainly in discussing the quantum case". Em: *Preprint* (2023).

[123] Décio Krause. "Logical Aspects of Quantum (Non-)Individuality". Em: *Foundations of Science* 15 (2010), pp. 97–94.

[124] Décio Krause. "Multisets, quasi-sets and Weyl's aggregates". Em: *The J. of Non-Classical Logic* 8.2 (1991), pp. 9–39.

[125] Décio Krause. "On the discrepancies between quantum logic and classical logic". Em: *pre-print* (2022).

[126] Décio Krause. "Quantifying over indiscernibles". Forthcoming in Axiomathes. Jan. de 2022.

[127] Décio Krause. *Tópicos em Ontologia Analıtica*. São Paulo: Ed. UNESP, 2017.

[128] Décio Krause e Jonas R. B. Arenhart. *The Logical Foundations of Scientific Structures: Languages, Structures, and Models*. Routledge Studies in Philosophy of Mathematics and Physics. New York e London: Routledge, 2017.

[129] Décio Krause, Jonas R. B. Arenhart e Otávio Bueno. "The non-individuals interpretation of quantum mechanics". Em: *The Oxford Handbook of the History of Quantum Interpretation*. Ed. por Olival Freire Jr. Oxford: Oxford University Press, 2022. Cap. 46, pp. 1135–1154.

[130] Décio Krause e Eliza Wajch. "A Reappraisal of the Theory of Quasi-Sets with Emphasis on the Discussion about Quasi-Cardinals". Em: *Preprint* (2023).

[131] Manjit Kumar. *Quantum: Einstein, Bohr and the Great Debate about the Nature of Reality*. London: Icon Books, 2009.

[132] Imre Lakatos. *A Lógica da Descoberta Matemática: Provas e Refutações*. Rio de Janeiro: Zahar Ed., 1978.

[133] Imre Lakatos. *Proofs and Refutations: The Logic of Mathematical Discovery*. Ed. por John Worral e Elie Zahar. Cambridge: Cambridge Un. Press, 1976.

[134] Edmund Landau e E.M. Lifshitz. *Quantum Mechanics: Non-Relativistiic Theory*. Pergamon Press, 1959.

[135] Klaas Landsman. "Bohmian mechanics is not deterministic". Em: *Foundations of Physics* 52.73 (2022), on line.

[136] Elon L. Lima. *Elementos de Topologia Geral*. Textos Universitários. Ao Livro Técnico S.A. e EdUSP, 1970.

[137] Seymour Lipschutz. *Theory and Problems of Set Theory and Related Topics*. San Francisco: McGraw-Hill, 1998.

[138] John Locke. *Essay Concerning Human Understanding*. http://www2.hn.psu.edu/faculty/jmanis/locke/h http://www2.hn.psu.edu/faculty/jmanis/locke/humanund.pdf, 1690.

[139] Olımpia Lombardi e Hernán Accorinti. "Quantum ontology: non-individual bundles of possible properties and the role of symmetry". Em: ed. por José A. de Barros, Federico Holik e Décio Krause. Synthese Library. Springer, 2023, forthcoming.

[140] Jonathan E. Lowe. "Individuation". Em: *The Oxford Handbook of Metaphysics*. Ed. por M. J. Loux e D. W. Zimmerman. Oxford: Oxford University Press, 2003, pp. 75–95.

[141] Jonathan E. Lowe. "Non-individuals". Em: *Individuals Across the Sciences*. Ed. por Alexander Guay e Thomas Pradeu. Oxford: Oxford University Press, 2016, pp. 49–60.

[142] João Carlos M. Magalhães e Décio Krause. "Suppes predicate for genetics and natural selection". Em: *J. Theoretical Biology* 209 (2000), pp. 141–153.

[143] João Carlos M. Magalhães e Décio Krause. "Teorias e modelos em genética de populações: un exemplo do uso do método axiomático em biologia". Em: *Episteme* 11.24 (2006), pp. 269–291.

[144] Bruce H. Mahan. *University Chemistry*. 3rd.ed. Addison Wesley, 1975.

[145] Dylan H. et al. Mahler. "Experimental nonlocal and surreal Bohmian trajectories". Em: *Science Advances* 2:e1501146 (fev. de 2016).

[146] Shimon Malin. *A Natureza Ama Esconder-se*. São Paulo: Horus, 2003.

[147] Shimon Malin. *Nature Loves to Hide: Quantum Physics and the Nature of Reality, a Western Perspective*. Oxford: Oxford University Press, 2001.

[148] Yuri I. Manin. *Mathematics as Metaphor: Selected Essays of Yuri I. Manin*. Providence, Rhode Island: American Mathematical Society, 2007.

[149] Yuri I. Manin. "Problems of present day mathematics, I: foundations". Em: *Proceedings of Symposia in Pure Mathematics: Mathematics Arising from Hilbert Problems*. Ed. por Felix E. Browder. Vol. 28. Rhode Island: American Mathematical Society, 1976, p. 36.

[150] R. D. Mattuck. *A guide to Feynman diagrams in the many-body A Guide to Feynman Diagrams and the Many-Body Problem*. 2a. ed. New York: Dover Pu., 1976.

[151] J. C. C. McKinsey e P. Suppes. "Review of Destouches-Février La Structure des Théories Physiques". Em: *J. Symbolic Logic* 19.1 (1954), pp. 52–55.

[152] Albert Meeiah. *Quantum Mechanics: Two Volumes Bound as One*. Garden City, NY: Dover Publications, 2014.

[153] Elliot Mendelson. *Introduction to Mathematical Logic*. 4th. London: Chapman e Hall, 1997.

[154] Eugen Merzbacher. *Quantum Mechanics*. 2nd. New York: John Wiley e Sons, 1979.

[155] Irene Mikenberg, Newton C. A. da Costa e Rolando Chuaqui. "Pragmatic truth and approximation to truth". Em: *J. Symbolic Logic* 51 (1986), pp. 201–221.

[156] Francisco Miraglia. *Cálculo Proposicional: Uma Interação entre Álgebra e Lógica*. Coleção CLE, n. 01. Campinas: CLE-Unicamp, 1987.

[157] Gregory H. Moore. "Beyond first-order logic: the historical interplay between mathematical logic and axiomatic set theory". Em: *History and Philosophy of Logic* 1 (1980), pp. 95–137.

[158] Gregory H. Moore. *Zermelo's Axiom of Choice: Its Origins, Development, and Influence*. Studies in the History of Mathematics and Physical Sciences, 8. New York, Heidelberg, Berlin: Springer-Verlag, 1982.

[159] Joan Moschovakis. "Intuitionistic logic". Em: *The Stanford Encyclopedia of Philosophy* Summer ed. (2023).

[160] F.A. Muller. "Sets, classes, and categories". Em: *British Journal for the Philosophy of Science* 52.3 (2001), pp. 539–573.

[161] F.A. Muller e S. Saunders. "Discerning Fermions". Em: *British Journal for the Philosophy of Science* 59 (2008), pp. 499–548.

[162] Fred A. Muller. "The raise of relationals". Em: *Mind* 124.493 (2015), pp. 201–237.

[163] Ernest Nagel. "Review of P. D. Février 'Les ralations d'incertitude de Heisenberg et la logique'". Em: *J. Symbolic Logic* 2.10 (1937), pp. 88–88.

[164] O. Nairz, M. Arndt e A. Zeilinger. "Experimental verification of the Heisenberg uncertainty principle for hot fullerene molecules". Em: *arXiv:quant-ph/0105061* ().

[165] John von Neumann. *Mathematical Foundations of Quantum Mechanics*. Ed. por Nicholas A. Wheeler. New Edition. Tranlated by Robert T. Beyer. Princeton e Oxford: Princeton University Press, 2018.

[166] Alyssa Ney e David Z. (eds.) Albert. *The Wave Function: Essays on the Metaphysics of Quantum Mechanics*. Oxford: Oxford University Press, 2013.

[167] Wolfgang Pauli. *General Principles of Quantum Mechanics*. Berlin: Springer-Verlag.

[168] Wolfgang Pauli. *Writings on Physics and Philosophy*. Ed. por Charles P. Enz e Karl von Meyenn. Translated by Robert Schlapp. Berlin e Heidelberg: Springer-Verlag, 1994.

[169] Mladen Pavicic e Norman D. Megill. "Is quantum logic a logic?" Em: *Handbook of Quantum Logic and Quantum Structures: Quantum Logic*. Ed. por K. Engesser, D. M. Gabbay e D. Lehman. Elsevier B. V., 2009, pp. 23–47.

[170] M. Pavičić. "A new axiomatization of unified quantum logic". Em: *International Journal of Theoretical Physics* 31.9 (1992), pp. 1753–1766. DOI: 10.1007/BF00671784. URL: https://doi.org/10.1007/BF00671784.

[171] Roger Penrose. *The Emperor's New Mind: Concerning Computers, Minds, and the Laws of Physics*. Oxford: Oxford University Press, 1999.

[172] Osvaldo Pessoa Jr. *Conceitos de Fısica Quântica*. Vol. I. São Paulo: Livraria da Fısica Editora, 2003.

[173] Osvaldo Pessoa Jr. *Conceitos de Fısica Quântica*. Vol. II. São Paulo: Livraria da Fısica Editora, 2006.

[174] pessoajr2022. "The measurement problem". Em: *The Oxford Handbook of the History of Quantum Interpretation*. Ed. por Olival Freire Jr. Oxford: Oxford Un. Press, 2022, pp. 281–302.

[175] Paul Pojman. "Ernst Mach". Em: *Stanford Encyclopedia of Philosophy* Winter ed. (2020).

[176] Karl R. Popper. *A Lógica da Pesquisa Cientıfica*. São Paulo: Cultrix-EdUSP, s/d.

[177] R. Popper Karl. *The Logic of Scientific Discovery*. London e New York: Routledge, 2002.

[178] R. Popper Karl. *Three worlds*. Tanner Lecture. University of Michigan, abr. de 1978.

[179] Heinz Post. "Individuality and physics". Em: *Vedanta for East and West* 132 (1973), pp. 14–22.

[180] Heinz Post. "The problem of atomism". Em: *British Journal for the Philosophy of Science* 26.1 (1975), pp. 19–26.

[181] Paavo Pylkkänen, Basil J. Hiley e Ilkka Pättiniemi. "Individuals Across the Sciences". Em: ed. por Alexander Guay e Thomas Pradeu. Oxford Un. Press, 2016. Cap. Bohm's approach and individuality, pp. 574–631.

[182] Willard V. Quine. *Theories and Things*. Cambridge, MA e London: Harvard Un. Press, 1986.

[183] Frank P. Ramsey. *The Foundations of Mathematics and Other Logical Essays*. Ed. por R. B. Braithwaite. (original from 1931). London: Routledge e Kegan Paul, 1950.

[184] Miklós Rédei. "The birth of quantum logic". Em: *History and Philosophy of Logic* 28 (2007), pp. 107–122.

[185] Michael Redhead. "A philosopher looks at quantum field theory". Em: *Philosophical Foundations of Quantum Field Theory*. Ed. por Harvey R. Brown e R. Harré. Oxford Clarendon Press, 1988, pp. 9–23.

[186] Michael Redhead. *Incompleteness, Nonlocality, and Realism: A Prolegomenon to the Philosophy of Quantum Mechanics*. Oxford: Clarendon Press, 1987.

[187] Michael Redhead e Paul Teller. "Particle labels and the theory of indistinguishable particles in quantum mechanics". Em: *British Journal for the Philosophy of Science* 43 (1992), pp. 201–218.

[188] Michael Redhead e Paul Teller. "Particles, particle labels, and quanta: the tool of unacknowledged metaphysics". Em: *Philosophy of Physics* 21 (1991), pp. 43–62.

[189] Hans Reichenbach. *Philosophic Foundations of Quantum Mechanics*. Original from 1944. Mineola, NY: Dover Pu, 1998.

[190] Robert Rogers. *Mathematical Logic and Formailized Theories*. Amstercam, London e New York: North-Holland, American Elsevier: A Survey of Basic Concepts e Results, 1971.

[191] Christian de Ronde, Graziela Domenech e Hector Freytes. *Quantum Logic in Historical and Philosophical Perspective*.

[192] Christian de Ronde e Raimundo Fernámdez-Mouján. "Quantum Powers and the Problem of Indistinguishable Quantum Particles". Em: ed. por José A. de Barros, Federico Holik e Décio Krause. Synthese Library. Springer, 2023, forthcoming.

[193] Carlo Rovelli. *General Relativity: The Essentials*. Cambridge: Cambridge Un. Press, 2021.

[194] Herman Rubin e Jean E. Rubin. *Equivalents of the Axiom of Choice*. 2nd. printing. Studies in Logic and the Foundations of Mathematics. Amsterdam e London: North Holland, 1970.

[195] Jean E. Rubin. *Set Theory for the Mathematician*. San Francisco, Cambridge, London, Amsterdam: Holden-Day, 1967.

[196] Bertrand Russell. *A Critical Exposition of the Philosophy of Leibniz*. Vol. (Editon by Alpha Editions, 2019). Cambridge: Cambridge Un. Press, 1900.

[197] Bertrand Russell. *Introduction to Mathematical Philosophy*. New York: Dover Pu., 1993.

[198] Jun J. Sakurai. *Modern Quantum Mechanics*. Ed. por San Fu Tuan. Revised ed. New York: Addison-Wesley Pu. Co., 1994.

[199] Erhard Scheibe. *The Logical Analysis of Quantum Mechanics*. International Series of Monographs in Natural Philosophy, v.56. Glasgow: Pergamon Press, 1973.

[200] Christoph Schiller. *Motion Mountain: The Adventure of Physics, vol. IV - The Quantum of Change*. Editon 31. Vol. https://www.motionmountain.net/motionmountain-volume4.pdf. Free on line, 2021.

[201] Erwin Schrödinger. "Discussion of probability relations between separated systems". Em: *Mathematical Proceedings of the Cambridge Philosophical Society*. Vol. 31. 04. Cambridge, 1935, pp. 555–563.

[202] Erwin Schrödinger. *Mi Concepción de Mundo*. 2a. ed. Metatemas 16. Barcelona: Tusquets Editores S.A., 1998.

[203] Erwin Schrödinger. *Nature and the Greeks and Science and Humanism*. Canto Classics ed. 2014. Cambridge Un. Press, 1996.

[204] Erwin Schrödinger. *Science Theory and Man*. London: George Allen e Unwin Ltd., 1957.

[205] Erwin Schrödinger. "What is an Elementary Particle?" Em: *Interpreting Bodies: Classical and Quantum Objects in Modern Physics*. Ed. por Elena Castellani. Princeton: Princeton University Press, 1998. Cap. 12, pp. 197–210.

[206] Erwin Schrödinger. *What is Life? With Mind and Matter and Autobiographical Sketches*. Cambridge: Cambridge University Press, 1992.

[207] Edelcio G. de Souza, Alexandre Costa-Leite e Diogo H. B. Dias. "Paradeduction in axiomatic formal systems". Em: *Logique et Anayse* 246 (2019), pp. 161–176.

[208] Ian Stewart. *Concepts of Modern Mathematics*. New York: Dover Publications, 1995.

[209] Daniel F. et al. Styer. "Nine formulations of quantum mechanics". Em: *American Journal of Physics* 70.3 (2002), pp. 288–297.

[210] Patrick Suppes. *Axiomatic Set Theory*. New York: Dover Pu., 1972.

[211] Patrick Suppes. *Introduction to Logic*. The University Series in Undergradute Mathematics. New York: Van Nostrand, 1957.

[212] Patrick Suppes. *Patrick Suppes*. Ed. por Radu J. Bogdan. Dordrecht: D. Reidel, Pu., 1979.

[213] Patrick Suppes. *Representation and Invariance of Scientific Structures*. Stanford: Center for the Study of Language e Information, CSLI, 2002.

[214] Patrick Suppes. "Theory of measurement". Em: *Routledge Encyclopedia of Philosophy*. Ed. por E. Craig. Routledge, 1998, pp. 243–249.

[215] Leonard Susskind e Art Friedman. *Special Relativity and Classical Field Theory*. The Theoretical Minimum. New York: Basic Books, 2017.

[216] Karl Svozil. *Quantum Logic*. Singapore: Springer-Verlag, 1998.

[217] Richard Sylvan e Newton C. A. da Costa. "Cause as an implication". Em: *Studia Logica* 47.4 (1988), pp. 413–428.

[218] Peter Szekeres. *A Course in Modern Mathematical Physics: Groups, Hilbert Spaces and Differential Equations*. Cambridge: Cambridge Un. Press, 2004.

[219] Paul Teller. *An Interpretive Introduction to Quantum Field Theory*. Princeton, New Jersey: Princeton Un. Press, 1995.

[220] Paul Teller. "Quantum physics, the identity of indiscernibles, and some unanswered questions". Em: *Philosophy of Science* 50 (1983), pp. 309–319.

[221] Giuliano Toraldo di Francia. "A world of physical objects?" Em: *Interpreting Bodies: Classical and Quantum Objects in Modern Physics*. Ed. por Elena Castellani. Princeton University Press, 1998, pp. 21–29.

[222] Giuliano Toraldo di Francia. "Che cos'è un oggetto fisico?" Em: *Scientia* 113.1 (1978), pp. 57–65.

[223] Giuliano Toraldo di Francia. *L'Indagine del Mondo Fisico*. 2a.ed. Torino: Einaudi Ed., 1976.

[224] Giuliano Toraldo di Francia. *Le Cose e i Loro Nomi*. Bari: Laterza, 1986.

[225] Cliffford Truesdell. *A First Course in Rational Mechanics*. Academic Press, 1977.

[226] Roderick Tumulka. *Foundations of quantum Mechanics*. Lecture Notes in Physics, 1003. Heidelberg: Springer, 2022.

[227] Eliza Wajch. "Troublesome quasi-cardinals and the Axiom of Choice". Em: *Non-Reflexive Logics, Non-Individuals, and the Philosophy of Quantum Mechanics: Essays in Honor of the Philosophy of Décio Krause*. Ed. por Jonas R. B Arenhart e Raony W. Arroyo. Synthese Library, 476. Springer, 2023, pp. 203–222.

[228] Yan et al. 2022 Wang. "Remote entanglement distribution in a quantum network via multinode indistinguishability of photons". Em: *Physical Review A* 26.032609 (https://doi.org/10.1103/PhysRevA.106.032609 de 2022).

[229] Steven Weinberg. *Dreams of a Final Theory*. New York: Vintage Books, 1994.

[230] Hermann Weyl. *Philosophy of Mathematics and Natural Science*. Princeton: Princeton University Press, 1949.

[231] Alfred N. Whitehead e Bertrand Russell. *Principia Mathematica to *56*. Cambridge Mathematical Library. Cambridge Un. Press, 1997.

[232] Frank Wilczek e Betsy Devine. *Longing for Harmonies: Themes and Variations from Modern Physics*. Ontario: Penguim Books, 1987.

[233] Timothy Williamson. *Vagueness*. London: Routledge, 1994.

[234] Charlie Wood e Merril Sherman. "Inside the proton, 'the most complicate thing you could imagine'". Em: *Quanta Magazine* https://www.quantamagazine.org/inside-the-proton-the-most-complicated-thing-imaginable-20221019/?mc$_c id = 397bb3fe3emc_e id = 8b888fd32c$ (out. de 2022).

[235] Anthony Zee. *Quantum Field Theory, as Simply as Possible*. Princeton e Oxford: Princeton Un. Press, 2023.

[236] Anton Zeilinger. *A Face Oculta da Natureza*. Vol. (Einsteins Schleier - Die neue Welt der Quantenphysik, München 2003). São Paulo: Editora Globo, 2005.

[237] Marco Zingano. "É a fisica aristotélica uma ciência bem formada?" Em: *Analytica* 19.1 (2015), pp. 9–43.

Índice Remissivo

Impressão e acabamento
Gráfica da Editora Ciência Moderna Ltda.
Tel: (21) 2201-6662